高职高专国家示范性院校课改教材

流体传动与控制技术

主　编　王德志
参　编　王炳艳　刘　慧　董瑞红
　　　　吕　达　吴立新
主　审　何　萍　张　彬

西安电子科技大学出版社

内容简介

本书是根据高等职业技术教育和高等专科教育的教学要求而编写的。在编写理念上力求理实一体化，着重基本概念和原理的阐述，突出理论知识的应用，加强针对性和实用性，注重引入新技术。

全书共九个项目，包括液压传动基础、液压系统控制、液压动力滑台的安装与调试、其他典型液压系统、气动机械手、气动系统控制、气动机械手的安装与调试、气动系统在自动化生产线上的应用、液压与气动系统的安装调试和故障排除等。

本书既可作为高职高专院校液压与气动技术专业、机电一体化技术专业、电气自动化专业等的专业教材，又可供成人教育院校机械类、机电类专业的师生学习和参考，还可供从事液压与气动技术的工程技术与维护人员参考使用。

图书在版编目(CIP)数据

流体传动与控制技术/王德志主编. 一西安：西安电子科技大学出版社，2015.1
高职高专国家示范性院校课改教材
ISBN 978-7-5606-3550-7

Ⅰ. ①流… Ⅱ. ①王… Ⅲ. ①液压传动—高等职业教育—教材 ②气压传动—高等职业教育—教材 Ⅳ. ①TH137 ②TH138

中国版本图书馆 CIP 数据核字(2015)第 004023 号

策划编辑 秦志峰
责任编辑 许青青 秦志峰
出版发行 西安电子科技大学出版社(西安市太白南路 2 号)
电　　话 (029)88242885 88201467 邮　　编 710071
网　　址 www.xduph.com 电子邮箱 xdupfxb001@163.com
经　　销 新华书店
印刷单位 陕西华沐印刷科技有限责任公司
版　　次 2015 年 1 月第 1 版 2015 年 1 月第 1 次印刷
开　　本 787 毫米×1092 毫米 1/16 印张 17.5
字　　数 417 千字
印　　数 1～3000 册
定　　价 33.00 元
ISBN 978-7-5606-3550-7/TH
XDUP 3842001-1

前　　言

液压与气动技术是现代传动与控制的关键技术之一。近年来该技术与计算机技术相结合，其发展已进入了一个崭新的阶段。

本书是根据高等职业技术教育和高等专科教育的教学要求而编写的。在编写理念上力求理实一体化，着重基本概念和原理的阐述，突出理论知识的应用，加强针对性和实用性，注重引入新技术。全书共九个项目，包括液压传动基础、液压系统控制、液压动力滑台的安装与调试、其他典型液压系统、气动机械手、气动系统控制、气动机械手的安装与调试、气动系统在自动化生产线上的应用、液压与气动系统的安装调试和故障排除等。

本书具有如下特色：

(1) 内容新颖。本书以广泛应用的液压动力滑台和气动机械手为载体，将液压与气动技术的传动与控制完美结合，具有明显的职业教育特色，有利于高级应用型技术人才的培养。

(2) 内容适当、易懂。在编写过程中，贯彻理实一体化，理论联系实际，着重基本概念和原理的阐述，突出理论知识的应用，加强针对性和实用性，注重引入新技术，具有内容适当、浅显易懂、实践性强的特点。

(3) 应用性强。为加强学生动手能力、解决实际问题能力的培养，本书以液压动力滑台和气动机械手为两大载体，着重强调实际应用，有利于学生分析和解决实际问题能力的提高。

(4) 填补空白。现有液压与气动技术的相关教材中，绝大多数以传动为主要内容，很少有关于液压与气动系统控制方面的介绍。本书着重介绍使用 PLC 作为控制器控制液压与气动系统的方法，填补了高职高专此类教材的空白。

本书由包头职业技术学院王德志主编，包头职业技术学院王炳艳、刘慧、董瑞红、吕达、吴立新参编。全书编写分工如下：王德志编写项目三、项目四、项目六；王炳艳编写项目八、项目九；刘慧编写项目五；董瑞红编写项目二；吕达编写项目一中的任务 1-5；吴立新编写项目七、项目一中的任务 1-1～任务 1-4。

包头职业技术学院电气工程系何萍主任及包头钢铁(集团)有限责任公司电气公司张彬高级工程师担任本书主审。他们对本书原稿进行了细致的审阅，提出了许多宝贵的意见，在此深表谢意。

由于编者水平所限，书中不足之处在所难免，欢迎广大读者批评指正。

编　者

2014 年 10 月于包头

目　　录

项目一　液压传动基础

任务1-1　液压动力滑台概述

液压传动和气压传动称为流体传动，是根据17世纪帕斯卡提出的液体静压力传动原理发展起来的一门新兴技术，也是工农业生产中广为应用的一门技术。如今，流体传动技术水平的高低已成为一个国家工业发展水平的重要标志。

液压传动有许多突出的优点，因此它的应用非常广泛，如一般工业用的塑料加工机械、压力机械、机床等，行走机械中的工程机械、建筑机械、农业机械、汽车等，钢铁工业用的冶金机械、提升装置、轧辊调整装置等，土木水利工程用的防洪闸门及堤坝装置、河床升降装置、桥梁操纵机构等，发电厂涡轮机调速装置等，船舶用的甲板起重机械(绞车)、船头门、舱壁阀、船尾推进器等，特殊技术用的巨型天线控制装置、测量浮标、升降旋转舞台等，军事工业用的火炮操纵装置、船舶减摇装置、飞行器仿真、飞机起落架的收放装置和方向舵控制装置等。

气压传动的应用历史悠久，从18世纪的产业革命开始，气压传动逐渐被应用于各类行业中，如矿山用的风钻、火车的刹车装置等，而气压传动应用于一般工业中的自动化、省力化则是近些年的事情。目前世界各国都把气压传动作为一种低成本的工业自动化手段。国内外自20世纪60年代以来，气压传动发展十分迅速。目前气压传动元件的发展速度已超过了液压元件，气压传动已成为一个独立的专门技术领域。

本书共由九个项目组成，这九个项目都是围绕两个系统项目展开的，即一个液压系统项目(液压动力滑台液压系统)和一个气动系统项目(气动机械手系统)。通过这些项目的学习，我们要学会选择合适的元件组成液压(气动)系统，配以控制电路(或程序)完成某种控制要求，还要学会液压(气动)系统常见故障及其排除方法。

组合机床是由一些通用和专用零部件组合而成的专用机床，广泛应用于成批大量的生产中。组合机床上的主要通用部件——动力滑台是用来实现进给运动的，只要配以不同用途的主轴头，即可实现钻、扩、铰、镗、铣、刮端面、倒角及攻螺纹等加工。动力滑台有机械滑台和液压滑台之分。液压动力滑台利用液压缸将泵站所提供的液压能转变成滑台运动所需的机械能。它对液压系统性能的主要要求是速度换接平稳，进给速度稳定，功率利用合理，效率高，发热少。

该液压系统由两个液压缸组成：一个是夹紧缸，另一个是进给缸。夹紧缸负责夹紧工件，进给缸负责带动工件运动。系统原理图如图1-1所示。

本项目需要完成的任务包括：

(1) 认识元件。

(2) 写出各工序(步)油路。

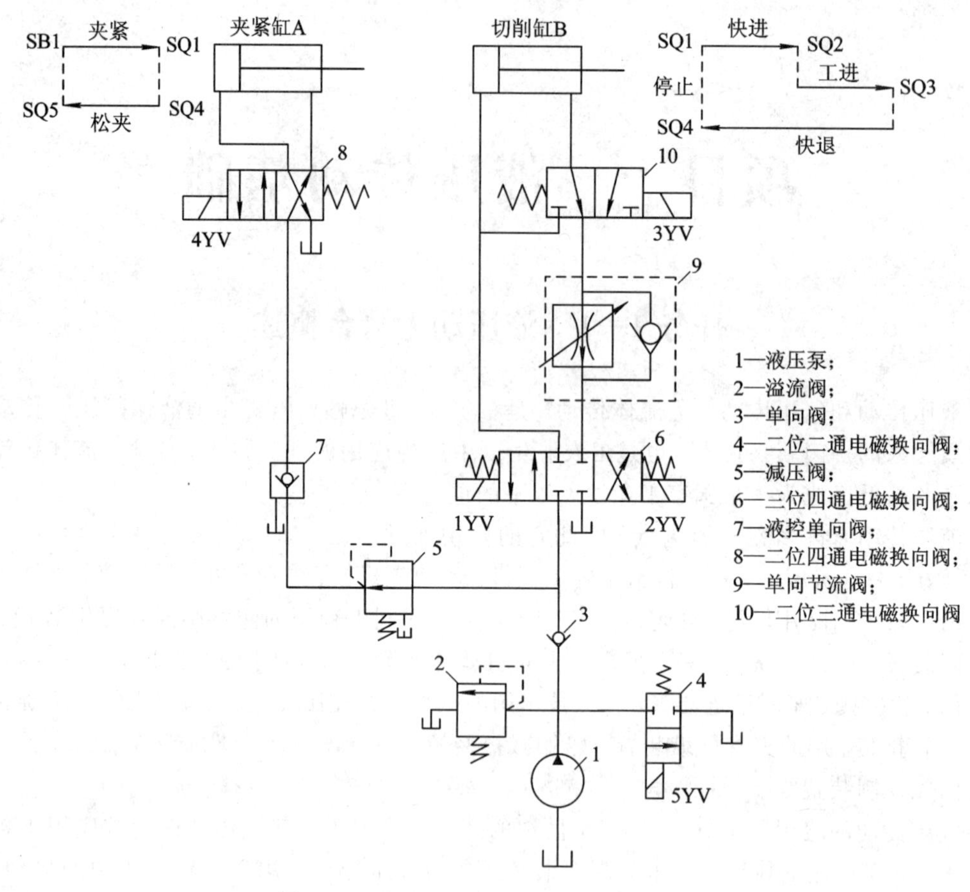

图 1-1　某液压动力滑台液压系统原理图

(3) 填写电磁铁动作表。

(4) 设计继电器控制和 PLC 控制。根据系统原理图和控制要求，画出控制电路、外部接线图、功能表图，编写 PLC 程序。

(5) 选择元件，组建系统，接线，调试。

(6) 进行仿真实现。

任务 1-2　液压传动基础知识

1. 液压传动工作原理

图 1-2 所示为某机床工作台液压系统的工作原理图。液压泵 3 在电动机的带动下旋转，油液由油箱 1 经过滤油器 2 被吸入液压泵 3，由液压泵输入的压力油通过手动换向阀 5、节流阀 6、手动换向阀 7 进入液压缸 8 的左腔，推动活塞和工作台 9 向右移动，液压缸 8 右腔的油液经手动换向阀 7 排回油箱 1。如果将手动换向阀 7 换成图(b)所示状态，则压力油进入液压缸 8 的右腔，推动活塞和工作台 9 向左移动，液压缸 8 左腔的油液经手动换向阀 7 排回油箱 1。工作台 9 的左右移动速度由节流阀 6 来调节。当节流阀开大时，进入液压缸 8 的油液增多，工作台的移动速度增大；当节流阀关小时，进入液压缸 8 的油液减少，工作台的移动速度减小。如果将手动换向阀 5 换成图(c)所示状态，则液压泵 3 输出的油液将

直接流回油箱，而不进入液压缸。

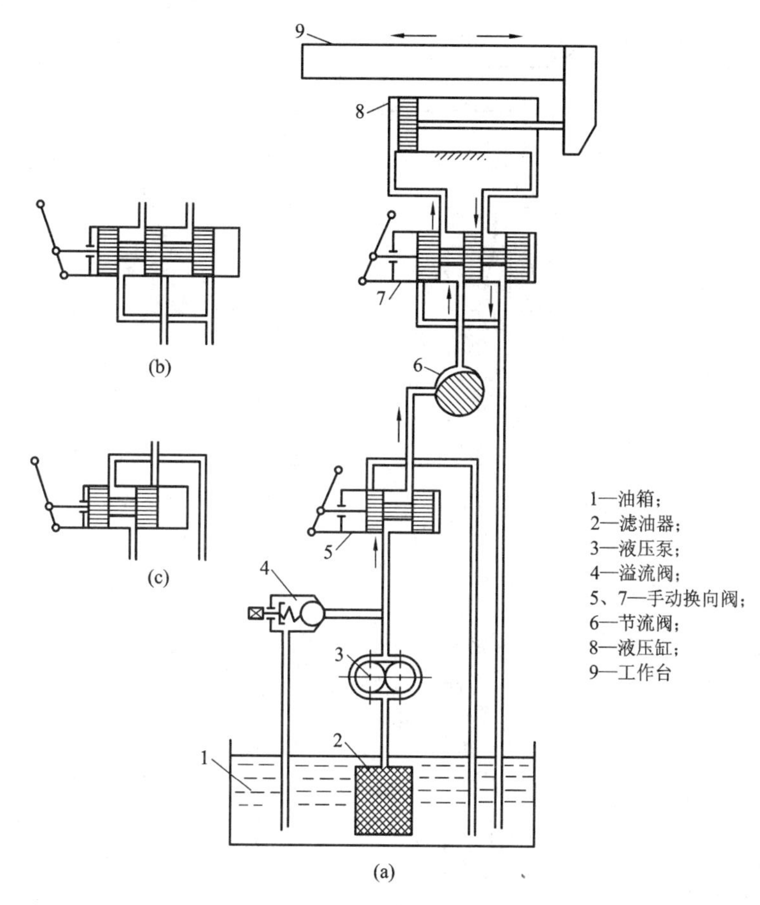

图 1-2 某机床工作台液压系统的工作原理图

从上述分析可知，液压传动是利用有压力的液体经由一些元件控制之后来传递运动和动力的一种传动形式，液压传动的过程是将机械能进行转换和传动的过程，即液压系统将电动机输出的机械能转换为液体的压力能，再经执行元件转换为机械能输出。

2. 液压系统的表示方法与组成

1）液压系统的表示方法

图 1-2 所示的液压系统原理图是一种半结构式的工作原理图。它直观性强，容易理解，但难以绘制。我国已经制定了一种用规定的职能符号来表示液压原理图中的各元件和连接管路的国家标准，即液压气动图形符号 GB/T 786.1—93。对于这些图形符号，有以下几条基本规定：

(1) 符号只表示元件的职能、连接系统的通路，不表示元件的具体结构和参数，也不表示元件在机器中的实际安装位置。

(2) 元件符号内油液流动方向用箭头表示，线段两端都有箭头的表示流动方向可逆。

(3) 符号均以元件静止位置或中间零位置(即在系统不通电、不受外力作用时原件的位置)表示，当系统的动作另有说明时，可作例外。

这样图 1-2 就可绘制成如图 1-3 所示的形式。

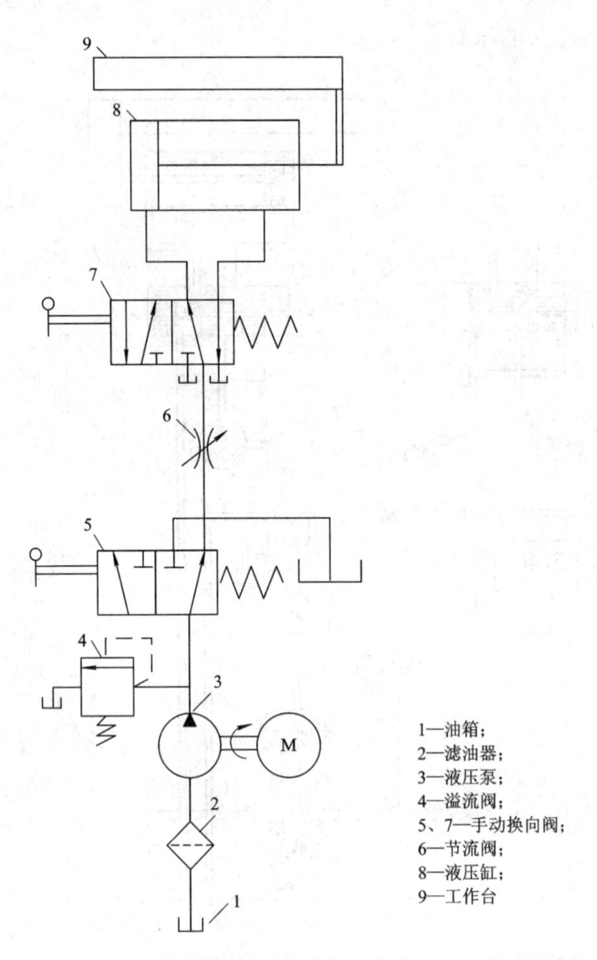

图 1-3　用职能符号表示的机床工作台液压系统原理图

液压(气动)元件的职能符号仅表示元件的功能，而不表示元件的具体结构和参数。使用职能符号既便于绘制，又可使系统简单明了。

2) 液压系统的组成

从上述例子中可以看出，一个完整的液压系统由以下四个部分组成：

(1) 动力元件，如上例中的3。最常见的形式是液压泵，它将电动机输出的机械能转换成液体压力能，是向系统提供压力的能源装置。泵的最高压力设定由压力控制阀(如上例中的溢流阀4)来调整。

(2) 执行元件，如上例中的8。液压系统的最终目的是推动负载运动。一般执行元件可分为液压缸与液压马达(或摆动缸)两类：液压缸使负载作直线运动，液压马达(或摆动缸)使负载转动(或摆动)。

(3) 控制元件，如上例中的4、5、6、7。液压系统除了让负载运动以外，还要完全控制负载的整个运动过程，包括负载的运动方向、负载的运动速度、负载的输出力矩(力)的大小。在液压系统中，用压力阀来控制输出力，用流量阀来控制速度，用方向阀来控制运动方向。

(4) 辅助元件，如上例中的1、2。油箱用来储存液压油，滤油器用来去除油内杂质，冷却器用来防止油温过高，蓄能器用来储存油液压力能，我们通常称这些元件为辅助元件。

3. 液压流体力学基础

1）液体静力学

液体静力学主要讨论液体静止时的平衡规律以及这些规律的应用。所谓“液体静止”，是指液体内部质点之间没有相对运动，不呈现黏性。至于盛满液体的容器，不论它是静止的或是匀速、匀加速运动的，都没有关系。

（1）液体静压力及其特性。静止液体在单位面积上所受的法向力称为静压力。静压力在液压传动中简称压力，在物理学中则称为压强，即我们现在所说的压力就是中学物理课中所学的压强。

静止液体中某点处微小面积 ΔA 上作用有法向力 ΔF，则该点的压力定义为

$$p=\lim_{\Delta A\to 0}\frac{\Delta F}{\Delta A} \tag{1-1}$$

若法向作用力 F 均匀地作用在面积 A 上，则压力可表示为

$$p=F/A \tag{1-2}$$

我国采用法定计量单位 Pa 来计量压力，1 Pa=1 N/m²，液压传动中习惯用 MPa(N/mm²)，在企业中还习惯使用 bar 作为压力单位，各单位之间的关系为 1 MPa=10^6 Pa=10 bar。

液体静压力有如下两个重要特性：

① 液体静压力垂直于承压面，其方向和该面的内法线方向一致。这是由于液体质点间的内聚力很小，不能受拉只能受压所致。

② 静止液体内任一点所受到的压力在各个方向上都相等。如果某点受到的压力在某个方向上不相等，那么液体就会流动，这就违背了液体静止的条件。

（2）静压力基本方程。在重力作用下的静止液体所受的力，除液体重力外，还有液面上作用的外加压力。图 1-4 所示为一个高度为 h、底面积为 ΔA 的假想微小液柱，其表面上的压力为 p_0。因这个小液柱在重力及周围液体的压力作用下处于平衡状态，故我们可把其在垂直方向上的力平衡关系表示为

$$p\Delta A=p_0\Delta A+\rho gh\Delta A \tag{1-3}$$

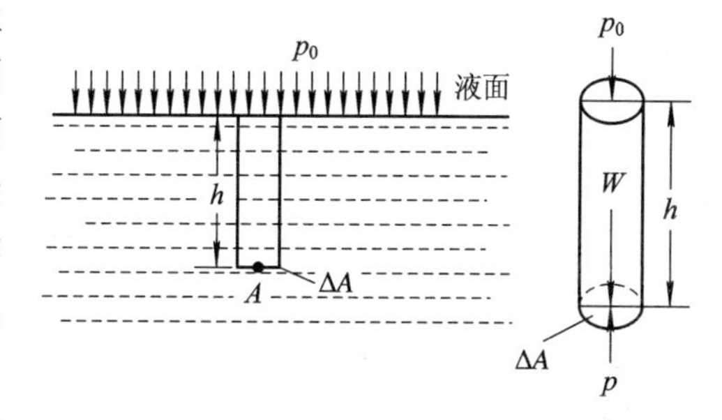

图 1-4　重力作用下的静止液体

式中：$\rho gh\Delta A$ 为小液柱的重力；ρ 为液体的密度；g 为重力加速度，一般 g 取为 9.8 m/s²。式(1-3)化简后得

$$p=p_0+\rho gh \tag{1-4}$$

式(1-4)为静压力的基本方程。此式表明：

① 静止液体中任何一点的静压力为作用在液面的压力 p_0 和液体重力所产生的压力 ρgh 之和。

② 液体中的静压力随着深度 h 的增加而线性增加。

③ 在连通器里，静止液体中只要深度 h 相同，其压力就相等。

（3）压力的表示方法。根据度量方法的不同，压力有绝对压力和相对压力（表压力）之分。以绝对零压力（真空）为基准所表示的压力称为绝对压力。以当地大气压力为基准所表示的压力即 $p-p_0=\rho gh$ 称为相对压力（表压力）。因大气中的物体受大气压的作用是自相

平衡的，所以用压力表测得的压力是相对压力。以后如不特别说明，液、气压传动中提到的压力均指相对压力。

若液体中某点处的绝对压力小于大气压力，则此时该点的绝对压力比大气压力小的那部分压力值称为真空度。所以，真空度＝大气压力－绝对压力。相对压力、绝对压力和真空度的关系如图 1－5 所示。

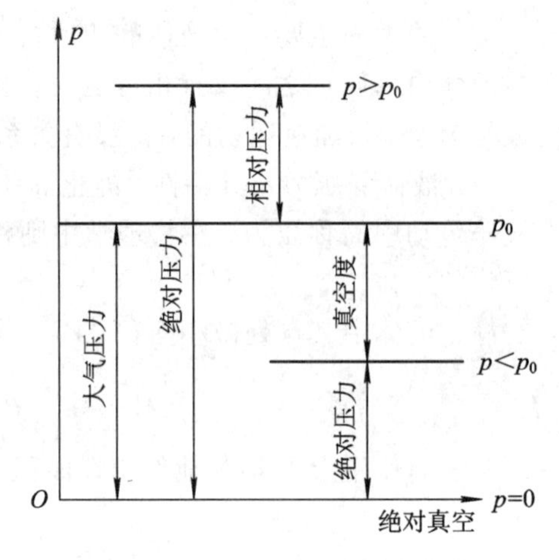

图 1－5　绝对压力、相对压力、真空度的关系

(4) 帕斯卡原理。密闭容器内的液体，当外加压力发生变化时，只要液体仍能保持原来的静止状态不变，则液体内任意一点的压力将发生同样大小的变化。也就是说，在密闭的容器内，施加于静止液体的压力可以等值地传递到液体各点。这就是帕斯卡原理，也称静压传递原理。

图 1－6 中，两个大小液压缸由连接管连接构成密闭容器。其中，大活塞面积为 A_2，作用在活塞上的负载为 W，液体所形成的压力 $p=W/A_2$。由帕斯卡原理知：小活塞处的压力亦为 p。若小活塞面积为 A_1，则为防止大活塞下降，在小活塞上应施加的力

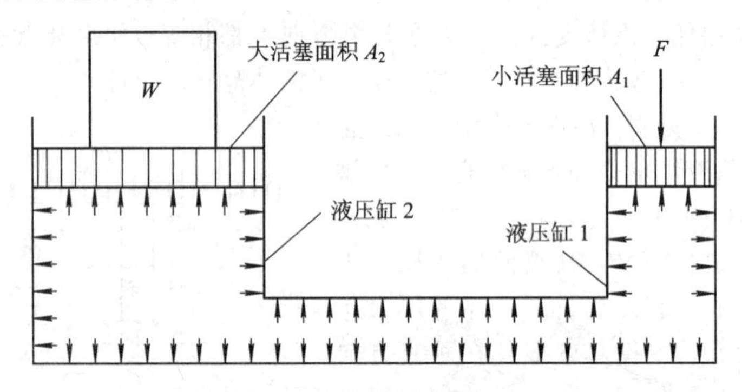

图 1－6　帕斯卡原理应用

$$F=pA_1=\left(\frac{A_1}{A_2}\right)W \tag{1-5}$$

由式(1－5)可知，因为 $A_1/A_2<1$，所以用一个很小的推力 F，就可以推动一个比较大的负载 W。液压千斤顶就是依据这一原理制成的。从负载与压力的关系还可以发现，当大活塞上的负载 $W=0$ 时，不考虑活塞自重和其他阻力，则不论怎样推动小液压缸的活塞也不能在液体中形成压力。这说明液体内的压力取决于外负载。这是液压传动中一个很重要的概念。

2) 液体动力学

液体动力学的主要内容是研究液体流动时流速和压力的变化规律。流动液体的连续性方程、伯努利方程是描述流动液体力学规律的两个基本方程式。这两个方程式反映压力、流速与流量之间的关系。

(1) 流量连续性方程。对恒定流动而言，液体通过流管内任一截面的液体质量必然

相等。

图 1-8 所示的管路内，两个流通截面面积分别为 A_1 和 A_2，流速分别为 v_1 和 v_2，则通过任一截面的流量为

$$q = Av = A_1 v_1 = A_2 v_2 = 常数 \tag{1-6}$$

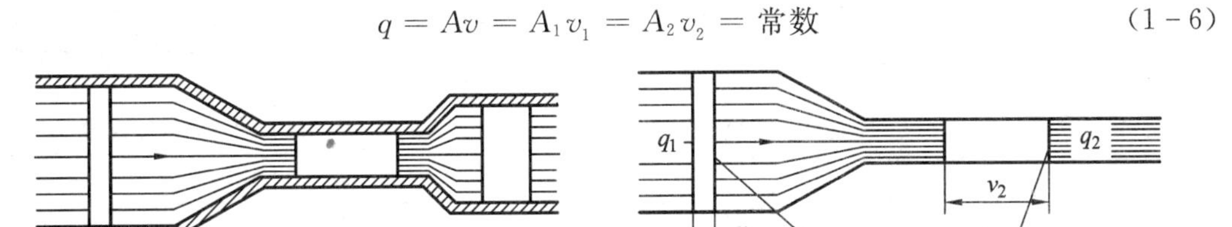

图 1-8　液流连续性示意图

流量的单位通常用 L/min 表示，与 m^3/s 的换算关系为：$1\ L = 1\times10^{-3}\ m^3$，$1\ m^3/s = 6\times10^4\ L/min$。

式(1-6)即为连续性方程，它是质量守恒定律在流体力学中的应用。由此式还可得出另一个重要的基本概念，即运动速度取决于流量，而与流体的压力无关。

(2) 伯努利方程。伯努利方程是瑞士著名的科学家伯努利根据能量守恒定律推导出来的，因此也称能量方程(伯氏方程)。

理想液体的伯氏方程为

$$\frac{p_1}{\rho g} + z_1 + \frac{v_1^2}{2g} = \frac{p_2}{\rho g} + z_2 + \frac{v_2^2}{2g} \tag{1-7}$$

式中：$\frac{p}{\rho g}$表示单位重量的压力能，称为比压能；z 表示单位重量的位能，称为比位能；$\frac{v^2}{2g}$表示单位重量的动能，称为比动能。三者都具有长度的量纲，故分别称为压力水头、位置水头和速度水头。在任意截面上这三种能量都可以相互转化，但其总和保持不变。伯努利方程的核心是能量的转换和能量的守恒。

实际液体的伯氏方程为

$$\frac{p_1}{\rho g} + z_1 + \frac{v_1^2}{2g} = \frac{p_2}{\rho g} + z_2 + \frac{v_2^2}{2g} + h_w \tag{1-8}$$

实际液体的伯努利方程多了一项能量损失 h_w。这是因为实际液体是有黏性的，流动时有摩擦力，有阻力就要消耗能量，液体流动时的能量损失主要表现在压力损失。压力损失项一定要加在流动所在的后一截面上。

两方程中的流速 v 是不同的。由于理想液体没有黏性，因此它在管中流动时截面上的速度是均匀的，它的流动就是实际流动；而实际液体有黏性，它在管中流动时截面上的速度是不均匀的，所以采用平均流速。

小试身手 1-1

图 1-7 所示为相互连通的两个液压缸，已知大缸内径 D=100 mm，小缸内径 d=20 mm，大活塞上放一质量为 5000 kg 的物体 G。

(1) 在小活塞上所加的力 F 为多大时才能使大活塞顶起重物？

(2) 若小活塞下压速度为 0.2 m/s，则大活塞的上升速度是多少？

解　(1) 物体的重力为

$$G = mg = 5000\ \text{kg} \times 9.8\ \text{m/s}^2 = 49\ 000\ \text{kg} \cdot \text{m/s}^2 = 49\ 000\ \text{N}$$

根据帕斯卡原理，因为外力产生的压力在两缸中均相等，即

$$\frac{F}{\pi d^2/4} = \frac{G}{\pi D^2/4}$$

所以，为了顶起重物，应在小活塞上加力为

$$F = \frac{d^2}{D^2}G = \frac{20^2}{100^2} \times 49\ 000 = 1960\ \text{N}$$

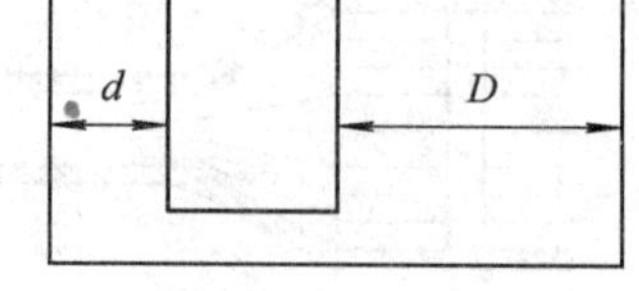

图 1－7　帕斯卡原理应用实例

(2) 由 $q=Av=$常数，得

$$\frac{\pi d^2}{4}v_{小} = \frac{\pi D^2}{4}v_{大}$$

故大活塞的上升速度为

$$v_{大} = \frac{d^2}{D^2}v_{小} = \frac{20^2}{100^2} \times 0.2 = 0.008\ \text{m/s}$$

本例说明了液压千斤顶等液压起重机械的工作原理，体现了液压装置的力的放大作用。

4. 液压冲击和气穴现象

在液压传动中，液压冲击和气穴现象都会给液压系统的正常工作带来不利影响，因此需要了解这些现象产生的原因，并采取相应的措施以减小其危害。

1) 液压冲击

在液压系统中，当油路突然关闭或换向时，会产生急剧的压力升高，这种现象称为液压冲击。

造成液压冲击的主要原因是：液流速度急剧变化，高速运动的工作部件的惯性力和某些液压元件的反应动作不够灵敏。

当管路内的油液以某一速度运动时，若在某一瞬间迅速截断油液流动的通道(如关闭阀门)，则油液的流速将从某一数值在某一瞬间突然降至零，此时油液流动的动能将转化为油液的挤压能，从而使压力急剧升高，造成液压冲击。高速运动的工作部件的惯性力也会引起系统中的压力冲击。例如，液压缸部件要换向时，换向阀迅速关闭液压缸原来的排油管路，这时油液不再排出，但活塞由于惯性作用仍在运动，从而引起压力急剧上升，造成压力冲击。液压系统中由于某些液压元件动作不灵敏，如不能及时地开启油路等，也会引起压力的迅速升高而形成冲击。

产生液压冲击时，系统中的压力瞬间就比正常压力大好几倍，特别是在压力高、流量大的情况下，极易引起系统的振动、噪音，甚至会导致管路或某些液压元件的损坏。这样既影响了系统的工作质量，又会缩短系统的使用寿命。还要注意的是，压力冲击产生的高压力可能会使某些液压元件(如压力继电器)产生误动作而损坏设备。

避免液压冲击的主要办法是避免液流速度的急剧变化。延缓速度变化的时间，能有效地防止液压冲击，如将液动换向阀和电磁换向阀联用可减少液压冲击，这是因为液动换向

阀能把换向时间控制得慢一些。

2）空穴现象

在液流中，当某点压力低于液体所在温度下的空气分离压力时，原来溶于液体中的气体会分离出来而产生气泡，这就叫空穴现象。当压力进一步减小直至低于液体的饱和蒸气压时，液体就会迅速汽化，形成大量蒸气气泡，使空穴现象更为严重，从而使液流呈不连续状态。

如果液压系统中发生了空穴现象，则液体中的气泡随着液流运动到压力较高的区域时，一方面，气泡在较高压力作用下将迅速破裂，从而引起局部液压冲击，造成噪音和振动，另一方面，由于气泡破坏了液流的连续性，降低了油管的通油能力，造成流量和压力的波动，使液压元件承受冲击载荷，因此影响了其使用寿命。同时，气泡中的氧也会腐蚀金属元件的表面，我们把这种因发生空穴现象而造成的腐蚀称为气蚀。

在液压传动装置中，气蚀现象可能发生在液压泵、管路以及其他有节流装置的地方，特别是液压泵装置(这种现象最为常见)。

为了减少气蚀现象，应使液压系统内所有点的压力均高于液压油的空气分离压力。例如，应注意液压泵的吸油高度不能太大，吸油管径不能太小(因为管径过小会使流速过快，从而造成压力降得很低)，油泵的转速不要太高，管路应密封良好，油管入口应没入油面以下等。总之，应避免流速的剧烈变化和外界空气的混入。

气蚀现象是液压系统产生各种故障的原因之一，特别在高速、高压的液压设备中更应注意这一点。

任务1-3　液压动力滑台动力元件

【教学导航】

• 能力目标

(1) 能熟练拆装齿轮泵，并会选用齿轮泵。

(2) 能熟练拆装叶片泵，并会选用叶片泵。

(3) 能熟练拆装柱塞泵，并会选用柱塞泵。

• 知识目标

(1) 掌握容积式泵的工作原理、主要性能参数及职能符号。

(2) 掌握齿轮泵、叶片泵及柱塞泵的结构及工作过程。

(3) 掌握齿轮泵、叶片泵及柱塞泵的特点和应用场合。

【任务引入】

任何工作系统都需要动力。液压系统以液压泵作为向系统提供一定流量和压力的动力元件，液压泵由电动机带动将油液从油箱吸上来，并将油液以一定的压力输送出去，使执行元件推动负载作功。液压泵性能的好坏直接影响液压系统的工作性能和可靠性，在液压传动中占有极其重要的地位。

【任务分析】

本系统采用了限压式变量泵，利用限压式变量泵和调速阀的容积节流调速回路，保证了稳定的低速运动，有较好的速度刚性和较大的调速范围。利用限压式变量泵和液压缸的差动连接实现快进，能量利用合理。限压式变量泵本身就能按预先调定的压力限制其最大工作压力，故在采用限压式变量泵的系统中，一般不需要另外设置安全阀。

【知识链接】

1. 液压泵概述

液压系统中油箱里面的不是液压油，从液压泵里流出来的具有压力的才是液压油。可见，液压泵是给系统提供动力的元件。

1）液压泵的工作原理

图 1－19 所示为液压泵的工作原理图。柱塞 2 装在缸体 3 内，并可作左右移动，在弹簧 4 的作用下，柱塞紧压在偏心轮 1 的外表面上。当电机带动偏心轮旋转时，偏心轮推动柱塞左右运动，使密封容积 a 的大小发生周期性的变化。当 a 由小变大时，就形成部分真空，使油箱中的油液在大气压的作用下经吸油管道顶开单向阀 6 进入油腔而实现吸油；反之，当 a 由大变小时，油腔中吸满的油液将顶开单向阀 5 流入系统而实现压油。电机带动偏心轮不断旋转，液压泵就不断地吸油和压油。

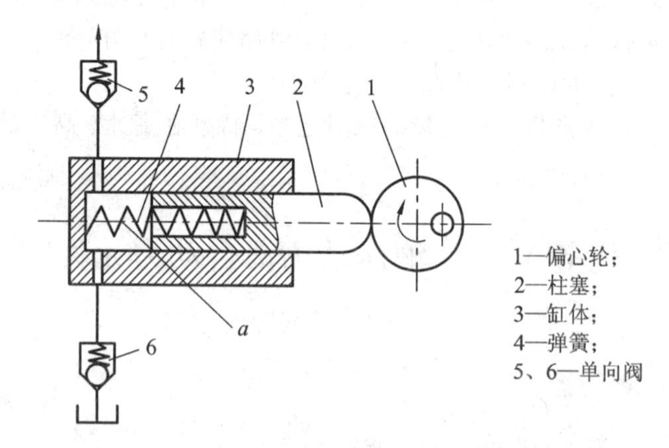

图 1－9　液压泵的工作原理图

由于这种泵是依靠泵的密封工作腔的容积变化来实现吸油和压油的，因而称为容积式泵。液压传动系统中使用的液压泵都是容积式泵。容积式泵的流量大小取决于密封工作腔容积变化的大小和次数。若不计泄漏，则流量与压力无关。

2）液压泵的主要性能参数

液压泵的主要性能参数是表示液压泵工作能力和工作质量的主要数据。液压泵的主要性能参数有压力、排量、流量、功率和效率。

(1) 压力。压力主要包括工作压力和额定压力两种。

① 工作压力。液压泵实际工作时的输出压力称为液压泵的工作压力。工作压力的大小取决于外负载的大小和排油管路上的压力损失，而与液压泵的流量无关。

② 额定压力。液压泵在正常工作条件下，按试验标准规定连续运转的最高压力称为液压泵的额定压力。超过此值就是过载。

(2) 排量。排量是泵主轴每转一周所排出液体体积的理论值，记为 V，常用单位为 cm^3/r。排量的大小仅与泵的几何尺寸有关。如果泵排量固定，则为定量泵；如果泵排量可变，则为变量泵。一般定量泵的密封性较好，泄漏小，故在高压时效率较高。

(3) 流量。流量为泵在单位时间内排出的液体体积(L/min)，有理论流量 q_t 和实际流量 q 两种。理论流量 q_t 的计算式为

$$q_t = Vn \tag{1-9}$$

式中：V 表示泵的排量(L/r)；n 表示泵的转速(r/min)。

实际流量 q 的计算式为

$$q = q_t - \Delta q \tag{1-10}$$

式中：Δq 表示泵运转时油从高压区到低压区的泄漏损失。

(4) 功率。

① 输入功率 P_i。输入功率 P_i 是指作用在液压泵主轴上的机械功率，已知输入转矩 T_i、角速度 ω 时，有

$$P_i = T_i\omega \tag{1-11}$$

② 输出功率 P。输出功率 P 是指液压泵在工作过程中的实际吸、压油口间的压差 Δp 和输出流量 q 的乘积，即

$$P = \Delta p \cdot q \tag{1-12}$$

在工程实际中，若液压泵吸、压油口的压力差 Δp 的计量单位用 MPa 表示，输出流量 q 用 L/min 表示，则液压泵的输出功率 P 可表示为

$$P = \frac{\Delta p \cdot q}{60} \tag{1-13}$$

式中，P 的单位为 kW。

(5) 效率。液压泵的容积效率 η_v 为

$$\eta_v = \frac{q}{q_t} \tag{1-14}$$

液压泵的机械效率 η_m 为

$$\eta_m = \frac{T_t}{T} \tag{1-15}$$

式中：T_t 是泵的理论输入扭矩；T 是泵的实际输入扭矩。

液压泵的总效率是指液压泵的实际输出功率与其输入功率的比值，即

$$\eta = \frac{P}{P_i} = \frac{\Delta p \cdot q}{T_i\omega} = \eta_m \eta_v \tag{1-16}$$

小试身手 1-2

某液压系统，泵的排量 $V=10$ mL/r，电机转速 $n=1200$ r/min，泵的输出压力 $p=5$ MPa，泵容积效率 $\eta_v=0.92$，总效率 $\eta=0.84$。求：

(1) 泵的理论流量；

(2) 泵的实际流量；

(3) 泵的输出功率；

(4) 驱动电机功率。

解　(1) 泵的理论流量为

$$q_t = Vn = 10 \times 1200 \times 10^{-3} = 12 \text{ L/min}$$

(2) 泵的实际流量为

$$q = q_t \eta_v = 12 \times 0.92 = 11.04 \text{ L/min}$$

(3) 泵的输出功率为

$$P = pq/60 = 5 \times 11.04/60 = 0.9 \text{ kW}$$

(4) 驱动电机功率为

$$P_m = P/\eta = 0.9/0.84 = 1.07 \text{ kW}$$

3) 液压泵的职能符号

按照排油方向和排量，液压泵的职能符号有如图 1-10 所示的四种，即单向定量液压泵、单向变量液压泵、双向定量液压泵、双向变量液压泵。

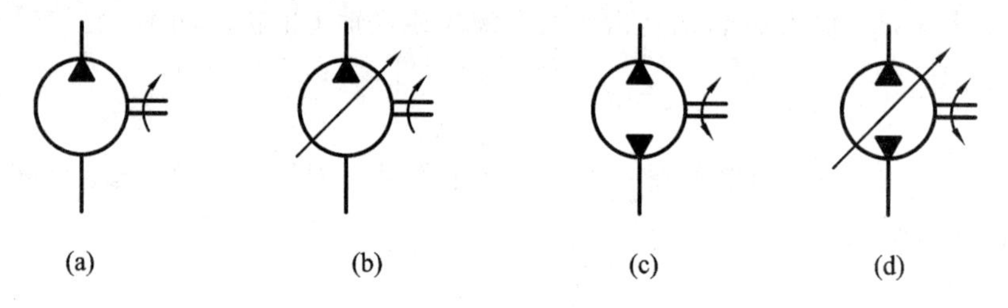

图 1-10　液压泵的职能符号

(a) 单向定量液压泵；(b) 单向变量液压泵；(c) 双向定量液压泵；(d) 双向变量液压泵

2. 常见液压泵

液压泵的分类方式很多，按压力的大小分为低压泵、中压泵和高压泵；按流量是否可调节分为定量泵和变量泵；按泵的结构分为齿轮泵、叶片泵和柱塞泵，其中，齿轮泵和叶片泵多用于中、低压系统，柱塞泵多用于高压系统。

1) 齿轮泵

齿轮泵是液压泵中结构最简单的一种，且价格便宜，故在一般机械上被广泛使用。齿轮泵是定量泵，可分为外啮合齿轮泵和内啮合齿轮泵两种。

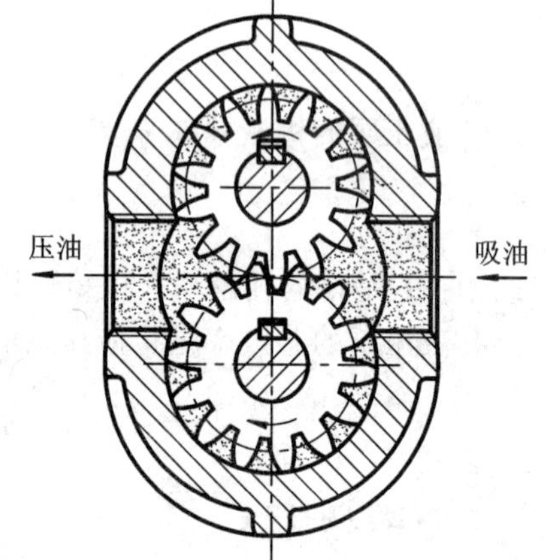

图 1-11　外啮合齿轮泵的工作原理

(1) 外啮合齿轮泵。外啮合齿轮泵的结构和工作原理如图 1-11 所示。它由装在壳体内的一对齿轮所组成，齿轮两侧由端盖罩住，壳体、端盖和齿轮的各个齿间槽组成了许多密封工作腔。当齿轮按图 1-11 所示方向旋转时，右侧吸油腔由于相互啮合的齿轮逐渐脱开，密封工作容积逐渐增大，形成部分真空，因此油箱中的油液在外界大气压的作用下经吸油管进入吸油腔，将齿间槽充满，并随着齿轮旋转，把油液带到左侧的压油腔内。在压油区的一侧，齿轮在这里逐渐进入啮合，密封工作腔容积不断减小，油液便被挤出去，从压油腔输送到压油管路中。这里的啮合点处的齿面接触线一直起着隔离高、低压腔的作用。

外啮合齿轮泵运转时泄漏的主要途径有：一为齿顶与齿轮壳体内壁的间隙，二为齿轮端面与端盖侧面之间的间隙。其中，对泄漏影响最大的是后者，占总泄漏量的 75%～80%，它是影响齿轮泵压力提高的首要问题。

解决外啮合齿轮泵的内泄漏、提高压力的关键是控制齿轮端面和端盖之间保持一个合适的间隙。在高、中压齿轮泵中，一般采用浮动轴套的轴向间隙自动补偿办法，使之在液压力的作用下压紧齿轮端面，使轴向间隙减小，从而减小泄漏。中、高压齿轮泵的工作压力可达 16～20 MPa。

齿轮泵要平稳工作，齿轮啮合的重合度必须大于 1，即在前一对齿轮尚未脱离啮合前，后一对齿轮已经进入啮合。两对齿同时啮合时，留在齿间的油液被困在一个封闭的空间，如图 1-12 所示，我们称之为困油现象。因为液压油不可压缩，所以外啮合齿轮泵在运转过程中会产生极大的振动和噪音，可以通过在侧板上开设卸荷槽解决此问题。

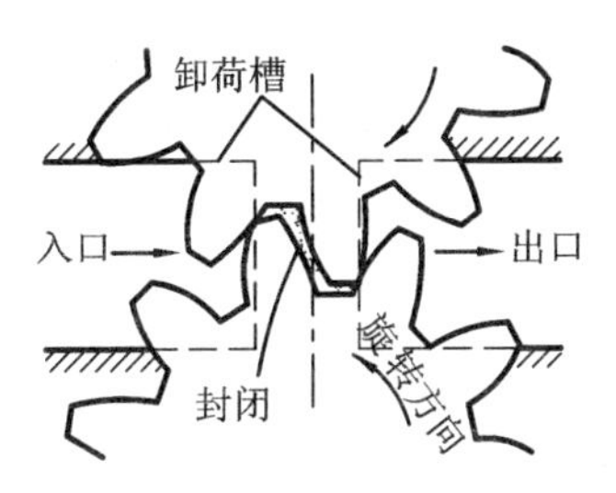

图 1-12　困油现象

齿轮泵工作时，在齿轮和轴承上承受径向液压力的作用。由于泵的吸油腔和压油腔压力不同，因此作用在齿轮上就有大小不等的压力，这就是齿轮和轴承受到的径向不平衡力。径向不平衡力不仅加速了轴承的磨损，降低了轴承的寿命，甚至导致轴变形，造成齿顶和泵体内壁的摩擦等。为了解决径向力不平衡问题，在有些齿轮泵上，采用开压力平衡槽的办法来消除径向不平衡力，但这将导致泄漏增大，容积效率降低等。

(2) 内啮合齿轮泵。图 1-13(a)所示为有隔板的内啮合齿轮泵，图 1-13(b)所示为摆动式内啮合齿轮泵。它们共同的特点是：内外齿轮转向相同，齿面间相对速度小，运转时噪音小；齿数相异，不会发生困油现象。因为外齿轮的齿面必须始终与内齿轮的齿面紧贴，以防内漏，所以内啮合齿轮泵不适用于较高压力的场合。

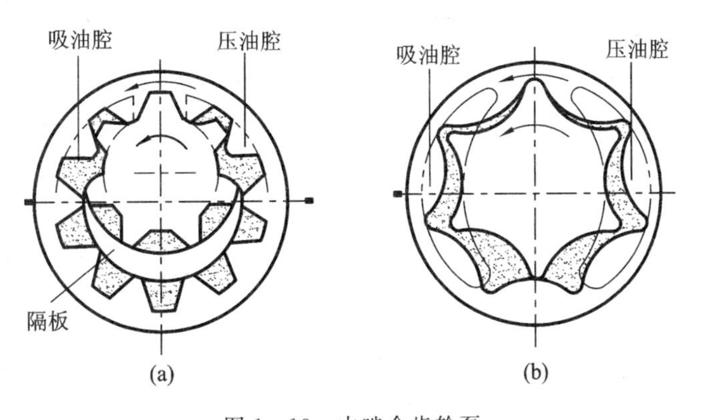

图 1-13　内啮合齿轮泵

(a) 有隔板的内啮合齿轮泵；(b) 摆动式内啮合齿轮泵

2) 叶片泵

叶片泵的优点是：运转平稳，压力脉动小，噪音小；结构紧凑，尺寸小，流量大。其缺点是：对油液要求高，如油液中有杂质，则叶片容易卡死；与齿轮泵相比结构较复杂。它广泛应用于机械制造中的专用机床和自动线等中、低压液压系统中。该泵有两种结构形式：一种是单作用叶片泵，另一种是双作用叶片泵。

(1) 单作用叶片泵。单作用叶片泵的工作原理如图 1-14 所示。单作用叶片泵由转子 1、定子 2、叶片 3 和端盖等组成。定子具有圆柱形内表面，定子和转子间有偏心距 e；叶片装在转子槽中，并可在槽内滑动，当转子回转时，由于离心力的作用，使叶片紧靠在定子内壁。这样，在定子、转子、叶片和两侧配油盘间就形成了若干个密封的工作空间，当转子按逆时针方向回转时，在图 1－14 的右部，叶片逐渐伸出，叶片间的空间逐渐增大，从吸油口吸油，这是吸油腔，在图 1－14 的左部，叶片被定子内壁逐渐压进槽内，工作空间逐渐缩小，将油液从压油口压出，这就是压油腔。在吸油腔和压油腔之间有一段封油区，把吸油腔和压油腔隔开，这种叶片泵每转一周，每个工作腔就完成一次吸油和压油，因此称之为单作用叶片泵。转子不停地旋转，泵就不断地吸油和排油。

改变转子与定子的偏心量，即可改变泵的流量，偏心量越大，则流量越大。若调成几乎是同心的，则流量接近于零。因此，单作用叶片泵大多为变量泵。

另外还有一种限压式变量泵，当负荷小时，泵输出流量大，负载可快速移动；当负荷增加时，泵输出流量变少，输出压力增加，负载速度降低。如此可减少能量消耗，避免油温上升。

(2) 双作用叶片泵。双作用叶片泵的工作原理如图 1－15 所示。图中，定子内表面近似椭圆，转子和定子同心安装，有两个吸油区和两个压油区对称布置。转子每转一周，完成两次吸油和压油。双作用叶片泵大多是定量泵。

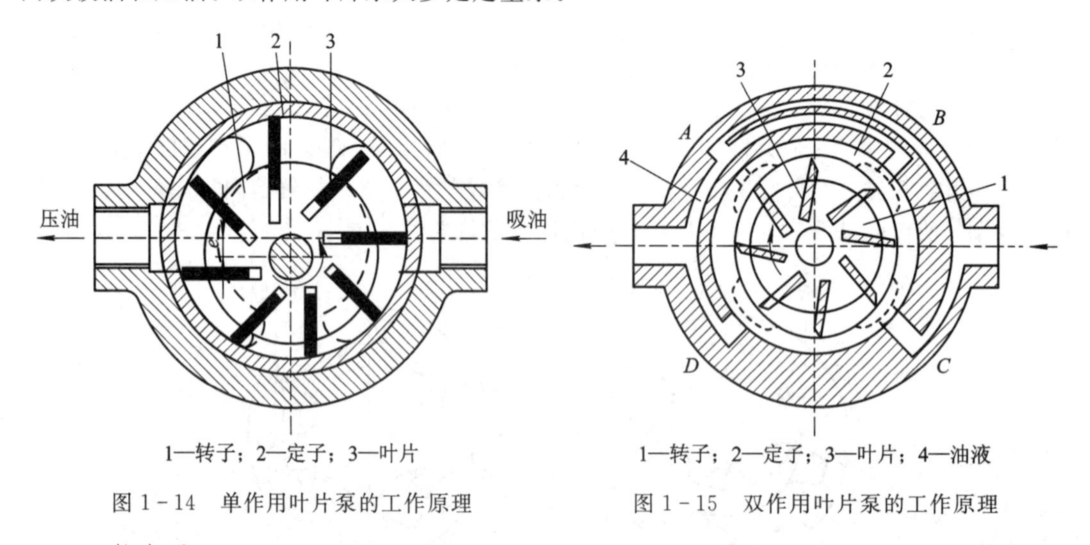

1—转子；2—定子；3—叶片

图 1－14　单作用叶片泵的工作原理

1—转子；2—定子；3—叶片；4—油液

图 1－15　双作用叶片泵的工作原理

3) 柱塞泵

柱塞泵的工作原理是通过柱塞在液压缸内作往复运动来实现吸油和压油。与齿轮泵和叶片泵相比，该泵能以最小的尺寸和最小的重量供给最大的动力，为一种高效率的泵，但制造成本相对较高。该泵用于高压、大流量、大功率的场合。它可分为轴向柱塞泵和径向柱塞泵两种。

(1) 轴向柱塞泵。轴向柱塞泵的工作原理如图 1－16 所示。轴向柱塞泵可分为直轴式(见图 1－16(a))和斜轴式(见图 1－16(b))两种。这两种泵都是变量泵，通过调节斜盘倾角 γ，即可改变泵的输出流量。

泵由斜盘 4、柱塞 3、缸体 1、配油盘 2 等主要零件组成，斜盘和配油盘固定不动。在缸体上有若干个沿圆周均布的轴向孔，孔内装有柱塞，传动轴带动缸体 1、柱塞 3 一起转动。柱塞 3 在机械装置或低压油的作用下使柱塞头部和斜盘 4 靠紧，同时缸体 1 和配油盘 2 也紧密接触，起密封作用。当缸体 1 按图示方向转动时，柱塞 3 在缸体 1 内作往复运动，各柱塞与缸体间的密封容积发生增大和减小的变化，通过配油盘 2 上的弧形吸油窗口和压油窗口实现吸油和压油。如果改变斜盘 4 倾角的大小，就能改变柱塞 3 的行程，这也就改变了轴向柱塞泵的排量。如果改变斜盘 4 倾角的方向，就能改变吸、压油的方向，这时就成为双向变量轴向柱塞泵。斜轴式轴向柱塞泵的工作原理为：传动轴相对于缸体有一倾角，柱塞与传动轴圆盘之间用相互铰接的连杆相连。当传动轴旋转时，连杆就带动柱塞连同缸体一起转动，柱塞同时也在孔内作往复运动，使柱塞孔底部的密封腔容积不断发生增大和减小的变化，通过配油盘上的窗口实现吸油和压油。

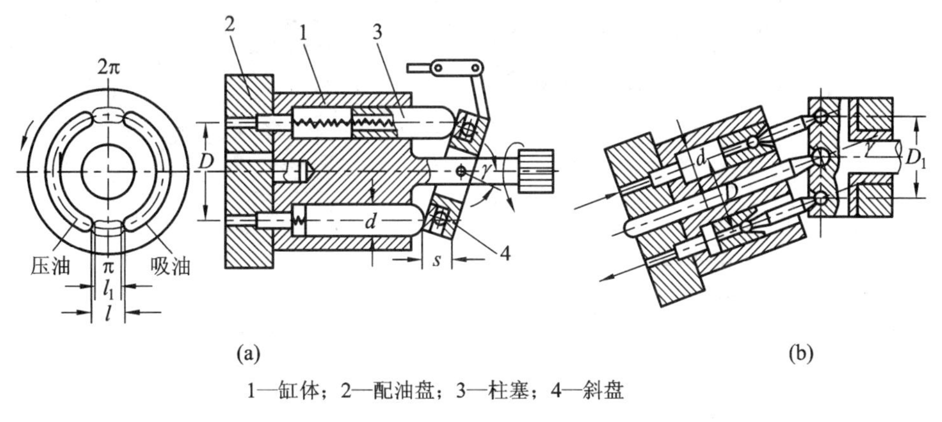

1—缸体；2—配油盘；3—柱塞；4—斜盘

图 1－16　轴向柱塞泵的工作原理

(a) 直轴式；(b) 斜轴式

与斜盘式轴向柱塞泵相比较，斜轴式轴向柱塞泵由于缸体所受的不平衡径向力较小，故结构强度较高，变量范围较大(倾角较大)，但外形尺寸较大，结构也较复杂。目前，斜轴式轴向柱塞泵的使用相当广泛。

(2) 径向柱塞泵。径向柱塞泵(柱塞运动方向与液压缸体的中心线垂直)可分为固定液压缸式径向柱塞泵和回转液压缸式径向柱塞泵两种。

图 1－17 所示为固定液压缸式径向柱塞泵。利用偏心轮的旋转，可使活塞产生往复行程，以进行泵的吸、压作用。偏心轮的偏心量固定，所以固定液压缸式径向柱塞泵一般为定量泵，最高输出压力可达 21 MPa 以上。

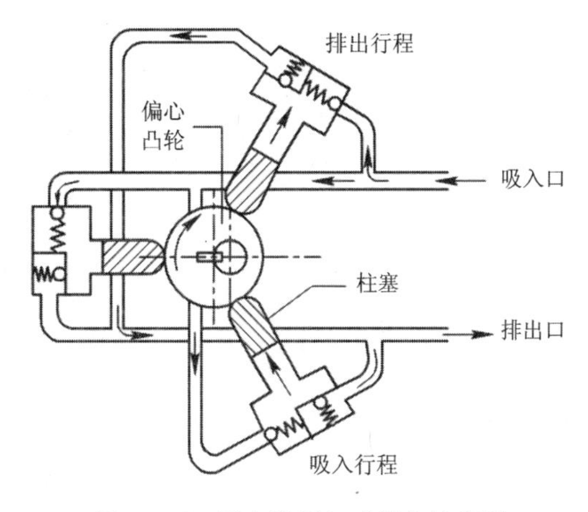

图 1－17　固定液压缸式径向柱塞泵

图 1-18 所示为回转液压缸式径向柱塞泵，其活塞安装在液压缸体上，液压缸体的中心和转子的中心有一偏心量 e，液压缸体和轴一同旋转。分配轴固定，上有四条油路，其中两条油路成一组，分别充当压油的进、出通道，并和盖板的进、出油口相通。改变偏心量即可改变流量，因此，回转液压缸式径向柱塞泵为一种变量泵。

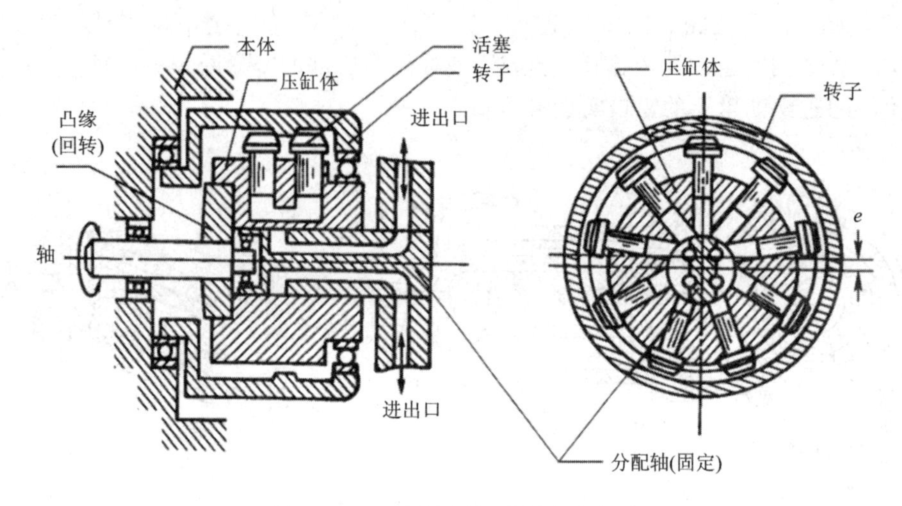

图 1-18　回转液压缸式径向柱塞泵

3. 常用液压泵的性能

液压泵是向系统提供一定流量和压力的油液动力元件，它是每个液压系统不可缺少的核心元件，合理地选择液压泵对于降低液压系统的能耗、提高系统的效率、降低噪声、改善工作性能和保证系统的可靠工作都十分重要，了解各种常用泵的性能有助于我们正确地选用泵。选择液压泵的原则是：根据主机工况、功率大小和系统对工作性能的要求，首先确定液压泵的类型，然后按系统所要求的压力、流量大小确定其规格型号。表 1-1 列举了最常用液压泵的各种性能值，供大家在选用时参考。

表 1-1　几种常见液压泵的各种性能值

泵类型	速度/(r/min)	排量/(cm^3/r)	工作压力/MPa	总效率
外啮合齿轮泵	500～3500	12～250	6.3～16	0.8～0.91
内啮合齿轮泵	500～3500	4～250	16～25	0.8～0.91
螺杆泵	500～4000	4～630	2.5～16	0.7～0.85
叶片泵	960～3000	5～160	10～16	0.8～0.96
轴向柱塞泵	750～3000	25～800	16～32	0.8～0.92
径向柱塞泵	960～3000	5～160	16～32	0.9

任务 1-4　液压动力滑台执行元件、辅助元件

【教学导航】

• **能力目标**

(1) 熟悉不同类型液压缸的结构、作用及应用场合。

（2）熟悉液压马达的结构、应用及与动力元件的区别。

（3）熟悉各种辅助元件的结构、作用及在系统中的安装位置。

• 知识目标

（1）掌握液压缸的结构、参数计算及职能符号。

（2）掌握液压马达的工作原理、种类及职能符号。

（3）掌握各种辅助元件结构、作用及职能符号。

【任务引入】

液压执行元件是把液体的压力能转换成机械能的装置，它驱动机构作直线往复或旋转（或摆动）运动，其输出为力和速度或转矩和转速。

液压辅助元件则是为使液压系统在各种状态下都能正常运行所需的一些设备。它包括蓄能器、过滤器、油箱等装置。液压辅助元件的合理设计与选用，将在很大程度上影响液压系统的效率、噪声、温升、工作可靠性等技术性能。

【任务分析】

本系统采用了双作用单杆液压缸。液压缸主要的运动过程是伸出和缩回。在液压动力滑台系统中，伸出时分快进、一工进、二工进三个过程，在没有接触工件时为空载快进，利用差动缸来实现，既提高了速度，又减小了推力。快进和工进的换接采用了行程阀、顺序阀和调速阀来实现，动作可靠，转换位置精度高。系统中应该用到油箱、过滤器、冷却器、油管、管接头等辅助元件。

【知识链接】

1. 执行元件

执行元件包括液压缸和液压马达。

1）液压缸

液压缸是使负载作直线运动的执行元件。液压缸可分为单作用式液压缸和双作用式液压缸两类。单作用式液压缸又可分为无弹簧式、弹簧式、柱塞式三种，如图 1－19 所示。双作用式液压缸又可分为单杆式和双杆式两种，如图 1－20 所示。

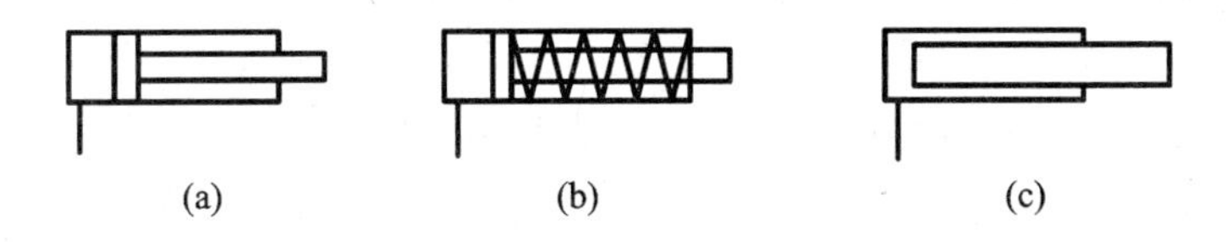

图 1－19　单作用式液压缸

（a）无弹簧式；（b）弹簧式；（c）柱塞式

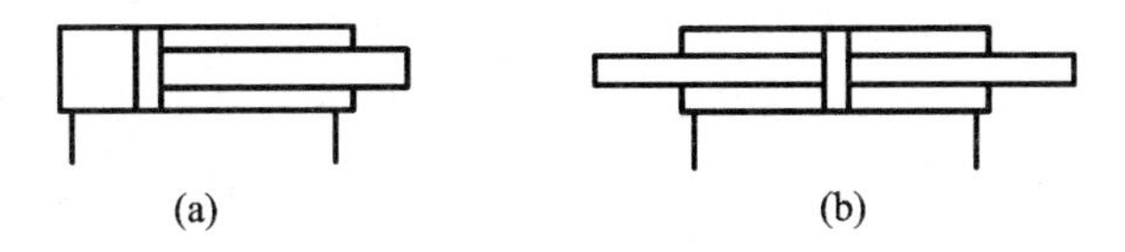

图 1－20　双作用式液压缸

（a）单杆式；（b）双杠式

（1）双作用单杆液压缸。

① 双作用单杆液压缸的结构、职能符号。图 1-21 所示为双作用单杆液压缸，它由缸筒、端盖、活塞、活塞杆、缓冲阀、放气口和密封圈等组成。选用液压缸时，首先应考虑活塞杆的长度(由行程决定)，再根据回路的最高压力选用适合的液压缸。

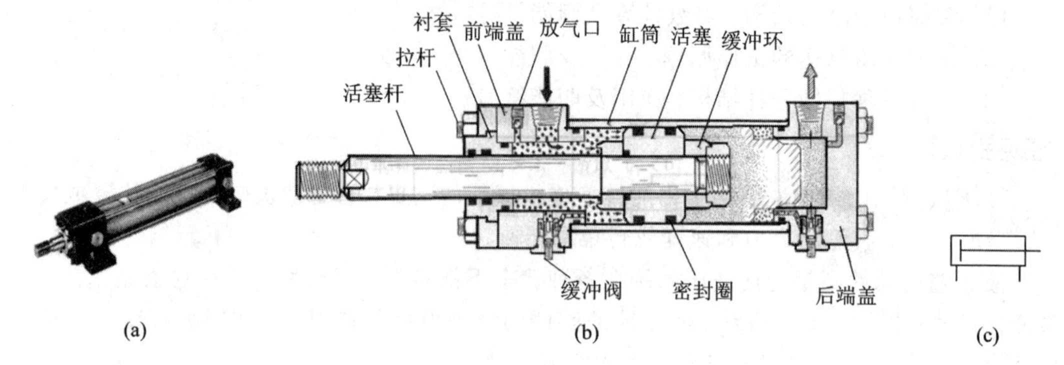

图 1-21　双作用单杆液压缸的外观、结构及职能符号

(a) 外观图；(b) 结构图；(c) 职能符号

• 缸筒。缸筒主要由钢材制成。缸筒内要经过精细加工，表面粗糙度 $R_a<0.08\ \mu m$，以减少密封件的摩擦。

• 端盖。通常端盖由钢材制成，有前端盖和后端盖之分，它们分别安装在缸筒的前后两端。端盖和缸筒的连接方法有焊接、拉杆、法兰、螺纹连接等。

• 活塞。活塞的材料通常是钢或铸铁，有时也采用铝合金。活塞和缸筒内壁之间需要密封，采用的密封件有 O 形环、V 形油封、U 形油封、X 形油封和活塞环等。活塞应有一定的导向长度，一般取活塞长度为缸筒内径的 0.6～1.0 倍。

• 活塞杆。活塞杆是由钢材做成的实心杆或空心杆。其表面经淬火再镀铬处理并抛光。

• 缓冲阀。为了防止活塞在行程的终点与前后端盖发生碰撞，引起噪音和液压冲击，影响工作精度或使液压缸损坏，常在液压缸前后端盖上设有缓冲装置，以使活塞移到快接近行程终点时速度减慢下来直至停止。图 1-21(b)所示前后端盖上的缓冲阀是附有单向阀的结构。当活塞接近端盖时，缓冲环插入端盖，即液压油的出入口，强迫液压油经缓冲阀的孔口流出，促使活塞的速度缓慢下来。相反，当活塞从行程的终点将离去时，如液压油只作用在缓冲环上，活塞要移动的那一瞬间将非常不稳定，甚至无足够力量推动活塞，故必须使液压油经缓冲阀内的单向阀作用在活塞上，如此才能使活塞平稳地前进。

• 放气口。在安装过程中或停止工作一段时间后，空气将侵入液压系统内。缸筒内如存留空气，将使液压缸在低速时产生爬行、颤抖等现象，换向时易引起冲击，因此在液压缸结构上要能及时排除缸内留存的气体。一般双作用式液压缸不设专门的放气孔，而是将液压油出入口布置在前、后端盖的最高处。大型双作用式液压缸则必须在前、后端盖设放气栓塞。对于单作用式液压缸，液压油出入口一般设在缸筒底部，放气栓塞一般设在缸筒的最高处。

• 密封圈。液压缸的密封圈用以防止油液的泄漏。液压缸的密封主要是指活塞、活塞杆处的动密封和缸盖等处的静密封，常采用 O 形密封圈和 Y 形密封圈。

② 双作用单杆液压缸的参数计算。液压缸的工作原理如图 1-22 所示。液压缸缸体是

固定的，液压油从 A 口进入作用在活塞上，产生一推力 F，通过活塞杆以克服负荷 W，使活塞以速度 v 向前推进，同时活塞杆侧的液压油通过 B 口流回油箱。相反，若高压油从 B 口进入，则活塞后退。

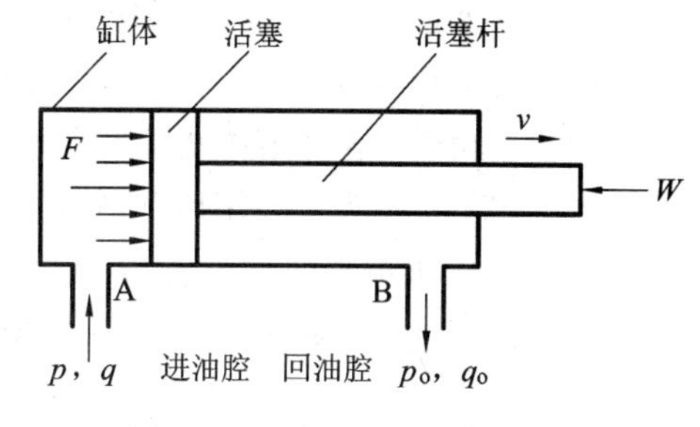

图 1-22　液压缸的工作原理

• 速度和流量。若忽略泄漏，则液压缸活塞杆的运动速度 v 和流入进油腔流量 q 的关系如下：

$$q = Av \tag{1-17}$$

$$v = q/A \tag{1-18}$$

式中，q 表示液压缸的输入流量(m^3/s 或 L/min，其中 $1\ L=1\times10^{-3}\ m^3$)；A 表示液压缸活塞上的有效工作面积(mm^2)；v 表示活塞的移动速度(m/s)。

通常，活塞上的有效工作面积是固定的，由式(1-18)可知，活塞的速度取决于输入液压缸的液压油的流量。故由上述理论可知，速度和负载无关。

• 推力和压力。推力 F 是压力为 p 的液压油作用在有效工作面积为 A 的活塞上，以平衡负载 W 的力。若液压缸回油接油箱，则 $p_0=0$，故有

$$F = W = pA \tag{1-19}$$

式中，p 表示液压缸的工作压力(MPa)；A 表示液压缸活塞上的有效工作面积(mm^2)。

推力 F 可看成是液压缸的理论推力，因为活塞的有效面积固定，故压力取决于总负载。如图 1-23(a)所示，当油压液从液压缸左腔(无杆腔)进入时，活塞前进速度 v_1 和产生的推力 F_1 分别为

$$v_1 = \frac{q}{A_1} = \frac{4q}{\pi D^2} \tag{1-20}$$

$$F_1 = p_1A_1 - p_2A_2 = \frac{\pi}{4[(p_1-p_2)D^2 + p_2d^2]} \tag{1-21}$$

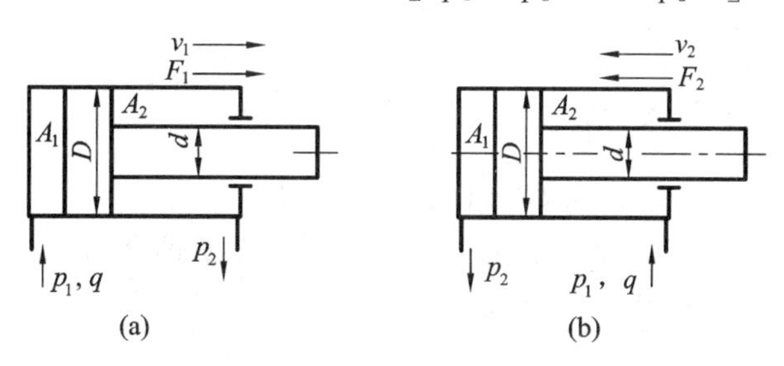

图 1-23　双作用单杆液压缸

如图 1-23(b)所示，当油压液从液压缸右腔(有杆腔)进入时，活塞后退的速度 v_2 和产生的推力 F_2 为

$$v_2 = \frac{q}{A_2} = \frac{4q}{\pi(D^2-d^2)} \tag{1-22}$$

$$F_2 = p_1A_2 - p_2A_1 = \frac{\pi}{4[(p_1-p_2)D^2 - p_1d^2]} \tag{1-23}$$

因为活塞的有效面积 $A_1>A_2$，所以 $v_1<v_2$，$F_1>F_2$，即双作用单杆液压缸活塞伸出与缩回相比速度慢，推力大。

(2) 差动缸。在实际液压系统中，很多情况下需要液压缸活塞能够快速伸出(即快进)。但由前面的知识可知，双作用单杆液压缸伸出速度慢，故将液压缸油路连接进行小改动就可实现快进功能，这种结构就是差动缸。

图 1-24 所示为双作用单杆液压缸的另一种连接方式。它把右腔的回油管道和左腔的进油管道接通，这种连接方式称为差动连接。活塞前进的速度 v_3 及推力 F 分别为

$$v_3=\frac{q+q'}{A_1}=\frac{q+\frac{\pi}{4}(D^2-d^2)v_3}{\frac{\pi}{4}D^2} \tag{1-24}$$

$$F_3=p(A_1-A_2)=p\pi d^2/4 \tag{1-25}$$

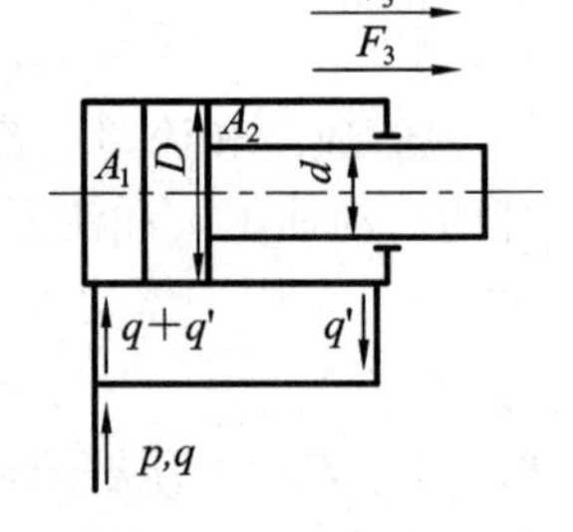

图 1-24　差动缸

因为 $D>d$，$p_2<p_1$，所以 $v_1<v_3$，$F_1>F_3$。显然，差动缸运动速度较快，但推力较小。故差动缸常用于空载快进场合。

(3) 双作用双杆液压缸。双作用双杆液压缸两端都有活塞杆伸出，如图 1-25 所示。它主要由缸筒 4、活塞 5、活塞杆 1、缸盖 3、压盖 2 等零件组成。缸筒与缸盖用法兰连接，活塞与活塞杆用柱塞销连接，活塞与缸筒内壁之间采用间隙密封(低压)，活塞杆与缸盖之间采用了 V 形密封圈 6。图 1-25 示为缸筒固定、活塞杆运动形式，另外也可以是活塞杆固定、缸筒运动形式。

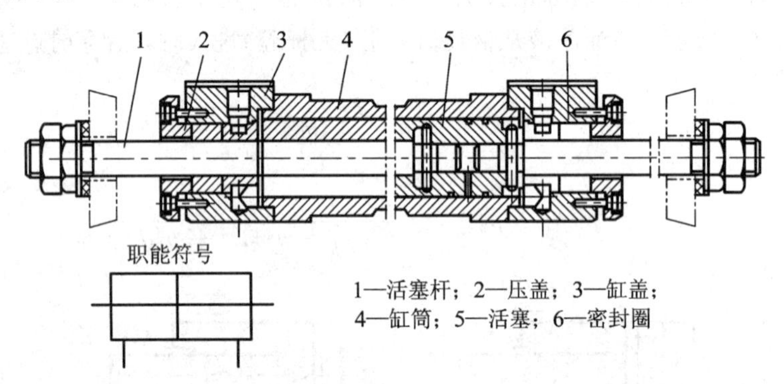

图 1-25　双杆双作用液压缸结构与其职能符号

因双作用双杆液压缸两端活塞杆直径相等，所以左右两腔有效面积相等。当分别向左、右腔输入相同的压力和流量时，液压缸左、右两个方向上输出的推力 F 和速度 v 相等，其表达式为

$$F=A(p_1-p_2)=(D^2-d^2)(p_1-p_2)\pi/4 \tag{1-26}$$

$$v=\frac{q}{A}=\frac{4q}{\pi(D^2-d^2)} \tag{1-27}$$

(4) 单作用液压缸。液压油只能使液压缸实现单向运动，即液压油只能通向液压缸的无杆腔，而反向运动则必须依靠外力来实现，如复位弹簧力、自重或其他外部作用。双作用液压缸两个方向都要靠液压油驱动。单作用液压缸的结构和职能符号如图 1-26 所示。

单作用液压缸多用于行程较短的场合，一般采取弹簧复位，例如机床的夹紧、定位、抬刀等辅助液压缸。

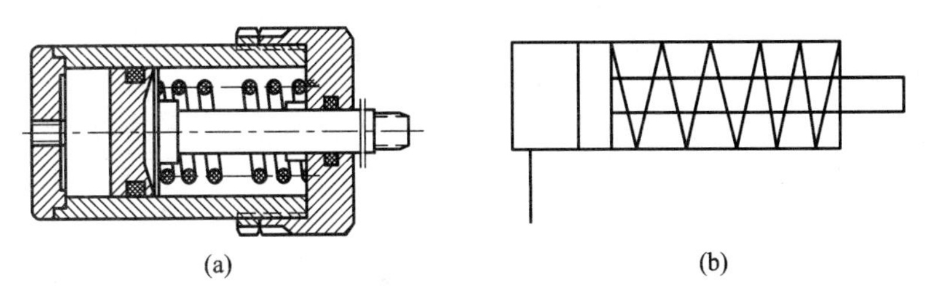

(a)　　(b)

图 1－26　弹簧式单作用液压缸的结构及职能符号

(5) 液动摆缸。液动摆缸也称回转式液压缸或摆动液压马达。当通入液压油时，它的主轴能输出小于 360°的摆动运动。它经常用于辅助运动，例如送料和转位装置、液压机械手以及间歇进给机构。由于近年来的密封材料性能的改善，液动摆缸的应用范围已扩大到中高压。

液动摆缸分为单叶片式和双叶片式两种。图 1－27(a)为单叶片式摆动缸，它只有一个叶片，其摆动角度较大，可达 300°。图 1－27(b)为双叶片式摆动缸，它有两个叶片，其摆动角一般小于 150°。双叶片式摆动缸与单叶片式相比，摆动角度虽小些，但在相同条件下，双叶片式摆动缸的转矩是单叶片式的两倍，而角速度是单叶片式的一半。

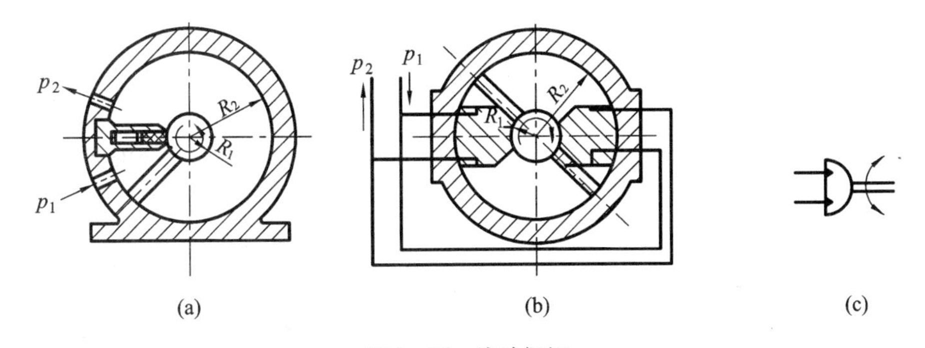

(a)　　(b)　　(c)

图 1－27　液动摆缸

(a) 单叶片式；(b) 双叶片式；(c) 职能符号

2) 液压马达

液压缸是把液体压力能转换成直线运动机械能的执行元件；而液压马达就是把液体压力能转换成旋转运动机械能的执行元件，其内部构造与液压泵类似，差别仅在于液压泵的旋转是由电机带动的，且输出的是液压油。液压马达输入的是液压油，输出的是转矩和转速。因此，液压马达和液压泵在内部结构上存在一定的差别。

(1) 液压马达的工作原理。液压马达和液压泵在结构上基本相同，在工作原理上是互逆的，即向液压马达通入压力油以后，由于作用于转子上的液压力不平衡而产生转矩，从而使转子旋转，成为液压马达。但由于二者的任务和要求有所不同，往往分别采取了特殊的结构措施，这使得它们在一般情况下不能通用。首先，液压马达需要正反转，所以内部结构具有对称性，其进、出油口大小相等；而液压泵一般是单方向旋转的，为了改善吸油性能，其吸油口往往大于压油口。其次，液压马达与液压泵的技术要求侧重点不同，一般液压马达希望有较高的机械效率，以便得到较大的转矩；而液压泵则要求有较高的容积效率，以便得到较大的流量。再则，液压马达往往需要在较大的转速范围内工作，要求转速可变；而液压泵的工作转速都比较高，在工作中是基本不变的。另外，从启动性能来看，液压马达由液压油来推动，启动前应考虑高、低压腔隔开的问题；而液压泵则由外界的原动机带动，启动性能较好。

(2) 液压马达的种类。液压马达可分为高速和低速两大类。一般认为，额定转速高于500 r/min的属于高速液压马达，额定转速低于500 r/min的属于低速液压马达。

高速液压马达的基本形式有齿轮式、叶片式和轴向柱塞式，此外还有转子式、螺杆式等。它们的主要特点是工作转速较高，转动惯量小，便于启动和制动，调速及换向的灵敏度高。通常，高速液压马达的输出转矩不大，所以又称高速小转矩液压马达。

低速液压马达的基本形式为径向柱塞式，例如单作用连杆式、无连杆式和多作用内曲线式等。此外，在轴向柱塞式、叶片式和齿轮式中也有低速的结构形式。低速液压马达的主要特点是排量大，体积大，转速低(有的可低到每分钟几转甚至零点几转，因此可以直接与工作机构连接而不需要减速装置，使得传动机构大大简化)。通常，低速液压马达的输出转矩较大，可达几 kN·m，所以又称为低速大转矩液压马达。

(3) 液压马达的主要性能参数。

① 液压马达的压力。

• 工作压力 Δp。工作压力 Δp 是液压马达在实际工作时入口压力与出口压力的差值。一般在马达出口直接回油箱的情况下，可以认为马达的入口压力就是马达的工作压力。

• 额定压力。额定压力是指液压马达在正常工作状态下，按实验标准连续使用中允许达到的最高压力。

② 液压马达的排量。液压马达的排量是指马达在没有泄漏的情况下每转一转所需输入的油液的体积。它是通过液压马达工作容积的几何尺寸变化计算得出的。

③ 液压马达的流量。液压马达的流量分为理论流量、实际流量。

• 理论流量是指马达在没有泄漏的情况下单位时间内其密封容积变化所需输入的油液的体积。可见，它等于马达的排量和转速的乘积。

• 实际流量是指马达在单位时间内实际输入的油液的体积。

由于存在着油液的泄漏，因此马达的实际输入流量大于理论流量。

④ 功率。

• 输入功率。液压马达的输入功率(单位为 W)就是驱动马达运动的液压功率，它等于液压马达的输入压力乘以输入流量，即

$$P_{\mathrm{i}} = \Delta p q \tag{1-28}$$

• 输出功率。液压马达的输出功率(单位为 W)就是马达带动外负载所需的机械功率，它等于马达的输出转矩乘以角速度，即

$$P = T\omega \tag{1-29}$$

⑤ 转矩和转速。对于液压马达的参数计算，常常是要计算马达能够驱动的负载及输出的转速为多少。由前面计算可推出，液压马达的输出转矩为

$$T = \frac{\Delta p V}{2\pi}\eta_{\mathrm{mm}} \tag{1-30}$$

马达的输出转速为

$$n = \frac{q\eta_{\mathrm{mv}}}{V} \tag{1-31}$$

(4) 液压马达的职能符号。

液压马达按照进油方向和排量可分为如图 1-28 所示的四种。

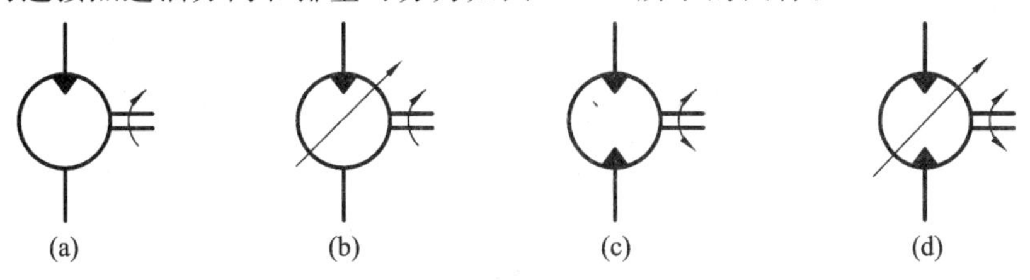

图 1-28 液压马达的职能符号

(a) 单向定量液压马达；(b) 单向变量液压马达；(c) 双向定量液压马达；(d) 双向变量液压马达

2. 辅助元件

在液压传动系统中，液压辅助元件是指那些既不直接参与能量转换，也不参与方向、压力、流量等控制，但在液压系统中又是必不可少的元件或装置。

1) 油箱

(1) 油箱的作用及职能符号。油箱主要用于储存液压系统中的液压油，此外还起散热降温、分离气泡和沉淀杂质的作用。油箱设计的好坏直接影响液压系统的工作可靠性，尤其对液压泵的寿命有重要影响。因此，合理地设计油箱是一个不可忽视的问题。

油箱的职能符号为：⊔。

(2) 油箱的结构。根据液面是否与大气相通，可将油箱分为开式和闭式两者。其中，开式油箱应用最为普遍。

① 开式油箱。开式油箱有整体式和分离式之分。整体式油箱利用机床床身兼作油箱，如磨床、仿形车床等。这种结构比较紧凑，占地面积小，易于回收泄漏油，但维护不便，散热不良，增加了床身结构的复杂性，且当油温变化时容易引起机床的热变形，影响机床精度。目前已普遍采用分离式油箱。分离式油箱与机床分离并与泵组成一个单独供油单元，这样可以大大减小油温变化、电机与液压泵振动对机床工作性能的影响，所以应用较为广泛。

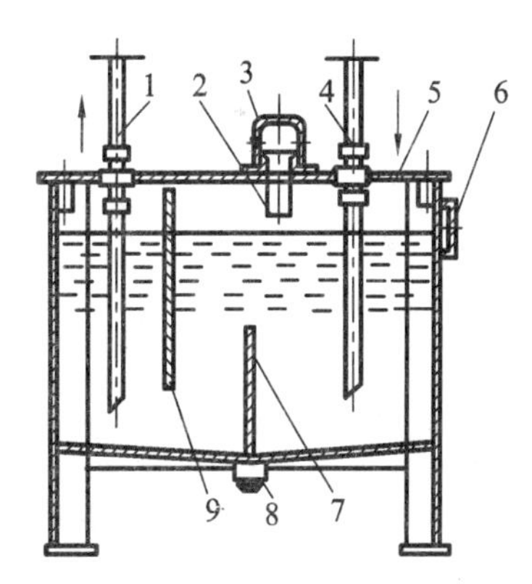

1—吸油管；2—加油过滤网；3—加油口盖；4—回油管；5—上盖；6—油面指示器；7、9—隔板；8—放油阀

图 1-29 分离式油箱示意图

图 1-29 所示为一分离式油箱的结构图。图中，1 为吸油管，4 为回油管，中间有两个隔板 7 和 9，隔板 7 阻挡沉淀物进入吸油管，隔板 9 阻挡泡沫进入吸油管。脏物可以从放油阀 8 放出。加油过滤网 2 设置在回油一侧的上部。加油口盖 3 上设有通气孔，过滤网兼起过滤空气的作用。6 是油面指示器。当彻底清洗油箱时，可将上盖 5 卸开。

② 闭式油箱。闭式油箱一般分为隔离式和充气式两种。

• 隔离式油箱。隔离式油箱又称为带挠性隔离器的油箱，这种油箱可以保证油箱内的油液始终不与油箱外的大气直接接触，从而避免大气中的尘埃混入油液，并有助于缓和油液的氧化作用。隔离式油箱示意图如图 1-30 所示。当液压泵 3 吸油时，空气经挠性隔离器1的进出气口2进入，挠性隔离器容积增大，以补偿油箱5内的油液减小而让出空间；当液压泵停止工作、油液回到油箱时，挠性隔离器内的空气受挤压排出。挠性隔离器的容积随油箱内油液的容量而变化，从而保证油箱内的油液在不与空气直接接触的情况下，液面4上的压力始终为大气压力。

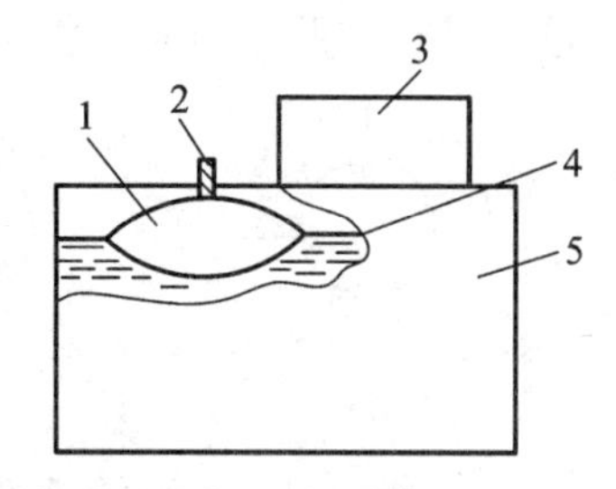

1—挠性隔离器；2—进出气口；3—液压泵；4—液面；5—油箱

图1-30　隔离式油箱示意图

• 充气式油箱。充气式油箱又称压力油箱，当泵的吸油能力差、安装辅助泵不方便或不经济时，可采用充气式油箱。如图1-31所示，将油箱密闭，并通入经过过滤器的压缩空气，即成为充气式油箱。压缩空气由空压机供给，压力为0.7～0.8 MPa，经充气罐滤清、干燥、减压(表压力是0.05～0.15 MPa)后通入油箱液面。

充气式油箱的压力不宜过高，以免油中溶入过多空气。一般以表压力是0.05～0.07 MPa为最好，为此供气系统应装溢流阀3。与此同时，为避免压力不足导致液压系统工作失常，充气式油箱还要装设电接触式压力表4和警报器。

充气式油箱和隔离式油箱除加压或补气装置与开式油箱不同外，其他结构与开式油箱相同，有关结构设计可参考开式油箱部分。

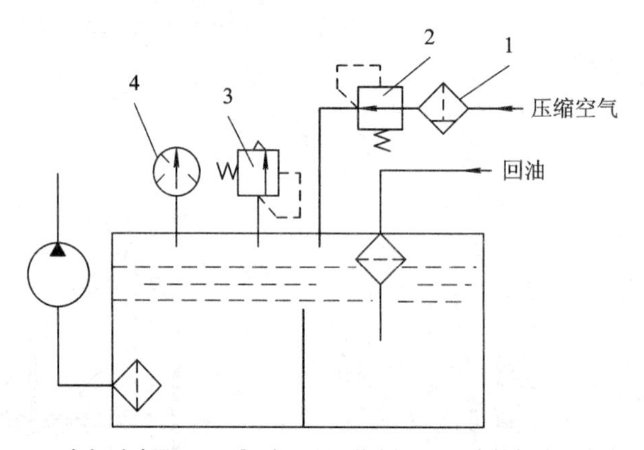

1—空气过滤器；2—减压阀；3—溢流阀；4—电接触式压力表

图1-31　充气式油箱示意图

2) 管路及管接头

管路是液压系统中液压元件之间传递油液的各种油管的总称。管接头用于油管与油管之间的连接以及油管与元件之间的连接。为了保证液压系统工作可靠，管路及管接头应有足够的强度和良好的密封，且其压力损失要小，拆装要方便。

(1) 管路。液压系统中常用的油管有钢管、铜管和耐油橡胶管等，有时也用塑料管、尼龙管和铝管。可根据用途与压力来选择不同材料的油管。

根据功用不同，又可将油管分成工作管路、控制管路和泄漏管路。其职能符号如图1-32(a)所示。其中，工作管路为实线，控制管路和泄漏管路为虚线。连接管路如图1-32(b)所示；交叉管路如图1-32(c)所示；软管连接用一段圆弧线，如图1-32(d)所示。

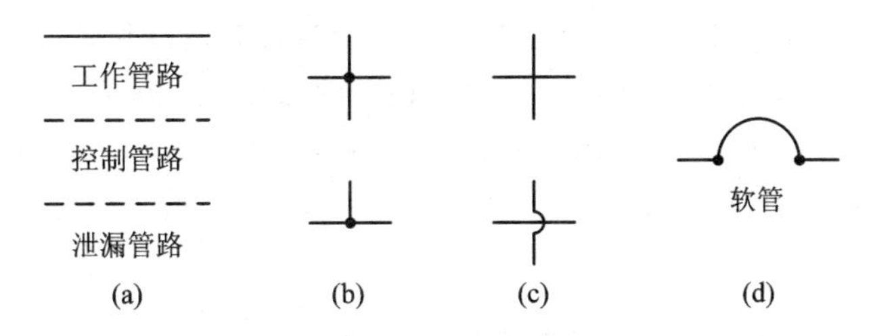

图 1-32　油管的职能符号

不同材料的管道的适应场合见表 1-2。

表 1-2　管道的种类和适用场合

种类	特点和适用范围
钢管	廉价、耐油、抗腐、刚性好，但装配时不易弯曲成形。常在装拆方便处用作压力管道。中压以上用无缝钢管，低压用焊接钢管
紫铜管	价高，抗振能力差，易使油液氧化，但易弯曲成形，只用于仪表和装配不便处
尼龙管	乳白色，半透明，可观察流动情况。加热后可任意弯曲成形和扩口，冷却后即定形。承压能力因材料而异，其值为 2.8～8 MPa 之间
塑料管	耐油、价低、装配方便，长期使用会老化，只用作低于 0.5 MPa 的回油管与泄油管
橡胶管	用于相对运动间的连接，分高压和低压两种。高压橡胶管由耐油橡胶夹钢丝编织网(层数越多，耐压越高)制成，价高，用于压力回路。低压橡胶管由耐油橡胶夹帆布制成，用于回油管路

(2) 管接头。液压系统中元件和管路间都用管接头相互连接，用量很大。管接头的形式和质量直接影响系统的安装质量、油路阻力和连接强度。

管接头的形式很多，按接头的通路方式可分为直通、直角、三通和四通等；按管路和管接头的连接方式可分为焊接式、卡套式、扩口式、扣压式和快速接头等；按接头和连接体的连接形式可分为螺纹连接和法兰连接等。机床液压系统中的管接头一般都采用螺纹与连接体连接。若采用英制圆锥螺纹连接，则必须加密封涂料；若采用普通细牙螺纹连接，则必须加密封垫圈。

① 扩口式管接头：适用于紫铜管、薄钢管、尼龙管和塑料管等低压管道的连接。拧紧接头螺母，通过管套就使管子压紧密封。

② 卡套式管接头：拧紧接头螺母，卡套发生弹性变形便将管子夹紧，它对轴向尺寸要求不严，装拆方便，但对管道连接用管子尺寸精度要求较高，需采用冷拔无缝钢管。这种接头可用于高压系统。

③ 焊接式管接头：接管与接头体之间的密封方式有球面与锥面接触密封两种。前者有自位性，安装时不很严格，但密封可靠性稍差，适用于工作压力不高的液压传动系统(约 8 MPa以下的系统)；后者可用于高压系统。

④ 扣压式管接头：装配时须剥离外胶层，然后在专门设备上扣压而成。

⑤ 快速接头：全称为快速装拆接头，它的装拆无需工具，适用于需经常装拆处。

3) 滤油器

滤油器的作用是过滤掉油液中的杂质，降低液压系统中油液污染度，以保证系统正常工作。

(1) 滤油器的结构。滤油器一般由滤芯(或滤网)和壳体构成。其通流面积由滤芯上无数个微小间隙或小孔构成。当混入油中的污物(杂质)大于微小间隙或小孔时，杂质被阻隔而滤清出来。若滤芯使用磁性材料，则可吸附油中能被磁化的铁粉杂质。

滤油器可分成液压管路中使用的和油箱中使用的两种。油箱内部使用的滤油器亦称为滤清器和粗滤器，用来过滤一些太大的、容易造成泵损坏的杂质（在 0.1 mm^3 以上）。图 1-33为壳装滤清器，装在泵和油箱吸油管途中。图 1-34 所示为无外壳滤清器，安装在油箱内，拆装不方便，但价格便宜。

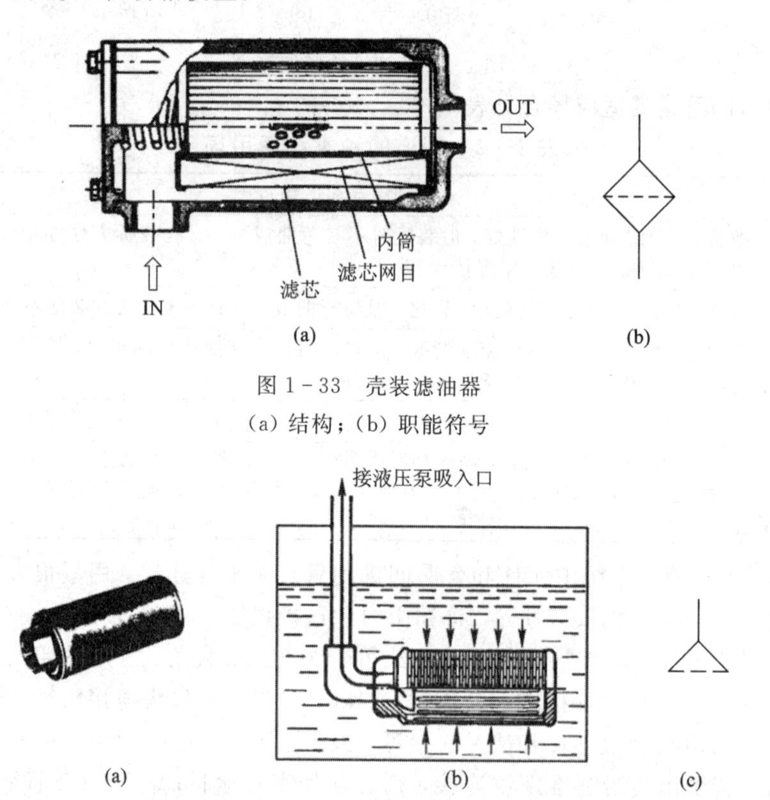

图 1-33　壳装滤油器

(a) 结构；(b) 职能符号

图 1-34　无外壳滤油器

(a) 外观；(b) 结构；(c) 职能符号

管用滤油器有压力管用滤油器及回油管用滤油器。图 1-35 所示为压力管用滤油器，

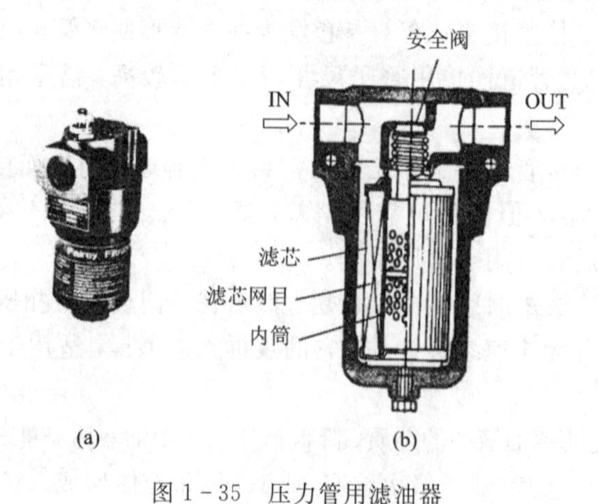

图 1-35　压力管用滤油器

(a) 外观；(b) 结构

因要受压力管路中的高压力，所以耐压力问题必须考虑；回油管用滤油器装在回油管路上，压力低，只需注意冲击压力的发生即可。就价格而言，压力管用滤油器较回油管用滤油器贵出许多。

(2) 滤油器的安装位置。图 1-36 所示为液压系统中滤油器的几种可能的安装位置。

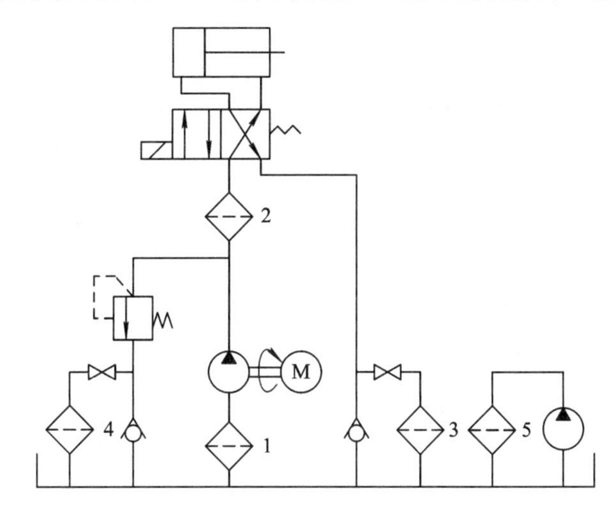

图 1-36　滤油器的安装位置

① 滤油器 1，安装在泵的吸入口，其作用如前文所述。

② 滤油器 2，安装在泵的出口，属于压力管用滤油器，用来保护泵以外的其他元件。一般装在溢流阀下游的管路上或和安全阀并联，以防止滤油器被堵塞时泵形成过载。

③ 滤油器 3，安装在回油管路上，属于回油管用滤油器，此滤油器的壳体耐压性可较低。

④ 滤油器 4，安装在溢流阀的回油管上，因其只通过泵部分的流量，故滤油器容量可较小。如滤油器 2、3 的容量相同，则通过降低流速，可使过滤效果更好。

⑤ 滤油器 5，为独立的过滤系统，其作用是不断净化系统中的液压油，常用在大型的液压系统中。

4) 蓄能器

(1) 蓄能器的功用。蓄能器是液压系统中一种储存油液压力能的装置。其主要功用如下：

① 作辅助动力源。在液压系统工作循环中，当不同阶段需要的流量变化很大时，常将蓄能器和一个流量较小的泵组成油源；当系统需要很小流量时，蓄能器可将液压泵多余的流量储存起来；当系统短时期需要较大流量时，蓄能器将储存的液压油释放出来，与泵一起向系统供油。在某些特殊的场合，如驱动泵的原动机发生故障，蓄能器可作应急能源使用，如现场要求防火、防爆，也可用蓄能器作为独立油源。

② 保压和补充泄漏。有的液压系统需要在液压泵处于卸荷状态下较长时间保持压力，此时可利用蓄能器释放所存储的液压油，补偿系统的泄漏，保持系统的压力。

③ 吸收压力冲击和消除压力脉动。由于液压阀的突然关闭或换向，系统可能产生压力冲击，此时可在压力冲击处安装蓄能器以起吸收作用，使压力冲击峰值降低。如在泵的出口处安装蓄能器，还可以吸收泵的压力脉动，提高系统工作的平稳性。

(2) 蓄能器的分类。

蓄能器有弹簧式、重锤式和充气式三类。常用的是充气式，它利用气体的压缩和膨胀储存、释放压力能。在蓄能器中，气体和油液被隔开。根据隔离的方式不同，充气式蓄能器又分为活塞式、皮囊式和气瓶式等三种。下面主要介绍常用的活塞式和皮囊式蓄能器。

① 活塞式蓄能器。图 1-37(a)所示为活塞式蓄能器，用缸筒 2 内浮动的活塞 1 将气体与油液隔开，气体(一般为惰性气体氮气)经充气阀 3 进入上腔，活塞 1 的凹部面向充气阀，以增加气室的容积，蓄能器的下腔油口 a 充液压油。活塞式结构简单，安装和维修方便，寿命长，但由于活塞惯性和密封部件的摩擦力影响，其动态响应较慢。这种蓄能器适用于压力低于 20 MPa 的系统储能或吸收压力脉动。

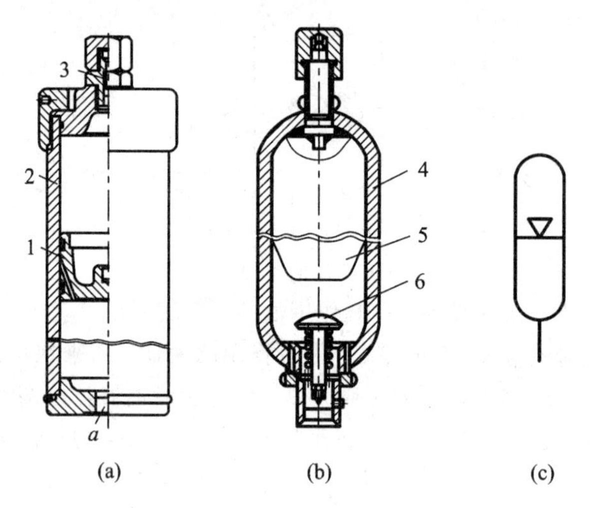

图 1-37　充气式蓄能器

(a) 活塞式；(b) 皮囊式；(c) 职能符号

② 皮囊式蓄能器。图 1-37(b)所示为皮囊式蓄能器，采用耐油橡胶制成的气囊 5 内腔充入一定压力的惰性气体，气囊外部液压油经壳体 4 底部的限位阀 6 通入，限位阀还保护皮囊不被挤出容器之外。此蓄能器的气、液是完全隔开的，皮囊受压缩储存压力能的影响，其惯性小，动作灵敏，适用于储能和吸收压力冲击，工作压力可达 32 MPa。

图 1-37(c)所示为蓄能器的职能符号。

(3) 蓄能器的安装使用。

蓄能器在液压系统中安装的位置由蓄能器的功能来确定。在使用和安装蓄能器时应意以下问题：

① 气囊式蓄能器应当垂直安装，倾斜安装或水平安装会使蓄能器的气囊与壳体损坏，影响蓄能器的使用寿命。

② 吸收压力脉动或冲击的蓄能器应该安装在振源附近。

③ 安装在管路中的蓄能器必须用支架或挡板固定，以承受因蓄能器蓄能或释放能量时所产生的动量反作用力。

④ 蓄能器与管道之间应安装止回阀，用于充气或检修。蓄能器与液压泵间应安装单向阀，以防止停泵时压力油倒流。

5）热交换器

液压系统的大部分能量损失转化为热量后，除部分散发到周围空间外，大部分使油液温度升高。若长时间油温过高，则油液黏度下降，油液泄漏增加，密封材料老化，油液氧化，严重影响液压系统正常工作。因结构限制，油箱又不能太大，依靠自然冷却不能使油温控制在所希望的正常工作温度 20℃～65℃时，需在液压系统中安装冷却器，以控制油温在合理范围内。相反，如外作业设备在冬季启动，则油温过低，油黏度过大，设备启动困难，压力损失加大并引起过大的振动。在此种情况下，系统中应安装加热器，将油液升高到适合的温度。

热交换器是冷却器和加热器的总称，下面分别予以介绍。

（1）冷却器。对冷却器的基本要求是在保证散热面积足够大、散热效率高和压力损失小的前提下，要求结构紧凑、坚固，体积小和重量轻，最好有自动控温装置以保证油温控制的准确性。

根据冷却介质不同，冷却器有风冷式、水冷式和冷媒式三种。风冷式利用自然通风来冷却，常用在行走设备上。冷媒式利用冷媒介质如氟利昂在压缩机中作绝热压缩，散热器放热，蒸发器吸热的原理，把热油的热量带走，使油冷却。此种方式冷却效果最好，但价格昂贵，常用于精密机床等设备上。水冷式是一般液压系统常用的冷却方式。水冷式利用水进行冷却，它分为有板式、多管式和翅片式。图 1－38 为多管式冷却器。油从壳体左端进油口流入，由于挡板 2 的作用，使热油循环路线加长，这样有利于和水管进行热量交换，最后从右端出油口排出。水从右端盖的进水口流入，经上部水管流到左端后，再经下部水管从右端盖出水口流出，由水将油液中的热量带出。此种方法冷却效果较好。

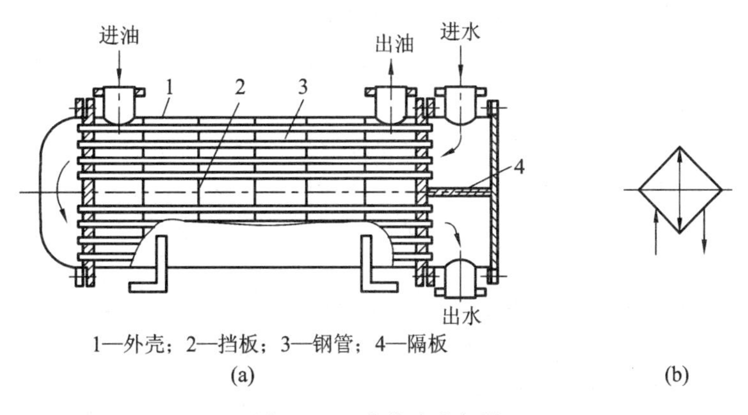

图 1－38　多管式冷却器

（a）结构；（b）职能符号

冷却器一般安装在回油管路或低压管路上。

（2）加热器。油液加热的方法有用热水或蒸汽加热和电加热两种。由于电加热器使用方便，易于自动控制温度，故应用较广泛。如图1－39所示，电热器 2 用法兰固定在油箱 1 的内壁上。电加热器浸在油液的流动处，便于热量交换。电加热器表面功率密度不得超过3 W/cm^2，以免油液局部温度过高而变质，为此，应设置联锁保护装

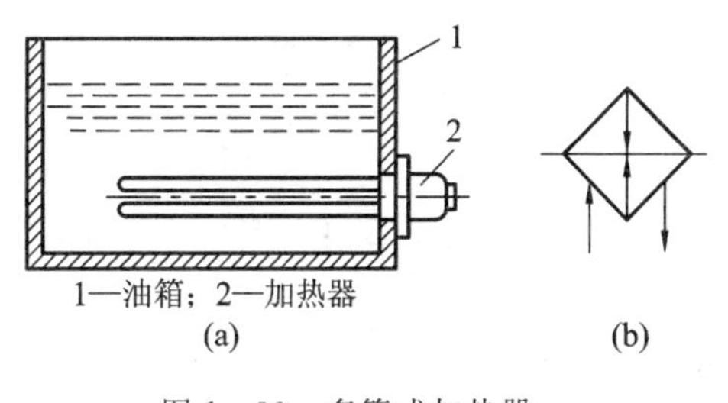

图 1－39　多管式加热器

（a）结构；（b）职能符号

置，在没有足够的油液经过加热循环时，或者在加热元件没有被系统油液完全包围时，阻止加热器工作。

6）压力表辅件

压力表辅件主要包括压力表及压力表开关。

（1）压力表。液压系统各工作点的压力一般都用压力表来观测，以调整到要求的工作压力。在液压系统中最常用的是弹簧管式压力表，其工作原理如图1-40所示。当压力油进入弹簧弯管1时，产生管端变形，通过杠杆4使扇形齿轮5摆转，带动小齿轮6，使指针2偏转，由刻度盘3读出压力值。压力表精度用精度等级来衡量，即压力表最大误差占整个量程的百分数。例如，1.5级精度等级的量程为10 MPa的压力表，最大量程时的误差为10 MPa×1.5%＝0.15 MPa。压力表最大误差占整个量程的百分数越小，压力表精度越高。一般机械设备液压系统采用1.5～4级精度等级的压力表。在选用压力表时，其量程应比液压系统压力高。一般压力表量程约为系统最高工作压力的1.5倍左右。

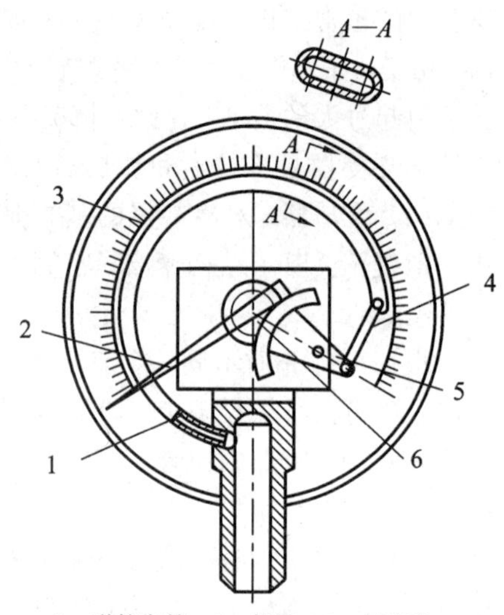

1—弹簧弯管；2—指针；3—刻度盘；4—杠杆；5—扇形齿轮；6—小齿轮

图1-40　弹簧管式压力表

压力表不能仅靠一根细管来固定，而应把它固定在面板上，压力表应安装在调整系统压力时能直接观察到的部位。压力表接入压力管道时，应通过阻尼小孔以及压力表开关，以防止系统压力突变或压力脉动而损坏压力表。

（2）压力表开关。压力表开关用于切断和接通压力表与油路的通道，压力表开关相当于一个小型截止阀。压力表开关有一点、三点、六点等。多点压力表开关用一个压力表可与几个测压点油路相通，测出相应点的油液压力。

7）密封装置

密封是解决液压系统泄漏问题最重要、最有效的手段。液压系统如果密封不良，则可能出现不允许的外泄漏，外漏的油液将会污染环境，还可能使空气进入吸油腔，影响液压泵的工作性能和液压执行元件运动的平稳性(爬行)。泄漏严重时，系统容积效率过低，甚至工作压力达不到要求值。若密封过度，则虽可防止泄漏，但会造成密封部分的剧烈磨损，缩短密封件的使用寿命，增大液压元件内的运动摩擦阻力，降低系统的机械效率。因此，合理地选用和设计密封装置在液压系统的设计中十分重要。

常见的密封有间隙密封、O形密封圈、唇形密封圈、组合式密封装置。

任务1-5　液压动力滑台控制元件及基本回路

【教学导航】

• 能力目标

（1）能够辨别各种常用液压控制元件；

（2）学会液压动力滑台基本回路的分析方法。

• **知识目标**

（1）了解液压动力滑台控制元件的结构及工作原理；

（2）掌握液压动力滑台控制元件的使用方法。

【任务引入】

在液压系统中，除需要液压泵来提供动力和液压执行元件来驱动工作装置外，还要对执行元件的运动方向、运动速度及力(转矩)的大小进行控制，这就需要一些控制元件。液压动力滑台的控制元件有哪些？它们又是如何控制液压滑台的呢？

【任务分析】

液压系统中，液压控制元件主要是各种控制阀，用来控制液体流动的方向、流量的大小和压力的高低，以满足执行元件的工作要求。在学习的过程中，主要学习液压阀的结构和工作原理，以及液压阀的种类和基本要求。

【知识链接】

1. 液压阀的基本知识

1）液压阀的基本结构与原理

液压阀的基本结构主要包括阀芯、阀体和驱动阀芯在阀体内作相对运动的装置。阀芯的主要形式有滑阀、锥阀和球阀。阀体上除有与阀芯配合的阀体孔或阀座孔外，还有外接油管的进出油口。驱动装置可以是手调机构，也可以是弹簧或电磁铁，有时还作用有液压力。液压阀正是利用阀芯在阀体内的相对运动来控制阀口的通断及开口大小，从而实现压力、流量和方向控制的。

2）液压阀的种类

根据液压阀内在联系、外部特征、结构和用途等方面的不同，可将液压阀按不同的方式进行分类，如表 1－3 所示。

表 1－3　液压阀的分类

分类方法	种　类	详 细 分 类
按用途分	压力控制阀	溢流阀、减压阀、顺序阀、比例压力控制阀、压力继电器
	流量控制阀	节流阀、调速阀、分流阀、比例流量控制阀
	方向控制阀	单向阀、液控单向阀、换向阀、比例方向控制阀
按操纵方式分	人力操纵阀	手把及手轮、踏板、杠杆
	机械操纵阀	挡块、弹簧、液压、气动
	电动操纵阀	电磁铁控制、电-液联合控制
按连接方式分	管式连接	螺纹式连接、法兰式连接
	板式及叠加式连接	单层连接板式、双层连接板式、集成块连接、叠加阀
	插装式连接	螺纹式插装、法兰式插装

3）对液压阀的基本要求

（1）动作灵敏，使用可靠，工作时冲击和振动要小，噪声要低。

（2）阀口开启时，作为方向阀，液流的压力损失要小；作为压力阀，阀芯工作的稳定性要好。

(3) 所控制的参量(压力或流量)稳定，受外干扰时变化量要小。

(4) 结构紧凑，安装、调试、维护方便，通用性好。

2. 方向控制阀

方向控制阀是用来通断油路或改变油液流动方向来控制执行元件运动的控制元件，如控制液压缸的前进、后退与停止，液压马达的正、反转与停止等。

方向控制阀分为单向阀和换向阀。

1) 单向阀

液压系统中常用的单向阀有普通单向阀(又称单向阀)和液控单向阀两种。

(1) 普通单向阀(又称单向阀)。普通单向阀是一种只允许液流沿一个方向通过，而反向液流则被截止的方向阀。要求其正向液流通过时压力损失小，反向截止时密封性能好。

如图 1-41 所示，普通单向阀由阀体、阀芯和弹簧等零件组成。阀的连接形式为螺纹管式连接，阀体左端油口为进油 p_1，右端油口为出油 p_2。当进口来油时，压力油 p_1 作用在阀芯上的径向孔 a 和轴向孔 b，从右端出口流出。若油液反向，由右端油口进入，则压力油 p_2 与弹簧同向作用，将阀芯锥面紧压在阀座孔上，阀口关闭，油液被截止不能通过。在这里，弹簧力很小，仅起复位作用，因此正向开启压力只需 0.03～0.05 MPa，如换上刚度较大的弹簧，使阀的开启压力达到 0.2 ～0.6 MPa，便可当背压阀使用。反向截止时，因锥阀阀芯与阀座孔为线密封，且密封力随压力增高而增大，因此密封性能良好。

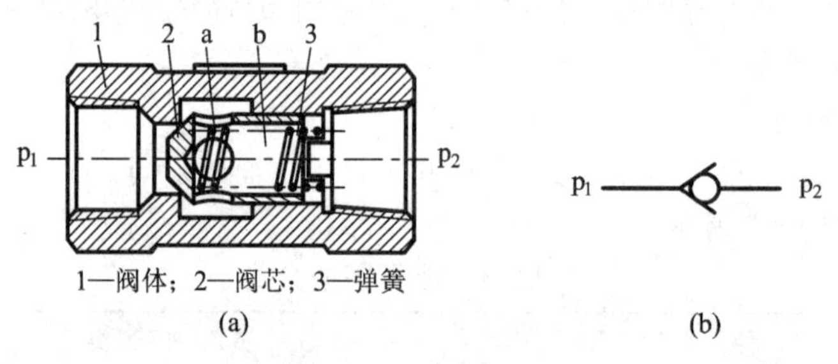

图 1-41　普通单向阀

(a) 结构图；(b) 职能符号

单向阀常被安装在泵的出口处，一方面防止系统的压力冲击泵的正常工作，另一方面在泵不工作时防止系统的油液倒流经泵回油箱。单向阀还被用来分隔油路以防止干扰，或与其他阀并联组成复合阀，如单向减压阀、单向节流阀。

(2) 液控单向阀。液控单向阀除了进出油口 p_1、p_2 外，还有一个控制油口 K，如图 1-42所示。当控制油口 K 不通液压油而通回油箱时，液控单向阀的作用与普通单向阀一样，液压油只能从 p_1 到 p_2，不能反向流动。当控制油口 K 通液压油时，就有一个向右的液压力作用在控制活塞的左端，推动控制活塞克服阀芯上的弹簧力顶开阀芯使阀口开启，正反向的液流均可自由通过。液控单向阀既可以对反向液流起截止作用且密封性好，又可以在一定条件下允许正反液流自由通过，因此多用在液压系统的保压或锁紧回路。

液控单向阀根据控制活塞腔 a 的泄油方式不同分为内泄式和外泄式。前者泄油通单向阀进油口 p_1，后者直接引回油箱。需要指出的是，控制压力油油口不工作时，应使其通回

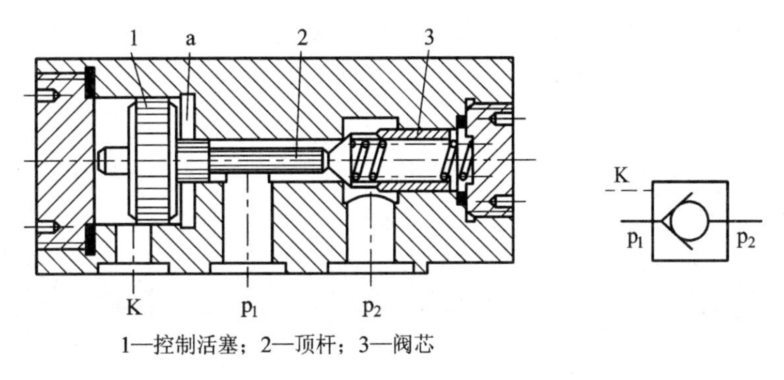

1—控制活塞；2—顶杆；3—阀芯

图 1－42　液控单向阀

油箱，保证压力为零；否则控制活塞难以复位，单向阀反向不能截止液流。

2）换向阀

换向阀利用阀芯对阀体的相对运动来控制油路接通、关断或改变油液流动方向，从而实现液压执行元件及其驱动机构的启动、停止或运动方向的变换。

液压传动系统对换向阀性能的主要要求如下：

① 油液流经换向阀时压力损失要小。

② 互不相通的油口间的泄漏要小。

③ 换向要平稳、迅速且可靠。

（1）换向阀的工作原理。图 1－43(a)所示为滑阀式换向阀的工作原理图，当阀芯向右移动一定的距离时，由液压泵输出的压力油从阀的 P 口经 A 口输向液压缸左腔，液压缸右腔的油经 B 口流回油箱，液压缸活塞向右运动；反之，当阀芯向左移动某一距离时，液流反向，活塞向左运动。

图 1－43(a)中的换向阀可绘制成如图 1－43(b)所示的职能符号图。由于该换向阀阀芯相对于阀体有三个工作位置，通常用一个粗实线方框符号代表一个工作位置，因而有三个方框。该换向阀共有 P、A、B、T_1 和 T_2 五个油口，所以每一个方框中表示油路的通路与方框共有五个交点，在中间位置，由于各油口之间互不相通，用“⊥”或“┬”来表示，当阀芯向右移动时，表示该换向阀左位工作，即 P 与 A、B 与 T_2 相通，反之则 P 与 B、A 与 T_1 相通。因此该换向阀被称为三位五通换向阀。

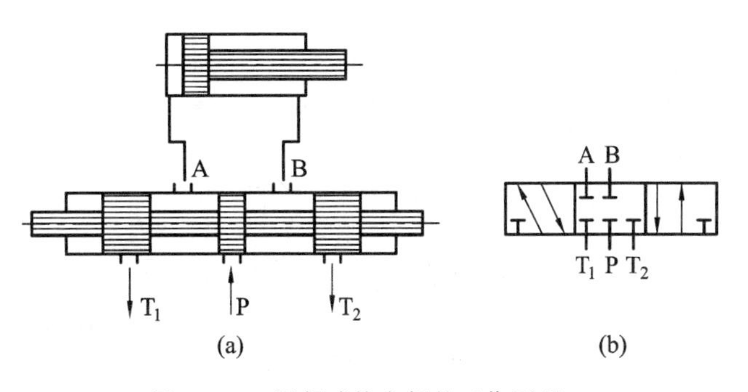

图 1－43　滑阀式换向阀的工作原理

（2）换向阀的分类。① 按接口数及切换位置数分类。所谓接口，是指阀上各种接油管的进、出口。进油口通常标为 P，回油口标为 R 或 T，出油口则以 A、B 来表示。阀芯相对于阀体可移动的位置数称为切换位置数。通常，我们将接口称为“通”，将阀芯的位置称为“位”。例如，图 1－44 所示的手动换向阀有 3 个切换位

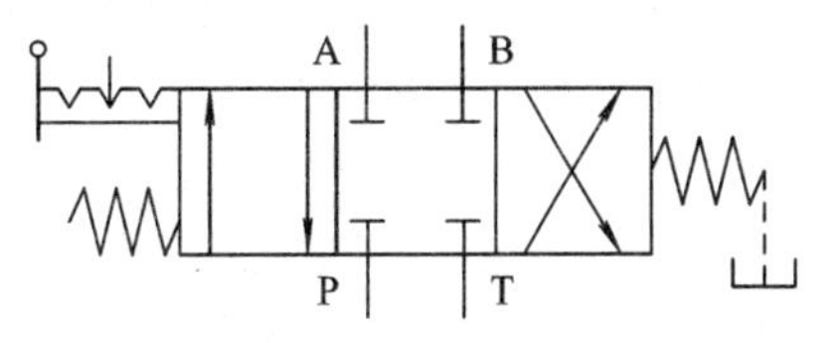

图 1－44　手动三位四通换向阀

置、4 个接口，我们称该阀为三位四通换向阀。该阀的三个工作位置与阀芯在阀体中的对应位置如图 1-45 所示。换向阀的“位”和“通”的职能符号如图 1-46 所示。

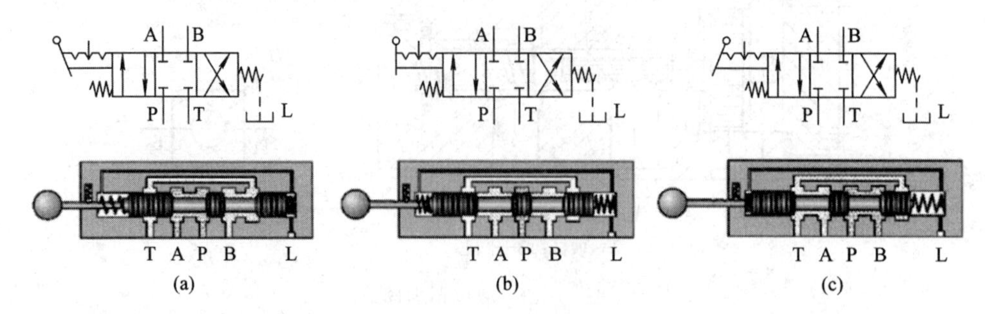

图 1-45　换向阀动作原理说明

(a) 手柄左扳，阀左位工作；(b) 松开手柄，阀中位工作；(c) 手柄右扳，阀右位工作

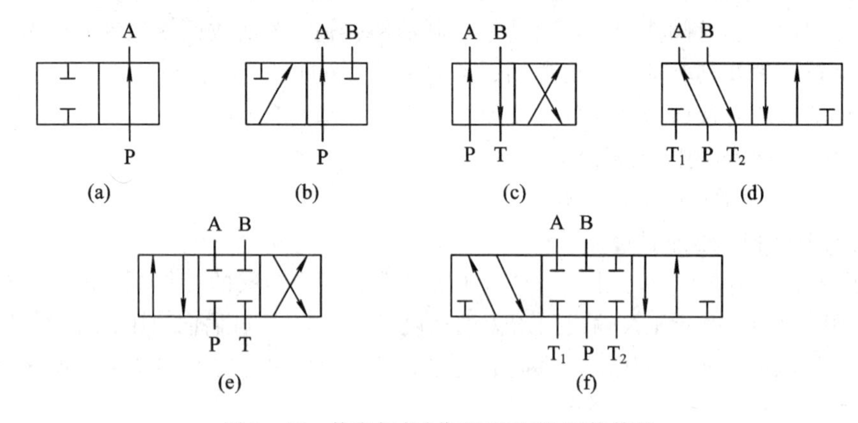

图 1-46　换向阀的“位”和“通”的职能符号

(2) 按操作方式分类。推动阀内阀芯移动的方法有手动、脚动、机械动、液压动、电磁动等，如图 1-47 所示。阀内如装有弹簧，则当外加压力消失时，阀芯会回到原位。

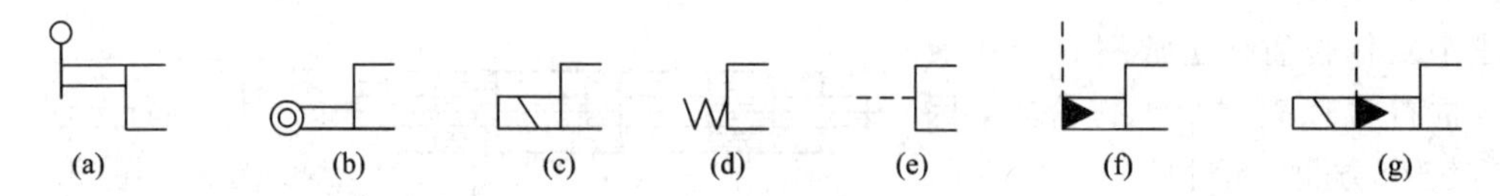

图 1-47　换向阀操纵方式符号

(a) 手动；(b) 机械动(滚轮式)；(c) 电磁动；(d) 弹簧；(e) 液压动；

(f) 液压先导控制；(g) 电磁-液压先导控制

(3) 换向阀结构。在液压传动系统中广泛采用的是滑阀式换向阀，在这里主要介绍这种换向阀的几种结构。

① 手动换向阀。手动换向阀是利用手动杠杆改变阀芯位置来实现换向的。图 1-48 所示为手动换向阀的结构图和职能符号。

图 1-48(a)为自动复位式手动换向阀，手柄左扳则阀芯右移，阀的油口 P 和 A 通，B 和 T 通；手柄右扳则阀芯左移，阀的油口 P 和 B 通，A 和 T 通；放开手柄，阀芯 2 在弹簧 3 的作用下自动回到中位(四个油口互不相通)。

如果将该阀阀芯右端弹簧 3 的部位改为图 1-48(b)的形式，即成为可在三个位置定位的手动换向阀。图 1-48(c)、(d)所示为手动换向阀的职能符号图。

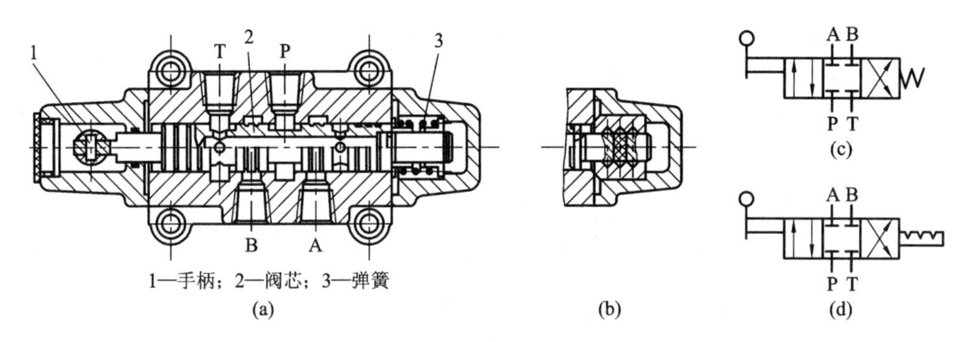

图 1-48　手动换向阀

② 机动换向阀。机动换向阀又称行程阀，主要用来控制液压机械运动部件的行程。它借助于安装在工作台上的挡铁或凸轮来迫使阀芯移动，从而控制油液的流动方向。机动换向阀通常是二位的，有二通、三通、四通和五通几种，其中二位二通、二位三通机动换向阀又分分常闭和常开两种。

图 1-49(a)所示为滚轮式二位二通常闭式机动换向阀的结构图。若滚轮未被压住，则油口 P 和 A 不通；当挡铁或凸轮压住滚轮时，阀芯右移，则油口 P 和 A 接通。图 1-49(b)所示为其职能符号。

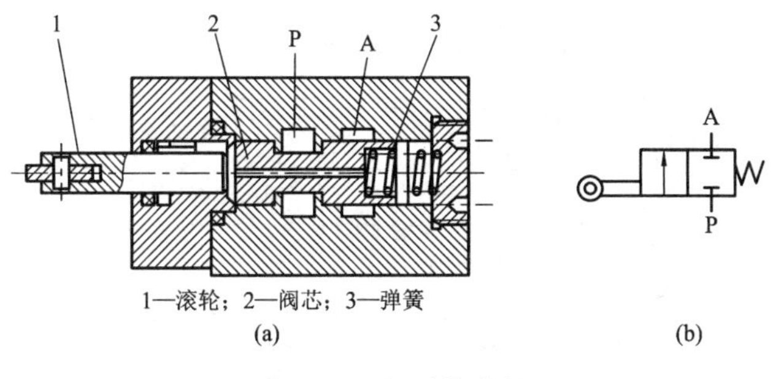

图 1-49　机动换向阀

(a) 结构；(b) 职能符号

③ 电磁换向阀。电磁换向阀是利用电磁铁的通、断电而直接推动阀芯来控制油口的连通状态的。图 1-50 所示为三位五通电磁换向阀。当左边电磁铁通电，右边电磁铁断电时，阀油口的连接状态为 P 和 A 通，B 和 T_2 通，T_1 封闭；当右边电磁铁通电，左边电磁铁断电时，P 和 B 通，A 和 T_1 通，T_2 封闭；当左右电磁铁全断电时，阀芯在两端弹簧作用下回到中位，五个油口全部封闭。

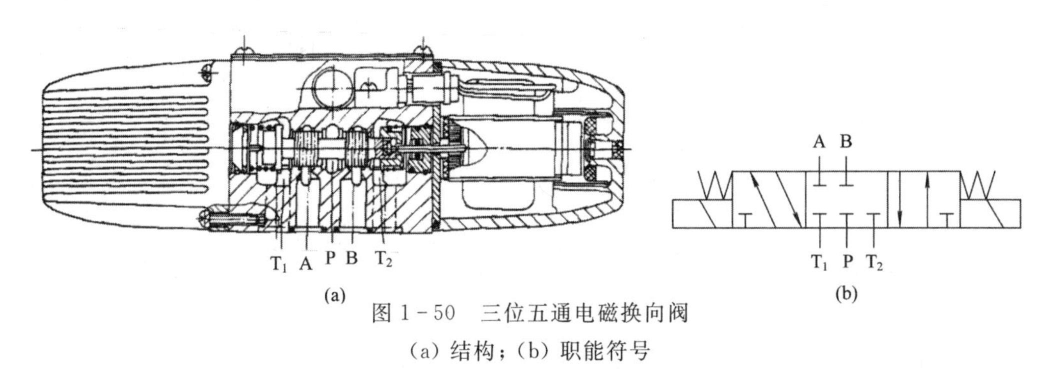

图 1-50　三位五通电磁换向阀

(a) 结构；(b) 职能符号

④ 液动换向阀。图 1－51 所示为三位四通液动换向阀，当 K_1 通压力油，K_2 回油时，P 与 A 接通，B 与 T 接通；当 K_2 通压力油，K_1 回油时，P 与 B 接通，A 与 T 接通；当 K_1、K_2 都未通压力油时，阀芯回到中位，P、T、A、B 四个油口全部封闭。

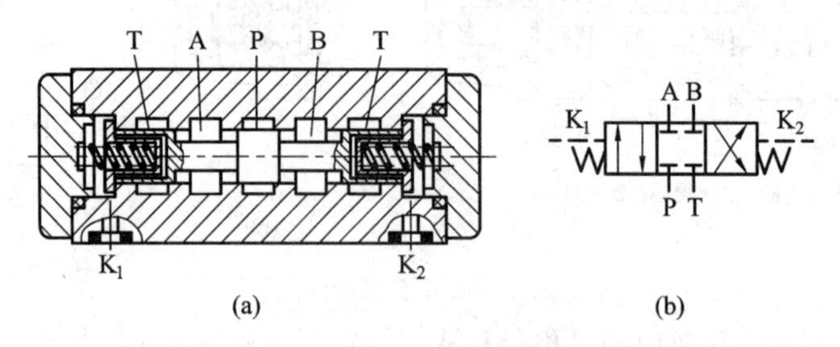

图 1－51　三位四通液动换向阀

(a) 结构；(b) 职能符号

⑤ 电液换向阀。电液换向阀是由电磁换向阀和液动换向阀组合而成的。电磁换向阀起先导作用，它可以改变和控制液流的方向，从而改变液动换向阀的位置。由于操纵液动换向阀的液压推力可以很大，因此主阀可以做得很大，允许有较大的流量通过。这样用较小的电磁铁就能控制较大的液流了。图 1－52 所示为三位四通电液换向阀。

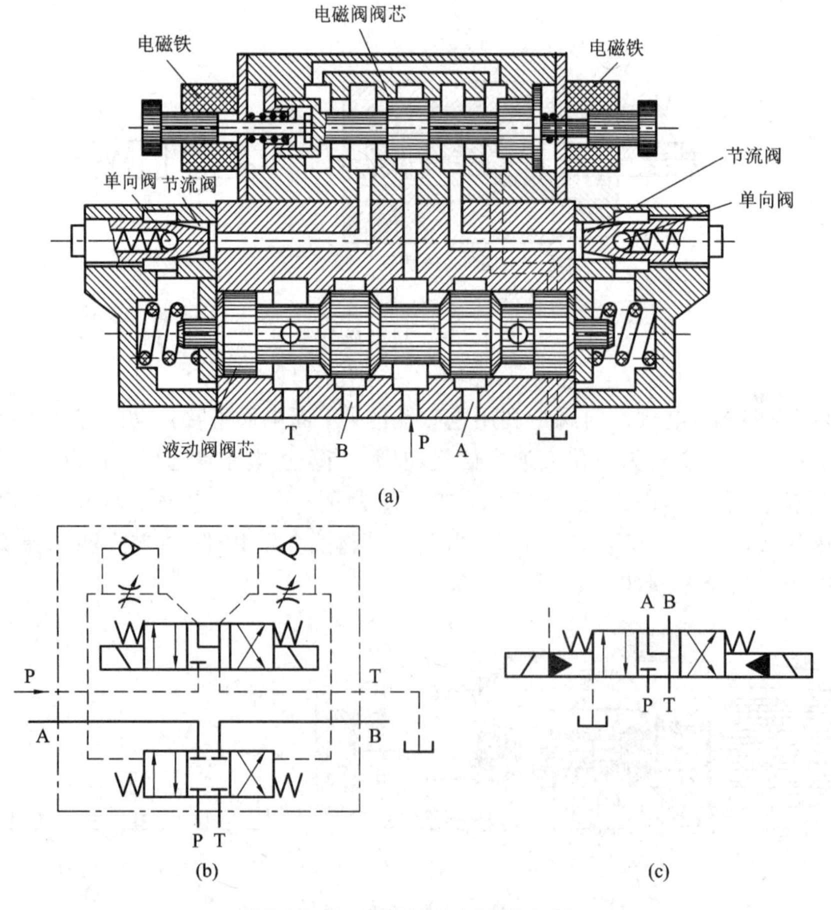

图 1－52　三位四通电液换向阀

(a) 结构；(b) 职能符号；(c) 简化职能符号

该阀的工作状态(不考虑内部结构)和普通电磁阀一样，但工作位置的变换速度可通过液动阀上的节流阀调节，使换向阀换向平稳而无冲击。

(4) 比例方向阀。比例方向阀是由比例电磁阀所产生的电磁力来控制阀芯移动的。它依靠控制线圈电流来控制方向阀内阀芯的位移量，故可同时控制油流动的方向和流量。

用比例电磁铁取代电磁换向阀中的普通电磁铁，便构成直动型比例换向阀，如图1-53所示。由于使用了比例电磁铁，阀芯不仅可以换位，而且换位的行程可以连续或按比例变化，因而连通油口间的通流面积也可以连续或按比例变化，所以比例换向阀不仅能控制执行元件的运动方向，而且能控制其速度。

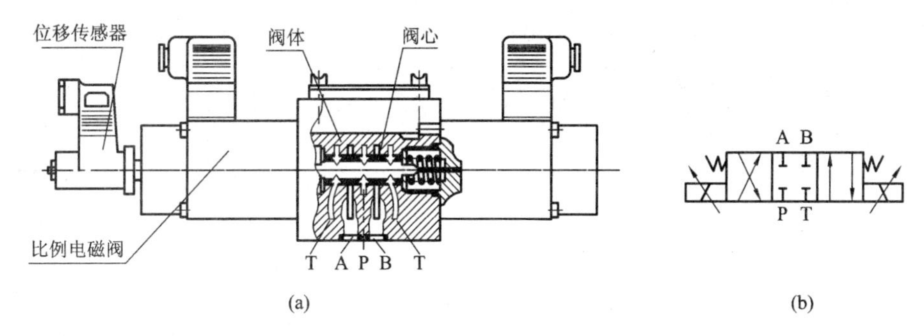

图1-53　直动型比例换向阀
(a) 结构图；(b) 职能符号

(5) 中位机能。当液压缸或液压马达需在任何位置均可停止时，要使用三位阀(即除前进端与后退端外，还有第三个位置)，此类阀阀芯双边皆装弹簧，如无外来的推力，阀芯将停在中间位置，通常称此位置为中间位置，简称中位。换向阀中间位置各接口的连通方式称为中位机能。各种中位机能如表1-4所示。

表1-4　三位换向阀的中位机能

型号	符号	中位油口状况、特点及应用
O形	A B P T	P、A、B、T四口全封闭；液压泵不泄荷，液压缸闭锁，可用于多个换向阀的并联
H形		四口全串通；活塞处于浮动状态；在外力作用下可移动，泵卸荷
Y形		P口封闭，A、B、T三口相通；活塞浮动，在外力作用下可移动，泵不卸荷
K形		P、A、T相通，B口封闭；活塞处于闭锁状态，泵卸荷
M形		P、T相通，A与B均封闭；活塞闭锁不动，泵卸荷，也可用多个N形换向阀并联工作
X形		四油口处于半开启状态，泵基本上卸荷，但仍保持一定压力

续表

型号	符号	中位油口状况、特点及应用
P形		P、A、B相通，T封闭；泵与缸两腔相通，可组成差动回路
J形		P与A封闭，B与T相通；活塞停止，但在外力作用下可向一边移动；泵不卸荷
C形		P与A相通；B与T皆封闭；活塞处于停止位置
N形		P与B皆封闭，A与T相通；与J形机能相似，只是A与B互换了，功能也类似
U形		P与T都封闭，A与B相通；活塞浮动，在外力作用下可移动，泵不卸荷

换向阀不同的中位机能可以满足液压系统的不同要求，由表1-4可以看出，中位机能是通过改变阀芯的形状和尺寸得到的。

在分析和选择三位换向阀的中位机能时，通常考虑以下几点：

① 系统保压。中位为O形，如图1-54所示，P口被封闭时，油需从溢流阀流回油箱，从而增加了功率消耗，此时活塞在任一位置均可停住；但是，液压泵能用于多缸系统。

② 系统卸荷。中位为M形，如图1-55所示，当方向阀处于中位时，A、B口被封闭。因P、T口相通，故泵输出的油液不经溢流阀即可流回油箱。由于泵直接接油箱，因此泵的输出压力近似为零，也称泵卸荷，系统可减少功率损失。

③ 液压缸快进。中位为P形，如图1-56所示，当换向阀处于中位时，因P、A、B口相通，故可用作差动回路。

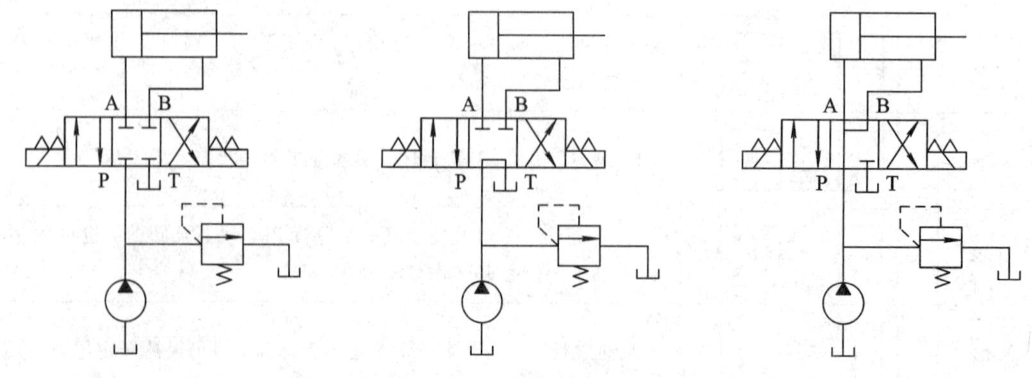

图1-54　O形中位机能换向阀　　图1-55　M形中位机能换向阀　　图1-56　P形中位机能换向阀

3. 方向控制回路

所谓液压基本回路，就是指由有关的液压元件组成的用来完成某种特定控制功能的典型回路。一些液压设备的液压系统虽然很复杂，但它通常都由一些基本回路组成，所以，掌握这些基本回路的组成、原理和特点，将有助于认识和分析一个完整的液压系统。液压基本回路包括方向控制回路、压力控制回路、流量控制回路。

通过控制进入执行元件液流的通、断或变向来实现液压系统执行元件的启动、停止或改变运动方向的回路称为方向控制回路。

常用的方向控制回路有换向回路、锁紧回路。

1）换向回路

顾名思义，换向回路就是控制系统中执行元件的运动方向的回路，最为常见的是使用换向阀换向。为了着重说明问题，对其进行简化处理，如图 1－57、图 1－58 所示。图中的液压源是向系统输送液压油的。

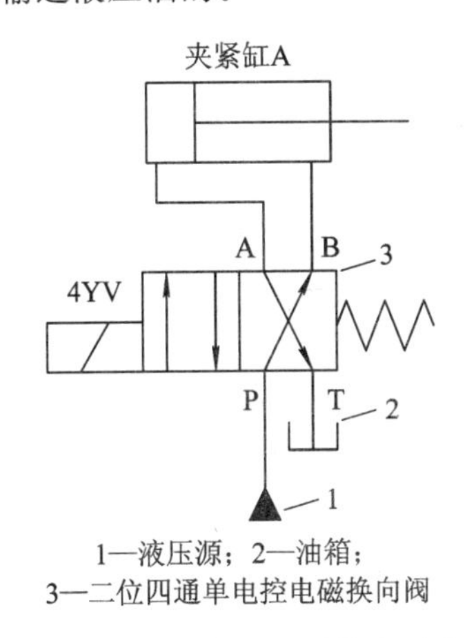

图 1－57 夹紧缸 A 的换向回路

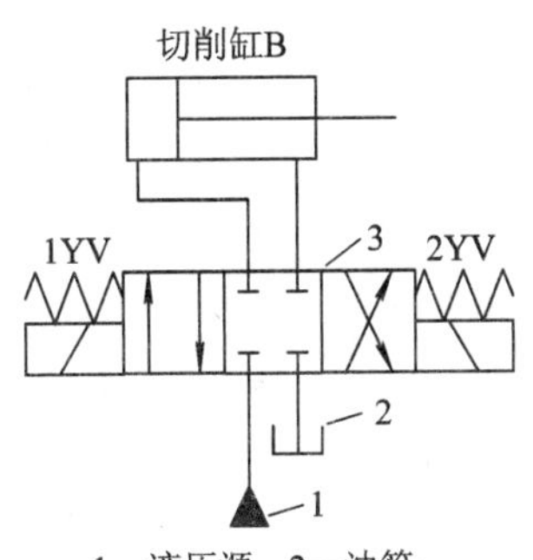

图 1－58 切削缸 B 的换向回路

图 1－57 中，若 4YV 不得电，则该二位四通单电控电磁换向阀 3 右位工作。所以液压油从液压源 1 经二位四通单电控电磁换向阀 3 右位(P 同 B)，进入夹紧缸 A 右腔(有杆腔)，推动活塞向左运动；而夹紧缸 A 左腔(无杆腔)的油液经二位四通单电控电磁换向阀 3 右位(A 同 T)流回油箱 2。简单表述如下：

A－ { 进油路：1→3(右位)→夹紧缸 A(右腔)
　　 回油路：夹紧缸 A(左腔)→3(右位)→2

此处特别注意：

(1) A－表示夹紧缸 A 缩回；A＋表示夹紧缸 A 伸出。

(2) 换向阀要表述清楚是哪个工作位置(X 位)。

(3) 液压缸要表述清楚是哪一腔(X 腔)。

(4) 在液压缸活塞伸出或缩回过程中，换向阀工作位置不变，即进油路时换向阀左位是工作位置，回油路仍然是左位，若进油路时换向阀是右位工作，则回油路仍然是右位。

若 4YV 得电，则该二位四通单电控电磁换向阀 3 左位工作。所以液压油从液压源 1 经二位四通单电控电磁换向阀 3 左位(P 同 A)，进入夹紧缸 A 左腔(无杆腔)，推动活塞向右运动；而夹紧缸 A 右腔(有杆腔)的油液经二位四通单电控电磁换向阀 3 左位(B 同 T)流回油箱 2。简单表述如下：

A+ { 进油路：1→3(左位)→夹紧缸 A(左腔)
回油路：夹紧缸 A(右腔)→3(左位)→2 }

可见，夹紧缸 A 活塞左右运动(缩回伸出)是由二位四通单电控电磁换向阀 3 决定的，而电磁换向阀的工作位置又是由电磁铁线圈得电与否决定的。那么，如何让电磁铁线圈得电、失电呢？这个问题我们将在液压系统控制部分介绍。

图 1-58 可以按照上面的办法进行分析。在 2YV+(2 YV 得电)，1YV-(1 YV 不得电)情况下，三位四通双电控电磁换向阀 3 右位工作。

B- { 进油路：1→3(右位)→切削缸 B(右腔)
回油路：切削缸 B(左腔)→3(右位)→2 }

在 1YV+(1YV 得电)，2YV-(2YV 不得电)情况下，三位四通双电控电磁换向阀 3 左位工作。

B+ { 进油路：1→3(左位)→切削缸 B(左腔)
回油路：切削缸 B(右腔)→3(左位)→2 }

在 1YV-(1YV 不得电)、2YV-(2YV 不得电)情况下，三位四通双电控电磁换向阀中位工作。该中位机能是 O 形，具体作用参见图 1-54。

2) 锁紧回路

锁紧回路的功能是通过切断执行元件的进油、出油通道来使它停在任意位置，并防止停止运动后因外界因素而发生的窜动。使液压缸锁紧的最简单的办法就是利用三位阀的 M 形或 O 形中位机能来封闭液压缸的两腔，使活塞在行程范围内任意位置停止。但由于滑阀的泄漏，不能长时间保持停止位置不动，锁紧精度不高。最常见的方法是采用液控单向阀做锁紧元件。

4. 压力控制阀

在液压传动系统中，控制液压油压力高低的液压阀称为压力控制阀。这类阀的共同点主要是利用在阀芯上的液压力和弹簧力相平衡的原理来工作。通过控制液压油压力的大小来控制执行元件输出力(转矩)的大小。压力控制阀主要有溢流阀、减压阀、顺序阀、压力继电器等。

1) 溢流阀

当液压执行元件不动时，液压泵排出的液压油因无处可去而形成一密闭系统，理论上液压油的压力将一直增至无限大。实际上，压力将增至液压元件破裂为止，或电机为维持定转速运转，输出电流将无限增大至电机烧掉为止。前者使液压系统破坏，液压油四溅；后者会引起火灾。因此，要绝对避免或防止上述现象发生，就是在执行元件不动时给系统提供一条旁路，使液压油能经此路回到油箱，这就是“溢流阀”。其主要用途有如下两个：

(1) 作溢流阀用。在定量泵的液压系统中，如图 1-59(a)所示，常利用流量控制阀调节进入液压缸的流量，多余的压力油可经溢流阀流回油箱，这样可使泵的工作压力保持定值。

(2) 作安全阀用。图 1-59(b)所示的液压系统在正常工作状态下，溢流阀是关闭的，只有在系统压力大于其调整压力时，溢流阀才被打开，油液溢流。溢流阀对系统起过载保护作用。

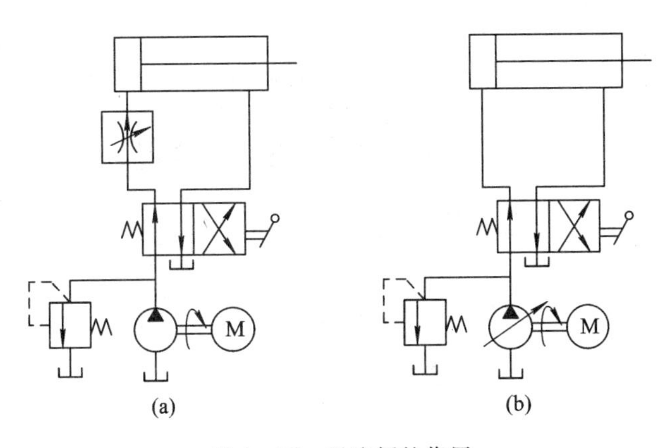

图 1-59　溢流阀的作用
(a) 作溢流阀用；(b) 作安全阀用

① 直动型溢流阀。直动型溢流阀如图 1-60 所示，其压力由弹簧设定，当油的压力超过设定值时，提动头上移，油液就从溢流口流回油箱，并使进油压力等于设定压力。由于压力为弹簧直接设定，因此一般将其当安全阀使用。

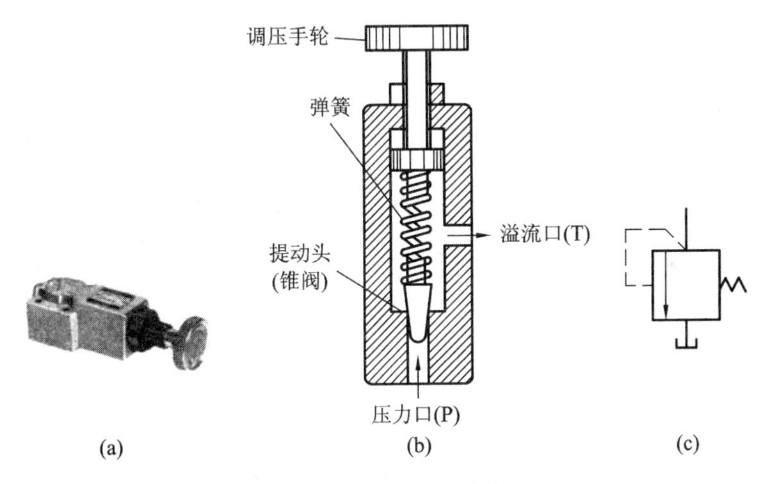

图 1-60　直动型溢流阀
(a) 外观；(b) 结构；(c) 职能符号

② 先导型溢流阀。先导型溢流阀如图 1-61 所示，主要由主阀和先导阀两部分组成。其原理主要是利用主阀中平衡活塞上、下两腔油液压力差和弹簧力相平衡的特点。

从压力口进来的压力油作用在平衡活塞环部下方的面积上，同时还通过阻尼孔作用在平衡活塞环部的上方和先导阀内的提动头的截面积上。当压力较低时，作用在提动头上的压力不足以克服调压弹簧力，提动头处于关闭状态，此时没有压力油通过平衡活塞上的阻尼孔，故平衡活塞上、下两腔压力相等，平衡活塞在弹簧力的作用下轻轻地顶在阀座上，压力口和溢流口不通。一般安装在平衡活塞内的弹簧刚度很小。

如果压力口压力升高，则当作用在提动头上的油液压力超过弹簧力时，提动头打开，压力油经平衡活塞上的阻尼孔、提动头开口、平衡活塞轴心的油路及溢流口流回油箱。由于压力油通过阻尼孔时会产生压力降，因此平衡活塞的上腔油压力小于下腔油压力。当通过提动头的流量达到一定大小时，平衡活塞上、下两腔的油压力差形成的向上的油液压力

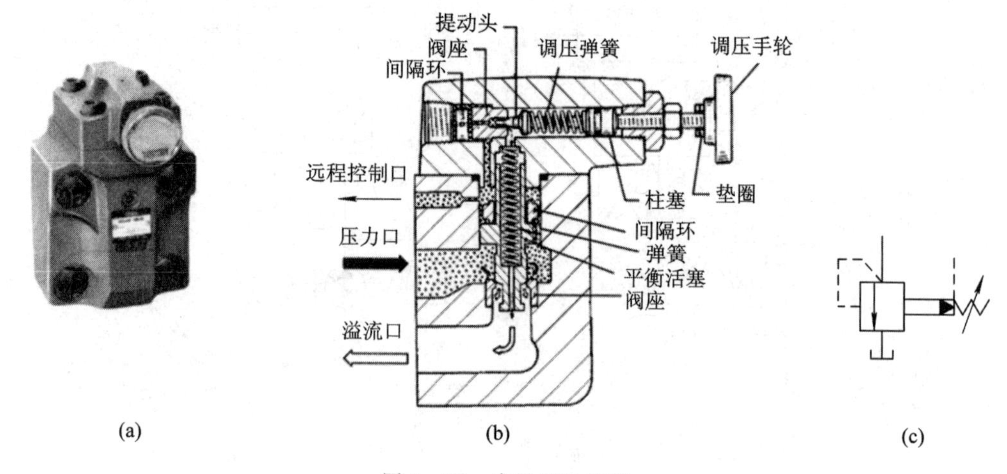

图 1-61　先导型溢流阀

(a) 外观；(b) 结构；(c) 职能符号

超过弹簧的预紧力和平衡活塞的摩擦阻力及平衡活塞自重等力的总和，平衡活塞上移，使压力口和溢流口相通，大量压力油便由溢流口流回油箱。当平衡活塞上、下两腔压力差形成的向上的油液压力和弹簧压力、摩擦力、平衡活塞自重处于平衡状态时，平衡活塞上升距离保持一定开度。平衡活塞上升距离的大小根据溢流的多少来自动调节，而上升距离的大小又取决于平衡活塞上、下两腔所形成的压差。当流经平衡活塞上阻尼孔的流量增加时，平衡活塞上、下两侧的压差增加，平衡活塞上升距离增加，反之则减小；又因为弹簧的刚度很小，使平衡活塞上移所需压差变化很小，所以通过提动头的流量变化也不大。因此，提动头的开口变化很小，提动头开启的压力可以说是不变的，亦即当先导阀的弹簧设定后，提动头被打开时的平衡活塞上腔的压力基本保持不变。

2) 减压阀

减压阀是使出口压力低于进口压力的一种压力控制阀。其作用是降低液压系统中某一回路的油液压力。使用一个油源能同时提供两个或几个不同压力输出。减压阀在各种系统设备的夹紧系统、润滑系统和控制系统中应用较多。此外，当油液压力不稳定时，在回路中串入一减压阀可得到一个稳定的较低压力。根据减压阀所控制的压力不同，它可分为定值输出减压阀、定差减压阀和定比减压阀。

(1) 定值输出减压阀。图 1-62(a)所示为直动型减压阀。p_1 口是进油口，p_2 口是出油口，阀不工作时，阀芯在弹簧作用下处于最下端位置，阀的进、出油口是相通的，亦即阀是常开的。若出口压力增大，使作用在阀芯下端的压力大于弹簧力，则阀芯上移，关小阀口，这时阀处于工作状态。若忽略其他阻力，仅考虑作用在阀芯上的液压力和弹簧力相平衡的条件，则可以认为出口压力基本上维持在某一定值——调定值上。这时如出口压力减小，阀芯就下移，开大阀口，阀口处阻力减小，压降减小，使出口压力回升到调定值；反之，若出口压力增大，则阀芯上移，关小阀口，阀口处阻力加大，压降增大，使出口压力下降到调定值。

图 1-62(b)所示为先导型减压阀，可仿前述先导型溢流阀来推演，这里不再赘述。

将先导型减压阀和先导型溢流阀进行比较，它们之间有如下几点不同之处：

① 减压阀保持出口压力基本不变，而溢流阀保持进口处压力基本不变。

② 在不工作时，减压阀进、出油口互通，而溢流阀进、出油口不同。

③ 为保证减压阀出口压力调定值恒定，它的先导阀弹簧腔需要通过泄油口单独外接油箱；而溢流阀的出油口是通油箱的，所以它的先导阀的弹簧腔和泄漏油可通过阀体上的通道和出油口相通，不必单独外接油箱。

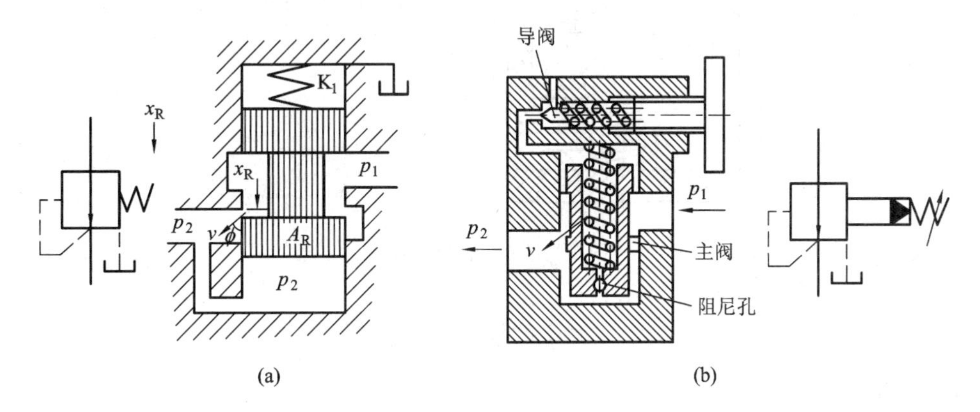

图 1-62　定值输出减压阀

(a) 直动型减压阀；(b) 先导型减压阀

(2) 定差减压阀。定差减压阀是使进、出油口之间的压力差等于或近似于不变的减压阀，其工作原理如图 1-63 所示。高压油 p_1 经节流口 x_R 减压后以低压 p_2 流出，同时，低压油经阀芯中心孔将压力传至阀芯上腔，则其进、出油液压力在阀芯有效作用面积上的压力差与弹簧力相平衡。

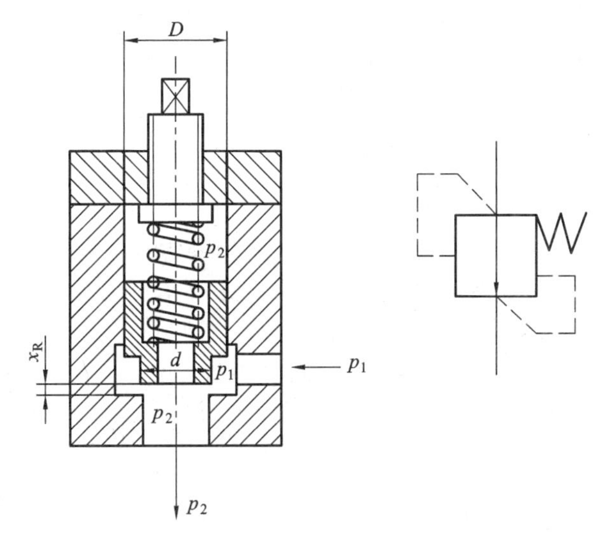

图 1-63　定差减压阀

(3) 定比减压阀。定比减压阀能使进、出油口压力的比值维持恒定。图 1-64 为其工作原理图，当高压油 p_1 从进油口进入阀腔时，产生一个向上的液压力，使阀芯向上移动，于是，在阀芯和阀体之间形成节流口。因为阀芯上端与出口相通，所以阀芯上又作用着一个向下的液压力。

如果进口压力 p_1 升高，则阀芯上移，减压作用削弱。于是，出口压力 p_2 也随着上升，直到阀芯在新的位置上平衡为止。如果出口压力 p_2 发生变化，则经过阀芯的调节，仍能保

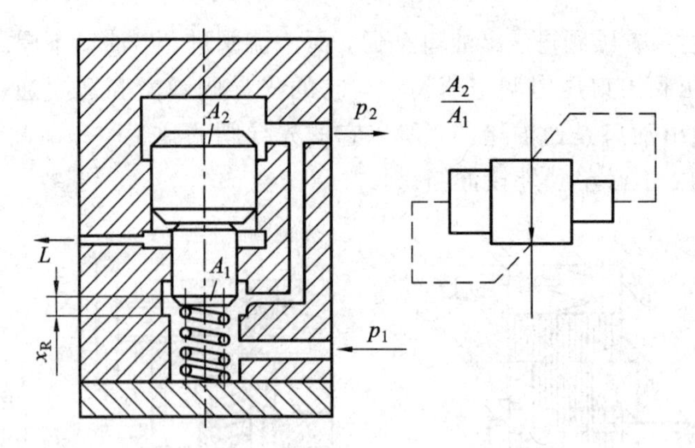

图 1-64　定比减压阀

持进、出口压力比恒定。

定比减压阀常用于需要两级定比调压的场合。

小试身手 1-3

如图 1-65 所示，溢流阀的调定压力 $p_{s1}=4.5$ MPa，减压阀的调定压力 $p_{s2}=3$ MPa，活塞前进时，负荷 $F=1000$ N，活塞面积 $A=20\times10^{-4}$ m^2，减压阀全开时的压力损失及管路损失忽略不计。求：

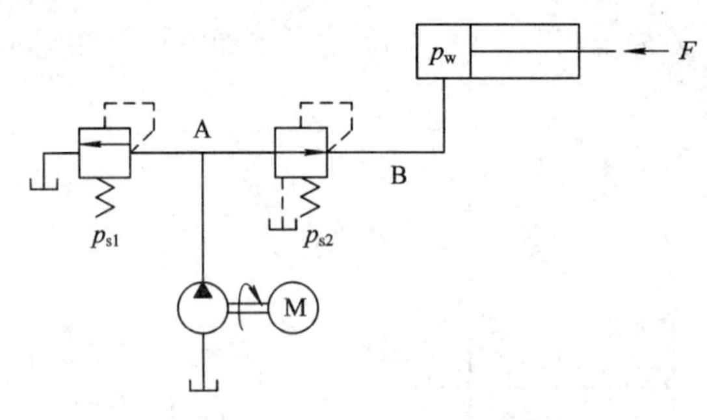

图 1-65　溢流阀、减压阀应用

(1) 活塞在运动时和到达尽头时，A、B 两点的压力；

(2) 当负载 $F=7000$ N 时，A、B 两点的压力。

解：(1) 活塞运动时，作用在活塞上的工作压力为

$$p_w = F/A = \frac{1000}{20\times10^{-4}} = 0.5\ \text{MPa}$$

因为作用在活塞上的工作压力相当于减压阀的出口压力，且小于减压阀的调定压力，所以减压阀不起减压作用，阀口全开，故有

$$p_A = p_B = p_w = 0.5\ \text{MPa}$$

活塞走到尽头时，作用在活塞上的工作压力 p_w 增加，且当此压力大于减压阀的调定压力时，减压阀起减压作用，所以有

$$p_A = p_{s1} = 4.5\ \text{MPa}$$

$$p_B = p_{s2} = 3\ \text{MPa}$$

(2) 当负载 $F=7000$ N 时，有

$$p_w = \frac{F}{A} = \frac{7000}{20 \times 10^{-4}} = 3.5\ \text{MPa}$$

因为 $p_{s2} < p_w$，减压阀阀口关闭，减压阀出口压力最大是 3 MPa，无法推动活塞，所以有 $p_A = p_{s1} = 4.5$ MPa，$p_B = p_{s2} = 3$ MPa。

压力控制阀除了溢流阀、减压阀以外，还有顺序阀和压力继电器。控制回路还有增压、保压和平衡等多种回路。它们的结构如何？又是如何组成压力控制回路进行压力控制的呢？

3）顺序阀

顺序阀用来控制液压系统中各种执行元件动作的先后顺序。依控制压力的不同，顺序阀又可分为内控式和外控式两种。前者用阀的进油口压力控制阀芯的启闭，后者用外来的控制压力控制阀芯的启闭。顺序阀也有直动型和先导型两种，前者用于低压系统，后者用于中高压系统。

图 1-66(a)所示为内控式直动型顺序阀。当进油口压力 p_1 较低时，阀芯在弹簧作用下处于下端位置，进油口和出油口不相通。当作用在阀芯下端的油液的液压力大于弹簧的预紧力时，阀芯向上移动，阀口打开，油液便经阀口从出油口流出，从而操纵另一个执行元件或其他元件动作。由图 1-66(a)可见，顺序阀和溢流阀的结构基本相似，不同的只是顺序阀的出油口通向系统的另一压力油路，而溢流阀的出油口通油箱。此外，由于顺序阀的进、出油口均为压力油，所以它的泄油口 L 必须单独外接油箱。图 1-66(b)所示为外控式直动型顺序阀。和上述顺序阀的差别仅仅在于其下部有一控制油口 K，阀芯的启闭是利用通入控制油口 K 的外部控制油来控制的。

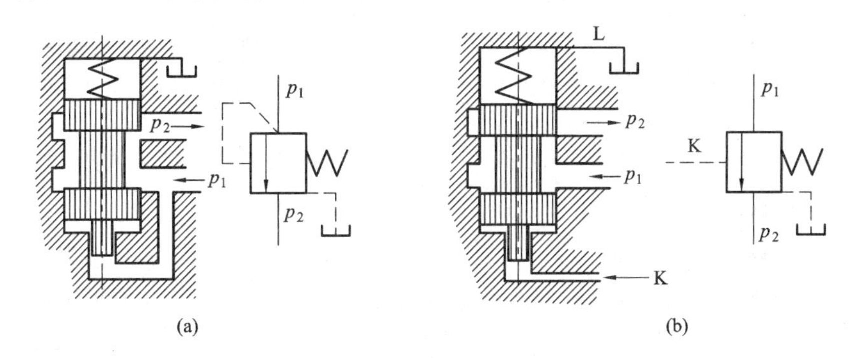

图 1-66　直动型顺序阀

(a) 内控式；(b) 外控式

图 1-67 所示为先导型顺序阀，其工作原理可仿前述先导型溢流阀推演，在此不再重复。

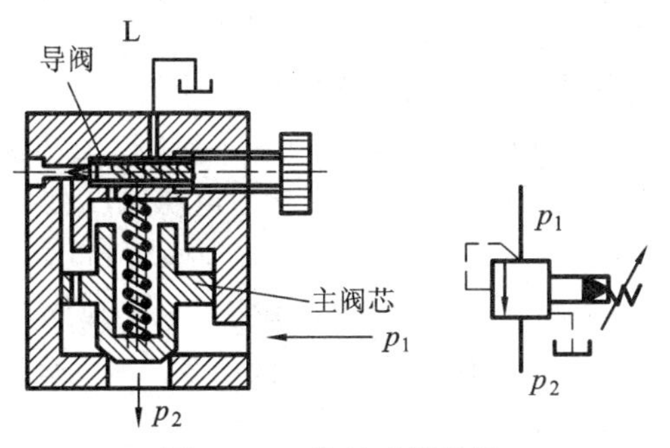

图 1-67　先导型顺序阀

4）压力继电器

压力继电器是一种将油液的压力信号转换成电信号的电液控制元件，当油液压力达到压力继电器的调压压力时，即发出电信号，以控制电磁铁、电磁离合器、继电器等元件动作，使油路卸压、换向、执行元件实现顺序动作，或关闭电动机，使系统停止工作，起安全保护作用等。图 1-68 所示为常用柱塞式压力继电器。当从压力继电器下端进油口通入的油液压力达到调定压力值时，推动活塞 1 上移，此时位移通过杠杆 2 放大后推动开关 4 动作，关闭弹簧 3 的压缩量即可调节压力继电器的动作压力。

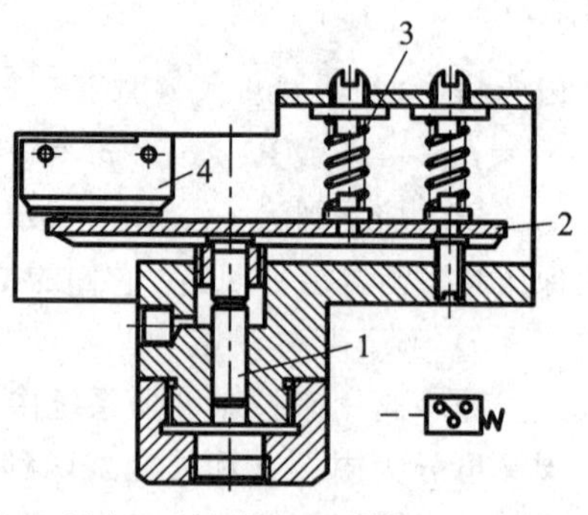

1—活塞；2—杠杆；3—弹簧；4—开关

图 1-68　压力继电器

5）比例压力阀

前面所述的压力阀都需用手动调整的方式来作压力设定，若应用时碰到需经常调整压力或需多级调压的液压系统，则回路设计将变得非常复杂，操作时稍不注意就会失控。若回路有多段压力需要控制，则用传统方法需要多个压力阀与方向阀。但是，可只用一个比例压力阀和控制电路来产生多段压力。

比例压力阀基本上以比例电磁线圈所产生的电磁力，来取代传统压力阀上的弹簧设定压力，如图 1-69 所示。由于电磁线圈产生的电磁力是和电流的大小成正比的，因此控制线圈电流就能得到所要的压力，可以无级调压，而一般的压力阀仅能调出特定的压力。

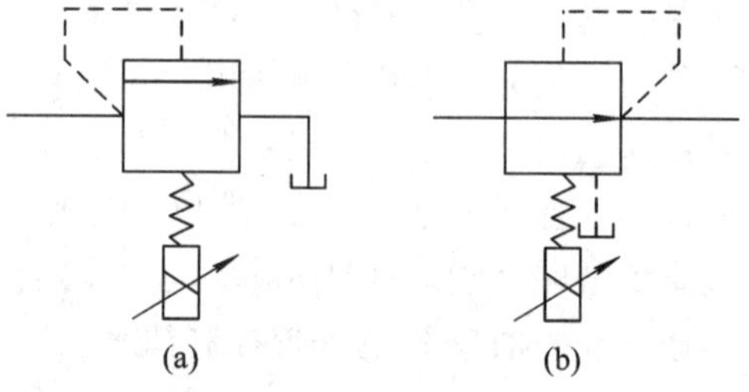

图 1-69　比例压力阀

（a）比例溢流阀；（b）比例减压阀

5. 压力控制回路

压力控制回路利用压力控制阀来控制系统整体或某一部分的压力，以满足液压执行元件对力或转矩要求的回路。压力控制回路包括调压、减压、增压、保压、卸荷和平衡等多种回路。

1）调压回路

调压回路的功用是使液压系统整体或部分的压力保持恒定或不超过某个数值。在定量泵系统中，液压泵的供油压力可以通过溢流阀来调节。在变量泵系统中，用安全阀来限定系统的最高压力，以防止系统过载。若系统中需要两种以上压力，则可采用多级调压回路。

（1）单级调压回路。它用来控制液压系统的工作压力。

（2）二级调压回路。图 1-70(a)所示为二级调压回路，它可实现两种不同的系统压力控制。由溢流阀 2 和溢流阀 4 各调一级：当二位二通电磁阀 3 处于如图 1-70(a)所示的位置时，系统压力由阀 2 调定；当阀 3 得电后，处于右位时，系统压力由阀 4 调定。要注意：阀 4 的调定压力一定要小于阀 2 的调定压力，否则系统将不能实现压力调定；当系统压力由阀 4 调定时，溢流阀 2 的先导阀口关闭，但主阀开启，液压泵的溢流流量经主阀流回油箱。

（3）多级调压回路。图 1-70(b)中，由溢流阀 5、6、7 分别控制系统的压力，从而组成了三级调压回路。当两电磁铁均不通电时，系统压力由阀 5 调定，当 1YV 得电时，由阀 6

调定系统压力；当 2YV 得电时，系统压力由阀 7 调定。但在这种调压回路中，阀 6 和阀 7 的调定压力都要小于阀 5 的调定压力，而阀 6 和阀 7 的调定压力之间没有什么一定的关系。

(4) 连续、按比例进行压力调节的回路。如图 1－70(c)所示，调节先导型比例电磁溢流阀的输入电流，即可实现系统压力的无级调节，这样不但回路结构简单，压力切换平稳，而且更容易使系统实现远距离控制或程序控制。

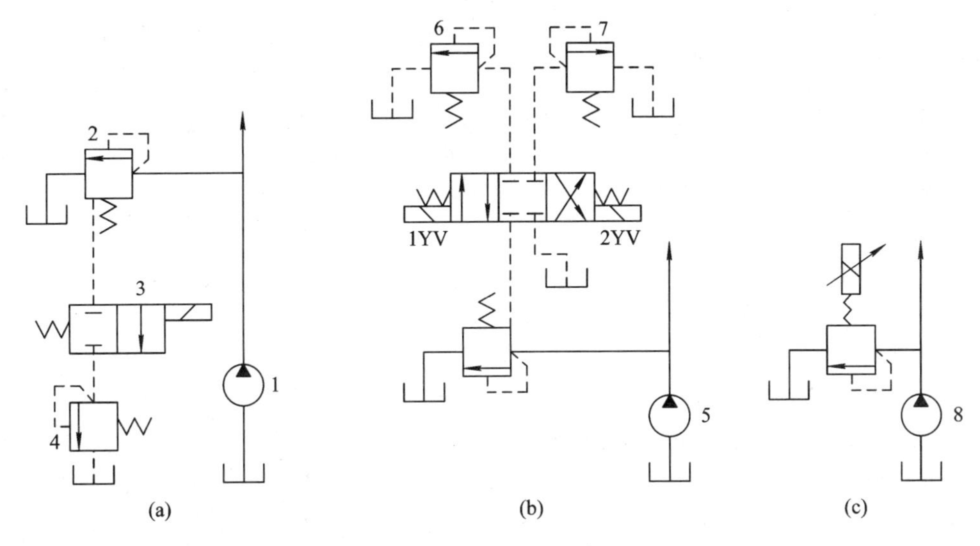

图 1－70　调压回路

2) 减压回路

减压回路的功用是使系统中的某一部分油路具有较系统压力低的稳定压力。最常见的减压回路是通过定值减压阀与主油路相连的。回路中的单向阀供主油路在压力降低(低于减压阀调整压力)时防止油液倒流，起短时保压之用。在减压回路中，也可以采用类似两级或多级调压的方法获得两级或多级减压。图 1－71 所示为利用先导型减压阀 1 的远控口接一远控溢流阀 2，则可由阀 1、阀 2 各调定一种低压。但要注意，阀 2 的调定压力值一定要低于阀 1 的调定压力值。

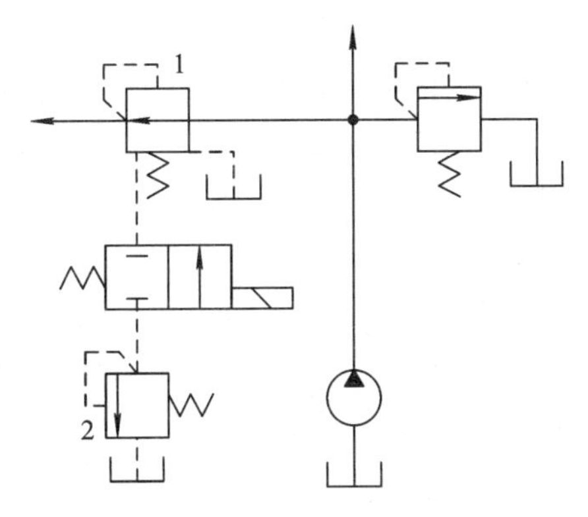

图 1－71　减压回路

3) 卸荷回路

卸荷回路的功用是在液压泵驱动电动机不频繁启闭的情况下，使液压泵在功率损耗接近于零的情况下运转，以减少功率损坏，降低系统发热，延长泵和电机的寿命。常见的卸荷回路有以下几种：

（1）利用换向阀旁路卸荷回路。

另外，还可以利用换向阀的M、K、H形中位机能处于中位时，油液经其流回油箱，从而卸荷。这种回路切换时压力冲击小，但回路中必须设置单向阀，以使系统能保持0.3 MPa左右的压力，供操纵控制油路之用。

（2）采用复合泵的卸荷回路。图1－72所示为利用复合泵作液压钻床的动力源。当液压缸快速推进时，推动液压缸活塞前进所需的压力比左、右两边的溢流阀所设定压力还低，故大排量泵和小排量泵的压力油全部送到液压缸，使活塞快速前进。

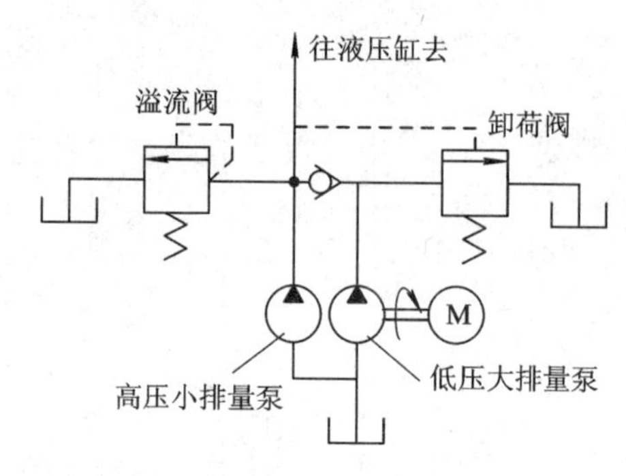

图1－72　采用复合泵的卸荷回路

当钻头和工件接触时，液压缸活塞移动的速度要变慢，且在活塞上的工作压力变大，当往液压缸去的管路的油压力上升到比右边卸荷阀设定的工作压力大时，卸荷阀被打开，低压大排量泵所排出的液压油经卸荷阀送回油箱。因为单向阀受高压油作用的关系，低压泵所排出的油根本不会经单向阀流到液压缸。在钻削进给的阶段，液压缸的油液由高压小排量泵来供给。因为这种回路的动力几乎完全由高压泵在消耗，所以可达到节约能源的目的。卸荷阀的调定压力通常比溢流阀的调定压力要低0.5 MPa以上。

（3）利用溢流阀远程控制口卸载的回路。图1－73所示为利用溢流阀远程控制口的卸载回路，图中将溢流阀的远程控制口和二位二通电磁阀相接。当二位二通电磁阀通电时，溢流阀的远程控制口通油箱，这时溢流阀的平衡活塞上移，主阀阀口被打开，泵排出的液压油全部流回油箱，泵出口压力几乎是零，故泵为卸载运转状态。

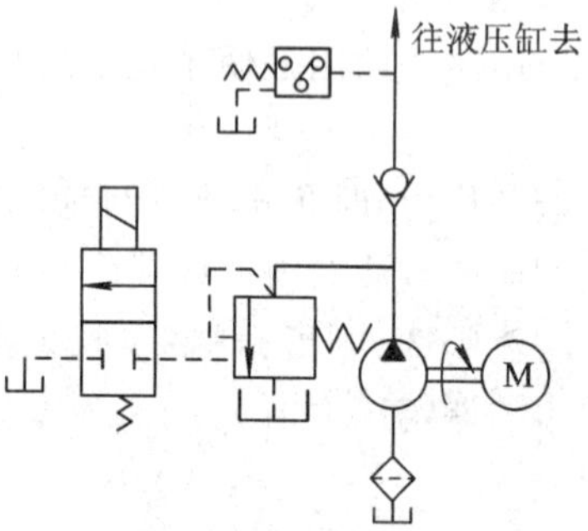

图1－73　利用溢流阀远程控制口的卸荷回路

注意：图1－73中的二位二通电磁阀只通过很少的流量，因此，可用小流量规格阀（尺寸为1/8或1/4）。在实际应用中，此二位二通电磁阀和溢流阀组合在一起，此种组合称为电磁控制溢流阀。

4）增压回路

增压回路用来使系统中某一支路获得较系统压力高且流量不大的油液供应。利用增压回路，液压系统可以采用压力较低的液压泵，甚至压缩空气动力源来获得较高压力的压力油。

（1）利用串联液压缸的增压回路。图1－74所示为利用串联液压缸的压力增强回路。将小直径液压缸和大直径液压缸串联可使冲柱急速推出，且在低压下可得很大的输出力量。将换向阀移到左位，泵所输出的油液全部进入小直径液压缸活塞左侧，冲柱急速推出，此时大直径液压缸由单向阀将油液吸入，且充满大液压缸左侧空间。当冲柱前进到尽头受阻时，泵输送的油液压力升高，而使顺序阀动作，此时油液以溢流阀所设定的压力作用在大、小直径液压缸活塞的左侧，故推力等于大、小直径液压缸活塞左侧面积和与溢流阀所调定的压力之积。当然，如想单独使用大直径液压缸且以上述速度运动的话，势必要选用更大容量的泵，而采用这种串联液压缸只要用小容量泵就够了，节省了许多动力。

（2）利用增压器的增压回路。图 1－75 所示是利用增压器的增压回路。将三位四通换向阀移到右位工作时，泵将油液经液控单向阀送到液压缸活塞上方使冲柱向下压。同时，增压器的活塞也受到油液作用向右移动，但达到规定的压力后就自然停止了，这样使它一有油送进增压器活塞大直径侧，就能够马上前进。当冲柱下降碰到工件时（即产生负荷时），泵的输出立即升高，并打开顺序阀，经减压阀减压后的油液以减压阀所调定的压力作用在增压器的大活塞上，于是使增压器小直径侧产生压力为减压阀所调定压力的 3 倍的高压油液，该油液进入冲柱上方将产生更强的加压作用。

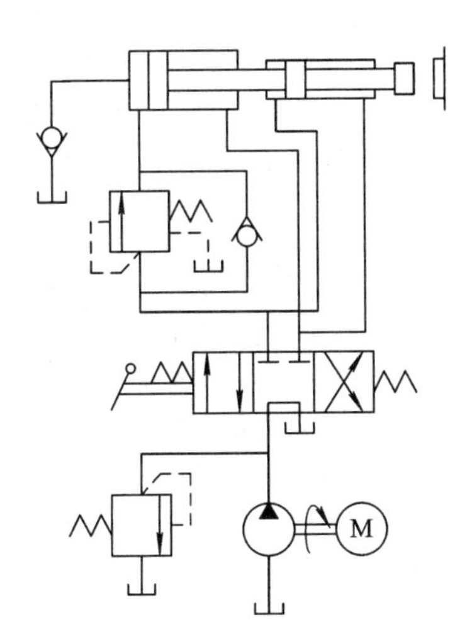

图 1－74　利用串联液压缸的增压回路

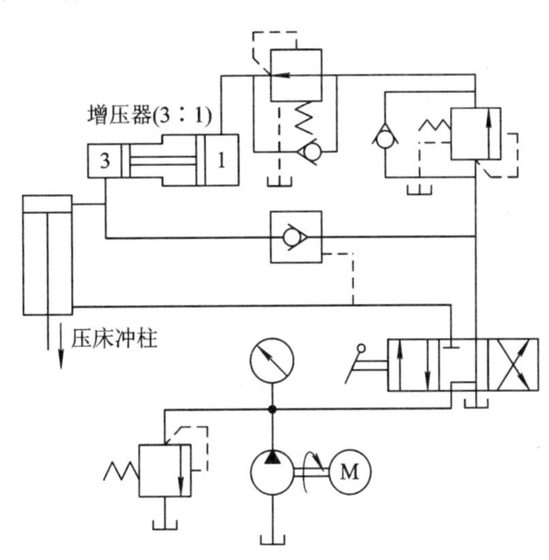

图 1－75　利用增压器的增压回路

5）保压回路

有的机械设备在工作过程中，常常要求液压执行机构在其行程终止时保持一段时间压力，这时需采用保压回路。所谓保压回路，是指使系统在液压缸不动或仅有工件变形所产生的微小位移的情况下，稳定地维持住压力。最简单的保压回路是使用密封性能较好的液控单向阀的回路，但是阀类元件处的泄漏使得这种回路的保压时间不能维持太久。常用的保压回路有以下几种。

（1）利用液压泵保压的保压回路。利用液压泵保压的保压回路也就是在保压过程中，液压泵仍以较高的压力（保持所需压力）工作。此时，若采用定量泵，则压力油几乎全经溢流阀流回油箱，系统功率损失大，易发热，故只在小功率的系统且保压时间较短的场合下才使用。若采用变量泵，则在保压时，泵的压力较高，但输出流量几乎等于零，因而，液压系统的功率损失小，这种保压方法能随泄漏量的变化而自动调整输出流量，所以其效率也较高。

（2）利用蓄能器的保压回路。利用蓄能器的保压回路是指借助蓄能器来保持系统压力，补偿系统泄漏的回路。图 1－76 所示为利用虎钳作工件的夹紧装置。当换向阀移到阀左位时，活塞前进，并将虎钳夹紧，这时泵继续输出的压力油将为蓄能器充压，直到卸荷阀被打开卸载为止，此时，作用在活塞上的压力由蓄能器来维持，并补充液压缸的漏油作用在活塞上。当工作压力降低到比卸荷阀所调定的压力还低时，卸荷阀又关闭，泵的液压油再继续送往蓄能器。本系统可节约能源并降低油温。

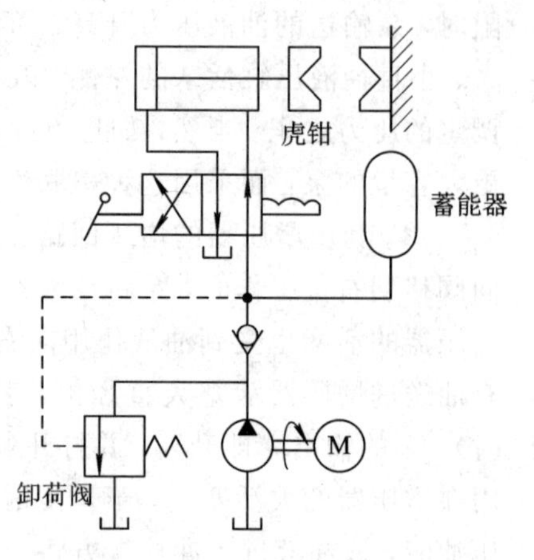

图 1-76　利用蓄能器的保压回路

6）平衡回路

平衡回路的功用在于防止垂直或倾斜放置的液压缸和与之相连的工作部件因自重而自行下落。

(1) 采用单向顺序阀的平衡回路。图 1-77(a)所示为采用单向顺序阀的平衡回路，当 1YV 得电、活塞下行时，回油路上就存在着一定的背压，只要将这个背压调得能支承住活塞和与之相连的工作部件自重，活塞就可以平稳地下落。当换向阀处于中位时，活塞就停止运动，不再继续下移。在这种回路中，当活塞向下快速运动时，其功率损失大，锁住时活塞和与之相连的工作部件会因单向顺序阀和换向阀的泄漏而缓慢下落，因此它只适用于工作部件重量不大、活塞锁住时定位要求不高的场合。

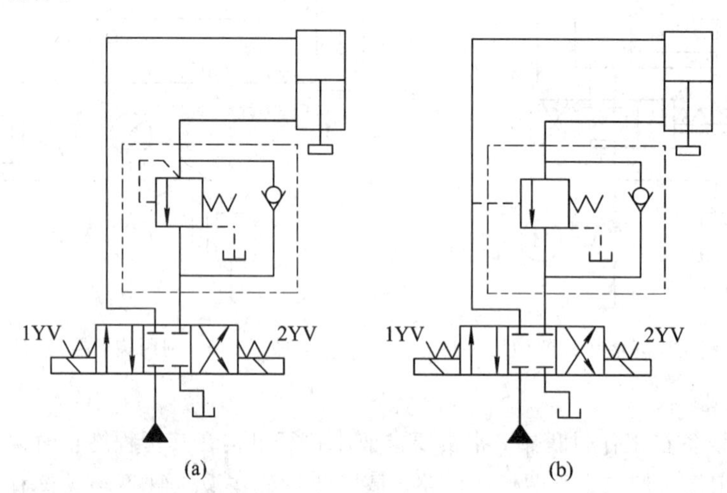

图 1-77　采用顺序阀的平衡回路

(a) 采用单向顺序阀的平衡回路；(b) 采用液控顺序阀的平衡回路

(2) 采用液控顺序阀的平衡回路。图 1-77(b)所示为采用液控顺序阀的平衡回路。当活塞下行时，控制压力油打开液控顺序阀，背压消失，因而回路工作效率较高；当停止工作时，液控顺序阀关闭以防止活塞和工作部件因自重而下降。这种平衡回路的优点是只有上腔进油时活塞才下行，比较安全和可靠；缺点是活塞下行时平稳性较差。这是因为活塞下行时，液压缸上腔油压降低，将使液控顺序阀关闭；当顺序阀关闭时，因活塞停止下行，使液压缸上腔油压升高，又打开液控顺序阀。因此，液控顺序阀始终处于启、闭的过渡状态，影响因而工作的平稳性。这种回路适用于运动部件重量不大、停留时间较短的液压系统。

6. 流量控制阀

液压系统在工作时，常需随工作状态的不同以不同的速度工作，而只要控制了流量就控制了速度。无论哪一种流量控制阀，其内部一定有节流阀，因此，节流阀可以说是最基本的流量控制阀。

1）执行元件速度控制原理

（1）通过流量控制速度。对液压执行元件而言，控制“流入执行元件的流量”或“流出执行元件的流量”都可控制执行元件的速度。

液压缸活塞移动速度为

$$v = q/A \tag{1-32}$$

液压马达的转速为

$$n = q/V \tag{1-33}$$

式中，q 表示流入执行元件的流量；A 表示液压缸活塞的有效工作面积；V 表示液压马达的排量。可见，控制流入执行元件的流量就可控制其速度。

任何液压系统都有液压泵，不管执行元件的推力和速度如何变化，定量泵的输出流量是固定不变的。控制速度或控制流量只是使流入执行元件的流量小于泵的流量而已，故常将其称为节流调速。

图 1-78 说明了定量泵在无负载且回路无压力损失的状况下其节流前后的差异。节流前，泵打出的油全部进入回路，此时泵输出压力趋近于零；节流后，泵的 50 L/min 的流量只有 30 L/min 能进入回路，虽然其压力趋近于零，但是剩余的 20 L/min 流量需经溢流阀流回油箱，若将溢流阀压力设定为 5 MPa，则此时即使没有负载，系统压力仍会大于 4 MPa。也就是说，不管负载的大小如何，只要作了速度控制，泵的输出压力就会趋近溢流阀的设定压力，趋近的程度由节流量的多少与负载的大小来决定。

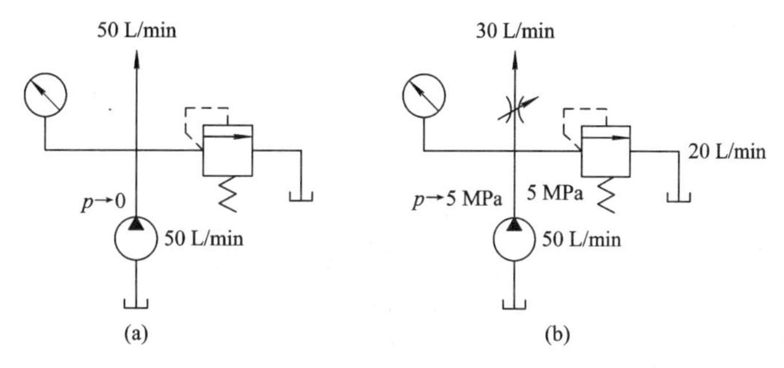

图 1-78　定量泵节流前后

（a）无节流；（b）有节流

（2）通过孔口节流控制流量。由流体力学知识可知，经过薄壁小孔的流量为

$$q = A_c v_c = c_c A_0 v_c = c_c c_v A_0 \sqrt{\frac{2\Delta p}{\rho}} = c_d A_0 \sqrt{\frac{2\Delta p}{\rho}}$$

式中，c_d 为流量系数；A_0 为小孔截面积；Δp 为小孔前后压差；ρ 为流量密度。

显然，在 c_d、Δp 不变的情况下，通过改变小孔截面积 A_0 就可改变流量。

可见，改变节流装置的小孔截面积就可改变流量，而改变流量就可改变执行元件速度。

2）节流阀

节流阀是一种最简单又最基本的流量控制阀，其实质相当于一个可变节流口，即一种借助于控制机构使阀芯相对于阀体孔运动改变阀口过流面积的阀，常用在定量泵节流调速回路实现调速。图 1-79(a)所示为节流阀的结构，油液从入口进入，经滑轴上的节流口后，由出口流出。调整手轮使滑轴轴向移动，以改变节流口节流面积的大小，从而改变流量大小以达到调速的目的。图中油压平衡用孔道在于减小作用于手轮上的力，使滑轴上、下油压平衡。

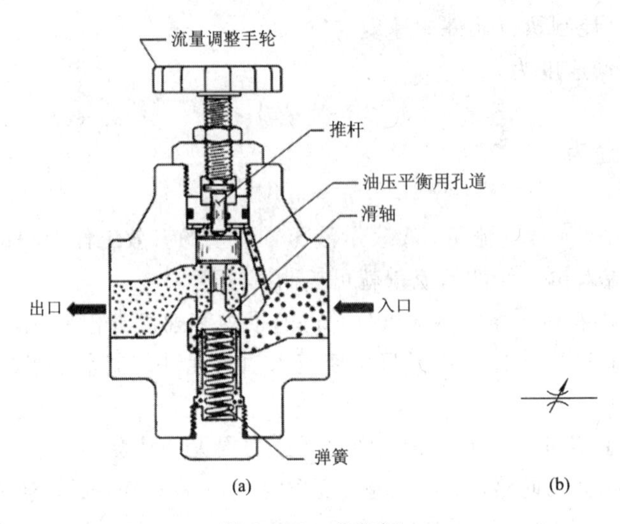

图 1-79　节流阀

(a) 结构；(b) 职能符号

在实际应用时，往往要求执行元件在进、出油路上其中之一或双向进行调速，而在进、出油路上都接或只在一条油路上接节流阀就无法进行调速。图 1-80 所示为单向节流阀，它与普通节流阀不同的是:它只能控制一个方向上的流量大小，而在另一个方向则无节流作用。

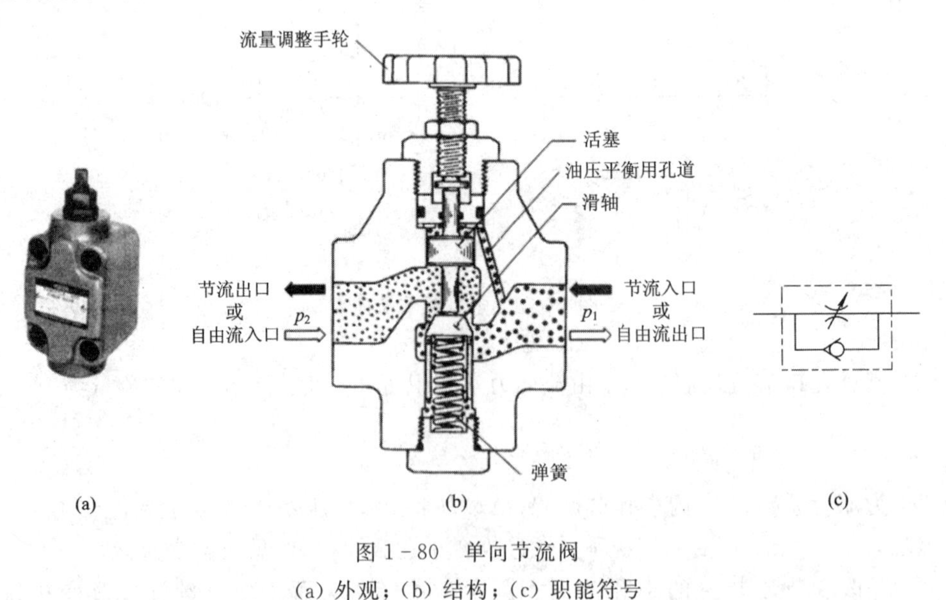

图 1-80　单向节流阀

(a) 外观；(b) 结构；(c) 职能符号

3）调速阀

节流阀因为刚性差，通过阀口的流量因阀口前后压力差变化而波动，因此仅适用于执行元件工作负载变化不大且对速度稳定性要求不高的场号。为解决负载变化大的执行元件的速度稳定性问题，应采取措施保证负载变化时，节流阀的前后压力差不变。

调速阀能在负载变化的状况下保持进、出口的压力差恒定。

如图 1-81 所示，压力油 p_1 进入调速阀后，先经过定差减压阀的阀口 x（压力由 p_1 减至 p_2），然后经过节流阀阀口 y 流出，出口压力为 p_3。从图 1-81 中可以看到，节流阀进、出口压力 p_2 和 p_3 经过阀体上的流道被引到定差减压阀阀芯的两端（p_3 引到阀芯弹簧端，p_2 引到阀芯无弹簧端），作用在定差减压阀阀芯上的力包括液压力和弹簧力。

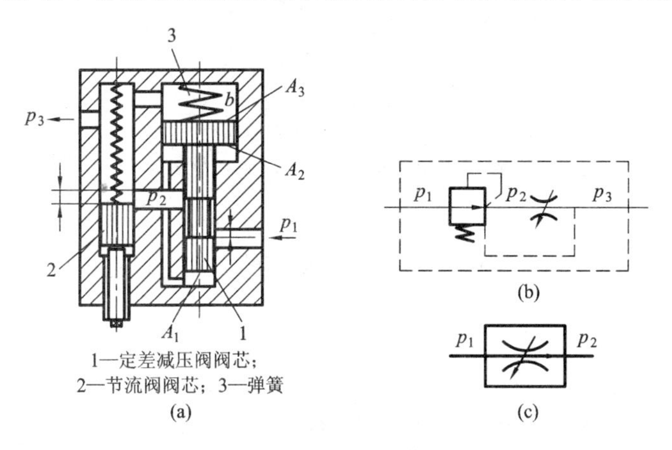

图 1-81　调速阀工作原理

(a) 结构；(b) 职能符号；(c) 简化职能符号

调速阀工作时的静态方程如下：

调速阀内阀芯 1 处于平衡状态时，其方程为

$$F_s + A_3 \cdot p_3 = (A_1 + A_2)p_2$$

式中，F_s 表示弹簧力。

在设计时确定

$$A_3 = A_1 + A_2$$

所以有

$$p_2 - p_3 = F_s/A_3$$

此时只要将弹簧力固定，则在油温无什么变化时，输出流量就可固定。另外，要使阀能在工作区正常动作，进、出口间压力差要在 0.5～1 MPa 以上。

与单向节流阀一样，调速阀也有单向调速阀，如图 1-82 所示。

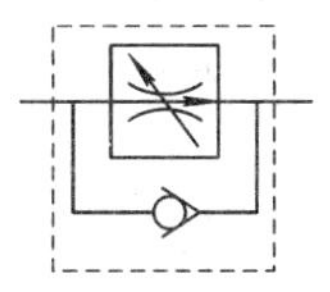

图 1-82　单向调速阀的职能符号

4）比例流量阀

前面所述的流量阀都需用手动调整的方式来做流量设定，而在需要经常调整流量或要做精密流量控制的液压系统中，就得用到比例流量阀了。

比例流量阀也是以在提动杆外装置的电磁线圈所产生的电磁力来控制流量阀的开口大小的。由于电磁线圈有良好的线性度，因此其产生的电磁力和电流的大小成正比，在应用时可产生连续变化的流量，从而可任意控制流量阀的开口大小。

比例流量阀也有附加单向阀的。各种比例流量阀的符号如图 1－83 所示。

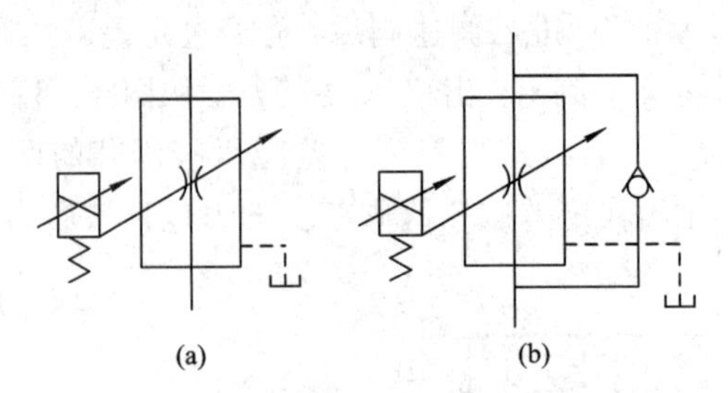

图 1－83 比例流量阀

(a) 普通比例流量阀；(b) 单向比例流量阀

7. 速度控制回路

速度控制回路是调节和变换执行元件运动速度的回路。它包括调速回路、快速运动回路和速度换接回路。

1) 调速回路

调速回路主要包括以下三种方式：

节流调速回路:用定量泵供油，采用流量控制阀调节执行元件的流量，以实现速度调节。

容积调速回路:改变变量泵的供油流量或改变变量马达的排量，以实现速度调节。

容积节流调速回路:采用变量泵和流量控制阀相配合的调速方法，又称联合调速。

(1) 节流调速回路。根据流量控制阀在回路中的位置不同，分为进油节流调速、回油节流调速和旁路节流调速三种方法。

① 进油节流调速。进油节流调速就是控制执行元件入口的流量，如图 1－84(a)所示。该回路不能承受负向负载，如有负向负荷(负荷与运动方向同向者)，则速度失去控制。

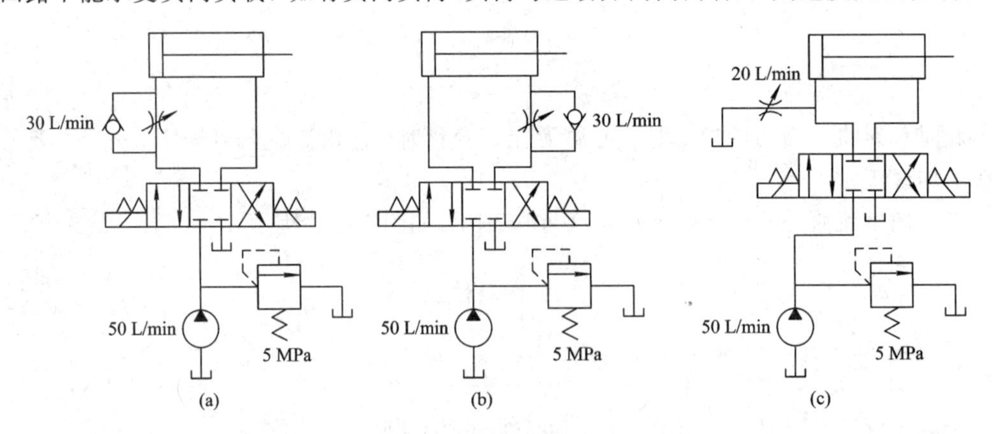

图 1－84 节流调速回路

(a) 进油节流调速；(b) 回油节流调速；(c) 旁路节流调速

② 回油节流调速。回油节流调速就是控制执行元件出口的流量，如图 1－84(b)所示。回油节流调速可控制排油的流量；节流阀可提供背压，使液压缸能承受各种负荷。

③ 旁路节流调速。旁路节流调速是控制不需流入执行元件也不经溢流阀而直接流回

油箱的油的流量，从而达到控制流入执行元件油液流量的目的。图 1－84(c)所示为旁路节流调速回路，该回路的特点是液压缸的工作压力基本上等于泵的输出压力，其大小取决于负载，该回路中的溢流阀只有在过载时才被打开。

上述三种调速方法的不同点如下：

① 进油调速和回油调速会使回路压力升高，造成压力损失；旁路调速则几乎不会。

② 用旁路调速作速度控制时，无溢流损失，效率最高，控制性能最差，主要用于负载变化很小的正向负载的场合。

③ 用进油调速作速度控制时，效率较旁路调速次之，主要用于负荷变化较大的正向负载的场合。

④ 用回油调速作速度控制时，效率最差，控制性能最佳，主要用于有负向负载的场合。

(2) 容积调速回路。容积调速回路是通过改变液压泵或液压马达的排量来实现调速的。其主要优点是功率损失小，系统效率高，广泛应用于大功率液压系统中。

容积调速回路通常有三种形式，即变量泵和定量马达容积调速回路，定量泵和变量马达容积调速回路，变量泵和变量马达容积调速回路。

(3) 容积节流调速回路。容积节流调速回路是由变量泵和节流阀或调速阀组合而成的一种调速回路。它保留了容积调速回路无溢流损失、效率高和发热少的长处，同时它的负载特性与单纯的容积调速回路相比得到了提高和改善。容积节流调速回路包括限压式变量泵和调速阀的容积节流调速回路与差压式变量泵和节流阀的容积节流调速回路。

2) 快速运动回路

快速运动回路又称增速回路，其功用在于使液压执行元件在空载时获得所需的高速，以提高系统的工作效率或充分利用功率。视设计方法不同快速运动有多种运动回路。下面介绍几种常用的设计方法不同的快速运动回路。

(1) 差动回路。由前面知识可知，把单作用液压缸无杆腔的回油管道和有杆腔的进油管道接通，这种连接方式称为差动连接，该液压缸就是差动缸。

切削缸 B 控制系统简化图见图 1－85。

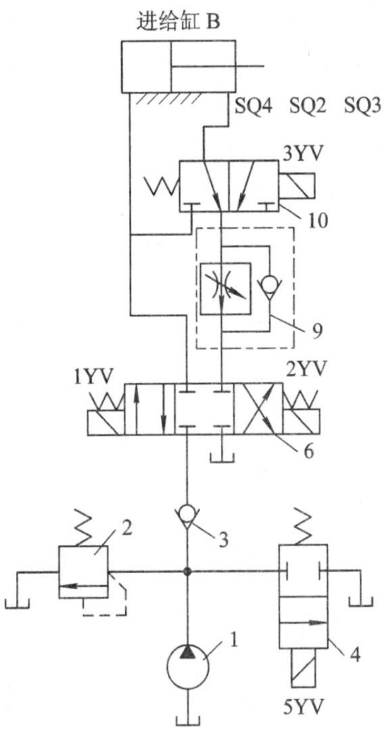

图 1－85　切削缸 B 控制系统简化图

在 1YV＋、3YV＋(得电)的情况下，切削缸 B 的油路如下：

进油路：1→3→6(左位)→切削缸 B(左腔)
回油路：切削缸 B(右腔)→10(右位)→切削缸 B(左腔)

从回油路可见，液压油从右腔流出又回到左腔，这就是差动回路。根据 $v_3=4q/(\pi d^2)$ 可得液压缸活塞运动速度变快。

(2) 采用蓄能器的快速补油回路。对于间歇运转的液压机械，当执行元件间歇或低速运动时，泵向蓄能器充油。而在工作循环中，当某一工作阶段执行元件需要快速运动时，蓄能器作为泵的辅助动力源，可与泵同时向系统提供压力油。

图 1-86 所示为一补油回路。将换向阀移到阀右位时，蓄能器所储存的液压油即可释放出来加到液压缸，活塞快速前进。例如，活塞在做加压等操作时，液压泵即可对蓄能器充压(蓄油)。当换向阀移到阀左位时，蓄能器液压油和泵排出的液压油同时送到液压缸的活塞杆端，活塞快速回行。这样，系统中可选用流量较小的油泵及功率较小的电动机，可节约能源并降低油温。

(3) 补油回路。大型压床为确保加工精度，常使用柱塞式液压缸。在前进时，它需要非常大的流量；在后退时，它几乎不需什么流量。这两个问题使泵的选用变得非常困难，图 1-87所示的补油回路就可解决此难题。图 1-87 中，将三位四通换向阀移到阀右位时，泵输出的压力油全部送到辅助液压缸，辅助液压缸带动主液压缸下降，而主液压缸的压力油由上方油箱经液控单向阀注入，此时压板下降速度为 $v=q/(2a)$。当压板碰到工件时，管路压力上升，顺序阀被打开，高压油注到主液压缸，此时压床推出力 $F=p\times(A+2a)$。当换向阀移到左位时，泵输出的压力油流入辅助液压缸，压板上升，液控单向阀逆流油路被打开，主液压缸的回油经液控单向阀流回上方的油箱。回路中的平衡阀是为支撑压板及柱塞的重量而设计的。在此回路中，因使用补充油箱，故换向阀及平衡阀的选择依泵的流量而定，且泵的流量可较小。此回路为一节约能源回路。

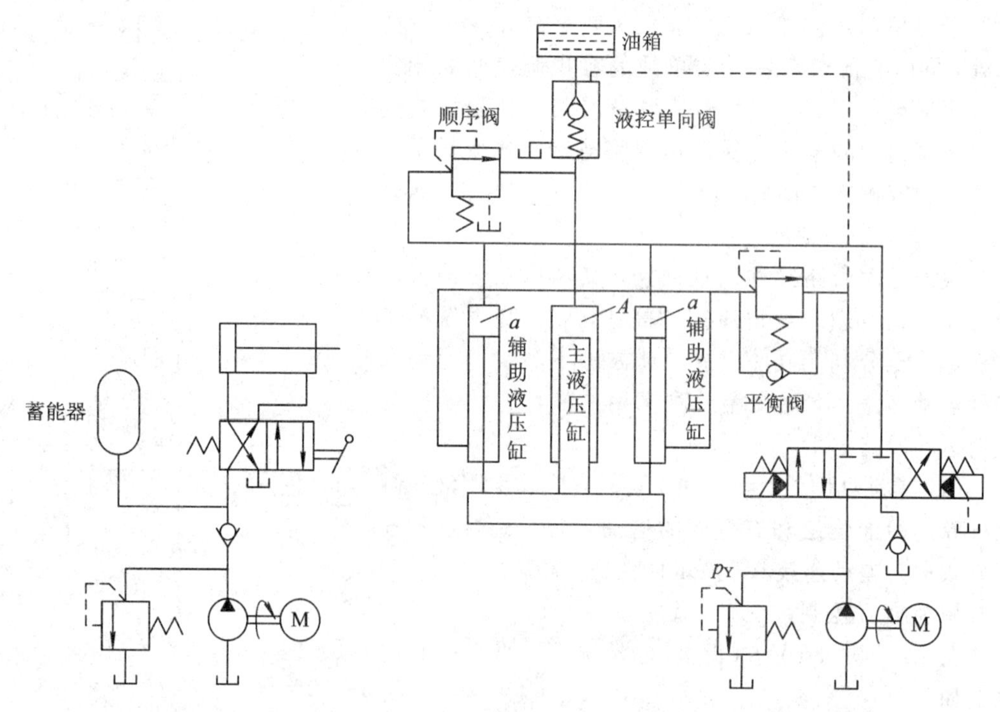

图 1-86　采用蓄能器的快速补油回路　　　图 1-87　液压压床的补油回路

3) 速度换接回路

速度换接回路的功能是使液压执行机构在一个工作循环中从一种运动速度变换到另一种运动速度，因而这个转换不仅包括液压执行元件快速到慢速的换接(快进到工进的换接)，而且也包括两个慢速之间的换接(工进一到工进二的换接)。实现这些功能的回路应该具有较高的速度换接平稳性。

(1) 快速与慢速的换接回路(快进到工进的换接)。

① 利用电磁换向阀的快速与慢速的换接回路。

图 1-88 为快速与慢速的连接原理图。

快速回路：

在 1YV+、3YV+(得电)的情况下(6 左位工作、10 右位工作)，切削缸 B 的油路：

进油路：1→6(左位)→切削缸 *B*(左腔)
回油路：切削缸 B(右腔)→10(右位)→切削缸 *B*(左腔)

此回路为差动连接，切削缸 B 活塞快速输出。

工进(慢速)回路：

在 1YV+(得电)、3YV-(失电)的情况下(6 左位工作、10 左位工作)，切削缸 B 的油路：

进油路：1→6(左位)→切削缸 B(左腔)
回油路：切削缸 B(右腔)→10(左位)→9(调速阀)→6(左位)→油箱

在这个回路中，切削缸 B 回油路先经过调速阀再流回油箱。这时，回路变为回油节流调速回路，切削缸 B 活塞输出速度较之前变慢。这样完成快速与慢速的换接。

② 利用行程阀的快速与慢速的换接回路。图 1-89 所示为用行程阀来实现快速与慢速换接的回路。在图 1-89 所示的状态下，液压缸快进，当活塞所连接的挡块压下行程阀 6 时，行程阀关闭，液压缸右腔的油液必须通过节流阀 5 才能流回油箱，活塞运动速度转变为慢速工进；当换向阀左位接入回路时，压力油经单向阀 4 进入液压缸右腔，活塞快速向右返回。这种回路的优点是快、慢速换接过程比较平稳，换接点的位置比较准确。其缺点是行程阀的安装位置不能任意布置，管路连接较为复杂。若将行程阀改为电磁阀，则安装连接将比较方便，但速度换接的平稳性、可靠性以及换向精度将变得较差。

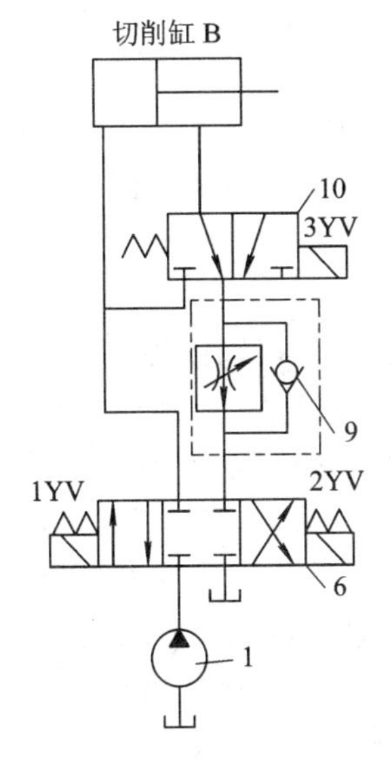

图 1-88　快速与慢速的换接简图

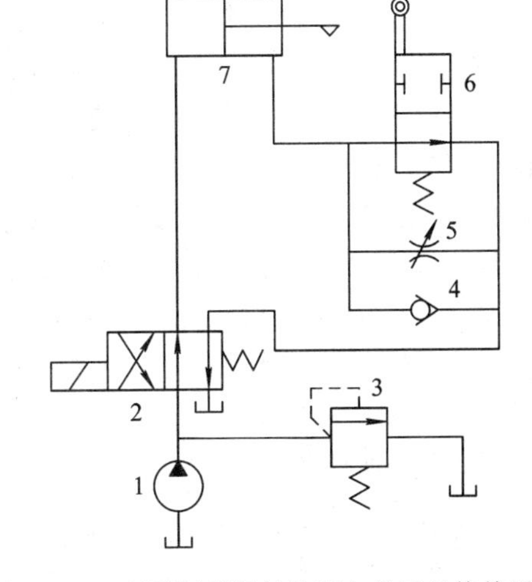

图 1-89　利用行程阀的快速与慢速的换接回路

请读者尝试写出该回路的油路。

(2) 两种慢速的换接回路(工进一到工进二的换接)。图 1-90 所示为用两个调速阀来实现不同工进速度的连接回路。图 1－90(a)中的两个调速阀并联，由换向阀实现换接。两个调速阀可以独立地调节各自的流量，互不影响；但是一个调速阀工作时另一个调速阀内无油通过，它的减压阀不起作用而处于最大开口状态，因而速度换接时大量油液通过该处，将使机床工作部件产生突然前冲现象。因此，它不宜用于工作过程中速度换接的场合，只可用于速度预选的场合。

图 1－90(b)所示为两调速阀串联的速度换接回路。当主换向阀 D 左位接入系统时，调速阀 B 被换向阀 C 短接，输入液压缸的流量由调速阀 A 控制。当阀 C 右位接入回路时，由于通过调速阀 B 的流量调得比 A 小，因此输入液压缸的流量由调速阀 B 控制。在这种回路中，调速阀 A 一直处于工作状态，它在速度换接时限制着进入调速阀 B 的流量，因此它的速度换接平稳性比较好，但由于油液经过两个调速阀，因此能量损失比较大。

请读者尝试写出这两个回路的油路。

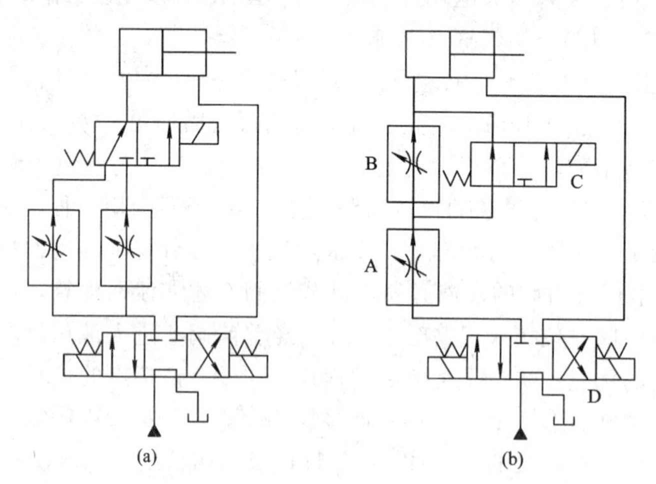

图 1－90 用两个调速阀的速度换接回路

(a) 两调速阀并联换接回路；(b) 两调速阀串联换接回路

在液压系统中，如果由一个油源给多个液压缸输送压力油，这些液压缸会因压力和流量的彼此影响而在动作上相互牵制。所以，我们必须使用一些特殊的回路才能实现预定的动作要求。常见的这类回路主要有顺序控制回路和同步回路。

4) 顺序动作回路

顺序动作回路的功用是使多缸液压系统中的各个液压缸严格地按规定的顺序动作。按控制方式不同，顺序动作回路可分为行程控制和压力控制两大类。

(1) 行程控制顺序动作回路。图 1－91 所示为两个行程控制顺序动作回路。其中，图 1－91(a)所示为行程阀控制的顺序动作回路，在该状态下，A、B 两液压缸活塞均在右端。当推动手柄时，使阀 C 左位工作，缸 A 左行，完成动作①；挡块压下行程阀 D 后，缸 B 左行，完成动作②；手动换向阀复位后，缸 A 先复位，实现动作③；随着挡块后移，阀 D 复位，缸 B 退回，实现动作④。至此，顺序动作全部完成。这种回路工作可靠，但动作顺序一经确定，再改变就比较困难了，同时管路长，布置比较麻烦。

图 1－91(b)所示为由行程开关控制的顺序动作回路。当阀 E 电磁铁得电换向时，缸 A 左行，完成动作①；触动行程开关 SQ_1 使阀 F 电磁铁得电换向，控制缸 B 左行完成动作②；当缸 B 左行至触动行程开关 SQ_2 时，阀 E 电磁铁断电，缸 A 返回，实现动作③后，触动 SQ_3 使

F 电磁铁断电，缸 B 返回，完成动作④；最后触动 SQ_4 使泵卸荷或引起其他动作，完成一个工作循环。这种回路的优点是控制灵活、方便，但其可靠程度主要取决于电气元件的质量。

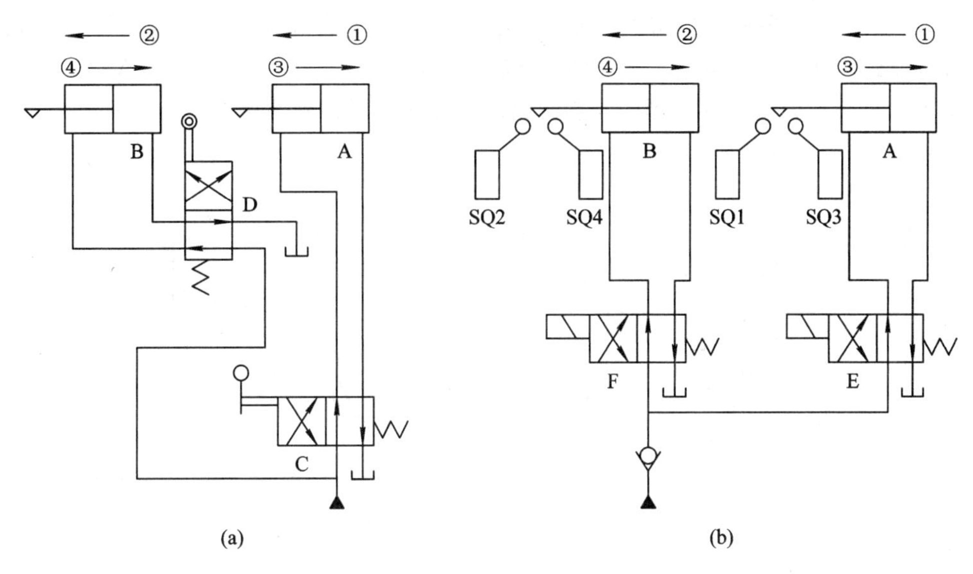

图 1-91　行程控制顺序动作回路

(2) 压力控制顺序动作回路。图 1-92 所示为一使用顺序阀的压力控制顺序动作回路。当换向阀左位接入回路，且顺序阀 D 的调定压力大于液压缸 A 的最大前进工作压力时，压力油先进入液压缸 A 的左腔，实现动作①；当液压缸行至终点时，压力上升，压力油打开顺序阀 D，进入液压缸 B 的左腔，实现动作②；同样地，当换向阀右位接入回路，且顺序阀 C 的调定压力大于液压缸 B 的最大返回工作压力时，两液压缸则按③和④的顺序返回。显然，这种回路动作的可靠性取决于顺序阀的性能及其压力调定值，即它的调定压力应比前一个动作的压力高出 0.8～1.0 MPa，否则顺序阀易在系统压力脉冲中造成误动作。由此可见，这种回路适用于液压缸数目不多、负载变化不大的场合。其优点是动作灵敏，安装连接较方便；缺点是可靠性不高，位置精度低。

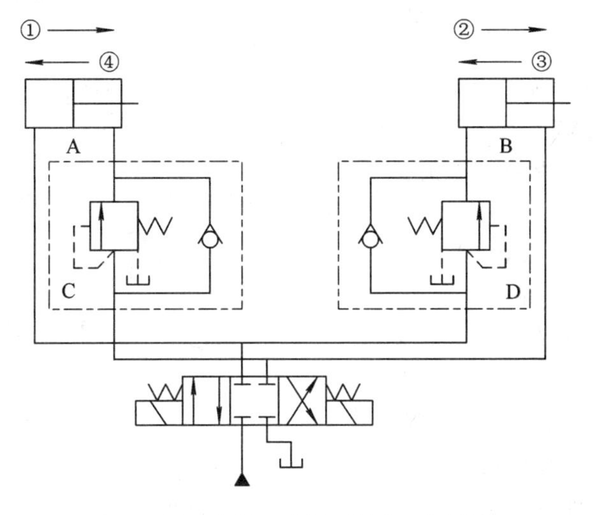

图 1-92　顺序阀控制的顺序动作回路

5）同步回路

在液压装置中，常需要使两个以上的液压缸做同步运动。理论上，依靠流量控制即可达到这一目的，但若要做到精密的同步，则必须采用比例阀或伺服阀配合电子感测元件、计算机来达到。以下介绍几种基本的同步回路。

图 1－93 所示为使用调速阀的同步回路，因为很难调整到使两个阀流量一致，所以精度比较差。

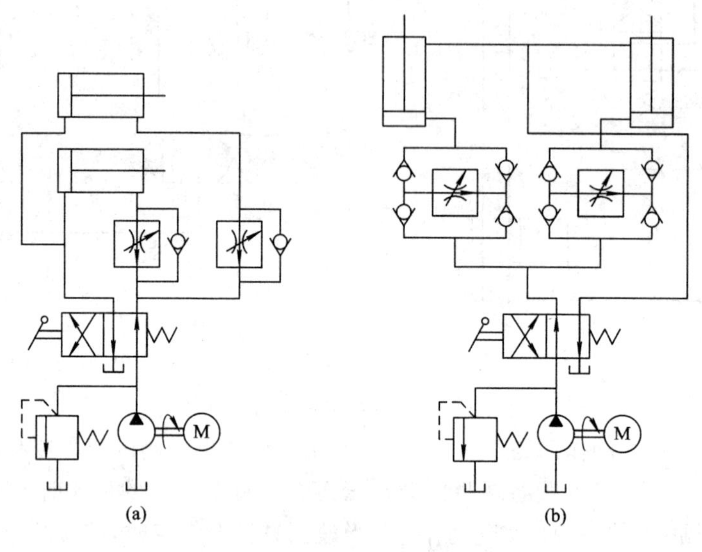

图 1－93　使用调速阀的同步回路

（a）单向同步；（b）双向同步

图 1－94 所示为使用分流阀的同步回路。该回路同步精度较高，其工作原理是：当换向阀左位工作时，压力为 p_Y 的油液经两个尺寸完全相同的节流孔 4 和 5 及分流阀上 a、b 处两个可变节流孔进入缸 1 和缸 2，两缸活塞前进。当分流阀的滑轴 3 处于某一平衡位置时，滑轴两端压力相等，即 $p_1=p_2$，节流孔 4 和节流孔 5 上的压力降 p_Y-p_1 和 p_Y-p_2 相等，则进入缸 1 和缸 2 的流量相等；当缸 1 的负荷增加时，p_1'上升，滑轴 3 右移，a 处节流孔加大，b 处节流孔变小，使压力 p_1 下降，p_2 上升；当滑轴 3 移到某一平衡位置时，p_1 又重新和 p_2 相等，滑轴 3 不再移动，此时 p_1 又等于 p_2，两缸保持速度同步，但 a、b 处开口大小和开始时是不同的，活塞后退，液压油经单向阀 6 和单向阀 7 流回油箱。

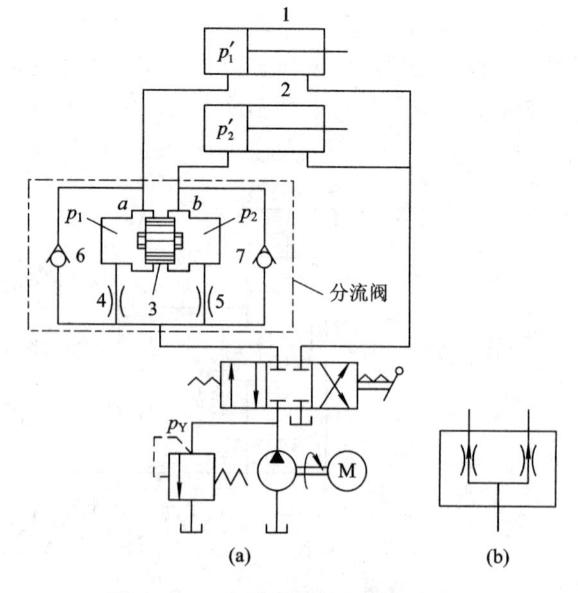

图 1－94　使用分流阀的同步回路

（a）结构；（b）分流阀的职能符号

思考与练习

一、填空题

1. 液压与气压传动是以 ________为工作介质进行能量传递和控制的一种传动形式。
2. 液压传动系统主要由________、________、________、________及传动介质等部分组成。
3. 动力元件是把________转换成________的装置，执行元件是把流体的________转换成________的装置，控制元件是对液（气）压系统中流体的________、________和________进行控制和调节的装置。
4. 流体流动时，沿其边界面会产生一种阻止其运动的流体摩擦作用，这种产生内摩擦力的性质称为________。
5. 单位体积液体的质量称为液体的______，液体的密度越大，泵吸入性越______。
6. 液压泵是一种能量转换装置，它将机械能转换为________，是液压传动系统中的动力元件。
7. 液压传动中所用的液压泵都是依靠泵的密封工作腔的容积变化来实现________和________的，因而称之为________泵。
8. 液压泵实际工作时的输出压力称为液压泵的________压力。液压泵在正常工作条件下，按试验标准规定连续运转的最高压力称为液压泵的________压力。
9. 泵主轴每转一周所排出液体体积的理论值称为________。
10. 液压泵按结构不同分为________、________、________三种。
11. 单作用叶片泵往往做成________的，而双作用叶片泵是________的。
12. 液压执行元件有________和________两种类型，这两者的不同点在于：________能将液压变成直线运动或摆动的机械能，________能将液压变成连续回转的机械能。
13. 液压缸按结构特点的不同可分为________缸、________缸和________三类。液压缸按其作用方式不同可分为________式和________式两种。
14. 活塞缸和________缸用以实现直线运动，输出推力和速度；________缸用以实现小于300°的转动，输出转矩和角速度。
15. 活塞式液压缸一般由________、________、缓冲装置、放气装置和________装置等组成。选用液压缸时，首先应考虑活塞杆的________，再根据回路的最高________选用适合的液压缸。
16. 两腔同时输入压力油，利用________进行工作的单活塞杆液压缸称为差动液压缸。它可以实现________的工作循环。
17. 液压缸常用的密封方法有________和________两种。
18. ________式液压缸由两个或多个活塞式液压缸套装而成，可获得很长的工作行程。
19. 蓄能器是液压系统中的储能元件，它________多余的液压油液，并在需要时________出来供给系统。
20. 蓄能器有________式、________式和________式三类，常用的是________式。
21. 蓄能器的功用是________、________和缓和冲击，吸收压力脉动。
22. 滤油器的功用是过滤混在液压油液中的________，降低进入系统中油液的

________度，保证系统正常工作。

23. 滤油器在液压系统中的安装位置通常有：泵的________处、泵的出口油路上、系统的________路上、系统________油路上或单独过滤系统中。
24. 油箱的功用主要是________油液，此外还起着________油液中热量、________混在油液中的气体、沉淀油液中污物等作用。
25. 液压传动中，常用的油管有________管、________管、尼龙管、塑料管、橡胶软管等。
26. 常用的管接头有________管接头、________管接头、________管接头和高压软管接头。
27. 根据用途和工作特点的不同，控制阀主要分为________、________、________三大类。
28. 方向控制阀用于控制液压系统中液流的________和________。
29. 换向阀实现液压执行元件及其驱动机构的________、________或变换运动方向。
30. 换向阀处于常态位置时，其各油口的连通关系称为滑阀中位机能。常用的有________型、________型、________型和________型等。
31. 方向控制阀包括________和________等。
32. 单向阀的作用是使油液只能向________流动。
33. 方向控制回路是指在液压系统中，控制执行元件的启动、停止及换向作用的液压基本回路，它包括________回路和________回路。
34. 在液压系统中，控制________或利用压力的变化来实现某种动作的阀称为压力控制阀。这类阀的共同点是利用作用在阀芯上的液压力和弹簧力相________的原理来工作的。按用途不同，可分________、________、________和压力继电器等。
35. 根据溢流阀在液压系统中所起的作用，溢流阀可作________、________、________和背压阀使用。
36. 先导式溢流阀是由________和________两部分组成的，前者控制________，后者控制________。
37. 减压阀主要用来________液压系统中某一分支油路的压力，使之低于液压泵的供油压力，以满足执行机构的需要，并保持基本恒定。减压阀也有________型减压阀和________型减压阀两类，________型减压阀应用较多。
38. 减压阀在________油路、________油路、润滑油路中应用较多。
39. ________阀是利用系统压力变化来控制油路的通断，以实现各执行元件按先后顺序动作的压力阀。
40. 压力继电器是一种将油液的________信号转换成________信号的电液控制元件。
41. 流量控制阀通过改变阀口通流面积来调节阀口流量，从而控制执行元件运动________的液压控制阀。常用的流量阀有________阀和________阀两种。
42. 速度控制回路研究液压系统的速度________和________问题，常用的速度控制回路有调速回路、________回路、________回路等。
43. 节流阀结构简单，体积小，使用方便，成本低。但负载和温度的变化对流量稳定性的影响较________，因此只适用于负载和温度变化不大或速度稳定性要求

________的液压系统。

44. 调速阀是由定差减压阀和节流阀________组合而成。它用定差减压阀来保证可调节流阀前后的压力差不受负载变化的影响，从而使通过节流阀的________保持稳定。

45. 速度控制回路的功用是使执行元件获得能满足工作需求的运动________。它包括回路、________回路、速度换接回路等。

46. 节流调速回路用________泵供油，通过调节流量阀的通流截面积大小来改变进入执行元件的________，从而实现运动速度的调节。

47. 容积调速回路是通过改变回路中液压泵或液压马达的________来实现调速的。

二、选择题

1. 把机械能转换成液体压力能的装置是(　　)。

A. 动力装置　B. 执行装置　C. 控制装置　D. 辅助装置

2. 液压传动的优点是(　　)。

A. 比功率大　B. 传动效率低　C. 可定比传动

3. 液压传动系统中，液压泵属于(　　)，液压缸属于(　　)，溢流阀属于(　　)，油箱属于(　　)。

A. 动力装置　B. 执行装置　C. 辅助装置　D. 控制装置

4. 液体具有的性质是(　　)。

A. 无固定形状而只有一定体积　B. 无一定形状而只有固定体积

C. 有固定形状和一定体积　D. 无固定形状又无一定体积

5. 在密闭容器中，施加于静止液体内任一点的压力能等值地传递到液体中的所有地方，这称为(　　)。

A. 能量守恒原理　B. 动量守恒定律　C. 质量守恒原理　D. 帕斯卡原理

6. 在液压传动中，压力一般是指压强，在国际单位制中，它的单位是(　　)。

A. 帕　B. 牛顿　C. 瓦　D. 牛米

7. 在液压传动中，人们利用(　　)来传递力和运动。

A. 固体　B. 液体　C. 气体　D. 绝缘体

8. (　　)是液压传动中最重要的参数。

A. 压力和流量　B. 压力和负载　C. 压力和速度　D. 流量和速度

9. (　　)又称表压力。

A. 绝对压力　B. 相对压力　C. 大气压　D. 真空度

10. 液压传动是依靠密封容积中液体静压力来传递力的，如(　　)。

A. 万吨水压机　B. 离心式水泵　C. 水轮机　D. 液压变矩器

11. 为了使齿轮泵能连续供油，要求重叠系统 ε(　　)。

A. 大于 1　B. 等于 1　C. 小于 1

12. 齿轮泵泵体的磨损一般发生在(　　)。

A. 压油腔　B. 吸油腔　C. 连心线两端

13. 下列属于定量泵的是(　　)。

A. 齿轮泵　B. 单作用式叶片泵　C. 径向柱塞泵　D. 轴向柱塞泵

14. 柱塞泵中的柱塞往复运动一次，完成一次(　　)。
A. 进油　　B. 压油　　C. 进油和压油
15. 泵常用的压力中，(　　)是随外负载变化而变化的。
A. 泵的工作压力　　B. 泵的最高允许压力　　C. 泵的额定压力
16. 机床的液压系统中，常用(　　)泵，其特点是：压力中等，流量和压力脉动小，输送均匀，工作平稳可靠。
A. 齿轮　　B. 叶片　　C. 柱塞
17. 改变轴向柱塞变量泵倾斜盘倾斜角的大小和方向，可改变(　　)。
A. 流量大小　　B. 油流方向　　C. 流量大小和油流方向
18. 在没有泄漏的情况下，根据泵的几何尺寸计算得到的流量称为(　　)。
A. 实际流量　　B. 理论流量　　C. 额定流量
19. 驱动液压泵的电机功率应比液压泵的输出功率大，是因为(　　)。
A. 泄漏损失　　B. 摩擦损失　　C. 溢流损失　　D. 前两种损失
20. 齿轮泵多用于(　　)系统，叶片泵多用于(　　)系统，柱塞泵多用于(　　)系统。
A. 高压　　B. 中压　　C. 低压
21. 液压泵的工作压力取决于(　　)。
A. 功率　　B. 流量　　C. 效率　　D. 负载
22. 液压缸差动连接工作时，缸的(　　)，缸的(　　)。
A. 运动速度增加了　　B. 输出力增加了
C. 运动速度减少了　　D. 输出力减少了
23. 在某一液压设备中需要一个完成很长工作行程的液压缸，宜采用(　　)。
A. 单活塞液压缸　　B. 双活塞杆液压缸
C. 柱塞液压缸　　D. 伸缩式液压缸
24. 在液压系统的液压缸是(　　)。
A. 动力元件　　B. 执行元件　　C. 控制元件　　D. 传动元件
25. 在液压传动中，液压缸的(　　)取决于流量。
A. 压力　　B. 负载　　C. 速度　　D. 排量
26. 将压力能转换为驱动工作部件机械能的能量转换元件是(　　)。
A. 动力元件　　B. 执行元件　　C. 控制元件
27. 要求机床工作台往复运动速度相同时，应采用(　　)液压缸。
A. 双出杆　　B. 差动　　C. 柱塞　　D. 单叶片摆动
28. 单杆活塞液压缸作为差动液压缸使用时，若使其往复速度相等，其活塞直径应为活塞杆直径的(　　)倍。
A. 0　　B. 1　　C. 2　　D. 3
29. 一般单杆油缸在快速缩回时，往往采用(　　)。
A. 有杆腔回油，无杆腔进油　　B. 差动连接
C. 有杆腔进油，无杆腔回油
30. 活塞直径为活塞杆直径 2 倍的单杆液压缸，当两腔同时与压力油相通时，则活塞(　　)。

A. 不动

B. 动，速度低于任一腔单独通压力油

C. 动，速度等于有杆腔单独通压力油

31. 不能成为双向变量液压泵的是(　　)。

A. 双作用式叶片泵　　B. 单作用式叶片泵

C. 轴向柱塞泵　　D. 径向柱塞泵

32. 强度高、耐高温、抗腐蚀性强、过滤精度高的精过滤器是(　　)。

A. 网式过滤器　　B. 线隙式过滤器

C. 烧结式过滤器　　D. 纸芯式过滤器

33. 过滤器的作用是(　　)。

A. 储油、散热　　B. 连接液压管路

C. 保护液压元件　　D. 指示系统压力

34. 对三位换向阀的中位机能，缸闭锁，泵不卸载的是(　　)；缸闭锁，泵卸载的是(　　)；缸浮动，泵卸载的是(　　)；缸浮动，泵不卸载的是(　　)；可实现液压缸差动回路的是(　　)

A. O 形　　B. H 形　　C. Y 形

D. M 形　　E. P 形

35. 液控单向阀的闭锁回路比用滑阀机能为中间封闭的锁紧效果好，其原因是(　　)。

A. 液控单向阀结构简单

B. 液控单向阀具有良好的密封性

C. 换向阀闭锁回路结构复杂

D. 液控单向阀闭锁回路锁紧时，液压泵可以卸荷

36. 用于立式系统中的换向阀的中位机能为(　　)形。

A. C　　B. P　　C. Y　　D. M

37. 溢流阀的作用是配合泵等，溢出系统中的多余的油液，使系统保持一定的(　　)。

A. 压力　　B. 流量　　C. 流向　　D. 清洁度

38. 要降低液压系统中某一部分的压力时，一般系统中要配置(　　)。

A. 溢流阀　　B. 减压阀　　C. 节流阀　　D. 单向阀

39. (　　)是用来控制液压系统中各元件动作的先后顺序的。

A. 顺序阀　　B. 节流阀　　C. 换向阀

40. 在常态下，溢流阀(　　)，减压阀(　　)，顺序阀(　　)。

A. 常开　　B. 常闭

41. 压力控制回路包括(　　)。

A. 卸荷回路　　B. 锁紧回路　　C. 制动回路

42. 将先导式溢流阀的远程控制口接回油箱，将会发生(　　)问题。

A. 没有溢流量　　B. 进口压力为无穷大

C. 进口压力随负载增加而增加　　D. 进口压力调不上去

43. 液压系统中的工作机构在短时间内停止运行，可采用(　　)以达到节省动力损耗、减少液压系统发热、延长泵的使用寿命的目的。

A. 调压回路　B. 减压回路　C. 卸荷回路　D. 增压回路

44. 为防止立式安装的执行元件及和它连在一起的负载因自重而下滑，常采用(　　)。

A. 调压回路　B. 卸荷回路　C. 背压回路　D. 平衡回路

45. 液压传动系统中常用的压力控制阀是(　　)。

A. 换向阀　B. 溢流阀　C. 液控单向阀

46. 一级或多级调压回路的核心控制元件是(　　)。

A. 溢流阀　B. 减压阀　C. 压力继电器　D. 顺序阀

47. 当减压阀出口压力小于调定值时，(　　)起减压和稳压作用。

A. 仍能　B. 不能　C. 不一定能　D. 不减压但稳压

48. 卸荷回路(　　)。

A. 可节省动力消耗，减少系统发热，延长液压泵寿命

B. 可使液压系统获得较低的工作压力

C. 不能用换向阀实现卸荷

D. 只能用滑阀机能为中间开启型的换向阀

49. 在液压系统中，可用于安全保护的控制阀是(　　)。

A. 顺序阀　B. 节流阀　C. 溢流阀

50. 调速阀是(　　)，单向阀是(　　)，减压阀是(　　)。

A. 方向控制阀　B. 压力控制阀　C. 流量控制阀

51. 系统功率不大，负载变化较小，采用的调速回路为(　　)。

A. 进油节流　B. 旁油节流　C. 回油节流　D. A 或 C

52. 回油节流调速回路(　　)。

A. 调速特性与进油节流调速回路不同

B. 经节流阀而发热的油液不容易散热

C. 广泛应用于功率不大、负载变化较大或运动平衡性要求较高的液压系统

D. 串联背压阀可提高运动的平稳性

53. 容积节流复合调速回路(　　)。

A. 主要由定量泵和调速阀组成　B. 工作稳定，效率较高

C. 运动平稳性比节流调速回路差　D. 在较低速度下工作时运动不够稳定

54. 调速阀是组合阀，其组成是(　　)。

A. 可调节流阀与单向阀串联　B. 定差减压阀与可调节流阀并联

C. 定差减压阀与可调节流阀串联　D. 可调节流阀与单向阀并联

三、判断题

1. 液压传动不容易获得很大的力和转矩。(　　)
2. 液压传动可在较大范围内实现无级调速。(　　)
3. 液压传动系统不宜远距离传动。(　　)
4. 液压传动的元件要求制造精度高。(　　)
5. 气压传动适合集中供气和远距离传输与控制。(　　)
6. 与液压系统相比，气压传动的工作介质本身没有润滑性，需另外加油雾器进行润滑。(　　)

7. 液压传动系统中，常用的工作介质是汽油。（　）
8. 液压传动是依靠密封容积中液体静压力来传递力的，如万吨水压机。（　）
9. 与机械传动相比，液压传动的一个优点是运动平稳。（　）
10. 以绝对真空为基准测得的压力称为绝对压力。（　）
11. 液体在不等横截面的管中流动，液流速度和液体压力与横截面积的大小成反比。（　）
12. 液压千斤顶能用很小的力举起很重的物体，因而能省功。（　）
13. 空气侵入液压系统，不仅会造成运动部件的“爬行”，而且会引起冲击现象。（　）
14. 当液体通过的横截面积一定时，液体的流动速度越高，需要的流量越小。（　）
15. 液体在管道中流动的压力损失表现为沿程压力损失和局部压力损失两种形式。（　）
16. 液体能承受压力，不能承受拉应力。（　）
17. 油液在流动时有黏性，处于静止状态也可以显示黏性。（　）
18. 用来测量液压系统中液体压力的压力计所指示的压力为相对压力。（　）
19. 以大气压力为基准测得的高出大气压的那一部分压力称为绝对压力。（　）
20. 容积式液压泵输油量的大小取决于密封容积的大小。（　）
21. 齿轮泵的吸油口制造得比压油口大，是为了减小径向不平衡力。（　）
22. 叶片泵的转子能正反方向旋转。（　）
23. 单作用泵反接就可以成为双作用泵。（　）
24. 外啮合齿轮泵中，轮齿不断进入啮合的一侧的油腔是吸油腔。（　）
25. 理论流量是指考虑液压泵泄漏损失时，液压泵在单位时间内实际输出的油液体积。（　）
26. 双作用叶片泵可以做成变量泵。（　）
27. 定子与转子偏心安装，改变偏心距 e 值可改变泵的排量，因此径向柱塞泵可做变量泵使用。（　）
28. 齿轮泵、叶片泵和柱塞泵相比较，柱塞泵最高压力最大，齿轮泵容积效率最低，双作用叶片泵噪音最小。（　）
29. 双作用式叶片泵的转子每回转一周，每个密封容积完成两次吸油和压油。（　）
30. 液压缸负载的大小决定进入液压缸油液压力的大小。（　）
31. 改变活塞的运动速度，可采用改变油压的方法来实现。（　）
32. 工作机构的运动速度取决于一定时间内进入液压缸油液容积的多少和液压缸推力的大小。（　）
33. 一般情况下，进入油缸的油压力要低于油泵的输出压力。（　）
34. 如果不考虑液压缸的泄漏，液压缸的运动速度只取决于进入液压缸的流量。（　）
35. 增压液压缸可以不用高压泵而获得比该液压系统中供油泵高的压力。（　）
36. 液压执行元件包含液压缸和液压马达两大类型。（　）
37. 双作用式单活塞杆液压缸的活塞，两个方向所获得的推力不相等，工作台作慢速运动时，活塞获得的推力小，工作台作快速运动时，活塞获得的推力大。（　）

38. 为实现工作台的往复运动，可成对使用柱塞缸。（　）
39. 采用增压缸可以提高系统的局部压力和功率。（　）
40. 在液压系统中，油箱唯一的作用是储油。（　）
41. 滤油器的作用是清除油液中的空气和水分。（　）
42. 油泵进油管路堵塞将使油泵温度升高。（　）
43. 防止液压系统油液污染的唯一方法是采用高质量的油液。（　）
44. 油泵进油管路如果密封不好(有一个小孔)，油泵可能吸不上油。（　）
45. 过滤器只能安装在进油路上。（　）
46. 过滤器只能单向使用，即按规定的液流方向安装。（　）
47. 气囊式蓄能器应垂直安装，油口向下。（　）
48. 单向阀作背压阀用时，应将其弹簧更换成软弹簧。（　）
49. 手动换向阀是用手动杆操纵阀芯换位的换向阀，分弹簧自动复位和弹簧钢珠定位两种。（　）
50. 电磁换向阀只适用于流量不太大的场合。（　）
51. 液控单向阀控制油口不通压力油时，其作用与单向阀相同。（　）
52. 三位五通阀有三个工作位置、五个油口。（　）
53. 三位换向阀的阀芯未受操纵时，其所处位置上各油口的连通方式就是它的滑阀中位机能。（　）
54. 溢流阀通常接在液压泵出口的油路上，它的进口压力即系统压力。（　）
55. 溢流阀用于系统的限压保护、防止过载的场合，在系统正常工作时，该阀处于常闭状态 。（　）
56. 压力控制阀的基本特点是利用油液的压力和弹簧力相平衡的原理来进行工作。（　）
57. 液压传动系统中常用的压力控制阀是单向阀。（　）
58. 溢流阀在系统中作安全阀调定的压力比作调压阀调定的压力大。（　）
59. 减压阀的主要作用是使阀的出口压力低于进口压力且保证进口压力稳定。（　）
60. 利用远程调压阀的远程调压回路中，只有在溢流阀的调定压力高于远程调压阀的调定压力时，远程调压阀才能起调压作用。（　）
61. 使用可调节流阀进行调速时，执行元件的运动速度不受负载变化的影响。（　）
62. 节流阀是最基本的流量控制阀。（　）
63. 流量控制阀的基本特点是利用油液的压力和弹簧力相平衡的原理来进行工作。（　）
64. 进油节流调速回路比回油节流调速回路运动平稳性好。（　）
65. 进油节流调速回路和回油节流调速回路损失的功率都较大，效率都较低。（　）

四、问答和计算题

1. 什么叫液压传动？什么叫气压传动？
2. 液压和气压传动系统有哪些基本组成部分？各部分的作用是什么？
3. 什么是液压冲击？
4. 应怎样避免空穴现象？

5. 图 1－95 所示的液压系统中，已知使活塞 1、2 向左运动所需的压力分别为 p_1、p_2，阀门 T 的开启压力为 p_3，且 $p_1<p_2<p_3$。

(1) 哪个活塞先动？此时系统中的压力为多少？

(2) 另一个活塞何时才能动？这个活塞动时系统中压力是多少？

(3) 阀门 T 何时才会开启？此时系统压力又是多少？

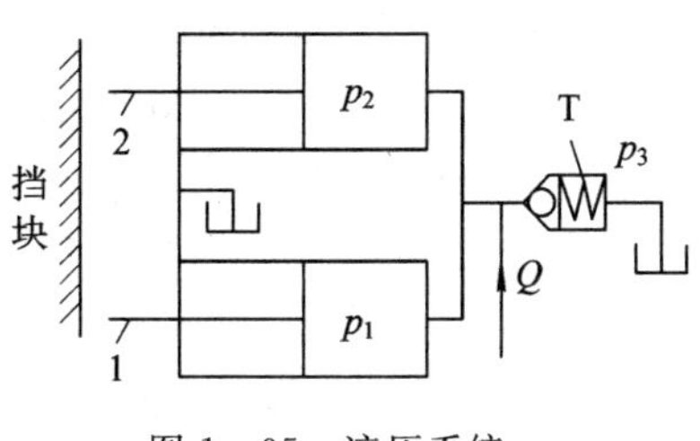

图 1－95　液压系统

6. 在图 1－96 所示的简化液压千斤顶中，$T=294$ N，大小活塞的面积分别为 $A_2=5\times10^{-3}$ m^2，$A_1=1\times10^{-3}m^2$，忽略损失。

(1) 试求通过杠杆机构作用在小活塞上的力 F_1 及此时系统压力 p；

(2) 试求大活塞能顶起重物的重量 G；

(3) 大小活塞运动速度哪个快？快多少倍？

(4) 当需顶起的重物 $G=19\ 600$ N 时，系统压力 p 又为多少？作用在小活塞上的力 F_1 应为多少？

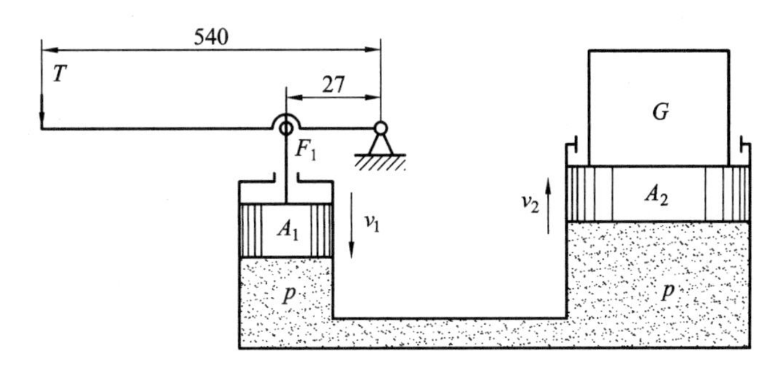

图 1－96　液压千斤顶

7. 如图 1－97 所示，已知活塞面积 $A=10\times10^{-3}m^2$，包括活塞自重在内的总负重 $G=10$ kN，问从压力表上读出的压力 p_1、p_2、p_3、p_4、p_5 各是多少？

8. 如图 1－98 所示的连通器中，中间有一活动隔板 T，已知 $A_1=1\times10^{-3}$ m^2，$A_2=5\times10^{-3}$ m^2，$F_1=200$ N，$G=2500$ N，活塞自重不计。

(1) 当中间用隔板 T 隔断时，连通器两腔压力 p_1、p_2 各是多少？

(2) 当把中间隔板抽去，使连通器连通时，两腔压力 p_1、p_2 各是多少？力 F_1 能否举起重物 G？

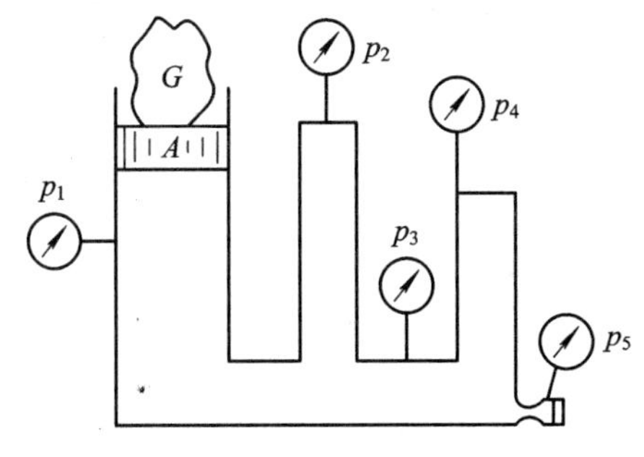

图 1－97　连通器 1

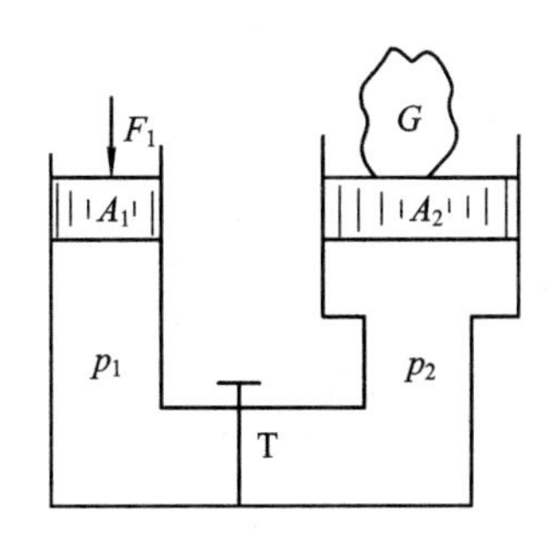

图 1－98　连通器 2

9. 如图 1-99 所示，液压泵的流量 $q=32$ L/min，吸油管直径 $d=20$ mm，液压泵吸油口距离液面高度 $h=500$ mm，油液密度为 $\rho=0.9$ g/cm^3，忽略压力损失，在动能修正系数均为 1 的条件下，求液压泵吸油口的真空度。

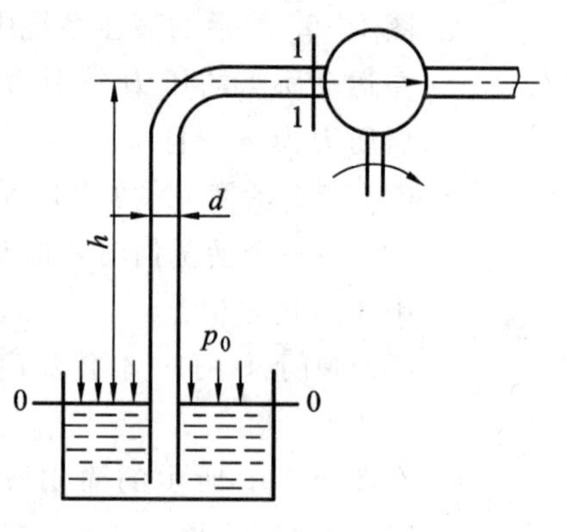

图 1-99　液压泵吸油

10. 齿轮泵运转时泄漏途径有哪些?
11. 试述叶片泵的特点。
12. 已知轴向柱塞泵的压力 $p=15$ MPa，理论流量 $q=330$ L/min，设液压泵的总效率 $\eta=0.9$，机械效率 $\eta_m=0.93$，求泵的实际流量和驱动电机功率。
13. 某液压系统，泵的排量 $V=10$ mL/r，电机转速 $n=1200$ r/min，泵的输出压力 $p=3$ MPa，泵容积效率 $\eta_v=0.92$，总效率 $\eta=0.84$，求：
(1) 泵的理论流量；
(2) 泵的实际流量；
(3) 泵的输出功率；
(4) 驱动电机功率。
14. 某液压泵的转速 $n=950$ r/min，排量 $V=168$ mL/r，在额定压力 $p=30$ MPa 和同样转速下，测得的实际流量为 150 L/min，额定工况下的总效率为 0.87，求：
(1) 泵的理论流量；
(2) 泵的容积效率和机械效率；
(3) 泵在额定工况下，所需电机驱动功率。
15. 蓄能器有哪些功用?
16. 滤油器有哪些功用? 一般应安装在什么位置?
17. 简述油箱以及油箱内隔板的功能。
18. 滤油器在选择时应注意哪些问题?
19. 密封装置有哪些类型?
20. 如图 1-100 所示，试分别计算图(a)、图(b)中的大活塞杆上的推力和运动速度。

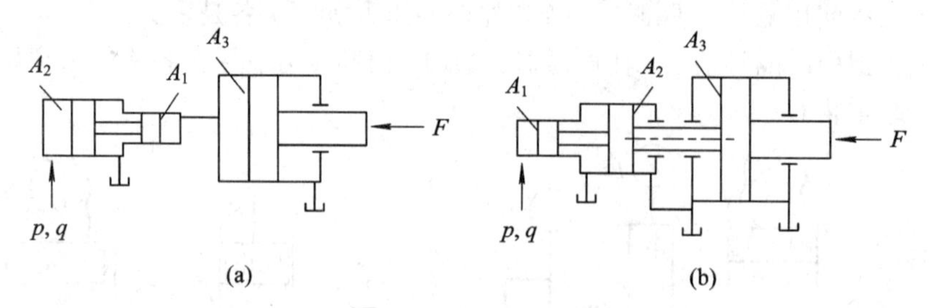

图 1-100　两液压阀串接 1

21. 某一差动液压缸，求在 $v_{快进}=v_{快退}$，$v_{快进}=2v_{快退}$ 两种条件下活塞面积 A_1 和活塞杆面积 A_2 之比。
22. 如图 1-101 所示，已知 D、活塞杆直径 d、进油压力、进油流量 q，各缸上负载 F

相同，试求活塞 1 和 2 的运动速度 v_1、v_2 和负载 F。

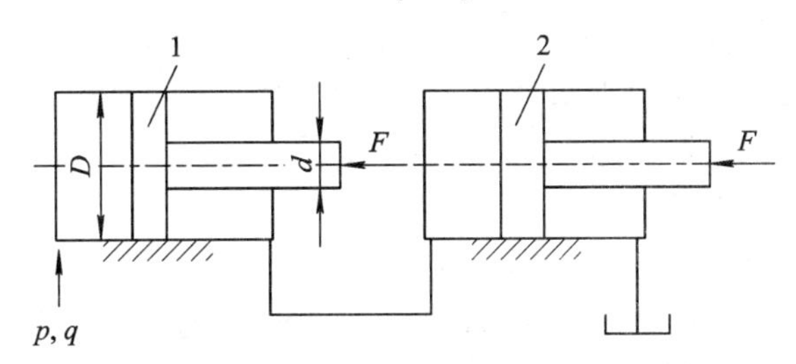

图 1－101　两液压阀串接 2

23. 已知某液压马达的排量 $V=250$ mL/r，液压马达入口压力 $p_1=10.5$ MPa，出口压力 $p_2=1.0$ MPa，其总效率 $\eta=0.9$，容积效率 $\eta_v=0.92$，当输入流量 $q=22$ L/min 时，试求液压马达的实际转速 n 和液压马达的输出转矩 T。
24. 换向阀在液压系统中起什么作用？通常有哪些类型？
25. 什么是换向阀的“位”与“通”？
26. 什么是换向阀的“中位机能”？
27. 单向阀能否作为背压阀使用？
28. 比较溢流阀、减压阀、顺序阀的异同点。
29. 液压传动系统中实现流量控制的方式有哪几种？采用的关键元件是什么？
30. 调速阀为什么能够使执行机构的运动速度稳定？
31. 试选择下列问题的答案。

(1) 在进口节流调速回路中，当外负载变化时，液压泵的工作压力(变化，不变化)。

(2) 在出口节流调速回路中，当外负载变化时，液压泵的工作压力(变化，不变化)。

(3) 在旁路节流调速回路中，当外负载变化时，液压泵的工作压力(变化，不变化)。

(4) 在容积调速回路中，当外负载变化时，液压泵的工作压力(变化，不变化)。

(5) 在限压式变量泵与调速阀的容积节流调速回路中，当外负载变化时，液压泵的工作压力(变化，不变化)。

32. 图 1－102 所示溢流阀的调定压力为 4 MPa，若阀芯阻尼小孔造成的损失不计，试判断下列情况下压力表读数各为多少？

(1) YV 断电，负载为无限大时；

(2) YV 断电，负载压力为 2 MPa 时；

(3) YV 通电，负载压力为 2 MPa 时。

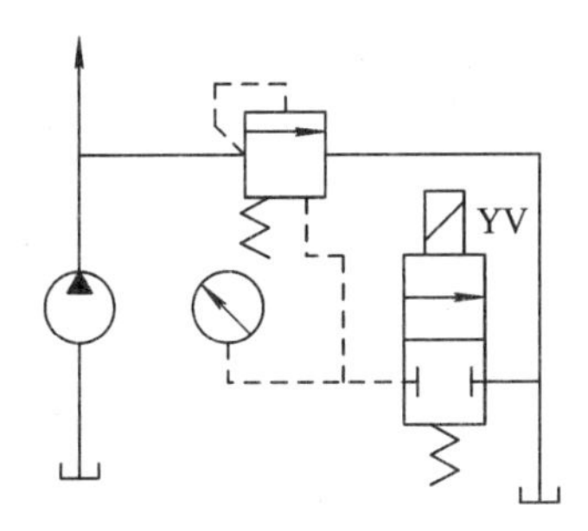

图 1－102　系统压力判定

33. 图 1－103 所示回路中，溢流阀的调整压力为 5.0 MPa，减压阀的调整压力为 2.5 MPa，试分析下列情况，并说明减压阀阀口处于什么状态。

(1) 当泵压力等于溢流阀调定压力时，夹紧缸使工件夹紧后，A、C 点的压力各为多少？

(2) 当泵压力由于工作缸快进压力降到 1.5 MPa(工件原先处于夹紧状态)时 A、B、C 点的压力为多少？

(3) 夹紧缸在夹紧工件前作空载运动时，A、B、C 三点的压力各为多少？

34. 如图 1-104 所示的液压系统，两液压缸的有效面积 $A_1=A_2=100\ \text{cm}^2$，缸Ⅰ负载 $F=35000$ N，缸Ⅱ运动时负载为零。不计摩擦阻力、惯性力和管路损失，溢流阀、顺序阀和减压阀的调定压力分别为 4 MPa、3 MPa 和 2 MPa。求在下列三种情况下，A、B 和 C 处的压力。

(1) 液压泵启动后，两换向阀处于中位；

(2) 1YV 通电，液压缸 1 活塞移动时及活塞运动到终点时；

(3) 1YV 断电，2YV 通电，液压缸 2 活塞运动时及活塞碰到固定挡块时。

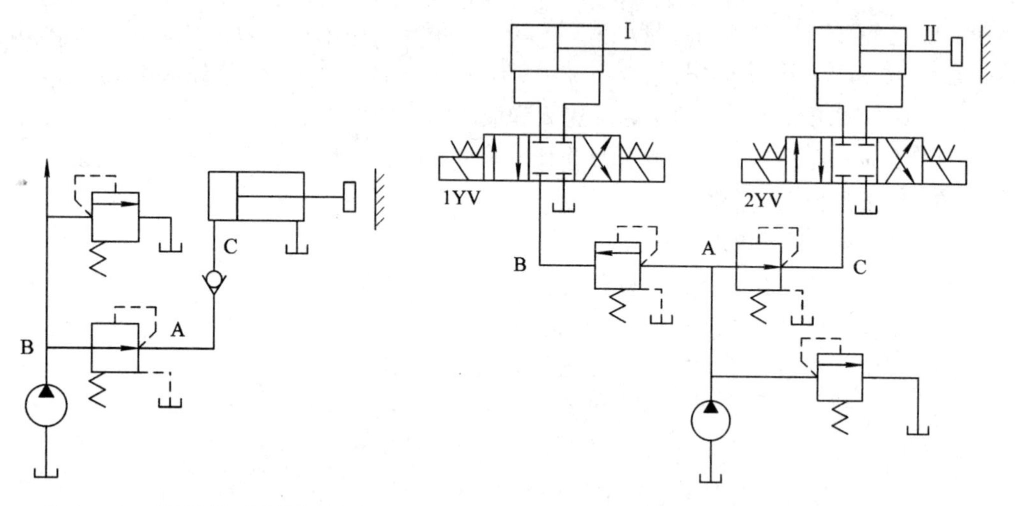

图 1-103　溢流阀、减压阀应用　　　　图 1-104　系统各点压力计算

35. 如图 1-105 所示，两个减压阀串联，已知减压阀的调整值分别为：$p_{j1}=35\times10^5$ Pa，$p_{j2}=20\times10^5$ Pa，溢流阀的调整值 $p_y=45\times10^5$ Pa；活塞运动时。负载力 $F=1200$ N，活塞面积 $A=15\ \text{cm}^2$，减压阀全开时的局部损失及管路损失不计。试确定活塞在运动时和到达终端位置时，A、B、C 各点压力为多少。

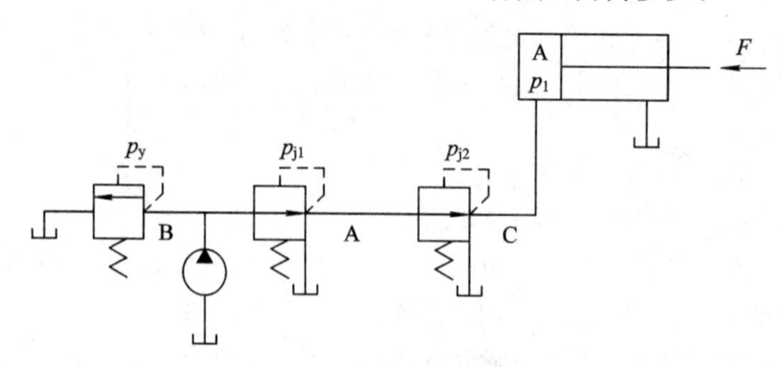

图 1-105　减压阀串联应用

36. 如图 1-106 所示，已知两液压缸的活塞面积相同，液压缸无杆腔面积 $A_1=20\times10^{-4}\ \text{m}^2$，但负载分别为 $F_1=8000$ N，$F_2=4000$ N，如溢流阀的调整压力为 4.5 MPa，试分析减压阀压力调整值分别为 1 MPa、2 MPa、4 MPa 时，两液液压缸的动作情况。

37. 图 1-107 所示的平衡回路是怎样工作的？回路中的节流阀能否省去？为什么？

38. 说明图 1-107 所示回路名称及工作原理。

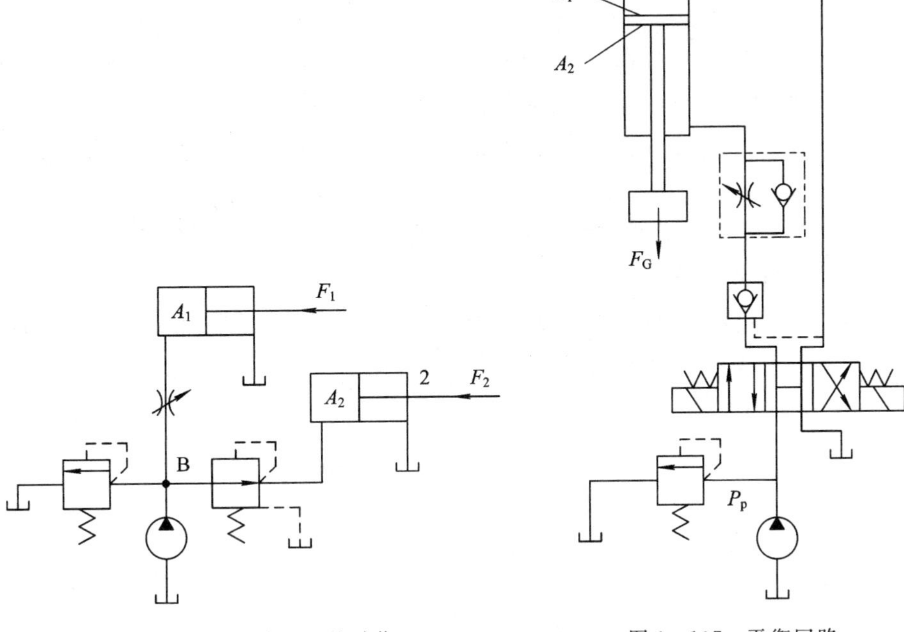

图 1-106　两液压缸的动作　　　　图 1-107　平衡回路

39. 如图 1-108 所示的回油节流调速回路中，已知液压泵的供油流量 $q_p=25$ L/min，负载 $F=40\ 000$ N，溢流阀的调定压力 $p_Y=5.4$ MPa，液压缸无杆腔面积 $A_1=80\times10^{-4}\,\mathrm{m}^2$ 时，有杆腔面积 $A_2=40\times10^{-4}\,\mathrm{m}^2$，液压缸工进速 $v=0.18$ m/min，不考虑管路损失和液压缸的摩擦损失，试计算：

(1) 液压缸工进时液压系统的效率。

(2) 当负载 $F=0$ 时，回油腔的压力。

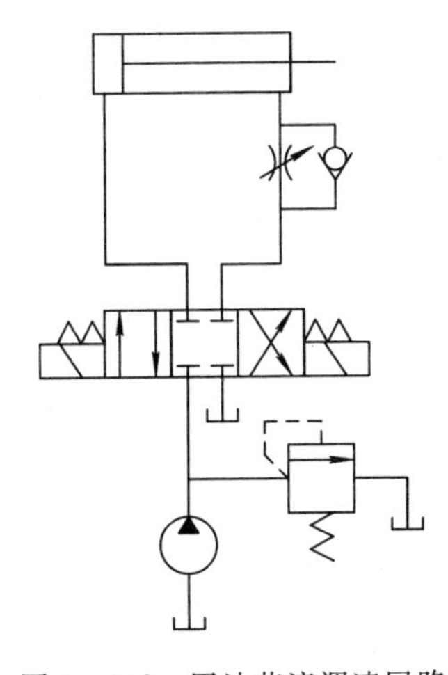

图 1-108　回油节流调速回路

40. 在上题中，将节流阀改为调速阀，已知 $q_p=25$ L/min，$A_1=100\times10^{-4}\,\mathrm{m}^2$ 时，$A_2=50\times10^{-4}\,\mathrm{m}^2$，$F$ 由零增至 30 000 N 时活塞向右移动速度基本无变化，$v=0.2$ m/min。若调速阀要求的最小压差为 $\Delta p_{min}=0.5$ MPa。试求：

(1) 不计调压偏差时溢流阀调整压力 p_y 是多少？泵的工作压力是多少？

(2) 液压缸可能达到的最高工作压力是多少？

(3) 回路的最高效率为多少？

41. 如图 1-109 所示，由复合泵驱动液压系统，活塞快速前进时负荷 $F=0$，慢速前进时负荷 $F=20\ 000$ N，活塞有效面积 $A=40\times10^{-4}$ m^2，左边溢流阀及右边卸荷阀调定压力分别是 7 MPa 与 3 MPa，大排量泵流量 $q_{大}=20$ L/min，小排量泵流量为 $q_{小}=5$ L/min，摩擦阻力、管路损失、惯性力忽略不计。

(1) 活塞快速前进时，复合泵的出口压力是多少？进入液压缸的流量是多少？活塞的前进速度是多少？

(2) 活塞慢速前进时，大排量泵的出口压力是多少？复合泵出口压力是多少？如欲改变活塞前进速度，应由哪个元件调整

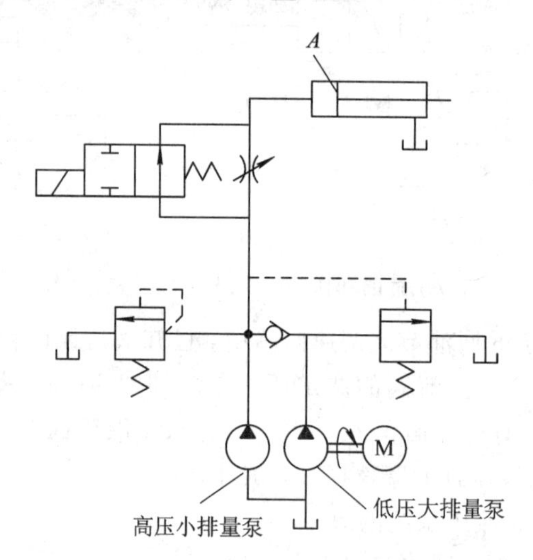

图 1-109　复合泵驱动液压系统

五、绘出下列名称的阀的职能符号

1. 单向阀；
2. 二位二通常断型电磁换向阀；
3. 三位四通常弹簧复位 H 形电磁换向阀。

项目二　液压系统控制

任务2－1　单液压缸控制

【教学导航】

• 能力目标

（1）学会绘制液压系统电气控制回路图并正确接线。

（2）学会I/O地址分配表的设置。

（3）学会绘制PLC硬件接线图的方法并正确接线。

（4）学会PLC编程软件的基本操作，掌握用户程序的输入和编辑方法。

（5）完成单液压缸控制的设计、安装、调试运行任务。

（6）学会使用Automation Studio进行仿真。

• 知识目标

（1）掌握单液压缸的继电器控制设计方法。

（2）掌握单液压缸的PLC控制设计方法。

（3）掌握Automation Studio仿真设计的方法。

【任务引入】

在自动化机械设备中，有许多动作需按一定顺序自动完成，而顺序动作通常是通过电气控制来完成的。作为一名从事液压与气动工作的现代技术人员，一定要能设计电气控制回路。本任务重点介绍液压顺序动作回路的电气控制部分设计，主要包括继电器控制和PLC控制。液压系统执行元件有很多，但液压缸应用较多，且可以以此举一反三。因此下面我们以液压缸为例阐述液压系统如何进行控制。

前面的任务都是在讲授液压传动，即要求换向阀工作在什么位置才可使液压油流入液压缸的相应腔，活塞完成预定动作。而如何使换向阀工作在要求的位置上，就是系统控制问题。系统控制问题主要包括继电器控制和PLC控制。单液压缸控制是基础，那么如何进行控制呢？

下面以单液压缸的伸出缩回、伸出停留缩回为例，阐述液压系统如何进行控制。液压系统如图2－1所示，要求使用继电器控制和PLC控制。

使用继电器控制时，要画出控制电路。

使用PLC控制时，要有I/O地址分配表、外部接线图、梯形图。

【任务分析】

液压缸活塞的伸出和缩回主要是靠改变液压油的流动方向来实现的，而液压油的流动方向的改变靠电磁换向阀换向实现。所以，对液压缸运动方向的控制就是控制电磁换向阀。

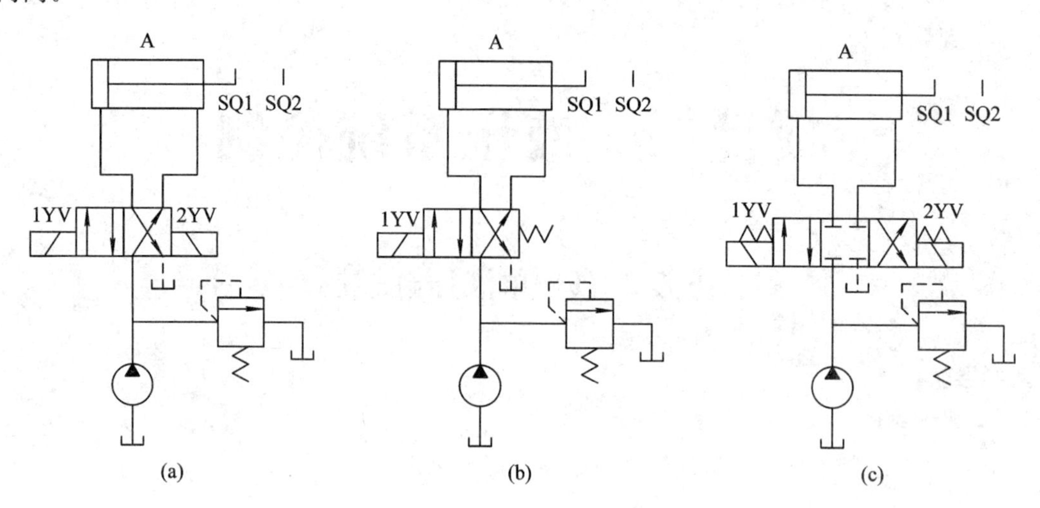

图 2-1　采用各种电磁阀的单液压缸控制回路

液压缸的控制大致上可分为两种：一是继电器控制，二是 PLC 控制。其控制设计方法和步骤大致相同。

（1）分析确定电磁换向阀如何工作。

（2）结合油路分析其控制过程。

（3）绘制控制电路图(或 I/O 地址分配表、外部接线图、程序)。

（4）仿真实现。

【知识链接】

1. 电磁换向阀分析

在电气控制液压回路中，液压缸的位置是由行程开关(接近开关、磁传感器)来控制的，方向控制阀则一律采用电磁阀。常用的典型的电磁换向阀有三种(二位双电控、二位单电控、三位双电控换向阀)，如图 2-2 所示。

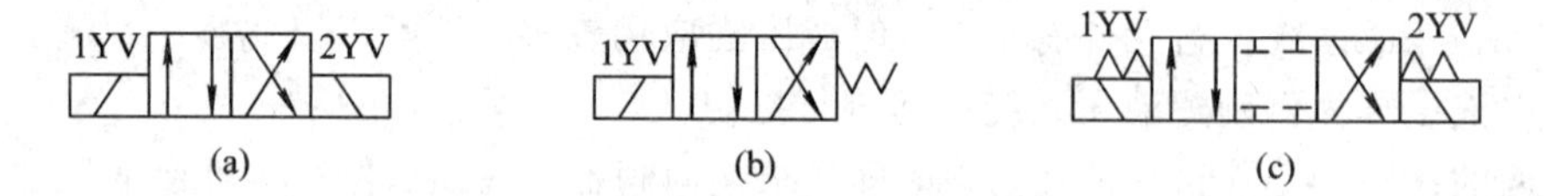

图 2-2　液压系统常用电磁阀

(a) 二位双电控阀；(b) 二位单电控阀；(c) 三位双电控阀

这三种电磁换向阀的工作位置见表 2-1。

表 2-1　常用的电磁换向阀工作位置分析

电磁换向阀	左位工作时	右位工作时	中位工作时	初始工作位置
1YV 2YV	1YV＋(得电)且不需要自锁，可以与 2YV 互锁；2YV－(失电或不得电)	1YV－(失电或不得电)；2YV＋(得电)且不需要自锁，可以与 1YV 互锁	无中位	不定。一般按照符合执行元件初始状态要求的位置

续表

电磁换向阀	左位工作时	右位工作时	中位工作时	初始工作位置
1YV	1YV＋（得电）且要自锁	1YV－（失电或不得电）	无中位	右位（弹簧侧）
1YV　2YV	1YV＋（得电）且需要自锁，还要与2YV互锁； 2YV－（失电或不得电）	1YV－（失电或不得电）； 2YV＋（得电）且需要自锁，还要与1YV互锁	1YV－、2YV－（失电或不得电）	中位

2. 电气控制基础

电气控制系统主要控制电磁阀的换向。其特点是响应快，动作准确，在液、气压自动化中应用广泛。

电气控制回路包括液压(气动)回路和电气回路两部分。液压(气动)回路一般指动力部分，电气回路指控制部分。通常在设计电气回路之前，一定要先设计出液压(气动)回路，按照动力系统的要求，选择采用何种形式的电磁阀来控制液压(气动)执行元件的运动。在设计中，液压(气动)回路图和电气回路图必须分开绘制。在整个系统设计中，液压(气动)回路图按照习惯放置于电气回路图的上方或左侧。

电气控制回路主要由按钮、行程开关、继电器及其触点、电磁铁线圈等组成。通过按钮或行程开关使电磁铁通电或断电来控制触点接通或断开的被控制主回路，称为继电器控制回路。电路中的触点有常开触点和常闭触点两种。

1）按钮

按钮是一种短时接通或断开小电流电路的手动电器，常用于控制电路中，发出启动或停止等指令，以控制接触器、继电器等电器的线圈电流的接通或断开，再由它们去接通或断开主电路。

按钮由按钮帽、复位弹簧、桥式动触头、静触头和外壳等组成。图2－3所示为LA19系列按钮的外形、结构和图形符号。

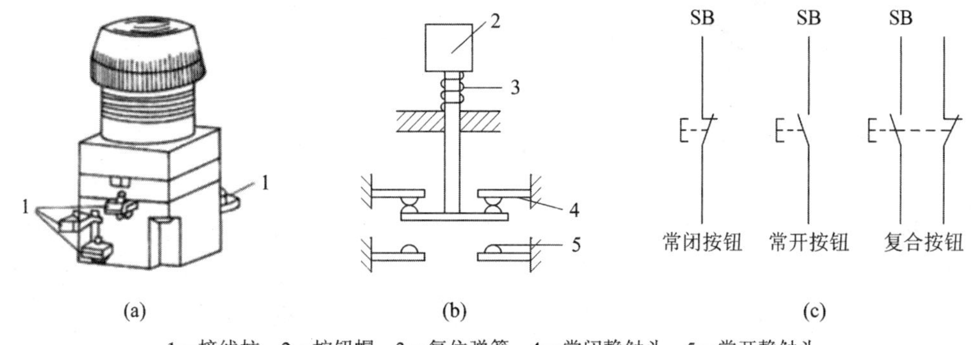

1—接线柱；2—按钮帽；3—复位弹簧；4—常闭静触头；5—常开静触头

图2－3　LA19系列按钮的外形、结构和图形符号

（a）外形；（b）结构原理；（c）图形符号

常开按钮：按钮未按下时，触头是断开的；当按钮按下时，触头接通；按钮松开后，在复位弹簧作用下触头又返回原位断开。它常用作启动按钮。

常闭按钮：按钮未按下时，触头是闭合的；当按钮按下时，触头断开；按钮松开后，在复位弹簧作用下触头又返回原位闭合。它常用作停止按钮。

复合按钮：将常开按钮和常闭按钮组合为一体。当按钮按下时，其常闭触头先断开，然后常开触头再闭合；按钮松开后，在复位弹簧作用下触头又返回原位。它常用在控制电路中作电气联锁。

为便于识别各个按钮的作用，避免误操作，通常在按钮帽上作出不同标记或涂上不同颜色，如蘑菇形表示急停按钮，红色表示停止按钮，绿色表示启动按钮。

2) 行程开关

行程开关又称位置开关或限位开关，可将机械信号转换为电信号，以实现对机械运动的控制。它是根据运动部件的位置而切换的电器，能实现运动部件极限位置的保护。它的作用原理与按钮类似，利用生产机械运动部件的碰压使其触头动作，从而将机械信号转变为电信号。

各系列行程开关的结构基本相同，主要由触头系统、操作机构和外壳组成。行程开关按其结构可分为直动式、滚轮式和微动式三种。行程开关动作后，复位方式有自动复位和非自动复位两种。按钮式和单轮旋转式行程开关为自动复位式，如图 2-4(a)、(b)所示。双轮旋转式行程开关没有复位弹簧，在挡铁离开后不能自动复位，必须由挡铁从反方向碰撞后，开关才能复位，如图 2-4(c)所示。

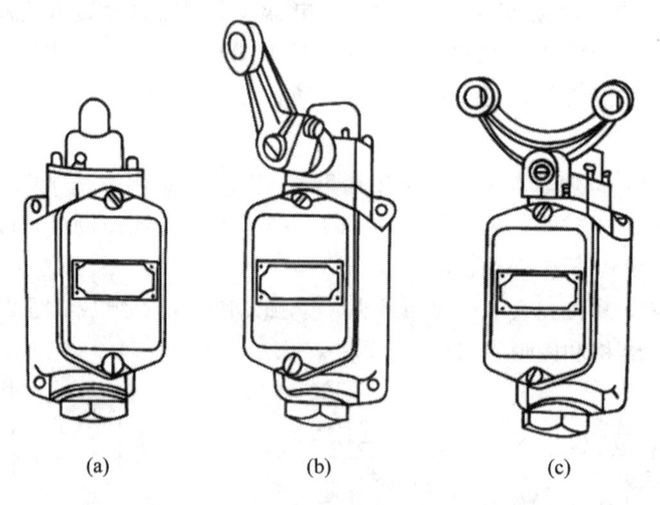

图 2-4　JLXK1 系列行程开关外形

(a) 按钮式；(b) 单轮旋转式；(c) 双轮旋转式

行程开关的工作原理是：当运动机械的挡铁压到滚轮上时，杠杆连同转轴一起转动，并推动撞块；当撞块被压到一定位置时，推动微动开关动作，使常开触头分断，常闭触头闭合；在运动机械的挡铁离开后，复位弹簧使行程开关各部件恢复常态。JLXK1 系列行程开关的结构、动作原理和图形符号如图 2-5 所示。

行程开关的触头动作方式有蠕动型和瞬动型两种。蠕动型触头的分合速度取决于挡铁的移动速度，当挡铁的移动速度低于 0.4 m/min 时，触头切换太慢，易受电弧烧灼，从而减少触头的使用寿命，也影响动作的可靠性。为克服以上缺点，可采用具有快速换接动作机构的瞬动型触头。

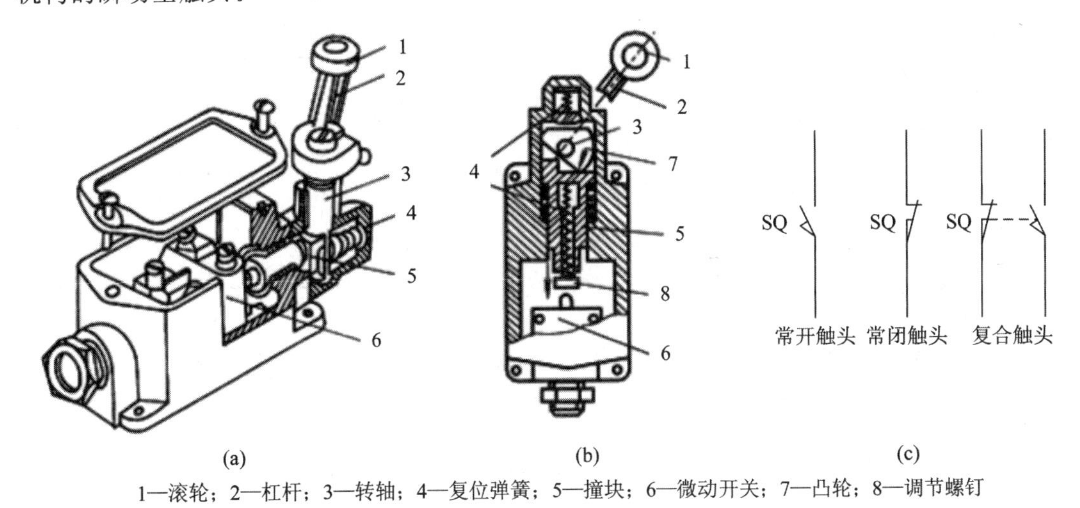

1—滚轮；2—杠杆；3—转轴；4—复位弹簧；5—撞块；6—微动开关；7—凸轮；8—调节螺钉

图 2－5　JLXK1 系列行程开关的结构、动作原理和图形符号

(a) 结构；(b) 动作原理；(c) 图形符号

3）中间继电器

控制继电器是一种当输入量变化到一定值时，电磁铁线圈通电励磁，吸合或断开触点的交、直流小容量的自动化电器。它被广泛应用于电力拖动、程序控制、自动调节与自动检测系统中。控制继电器的种类繁多，常用的有电压继电器、电流继电器、中间继电器、时间继电器、热继电器、温度继电器等。在电气控制系统中常用中间继电器和时间继电器。

中间继电器由线圈、铁芯、衔铁、复位弹簧、触点及端子组成，如图 2－6(a)所示，由线圈产生的磁场来接通或断开触点。当继电器线圈流过电流时，衔铁就会在电磁力的作用下克服弹簧压力，使常闭触点断开，常开触点闭合；当继电器线圈无电流时，电磁力消失，衔铁在返回弹簧的作用下复位，使常闭触点闭合，常开触点打开。图 2－6(b)所示为其线圈及触点的图形符号。

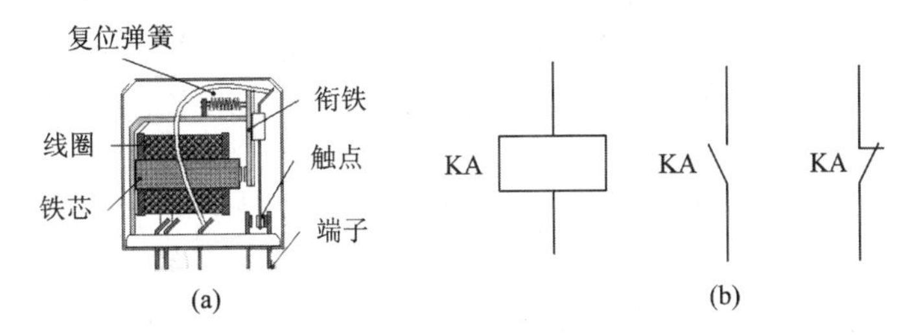

图 2－6　中间继电器原理和图形符号

(a) 中间继电器原理；(b) 图形符号

因为继电器线圈消耗电力很小，所以用很小的电流通过线圈即可使电磁铁励磁，而其控制的触点可通过相当大的电压、电流，此乃继电器触点的容量放大机能。

4）时间继电器

时间继电器目前在电气控制回路中应用非常广泛。它与中间继电器的相同之处是都由线圈与触点构成，不同的是在时间继电器中输入信号时，电路中的触点经过一定时间后才闭合或断开。按照输出触点的动作形式，时间继电器分为以下两种，见图 2-7。

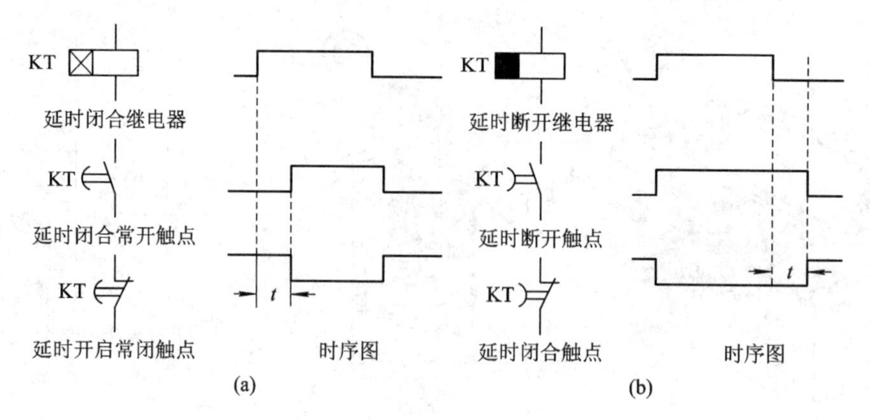

图 2-7 时间继电器线圈及其触点职能符号和时序图

(a) 闭合；(b) 断开

(1) 延时闭合继电器：当继电器线圈流过电流时，经过预置时间延时，继电器触点闭合；当继电器线圈无电流时，继电器触点断开。

(2) 延时断开继电器：当继电器线圈流过电流时，继电器触点闭合；当继电器线圈无电流时，经过预置时间延时，继电器触点断开。

5) 电气控制回路图的绘制原则

电气控制回路图通常以一种层次分明的梯形法表示，也称梯形图。它是利用电气元件符号进行顺序控制系统设计的最常用的一种方法。梯形图表示法可分为水平梯形回路图及垂直梯形回路图两种。在液压(气压)传动中，使用垂直梯形图表示法。

电气控制回路图的绘图原则如下：

(1) 图中上端为火线，下端为零线。

(2) 电路图的构成是由左向右进行的。为便于读图，接线上要加上线号。

(3) 控制元件的连接线接于电源母线之间，且尽可能用直线。

(4) 连接线与实际的元件配置无关，由上而下依照动作的顺序来决定。

(5) 连接线所连接的元件均用电气符号表示，且均为未操作时的状态。

(6) 在连接线上，所有的开关、继电器等的触点位置由水平电路上侧的电源母线开始连接。

(7) 一个梯形图网络由多个梯级组成，每个输出元素(继电器线圈等)可构成一个梯级。

(8) 在连接线上，各种负载(如继电器、电磁线圈、指示灯等)的位置通常是输出元素，要放在水平电路的下侧。

(9) 在各元件的电气符号旁注上文字符号。

3. 可编程序控制器基础

1) 可编程序控制器概述

可编程序控制器是在继电器控制和计算机控制技术的基础上，逐渐发展成的以微处理器为核心，集微电子技术、自动化技术、计算机技术、通信技术为一体，以工业自动化控制为目标的新型控制装置，目前已在工业、交通运输、农业、商业等领域得到了广泛应用，成为各行业的通用控制核心产品。

(1) 可编程序控制器的产生与发展。研究自动控制装置的目的是最大限度地满足人们对机械设备的要求。曾一度在控制领域占主导地位的继电器控制系统存在着控制能力弱、可靠性低的缺点，而且设备的固定接线控制装置不利于产品的更新换代。20 世纪 60 年代末期，在技术改造浪潮的冲击下，为使汽车结构及外形不断改进，品种不断增加，需要经常变更生产工艺。人们希望在控制成本的前提下，尽可能缩短产品的更新换代周期，以满足生产的需求，使企业在激烈的市场竞争中取胜。为此，美国通用汽车公司(GM)1968 年提出了汽车装配生产线改造项目——控制器的十项指标，即新一代控制器应具备的十项指标。

① 编程简单，可在现场修改和调试程序。

② 维护方便，采用插入式模块结构。

③ 可靠性高于继电器控制系统。

④ 体积小于继电器控制柜。

⑤ 能与管理中心计算机系统进行通信。

⑥ 成本可与继电器控制系统相竞争。

⑦ 输入量是 115 V 交流电压(美国电网电压是 110 V)。

⑧ 输出量为 115 V 交流电压，输出电流在 2 A 以上，能直接驱动电磁阀。

⑨ 系统扩展时，原系统只需作很小改动。

⑩ 用户程序存储器容量至少为 4 KB。

1969 年，美国数字设备公司(DEC)首先研制出第一台符合要求的控制器，即可编程逻辑控制器，并在美国 GE 公司的汽车自动装配线上试用成功。此后，这项研究迅速得到发展，从美国、日本、欧洲各国普及到全世界。我国从 1974 年开始了研制工作，并于 1977 年应用于工业。目前，世界上已有数百家厂商生产 PLC，型号多达数百种。

早期的可编程控制器是为了取代继电器控制线路，采用存储器程序指令完成顺序控制而设计的。它仅有逻辑运算、定时、计数等功能，用于开关量控制，实际上只能进行逻辑运算，所以被称为可编程逻辑控制器，简称 PLC(Programmable Logic Controller)。进入 20 世纪 80 年代后，以 16 位和少数 32 位微处理器构成的控制器取得了飞速进展，使得可编程逻辑控制器在概念、设计、性能上都有了新的突破。采用微处理器之后，控制器的功能不再局限于当初的逻辑运算，而是增加了数值运算、模拟量处理、通信等功能，成为真正意义上的可编程控制器(Programmable Controller)，简称为 PC。但为了与个人计算机 PC (Personal Computer)相区别，常将可编程控制器仍简称为 PLC。

随着可编程控制器的不断发展，其定义也在不断变化。国际电工委员会(IEC)曾于 1982 年 11 月颁布了可编程逻辑控制器标准草案第一稿，1985 年 1 月发表了第二稿，1987 年 2 月又颁布了第三稿。1987 年颁布的可编程逻辑控制器的定义如下：

“可编程逻辑控制器是专为在工业环境下应用而设计的一种数字运算操作的电子装置，是带有存储器、可以编制程序的控制器。它能够存储和执行命令，进行逻辑运算、顺序控制、定时、计数和算术运算等操作，并通过数字式和模拟式的输入/输出，控制各种类型的机械或生产过程。可编程控制器及其有关的外围设备，都应按易于工业控制系统形成一个整体、易于扩展其功能的原则设计。”

事实上，由于可编程控制技术的迅猛发展，许多新产品的功能已超出上述定义。

(2) 可编程控制器的特点。

① 可靠性高。可靠性指的是可编程控制器的平均无故障工作时间。可靠性既反映了用户的要求，又是可编程控制器生产厂家着力追求的技术指标。目前，各生产厂家的 PLC 平均无故障安全运行时间都远大于国际电工委员会(IEC)规定的 10 万小时的标准。

可编程控制器在设计、制作以及元器件的选取上，采用了精选、高度集成化和冗余量大等一系列措施，延长了元器件的使用工作寿命，提高了系统的可靠性。在抗干扰性上，采取了软、硬件多重抗干扰措施，使其能安全地工作在恶劣的工业环境中。国际大公司制造工艺的先进性，也进一步提高了可编程控制器的可靠性。

② 控制功能强。可编程控制器不但具有对开关量和模拟量的控制能力，还具有数值运算、PID 调节、数据通信、中断处理的功能。PLC 除具有扩展灵活的特点外，还具有功能的可组合性，如运动控制模块可以对伺服电机和步进电机的速度与位置进行控制，实现对数控机床和工业机器人的控制。

③ 组成灵活。可编程控制器品种很多。小型 PLC 为整体结构，并可外接 I/O 扩展机箱构成 PLC 控制系统。中大型 PLC 采用分体模块式结构，设有各种专用功能模块(开关量、模拟量输入/输出模块，位控模块，伺服、步进驱动模块等)供选用和组合，可由各种模块组成大小和要求不同的控制系统。PLC 外部控制电路虽然仍为硬接线系统，但当受控对象的控制要求改变时，还是可以在线使用编程器修改用户程序来满足新的控制要求，这就极大限度地缩短了工艺更新所需要的时间。

④ 操作方便。PLC 提供了多种面向用户的语言，如常用的梯形图(LAD，Ladder Diagram)、指令语句表(STL，Statement List)、控制系统流程图(CSF，Control System Flowchart)等。PLC 的最大优点之一就是采用了易学易懂的梯形图语言。该语言以计算机软件技术构成人们惯用的继电器模型，直观易懂，极易被现场电气工程技术人员掌握，为可编程控制器的推广应用创造了有利条件。

现在的 PLC 编程器大都采用个人计算机或手持式编程器两种形式。手持式编程器有键盘、显示功能，通过电缆线与 PLC 相连，具有体积小，重量轻，便于携带，易于现场调试等优点。用户也可以用个人计算机对 PLC 进行编程及系统仿真调试，监控系统运行情况。目前，国内各厂家都编辑出版了适用于个人计算机使用的编程软件。编程软件的汉化界面非常有利于 PLC 的学习和推广应用。同时，直观的梯形图显示使程序输入及运行的动态监视更方便、更直观。PC 的键盘和打印、存储设备，更是极大地丰富了 PLC 编程器的硬件资源。

(3) 可编程控制器的分类。

目前，可编程控制器产品的种类很多，型号和规格也不统一，通常只能按照其用途、功能、结构、点数等进行大致分类。

① 按点数和功能分类。可编程控制器对外部设备的控制、外部信号的输入及 PLC 运算结果的输出都要通过 PLC 输入/输出端子来进行接线，输入/输出端子的数目之和被称作 PLC 的输入/输出点数，简称 I/O 点数。

为满足不同控制系统处理信息量的要求，PLC 具有不同的 I/O 点数、用户程序存储量和功能。由 I/O 点数的多少可将 PLC 分成小型(含微型)、中型和大型机(或称作高、中、低档机）。

小型（微型）PLC 的 I/O 点数小于 256 点，以开关量控制为主，具有体积小、价格低的优点，适用于小型设备的控制。

中型 PLC 的 I/O 点数在 256～1024 之间，功能比较丰富，兼有开关量和模拟量的控制功能，适用于较复杂系统的逻辑控制和闭环过程控制。

大型 PLC 的 I/O 点数在 1024 点以上，用于大规模过程控制、集散式控制和工厂自动化网络。

各厂家自我定义的大型、中型、小型可编程控制器产品各有不同。如有的厂家建议小型 PLC 为 512 点以下，中型 PLC 为 512～2048 点，大型 PLC 为 2048 点以上。

② 按结构形式分类。根据结构形式的不同，可编程控制器可分为整体式结构和模块式结构两大类。

小型 PLC 一般以整体式结构（即将所有电路集于一个箱内）为基本单元，该基本单元可以通过并行接口电路连接 I/O 扩展单元。

中型以上 PLC 多采用模块式结构，不同功能的模块可以组成不同用途的 PLC，适用于不同要求的控制系统。

③ 按用途分类。根据可编程控制器的用途，PLC 可分为通用型和专用型两大类。

通用型 PLC 作为标准装置，可供各类工业控制系统选用。

专用型 PLC 是专门为某类控制系统设计的，由于其具有专用性，因此其结构设计更为合理，控制性能更完善。

随着可编程控制器的应用与普及，专为家庭自动化设计的超小型 PLC 也正在形成家用微型系列。

（4）PLC 的应用与发展。自从可编程控制器在汽车装配生产线首次成功应用以来，PLC 在多品种、小批量、高质量的生产设备中得到了广泛的推广应用。PLC 控制已成为工业控制的重要手段之一，与 CAD/CAM、机器人技术一起成为实现现代自动化生产的三大支柱技术。

我国使用较多的 PLC 产品有德国西门子（SIEMENS）的 S7 系列，日本立石公司（OMRON）的 C 系列，三菱公司的 FX 系列，美国 GE 公司的 GE 系列等。各大公司生产的可编程控制器都已形成由小型到大型的系列产品，而且随着技术的不断进步，产品的更新换代很快，周期一般不到 5 年。

通过技术引进与合资生产，我国的 PLC 产品有了一定的发展，生产厂家已达 30 多家，为可编程控制器国产化奠定了基础。

从可编程控制器的发展来看，有小型化和大型化两个趋势。

小型 PLC 有两个发展方向，即小（微）型化和专业化。随着数字电路集成度的提高，元器件体积的减小及质量的提高，可编程控制器的结构更加紧凑，设计制造水平在不断进步。微型化的 PLC 不仅体积小，而且功能也大有提高。过去一些大中型 PLC 才有的功能，如模拟量的处理、通信，PID 调节运算等，均可以被移植到小型机上。同时，PLC 的价格的不断下降，将使它真正成为继电器控制系统的替代产品。

大型化指的是大中型 PLC 向着大容量、智能化和网络化方向发展，使之能与计算机组成集成控制系统，对大规模、复杂系统进行综合性的自动控制。

2）可编程控制器的硬件组成

下面以德国西门子(SIEMENS)的 S7 系列中的 S7－200PLC 为例说明可编程控制器的硬件组成。S7－200 系列 PLC 可提供 4 种不同的基本单元和 6 种型号的扩展单元。其系统构成包括基本单元、扩展单元、编程器、存储卡、写入器、文本显示器等，见图 2－8。

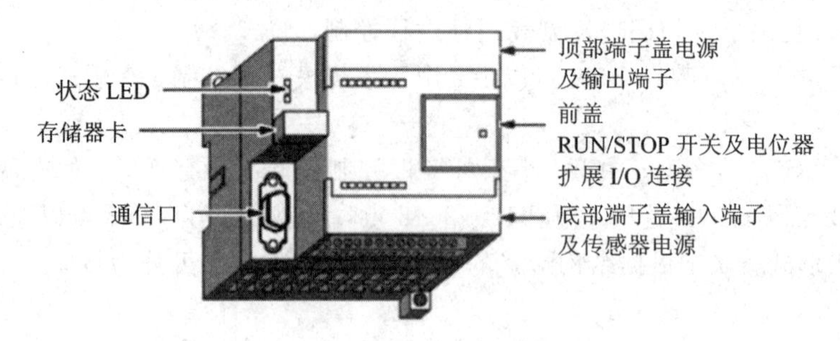

图 2－8　S7－200 系列 PLC 基本单元外形结构

(1) 基本单元。S7－200 系列 PLC 中可提供 4 种不同的基本型号的 8 种 CPU 供选择使用，其输入、输出点数的分配见表 2－2。

表 2－2　S7－200 系列 PLC 中 CPU22X 的基本单元

型号	输入点	输出点	可带扩展模块数
CPU221	6	4	无
CPU222	8	6	2 个扩展模块 78 路数字量 I/O 点或 10 路模拟量 I/O 点
CPU224	14	10	7 个扩展模块 168 路数字量 I/O 点或 35 路模拟量 I/O 点
CPU226	24	16	2 个扩展模块 248 路数字量 I/O 点或 35 路模拟量 I/O 点
CPU226Xm	24	16	2 个扩展模块 248 路数字量 I/O 点或 35 路模拟量 I/O 点

(2) 扩展单元。S7－200 系列 PLC 主要有 6 种扩展单元，它本身没有 CPU，只能与基本单元相连接使用，用于扩展 I/O 点数。S7－200 系列 PLC 扩展单元型号及输入、输出点数的分配如表 2－3 所示。

表 2－3　S7－200 系列 PLC 扩展单元型号及输入、输出点数

类　型	型　号	输入点	输出点
数字量扩展模块	EM221	8	无
	EM222	无	8
	EM223	4/8/16	4/8/16
模拟量扩展模块	EM231	3	无
	EM232	无	2
	EM235	3	1

(3) 编程器。PLC 在正式运行时，不需要编程器。编程器主要用来进行用户程序的编制、存储和管理等，并可将用户程序送入 PLC 中，在调试过程中，进行监控和故障检测。

S7-200 系列 PLC 可采用多种编程器，一般可分为简易型和智能型。

简易型编程器是袖珍型的，简单实用，价格低廉，是一种很好的现场编程及监测工具，但显示功能较差，只能用指令表方式输入，使用不够方便。智能型编程器采用计算机进行编程操作，将专用的编程软件装入计算机内，可直接采用梯形图语言编程，实现在线监测，非常直观，且功能强大，S7-200 系列 PLC 的专用编程软件为 STEP7-Micro/WIN。

(4) 程序存储卡。为了保证程序及重要参数的安全，一般小型 PLC 设有外接 EEPROM 卡盒接口，通过该接口可以将卡盒的内容写入 PLC，也可将 PLC 内的程序及重要参数传到外接 EEPROM 卡盒内作为备份。程序存储卡 EEPROM 有 6ES 7291-8GC00-0XA0 和 6ES 7291-8GD00-0XA0 两种，程序容量分别为 8 KB 和 16 KB 程序步。

(5) 写入器。写入器的功能是实现 PLC 和 EPROM 之间的程序传送，是将 PLC 中 RAM 区的程序通过写入器固化到程序存储卡中，或将 PLC 的程序存储卡中的程序通过写入器传送到 RAM 区。

(6) 文本显示器。文本显示器 TD200 不仅是一个用于显示系统信息的显示设备，还可以作为控制单元对某个量的数值进行修改，或直接设置输入/输出量。文本信息的显示用选择/确认的方法，最多可显示 80 条信息，每条信息最多 4 个变量的状态。过程参数可在显示器上显示，并可以随时修改。TD200 面板上的 8 个可编程序的功能键，每个都分配了一个存储器位，这些功能键在启动和测试系统时，可以进行参数设置和诊断。

3) 可编程控制器的工作原理

(1) 扫描周期。S7-200 CPU 连续执行用户任务的循环序列称为扫描。可编程控制器的一个机器扫描周期是指用户程序运行一次所经过的时间，它分为读输入(输入采样)、执行程序、处理通信请求、执行 CPU 自诊断及写输出(输出刷新)等五个阶段。PLC 运行状态按输入采样、程序执行、输出刷新等步骤，周而复始地循环扫描工作，具体如图 2-9 所示。

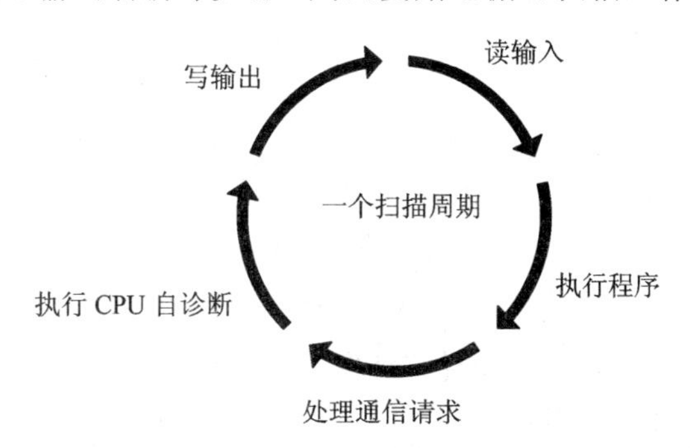

图 2-9　S7-200 CPU 的扫描周期

① 读输入阶段，对数字量和模拟量的输入信息进行处理。

• 对数字量输入信息的处理：每次扫描周期开始，先读数字输入点的当前值，然后将该值写到输入映像寄存器区域。在之后的用户程序执行过程中，CPU 将访问输入映像寄存器区域，而并非读取输入端口状态，因此输入信号的变化不会影响输入映像寄存器的状态。通常要求输入信号有足够的脉冲宽度，才能被响应。

• 对模拟量输入信息的处理：在处理模拟量的输入信息时，用户可以对每个模拟通道选择数字滤波器，即对模拟通道设置数字滤波功能。对变化缓慢的输入信号，可以选择数字滤波，而对高速变化信号不能选择数字滤波。

如果选择了数字滤波器，则可以选用低成本的模拟量输入模块。CPU 在每个扫描周期将自动刷新模拟输入，执行滤波功能，并存储滤波值(平均值)。当访问模拟输入时，读取该滤波值。

对于高速模拟信号，不能采用数字滤波器，只能选用智能模拟量输入模块。CPU 在扫描过程中不能自动刷新模拟量输入值，当访问模拟量时，CPU 每次直接从物理模块读取模拟量。

② 执行程序。在用户程序执行阶段，PLC 按照梯形图的顺序，自左而右、自上而下地逐行扫描。在这一阶段，CPU 从用户程序第一条指令开始执行，直到最后一条指令结束，程序运行结果放入输出映像寄存器区域。在此阶段，允许对数字量立即 I/O 指令和不设置数字滤波的模拟量 I/O 指令进行处理。在扫描周期的各部分，均可对中断事件进行响应。

③ 处理通信请求。在扫描周期的信息处理阶段，CPU 处理从通信端口接收到的信息。

④ 执行 CPU 自诊断测试。在此阶段，CPU 检查其硬件、用户程序存储器和所有的 I/O模块状态。

⑤ 写输出。每个扫描周期的结尾，CPU 把存在输出映像寄存器中的数据输出给数字量输出端点(写入输出锁存器中)，更新输出状态。当 CPU 操作模式从 RUN 切换到 STOP 时，数字量输出可设置为输出表中定义的值或保持当前值，模拟量输出保持最后写的值。缺省设置时，默认是关闭数字量输出(参见系统块设置)。

按照扫描周期的主要工作任务，也可以把扫描周期简化为读输入、执行用户程序和写输出三个阶段。

(2) CPU 的工作方式。

① S7－200 CPU 有两种工作方式：

• STOP(停止)。CPU 在停止工作方式时不执行程序，此时可以向 CPU 装载程序或进行系统设置。

• RUN(运行)。CPU 在 RUN 工作方式下运行用户程序。

CPU 前面板上用两个发光二极管显示当前的工作方式。在程序编辑、上/下载等处理过程中，必须把 CPU 置于 STOP 方式。

② 改变工作方式的方法：

• 使用 PLC 上的方式开关来改变工作方式。

• 使用 STEP7-Micro/Win32 编程软件设置工作方式。

• 在程序中插入一个 STOP 指令，CPU 可由 RUN 方式进入 STOP 工作方式。

③ 使用工作方式开关改变工作状态。用位于 CPU 模块的出/入口下面的工作方式开关选择 CPU 工作方式。工作方式开关有三个挡位：STOP、TERM、RUN。

• 把方式开关切到 STOP 位，可以停止程序运行。

• 把方式开关切到 RUN 位，可以启动程序的执行。

• 把方式开关切到 TERM(暂态)或 RUN 位，允许 STEP7-Micro/Win32 软件设置 CPU 的工作状态。

如果工作方式开关设为 STOP 或 TERM，则电源上电时，CPU 自动进入 STOP 工作状态；如果设置为 RUN，则电源上电时，CPU 自动进入 RUN 工作状态。

④ 使用编程软件改变工作方式。

4）S7－200 系列 PLC 内部元器件

PLC 是以微处理器为核心的电子设备。PLC 的指令都是针对元器件状态而言的，使用时可以将它看成是由继电器、定时器、计数器等元件构成的组合体。PLC 内部设计了编程使用的各种元器件。PLC 与继电器控制的根本区别在于：PLC 采用的是软器件，以程序实现各器件之间的连接。本节从元器件的寻址方式、存储空间、功能等角度，叙述各种元器件的使用方法。

(1) 数据存储类型及寻址方式。PLC 内部元器件的功能是相互独立的，在数据存储区为每一种元器件都分配有一个存储区域。每一种元器件用一组字母表示器件类型，字母加数字表示数据的存储地址。例如，I 表示输入映像寄存器(又称输入继电器)；Q 表示输出映像寄存器(又称输出继电器)；M 表示内部标志位存储器；SM 表示特殊标志位存储器；S 表示顺序控制存储器(又称状态元件)；V 表示变量存储器；L 表示局部存储器；T 表示定时器；C 表示计数器；AI 表示模拟量输入映像寄存器；AQ 表示模拟量输出映像寄存器；AC 表示累加器；HC 表示高速计数器等。掌握这些内部器件的定义、范围、功能和使用方法是 PLC 程序设计的基础。

① 数据存储器的分配。S7－200 按元器件的种类将数据存储器分成若干个存储区域，每个区域的存储单元按字节编址，每个字节由八位组成。可以进行位操作的存储单元，每一位都可以看成是有 0、1 状态的逻辑器件。

② 数值表示方法。

• 数据类型及范围。S7－200 系列在存储单元所存放的数据类型有布尔型(BOOL)、整数型(INT)和实数型(REAL)三种。表 2－4 给出了不同长度数值所能表示的整数范围。

表 2－4　数据大小范围及相关整数范围

数据大小	无符号数		符号数	
	十进制	十六进制	十进制	十六进制
B(字节)8 位值	0～255	0～FF	－128～＋127	80～7F
W(字)16 位值	0～65536	0～FFFF	－32768～32768	8000～7FFF
DW(双字)32 位值	0～4294967295	0～FFFFFFFF	－2147483648～2147843648	80000000～7FFFFFFF

布尔型数据指字节型无符号整数。常用的整型数据包括单字长(16 位)和双字长(32 位)符号整数两类。实数(浮点数)采用 32 位单精度数表示，数据范围是：

正数：＋1.175 495E－38～＋3.402 823E＋38；

负数：－1.175 495E－38～－3.042 823E－38。

• 常数。在 S7－200 的许多指令中使用了常数，常数值的长度可以是字节、字或双字。CPU 以二进制方式存储常数，可以采用十进制、十六进制、ASCII 码或浮点数形式书写常数。下面是用上述常用格式书写常数的例子：

十进制常数：30047。

十六进制常数：16＃4E5。

ASCII 码常数：“show”。

实数或浮点格式：＋1.175 495E－38(正数)，－1.175 495E－38(负数)。

二进制格式：2#1010_0101。

③ S7－200寻址方式。S7－200将信息存于不同的存储单元，每个单元都有一个唯一的地址，系统允许用户以字节、字、双字为单位存、取信息。提供参与操作的数据地址的方法，称为寻址方式。S7－200数据的寻址方式有立即数寻址、直接寻址和间接寻址三大类，有位、字节、字和双字四种寻址格式。用立即数寻址的数据在指令中以常数形式出现。下面对直接寻址和间接寻址方式加以说明。

• 直接寻址方式。直接寻址方式是指在指令中直接使用存储器或寄存器的元件名称和地址编号，直接查找数据。数据直接寻址指的是在指令中明确指出了存取数据的存储器地址，允许用户程序直接存取信息。数据直接地址表示方法如图2－10所示。

数据的直接地址包括内存区域标志符、数据大小及该字节的地址或字、双字的起始地址，以及位分隔符和位。其中有些参数可以省略，详见图2－10中说明。

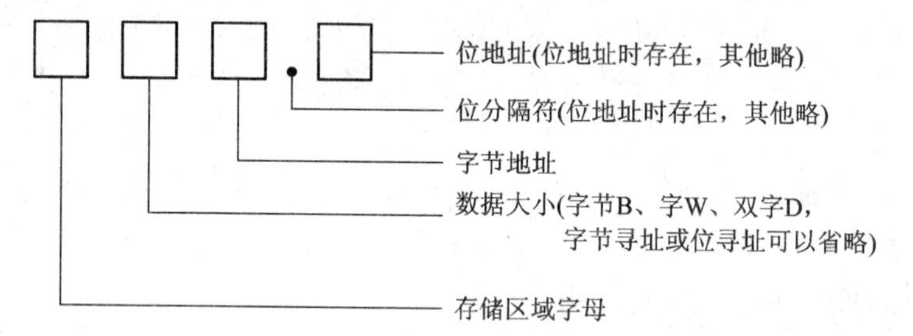

图2－10　数据直接地址表示方法

位寻址举例如图2－11所示。图中，I7.4表示数据地址为输入映像寄存器的第7字节第4位的位地址。可以根据I7.4地址对该位进行读/写操作。

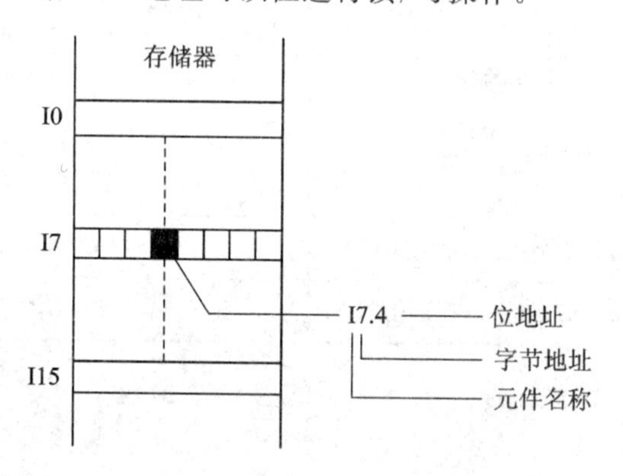

图2－11　位寻址

可以进行位操作的元器件有：输入映像寄存器(I)、输出映像寄存器(Q)、内部标志位存储器(M)、特殊标志位存储器(SM)、局部存储器(L)、变量存储器(V)及状态元件(S)等。

直接访问字节(8 bit)、字(16 bit)、双字(32 bit)数据时，必须指明数据存储区域、数据长度及起始地址。当数据长度为字或双字时，最高有效字节为起始地址字节。对变量存储器V的数据操作见图2－12。

可按字节(Byte)操作的元器件有I、Q、M、SM、S、V、L、AC、常数。

可按字(Word)操作的元器件有I、Q、M、SM、S、T、C、V、L、AC、常数。

可按双字(Double Word)操作的元器件有I、Q、M、SM、S、V、L、AC、HC、常数。

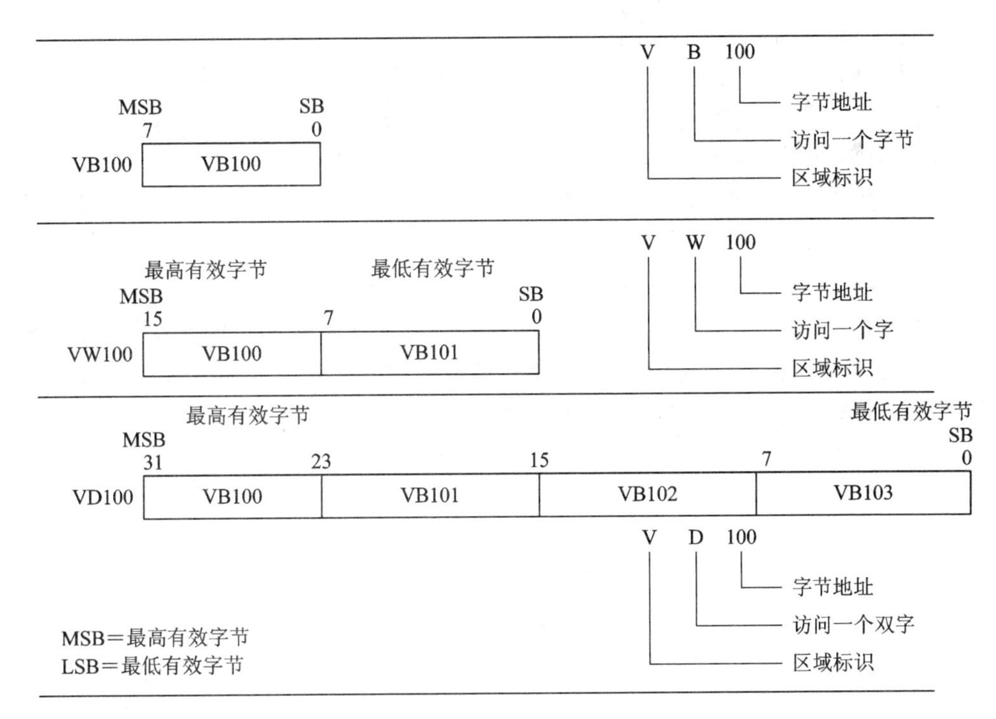

图 2-12　字节、字、双字寻址方式

• 间接寻址方式。间接寻址是指使用地址指针来存取存储器中的数据。使用前，首先将数据所在单元的内存地址放入地址指针寄存器中，然后根据此地址存取数据。S7-200 CPU 中允许使用指针进行间接寻址的存储区域有 I、Q、V、M、S、T、C。

建立内存地址的指针为双字长度(32 位)，故可以使用 V、L、AC 作为地址指针。必须采用双字传送指令(MOVD)将内存的某个地址移入到指针当中，以生成地址指针。指令中的操作数(内存地址)必须使用“&”符号表示内存某一位置的地址(长度为 32 位)。例如：

MOVD &VB200，AC1

是将 VB200 在存储器中的 32 位物理地址值送给 AC1。VB200 是直接地址编号，& 为地址符号。将本指令中的 &VB200 改为 &VW200 或 VD200，指令的功能不变。

在使用指针存取数据的指令中，操作数前加有 * 表示该操作数为地址指针。例如：

MOVW *AC1，AC0

是将 AC1 作为内存地址指针，把以 AC1 中内容为起始地址的内存单元的 16 位数据送到累加器 AC0 中，其操作过程见图 2-13。

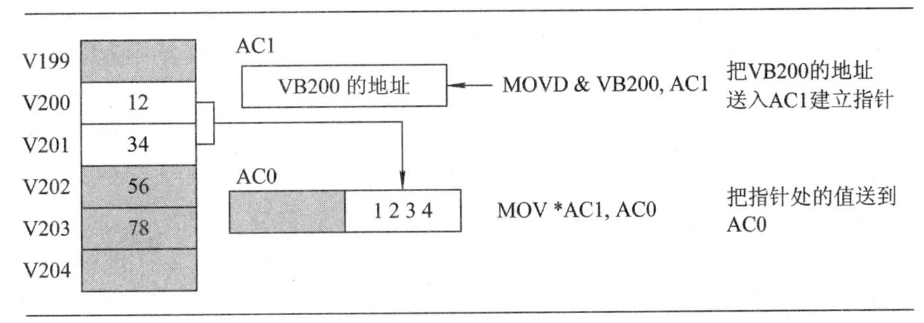

图 2-13　使用指针间接寻址

(2) S7－200 数据存储区及元件功能。

① 输入/输出映像寄存器。输入/输出映像寄存器都是以字节为单位的寄存器，可以按位操作，它们的每一位对应一个数字量输入/输出接点。不同型号主机的输入/输出映像寄存器区域的大小和 I/O 点数可参考主机技术性能指标。扩展后的实际 I/O 点数不能超过 I/O映像寄存器区域的大小，I/O 映像寄存器区域未用的部分可当作内部标志位 M 或数据存储器(以字节为单位)使用。

• 输入映像寄存器(又称输入继电器)的工作原理分析：输入映像寄存器(输入继电器)的电路示意图 2－14 中，输入继电器线圈只能由外部信号驱动，不能用程序指令驱动。常开触点和常闭触点供用户编程使用。外部信号传感器(如按钮、行程开关、现场设备、热电偶等)用来检测外部信号的变化，它们与 PLC 或输入模块的输入端相连。

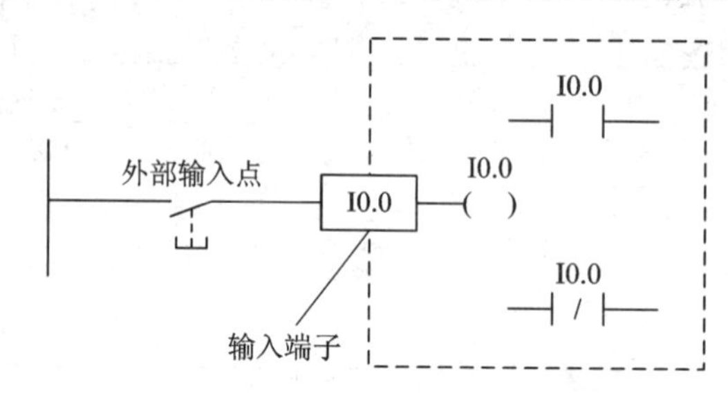

图 2－14　输入映像寄存器(输入继电器)的电路示意图

• 输出映像寄存器(又称输出继电器)的工作原理分析：在输出映像寄存器(输出继电器)等效电路图 2－15 中，输出继电器用来将 PLC 的输出信号传递给负载，只能用程序指令驱动。

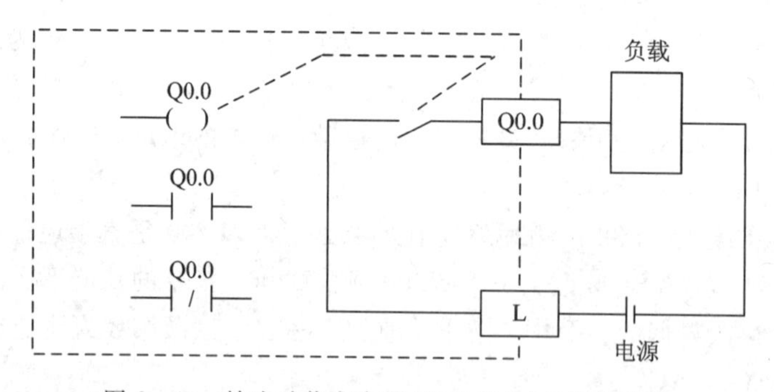

图 2－15　输出映像寄存器(输出继电器)等效电路

程序控制能量流从输出继电器 Q0.0 线圈左端流入时，Q0.0 线圈通电(存储器位置 1)，带动输出触点动作，使负载工作。

负载又称执行器(如接触器、电磁阀、LED 显示器等)，它们被连接到 PLC 输出模块的输出接线端子上，由 PLC 控制其启动和关闭。

I/O 映像寄存器可以按位、字节、字或双字等方式编址，如 I0.1、Q0.1(位寻址)、IB1、QB5(字节寻址)。

S7－200 CPU 输入映像寄存器区域有 I0～I15 共 16 个字节存储单元，能存储 128 点信息。CPU 224 主机有 I0.0～I0.7、I1.0～I1.5 共 14 个数字量输入接点，其余输入映像寄存器可用于扩展或其他。

输出映像寄存器区域共有 Q0～Q15 共 16 个字节存储单元，能存储 128 点信息。CPU 224 主机有 Q0.0～Q0.7、Q1.0、Q1.1 共 10 个数字量输出端点，其余输出映像寄存器可用于扩展或其他。

② 变量存储器(V)。变量存储器(V)用以存储运算的中间结果，也可以用来保存工序或与任务相关的其他数据，如模拟量控制、数据运算、设置参数等。变量存储器可按位使用，也可按字节、字或双字使用。变量存储器有较大的存储空间，如 CPU 224 有从 VB0.0 到 VB5119.7 的 5 KB 存储字节，CPU 214 有从 VB0.0 到 VB2047.7 的 2 KB 存储字节。

③ 内部标志位存储器(M)。内部标志位存储器(M)可以按位使用，作为控制继电器(又称中间继电器)，用来存储中间操作数或其他控制信息，也可以按字节、字或双字来存取存储区的数据，编址范围是 M0.0～M31.7。

④ 特殊标志位存储器(SM)。SM 提供了 CPU 与用户程序之间信息传递的方法，用户可以使用这些特殊标志位提供的信息，控制 S7-200 CPU 的一些特殊功能。特殊标志位可以分为只读区和读/写区两大部分。CPU 224 的 SM 编址范围为 SM0.0～SM179.7，共 180 个字节，CPU 214 为 SM0.0 ～SM85.7，共 86 个字节。其中，SM0.0～SM29.7 的 30 个字节为只读型区域。

例如，特殊存储器的只读字节 SMB0 为状态位，在每次扫描循环结尾时由 S7-200 CPU 更新，用户可使用这些位的信息启动程序内的功能，编制用户程序。SMB0 字节的特殊标志位定义如下：

SM0.0：RUN 监控。PLC 在运行状态时该位始终为 1。

SM0.1：首次扫描时为 1，PLC 由 STOP 转为 RUN 状态时，SM0.1=1 并保持一个扫描周期。该位用于程序的初始化。

SM0.2：当 RAM 中数据丢失时，SM0.2=1 并保持一个扫描周期。该位用于出错处理。

SM0.3：PLC 上电进入 RUN 方式，SM0.3=1 并保持一个扫描周期。该位可用在启动操作之前给设备提供一个预热时间。

SM0.4：分脉冲，该位输出一个占空比为 50%的分时钟脉冲。该位可用作时间基准或简易延时。

SM0.5：秒脉冲，该位输出一个占空比为 50%的秒时钟脉冲。该位可用作时间基准或简易延时。

SM0.6：扫描时钟，一个扫描周期为 ON(高电平)，下一个为 OFF(低电平)，循环交替。

SM0.7：工作方式开关位置指示，0 为 TERM 位置，1 为 RUN 位置。为 1 时，使自由端口通信方式有效。

指令状态位 SMB1 提供不同指令的错误指示，例如表及数学操作。其部分位的定义如下：

SM1.0：零标志，运算结果为 0 时，该位置 1。

SM1.1：溢出标志，运算结果溢出或查出非法数值时，该位置 1。

SM1.2：负数标志，数学运算结果为负时，该位置 1。

⑤ 顺序控制存储器(S)。顺序控制存储器 S 又称为状态元件，用来组织机器操作或进

入等效程序段工步，以实现顺序控制和步进控制。可以按位、字节、字或双字来存取 S 位，编址范围是 S0.0～S31.7。

⑥ 局部存储器(L)。局部存储器(L)和变量存储器(V)很相似，主要区别在于局部存储器(L)是局部有效的，变量存储器(V)则是全局有效的。全局有效是指同一个存储器可以被任何程序(如主程序、中断程序或子程序)存取，局部有效是指存储区和特定的程序相关联。

S7-200 有 64 个字节的局部存储器，编址范围为 LB0.0～LB63.7。其中的 60 个字节可以用作暂时存储器或者给子程序传递参数，最后 4 个字节为系统保留字节。S7-200 PLC 根据需要分配局部存储器。当主程序执行时，64 个字节的局部存储器分配给主程序；当中断或调用子程序时，将局部存储器重新分配给相应程序。局部存储器在分配时，PLC 不进行初始化，初始值是任意的。

可以用直接寻址方式按字节、字或双字来访问局部存储器，也可以把局部存储器作为间接寻址的指针，但不能作为间接寻址的存储区域。

⑦ 定时器(T)。PLC 中的定时器相当于时间继电器，用于延时控制。S7-200 CPU 中的定时器是对内部时钟的时间增量计时的设备。

定时器用符号 T 和地址编号表示，编址范围为 T0～T255(CPU22X)、T0～T127(CPU21X)。定时器的主要参数有时间预置值、当前计时值和状态位。

· 时间预置值。时间预置值为 16 位符号整数，由程序指令给定。

· 当前计时值。在 S7-200 定时器中有一个 16 位的当前值寄存器，用以存放当前计时值(16 位符号整数)。当定时器输入条件满足时，当前值从零开始增加，每隔 1 个时间基准增 1。时间基准又称定时精度。S7-200 共有 3 个时基等级：1 ms、10 ms、100 ms。定时器按地址编号的不同，分属各个时基等级。

· 状态位。每个定时器除有预置值和当前值外，还有 1 位状态位。定时器的当前值增加到大于等于预置值后，状态位为 1，在梯形图中代表状态位读操作的常开触点闭合。

定时器的编址(如 T3)可以用来访问定时器的状态位，也可用来访问当前值。存取定时器数据的实例见图 2-16。

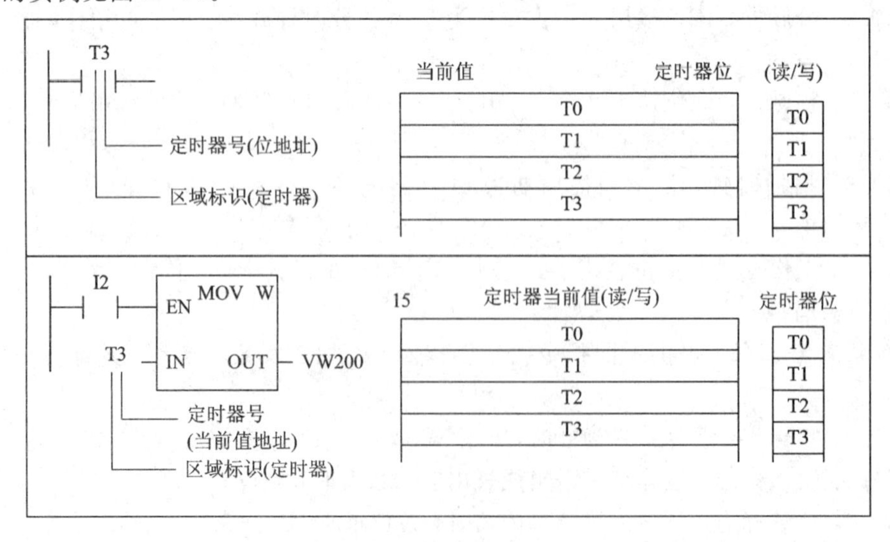

图 2-16　存取定时器数据

⑧ 计数器。计数器主要用来累计输入脉冲个数。其结构与定时器相似，其设定值(预置值)在程序中被赋予，有一个 16 位的当前值寄存器和一位状态位。当前值寄存器用以累计脉冲个数，当计数器当前值大于或等于预置值时，状态位置 1。

S7－200 CPU 提供有三种类型的计数器：增计数、减计数和增/减计数。计数器用符号 C 和地址编号表示，编址范围为 C0～C255(CPU22X)、C0～C127(CPU21X)。

计数器数据存取操作与定时器的类似，可参考图 2－16 理解。

⑨ 累加器(AC)。累加器是用来暂存数据的寄存器，可以用来在子程序之间传递参数，存储计算结果的中间值。S7－200 CPU 中提供了四个 32 位累加器 AC0～AC3。累加器支持以字节(B)、字(W)和双字(D)存取。按字节或字为单位存取时，累加器只使用低 8 位或低 16 位，数据存储长度由所用指令决定。累加器的操作见图 2－17。

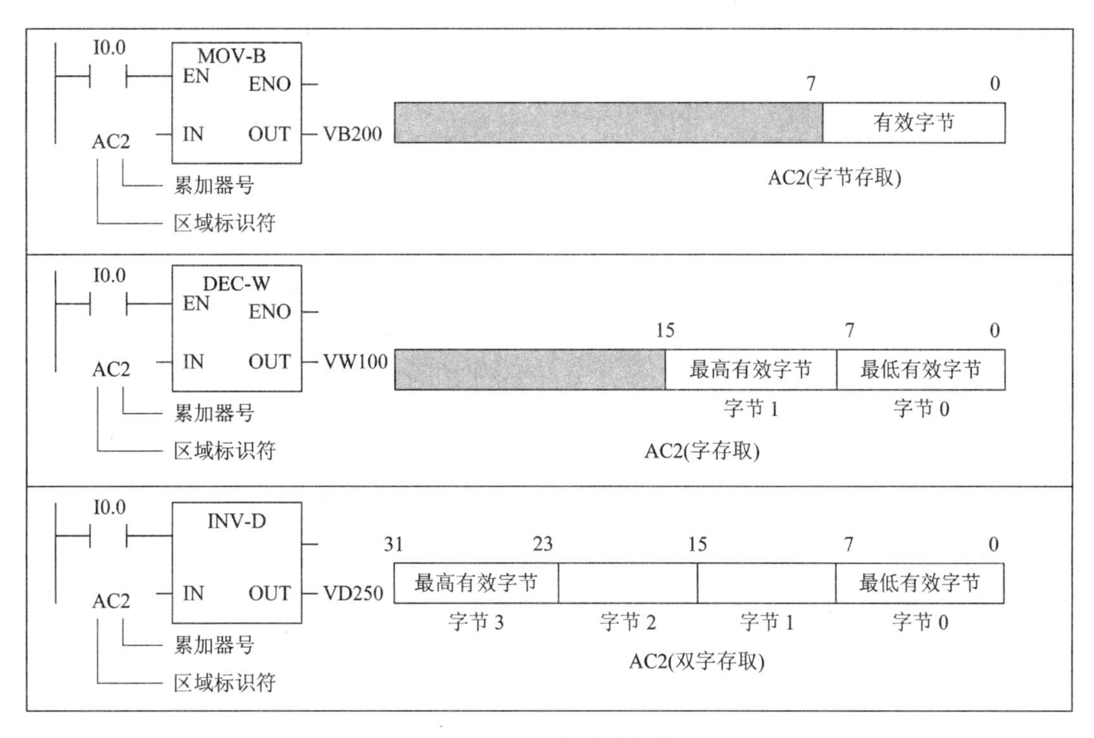

图 2－17　累加器的操作

⑩ 高速计数器(HC)。CPU 22X PLC 提供了 6 个高速计数器(每个计数器的最高频率为 30 kHz)，用来累计比 CPU 扫描速率更快的事件。高速计数器的值为双字长的符号整数，且为只读值。高速计数器的地址由符号 HC 和编号组成，如 HC0，HC1，…，HC5。

5) S7－200 系列 PLC 的编程语言

S7－200 系列 PLC 支持 SIMATIC 和 IEC1131-3 两种基本类型的指令集，编程时可任意选择。SIMATIC 指令集是西门子公司 PLC 专用的指令集，具有专用性强、执行速度快等优点，可提供 LAD、STL、FBD 等多种编程语言。

IEC1131-3 指令集是按国际电工委员会(IEC)PLC 编程标准提供的指令系统。该编程语言适用于不同厂家的 PLC 产品，有 LAD 和 FBD 两种编辑器。

学习和掌握 IEC1131-3 指令的主要目的是学习如何创建不同品牌 PLC 的程序。其指令执行时间可能较长，有一些指令和语言规则与 SIMATIC 有所区别。

S7－200 可以接受由 SIMATIC 和 IEC1131-3 两种指令系统编制的程序，但 SIMATIC 和 IEC1131-3 指令系统并不兼容。

(1) 梯形图(LAD)。利用梯形图(LAD)编辑器可以建立与电气原理图相类似的程序。梯形图是 PLC 编程的高级语言，很容易被 PLC 编程人员和维护人员接受和掌握，所有 PLC 厂商均支持梯形图语言编程。

梯形图按逻辑关系可分成梯级或网络段，又简称段。程序执行时按段扫描。清晰的段结构有利于程序的阅读理解和运行调试。通过软件的编译功能，可以直接指出错误指令所在段的段标号，有利于用户程序的修正。

图 2－18 给出了一个梯形图应用实例。LAD 图形指令有三个基本形式：触点、线圈和指令盒。触点表示输入条件，例如由开关、按钮控制的输入映像寄存器状态和内部寄存器状态等。线圈表示输出结果。利用 PLC 输出点可直接驱动灯、继电器、接触器线圈、内部输出条件等负载。指令盒代表一些功能较复杂的附加指令，例如定时器、计数器或数学运算指令的附加指令。

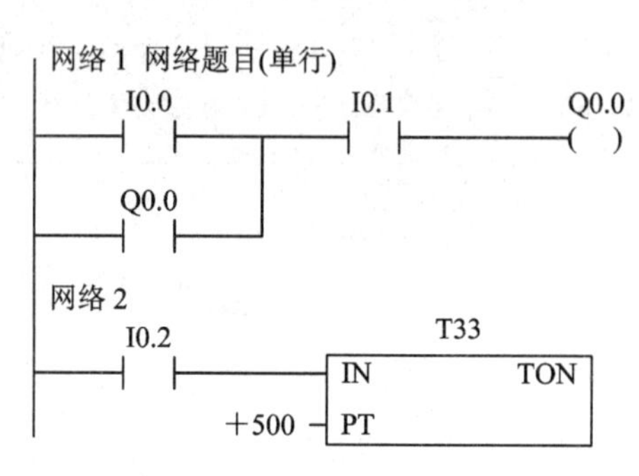

图 2－18 梯形图实例

(2) 语句表(STL)。语句表(STL)编辑器使用指令助记符创建控制程序，类似于计算机的汇编语言，适合熟悉 PLC 并且有逻辑编程经验的程序员编程。语句表编程器提供了不用梯形图或功能块图编程器编程的途径。STL 是手持式编程器唯一能够使用的编程语言，是一种面向机器的语言，具有指令简单、执行速度快等优点。STEP7-Micro/Win32 编程软件具有梯形图程序和语句表指令的相互转换功能，为 STL 程序的编制提供了方便。

例如，由图 2－18 中的梯形图(LAD)程序转换的语句表(STL)程序如下：

```
NETWORK 1
LD      I0.0
O       Q0.0
AN      I0.1
=       Q0.0
NETWORK 2
LD      I0.2
TON     T33, +500
```

(3) 功能块图(FBD)。STEP7-Micro/Win32 功能块图(FBD)是利用逻辑门图形组成的功能块图指令系统，由输入、输出段及逻辑关系函数组成。用 STEP7-Micro/Win32 V3.1 编程软件 LAD、STL 与 FBD 编辑器的自动转换功能，可得到与图 2－18 相应的功能块图，如图 2－19 所示。

6) 梯形图的特点和编程规则

(1) 梯形图的特点。

① “从上到下”按行绘制，每一行“从左到右”绘制，左侧总是输入接点，最右侧为输出元素。

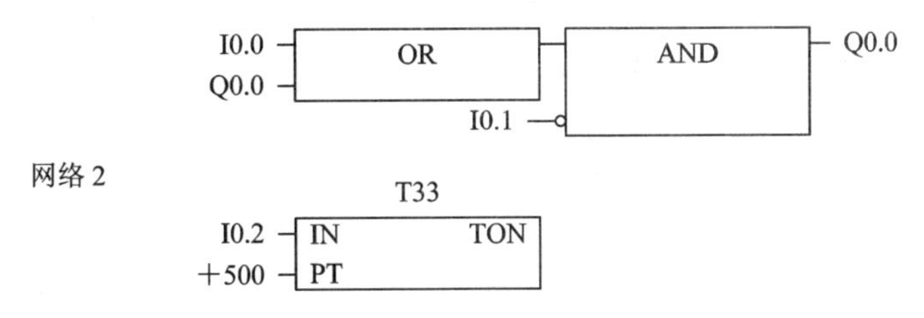

图 2-19　由梯形图程序转换成的功能块图程序

② 梯形图的左右母线是一种界限线，并未加电压，支路(逻辑行)接通时，并没有电流流动。

③ 梯形图中的输入接点及输出线圈等不是物理接点和线圈，而是输入、输出存储器中输入、输出点的状态。

④ 梯形图中使用的各种 PLC 内部器件不是真的电气器件，但具有相应的功能。梯形图中每个继电器和触点均为 PLC 存储器中的一位。

⑤ 梯形图中的继电器触点既可常开，又可常闭，其常开、常闭触点的数目是无限的(仅受存储容量限制)，也不会磨损。

⑥ PLC 采用循环扫描方式工作，梯形图中各元件是按扫描顺序依次执行的，是一种串行处理方式。

(2) 梯形图编程的基本规则。

① 按“自上而下，从左到右”的顺序绘制。

② 在每一个逻辑行上，当几条支路串联时，串联触点多的应安排在上面，几条支路并联时，并联触点多的应安排在左面。

③ 触点应画在水平支路上，不包含触点的支路应放在垂直方向，不应放在水平方向。

④ 一个触点上不应有双向电流通过，应进行适当变化。

⑤ 如果两个逻辑行之间互有牵连，逻辑关系又不清晰，则应进行变化，以便于编程。

⑥ 梯形图中任一支路上的串联触点、并联触点及内部并联线圈的个数一般不受限制。在中小型 PLC 中，由于堆栈层次一般为 8 层，因此连续进行并联支路块串联操作、串联支路块并联操作等的次数一般不应超过 8 次。

4. 仿真软件 Automation Studio 简介

Automation Studio 软件是加拿大 Famic 公司开发的液压气动 PLC 综合模拟软件。Automation Studio 是一个完全整合的软件包，用户能够使用它进行设计、资料编制、模拟以及演示各种技术回路，包括液压、气动、电路控制、可编程逻辑控制器(PLC)、顺序功能图(SFC/Grafcet)以及其他多项技术。

Automation Studio 在一个普通的环境里(窗口系统下)，独特地整合了系统设计特征的易操作性、高级工程能力、动态现实模拟、完整的演示特征和灵活的资料编制等功能。它在优化系统应用、部署和维护方面为生产商、OEM 商和终端客户开辟了一个新的领域。在整个设备生命周期的每个环节提高生产率的同时，Automation Studio 为设计工程、试制样品、测试、排除故障、维护/诊断、培训和技术发布提供无缝整合。

Automation Studio 现在标准配置几个模块和函数库。在模拟时所有模块和函数库相互交互，因此，允许创建与真实状况一样的完整系统。每一个函数库包含几百个符合 ISO、IEC、JIC 和 NEMA 标准的符号。将合适的组件拖放到工作空间以后，可以迅速重建和模拟系统。也可以自定义函数库以及根据每次特定练习的需要对其进行布置，节约查找组件的时间。

【任务实施】

1. 二位双电控电磁换向阀控制单液压缸(A＋A－)

1）继电器控制

使用继电器控制液压系统，相关技术资料包括液压系统原理图、控制电路图。

如图 2－1(a)所示，该液压回路采用二位双电控阀控制液压缸 A。A＋油路如下(1YV＋不自锁)：

进油路：液压泵→二位四通双电控电磁换向阀(左位)→液压缸 A(左腔)
回油路：液压缸 A(右腔)→二位四通双电控电磁换向阀(左位)→油箱

这样，我们可以将 A＋分析如下：

A＋←1YV＋不自锁←按下启动按钮 SB1

由此分析可得如图 2－20(a)所示的控制电路。

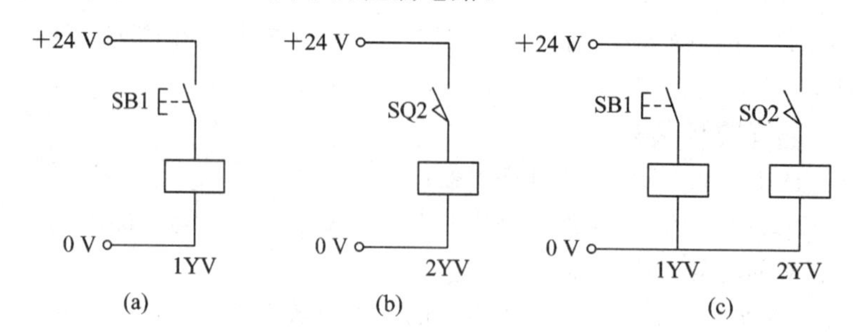

图 2－20　二位双电控阀控制液压缸 A 继电器控制
(a) A＋控制；(b) A－控制；(c) A＋A－控制

当 A＋触碰到 SQ2 时，2YV＋不自锁，此时 A－。其油路如下：

进油路：液压泵→二位四通双电控电磁换向阀(右位)→液压缸 A(右腔)
回油路：液压缸 A(左腔)→二位四通双电控电磁换向阀(右位)→油箱

这样，我们可以将 A－分析如下：

A－←2YV＋不自锁←触碰到 SQ2

由此分析可得如图 2－20(b)所示的控制电路。

将图 2－20(a)和图 2－20(b)合在一个控制电路中，如图 2－20(c)所示，组成完整的控制电路，但为了安全考虑，1YV 和 2YV 需要互锁，保证双电控电磁换向阀两个电磁阀不能同时得电，否则将烧毁其线圈。然而，互锁需要常闭触点，电磁换向阀只有线圈，没有触点。因此，需要借助中间继电器帮助实现互锁。如果这样做，则控制电路会变得很复杂，但只要 SB1、SQ2 不同时有效，就不必做成这样复杂的控制电路。

若要使液压缸 A 能连续地自动伸出缩回，则可在图 2－20(a)的基础上改成如图 2－21(a)所示的电路图。但在使用这种电路时，若要使 A 缸停止，就得切掉电源，若要使 A 缸动作，就得再把电源接上，而且若初始状态为 A 缩回在 SQ1 处，则启动按钮不起作用，通上电源液压缸 A 伸出。此时就需用一个中间继电器来作电源控制，以后遇到类似问题均可按此进行设计。图 2－21(b)所示就是依此设计的电路图。但图 2－21(b)也有不足，按下停止按钮 SB2 后，液压缸 A 不一定能缩回到初始位置。图 2－21(c)则可以解决这一问题。

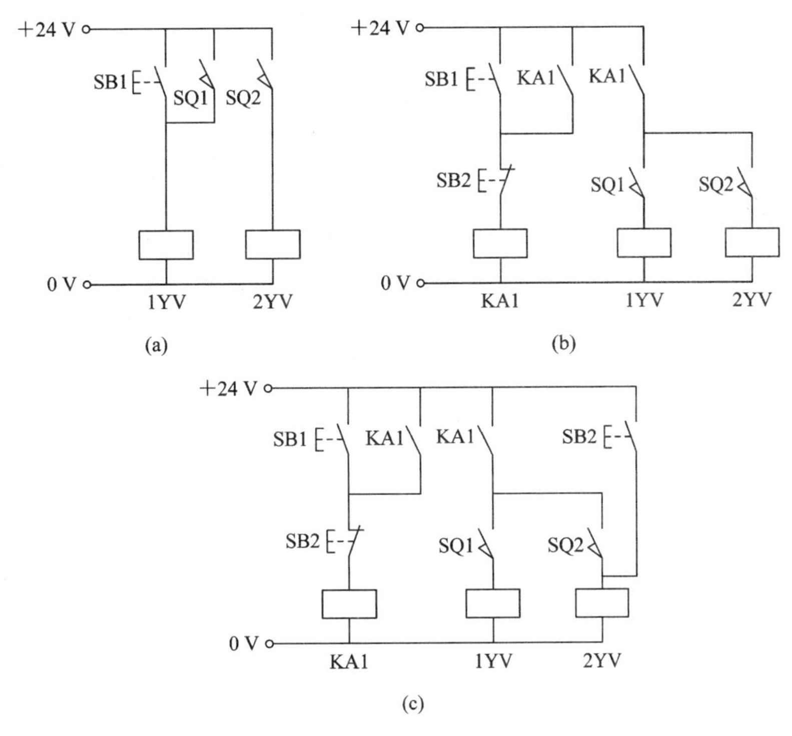

图 2－21　二位双电控阀控制液压缸 A＋A－循环控制电路
(a) 有缺陷的控制电路；(b) 比较理想的控制电路；(c) 理想控制电路

2) PLC 控制

使用 PLC 控制液压系统，相关技术资料包括液压系统原理图、I/O 地址分配、PLC 外部接线图、程序(梯形图)。

由于前面我们已经比较详细地说明了液压缸各种工作状态下的油路及控制过程分析，这里我们只重点讨论 I/O 地址分配、PLC 外部接线图和如何设计程序(梯形图)。

由图 2－1(a)可知，该系统有两个按钮(启动按钮 SB1、停止按钮 SB2)、两个行程开关(液压缸缩回到位 SQ1、液压缸伸出到位 SQ2)、两个电磁换向阀(1YV、2YV)。I/O 地址分配表如表 2－5 所示。

表 2－5　图 2－1(a)的 I/O 地址分配表

序号	I/O	信号	信号说明	状态说明	
				ON	OFF
1	I0.0	SB1	启动按钮	有效	
2	I0.1	SB2	停止按钮	有效	
3	I0.2	SQ1	液压缸缩回到位	有效	
4	I0.3	SQ2	液压缸伸出到位	有效	
5	Q0.0	1YV	液压缸伸出	伸出	
6	Q0.1	2YV	液压缸缩回	缩回	

根据 I/O 地址分配表 2-5 和工作要求，外部接线图如图 2-22 所示。

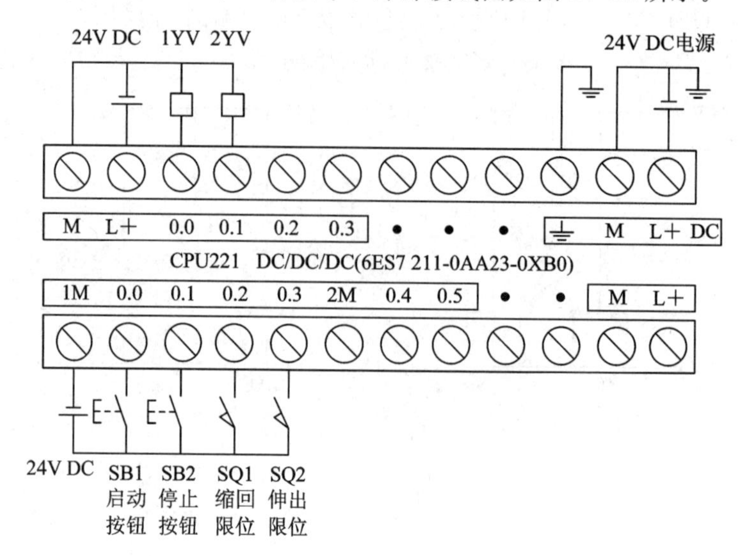

图 2-22　图 2-1(a)的 PLC 外部接线图

A+A-控制程序设计如图 2-23 所示。

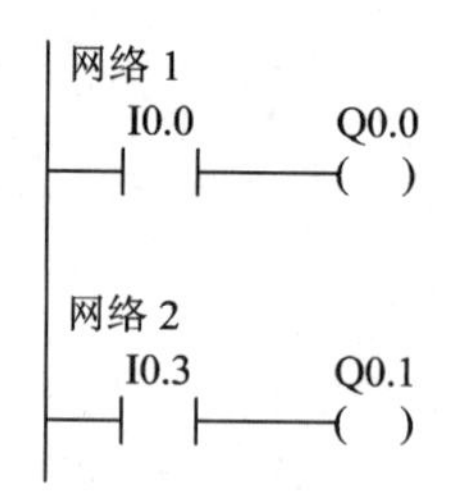

图 2-23　图 2-1(a)A+A-控制 PLC 程序

3) 基于 Automation Studio 的仿真

(1) 继电器控制仿真。图 2-1(a)所示的继电器控制仿真如图 2-24 所示。

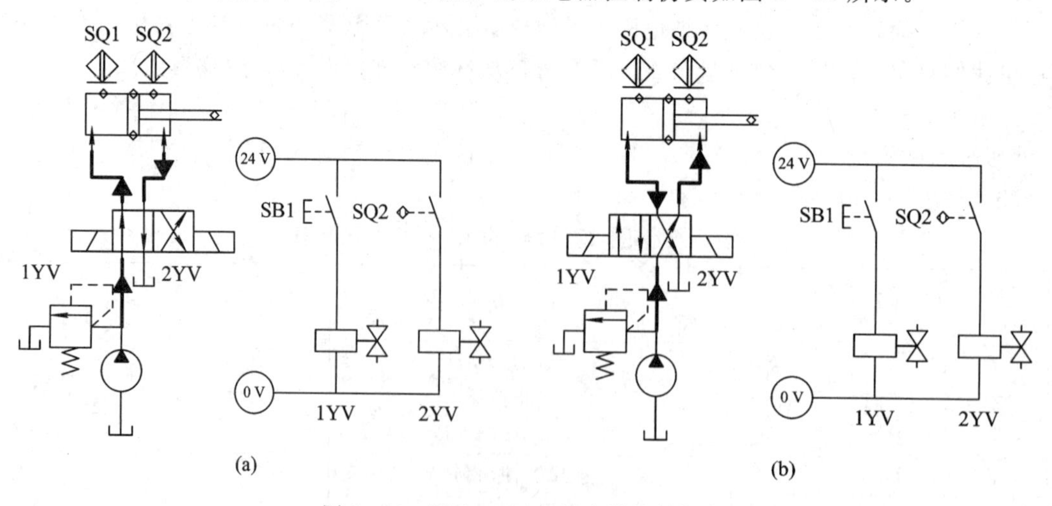

图 2-24　图 2-1(a)的继电器控制仿真

(a) A+时；(b) A-时

仿真结果与设计要求一致。

(2) PLC 控制仿真。图 2-1(a)所示的 PLC 控制仿真如图 2-25 所示。

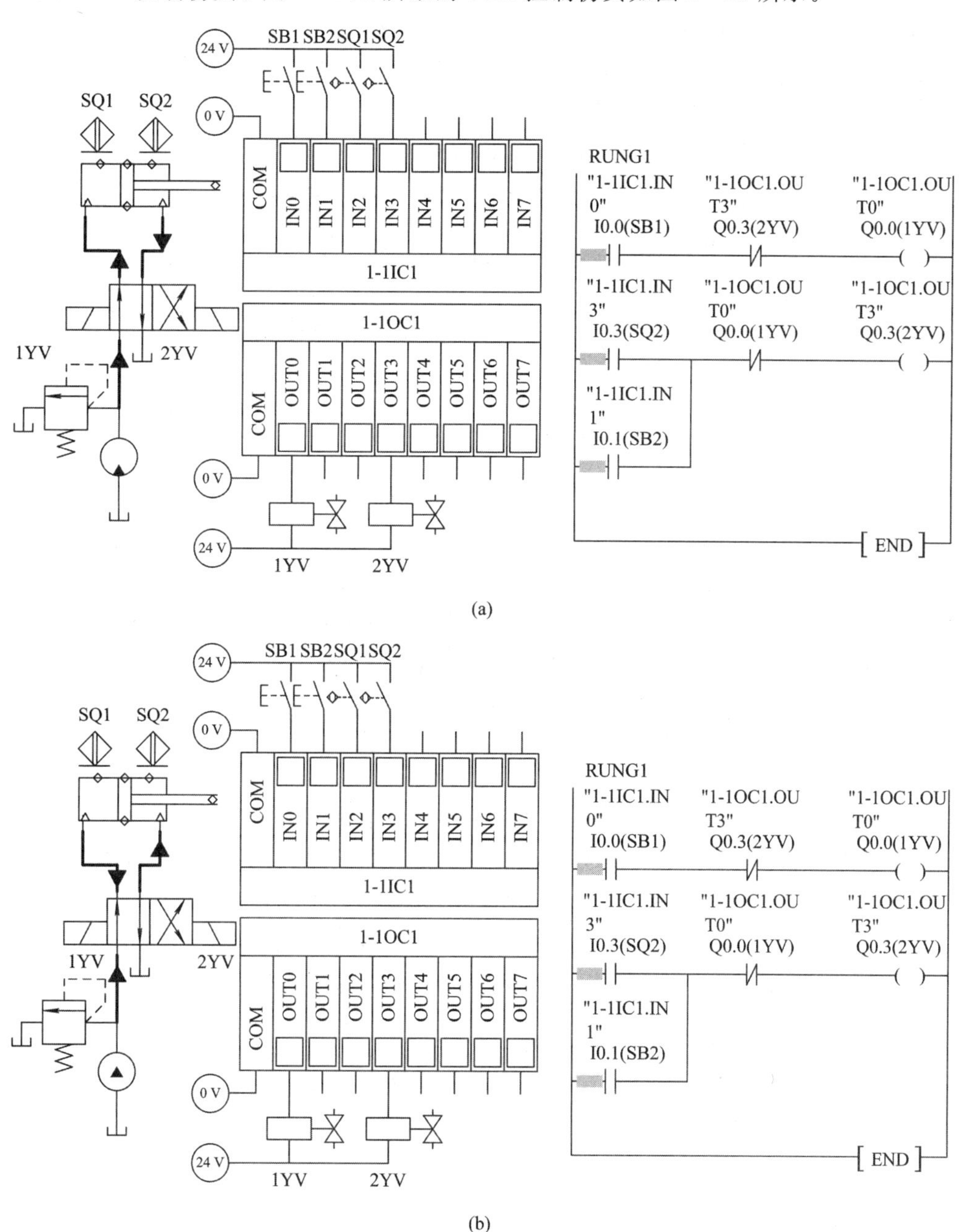

图 2-25　图 2-1(a)的 PLC 控制仿真

(a) A+时；(b) A-时

仿真结果与设计要求一致。

2. 二位单电控电磁换向阀控制单液压缸(A+A-)

1) 继电器控制

如图 2-1(b)所示，该液压回路采用二位单电控电磁换向阀控制液压缸 A。A+油路

(1YV+自锁)如下：

{进油路：液压泵→二位四通单电控电磁换向阀(左位)→液压缸 A(左腔)
{回油路：液压缸 A(右腔)→二位四通单电控电磁换向阀(左位)→油箱

这样，我们可以将 A+分析如下：

A+←1YV+自锁←按下启动按钮 SB1

由此分析可得如图 2-26(a)所示的控制电路。

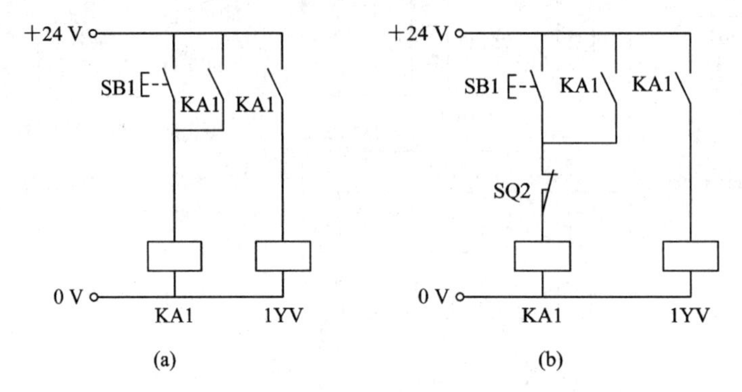

图 2-26　二位单电控阀控制液压缸 A 继电器控制

(a) A+控制；(b) A+A-控制

当 A+触碰到 SQ2 时，1YV-，此时 A-。其油路如下：

{进油路：液压泵→二位四通单电控电磁换向阀(右位)→液压缸 A(右腔)
{回油路：液压缸 A(左腔)→二位四通单电控电磁换向阀(右位)→油箱

这样，我们可以将 A-分析如下：

A-←1YV-←触碰到 SQ2

由此分析可在图 2-26(a)的基础上得到完整控制电路图 2-26(b)。

若要使液压缸 A 能连续地自动伸出缩回，则可在图 2-26(b)的基础上改成如图2-27(a)所示的电路图。在该控制电路基础上，加上停止按钮，使之在任意位置均可回到初始状态。

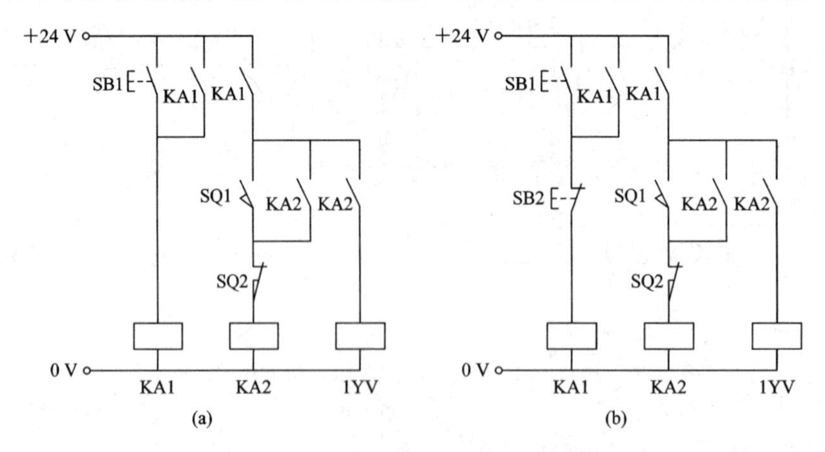

图 2-27　二位单电控阀控制液压缸 A+A-循环控制电路

(a) 没有停止按钮；(b) 有停止按钮

2) PLC 控制

由图 2-1(b)可知，该系统有两个按钮(启动按钮 SB1、停止按钮 SB2)、两个行程开关

(液压缸缩回到位 SQ1、液压缸伸出到位 SQ2)、一个电磁换向阀(1YV)。

表 2-6 图 2-1(b)的 I/O 地址分配表

序号	I/O	信号	信号说明	状态说明	
				ON	OFF
1	I0.0	SB1	启动按钮	有效	
2	I0.1	SB2	停止按钮	有效	
3	I0.2	SQ1	液压缸缩回到位	有效	
4	I0.3	SQ2	液压缸伸出到位	有效	
5	Q0.0	1YV	液压缸伸出缩回	伸出	缩回

根据 I/O 地址分配表 2-6 和工作要求，外部接线图如图 2-28 所示。

A+A—控制程序设计如图 2-29 所示。

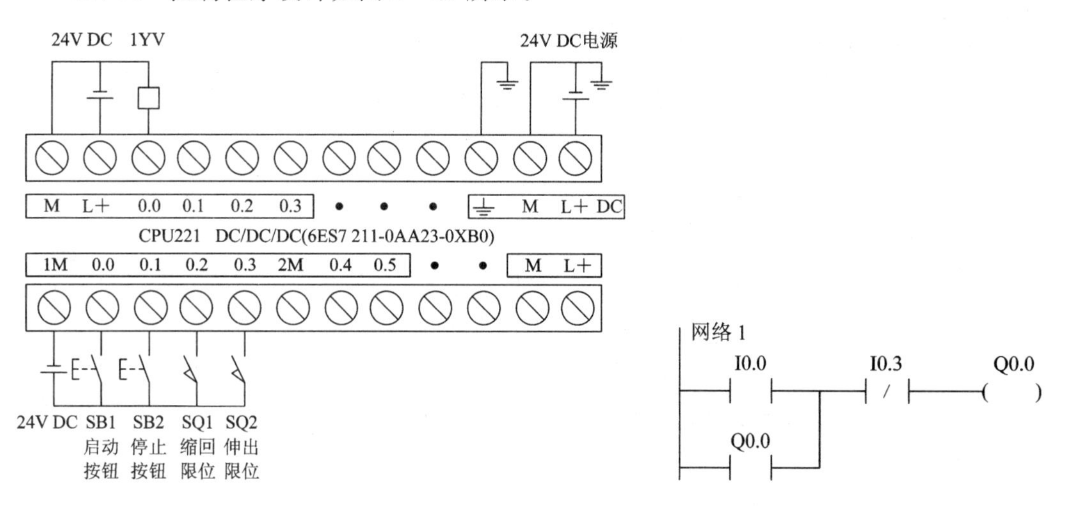

图 2-28 图 2-1(b)的 PLC 外部接线图　　图 2-29 图 2-1(b)A+A—控制 PLC 程序

3) 基于 Automation Studio 的仿真

(1) 继电器控制仿真。图 2-1(b)的继电器控制仿真如图 2-30 所示。

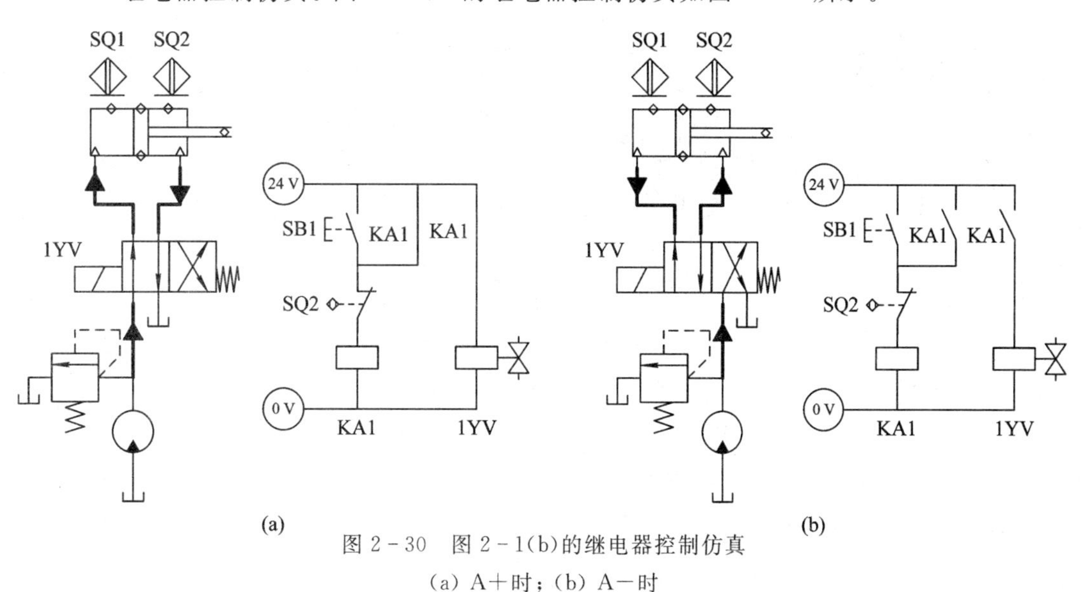

图 2-30 图 2-1(b)的继电器控制仿真

(a) A+时；(b) A—时

仿真结果与设计要求一致。

(2) PLC 控制仿真。图 2-1(b)的 PLC 控制仿真如图 2-31 所示。

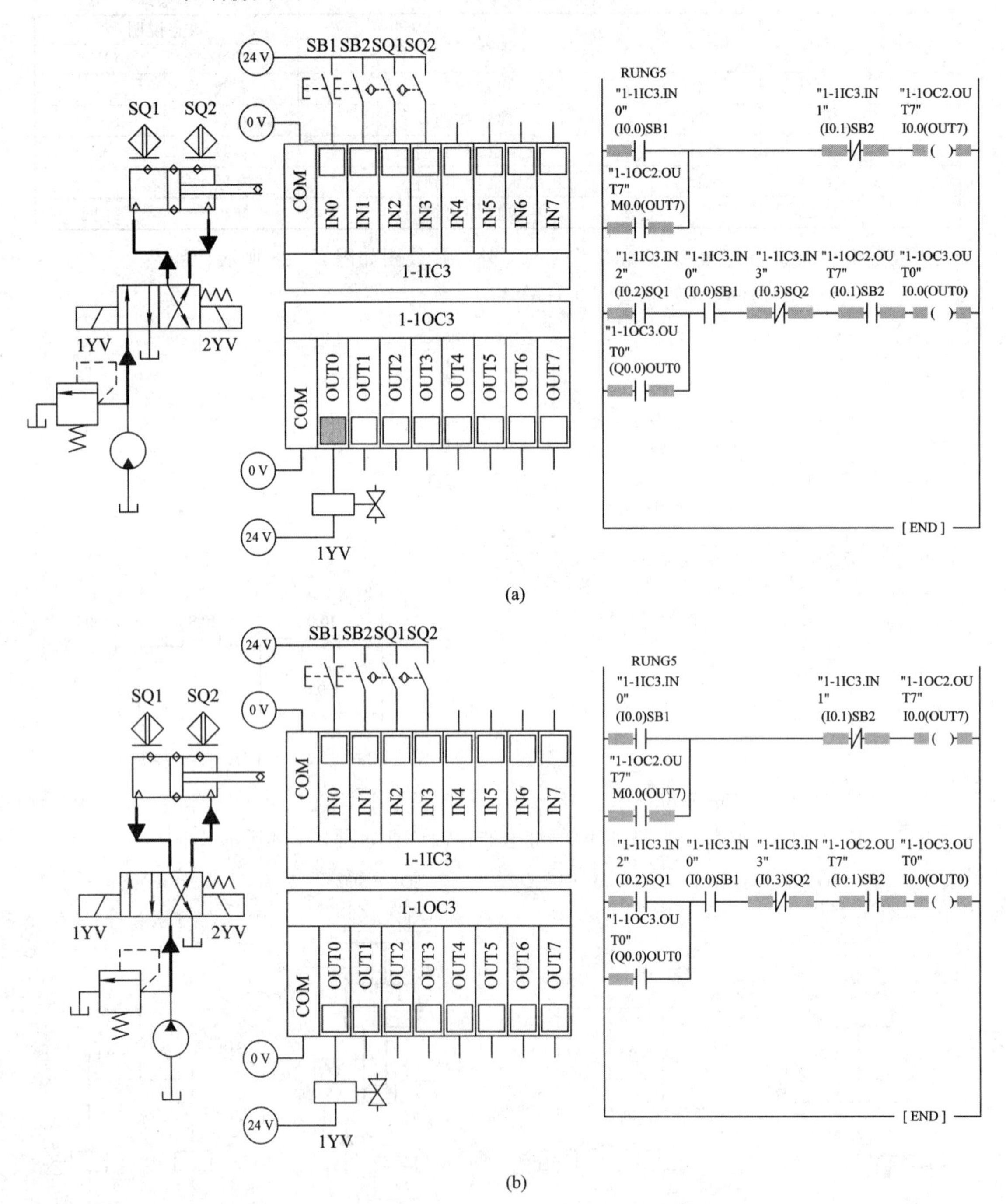

图 2-31　图 2-1(b)的 PLC 控制仿真

(a) A+时；(b) A-时

仿真结果与设计要求一致。

3. 三位双电控电磁换向阀控制单液压缸(A+A-)

1) 继电器控制

如图2-1(c)所示，该液压回路采用三位双电控阀控制液压缸A。A+油路(1YV+自锁)如下：

进油路：液压泵→三位四通双电控电磁换向阀(左位)→液压缸A(左腔)
回油路：液压缸A(右腔)→三位四通双电控电磁换向阀(左位)→油箱

这样，我们可以将A+分析如下：

A+←1YV+自锁←按下启动按钮SB1

由此分析可得如图2-32(a)所示的控制电路。

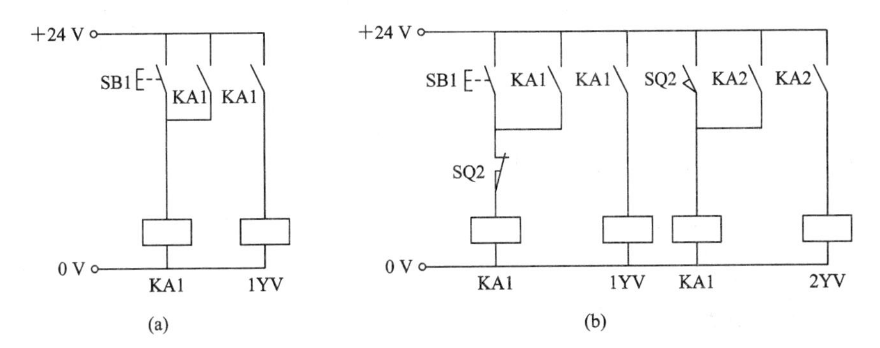

图2-32 三位双电控阀控制液压缸A继电器控制
(a) A+控制；(b) A+A-控制

当A+触碰到SQ2时，1YV-、2YV+自锁，此时A-。其油路如下：

进油路：液压泵→三位四通双电控电磁换向阀(右位)→液压缸A(右腔)
回油路：液压缸A(左腔)→三位四通双电控电磁换向阀(右位)→油箱

这样，我们可以将A-分析如下：

A-←1YV-、2YV+自锁←触碰到SQ2

由此分析可在图2-32(a)的基础上得到完整控制电路图2-32(b)。

若要使液压缸A能连续地自动伸出缩回，则在图2-32(b)的基础上加上一个中间继电器控制电源即可改成如图2-33所示的电路图。

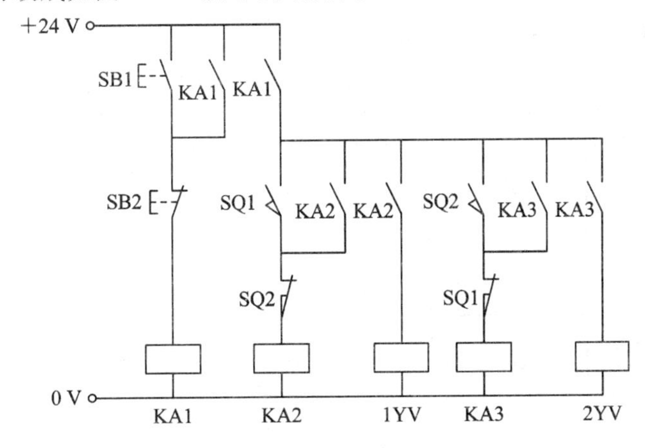

图2-33 三位双电控阀控制液压缸A+A-循环继电器控制

2）PLC 控制

由图 2－1(c)可知，该系统有两个按钮(启动按钮 SB1、停止按钮 SB2)、两个行程开关(液压缸缩回到位 SQ1、液压缸伸出到位 SQ2)、两个电磁换向阀(1YV、2YV)。

表 2－7　图 2－1(c)的 I/O 地址分配表

序号	I/O	信号	信号说明	状态说明	
				ON	OFF
1	I0.0	SB1	启动按钮	有效	
2	I0.1	SB2	停止按钮	有效	
3	I0.2	SQ1	液压缸缩回到位	有效	
4	I0.3	SQ2	液压缸伸出到位	有效	
5	Q0.0	1YV	液压缸伸出	伸出	
6	Q0.1	2YV	液压缸缩回	缩回	

根据 I/O 地址分配表 2－7 和工作要求，外部接线图如图 2－34 所示。

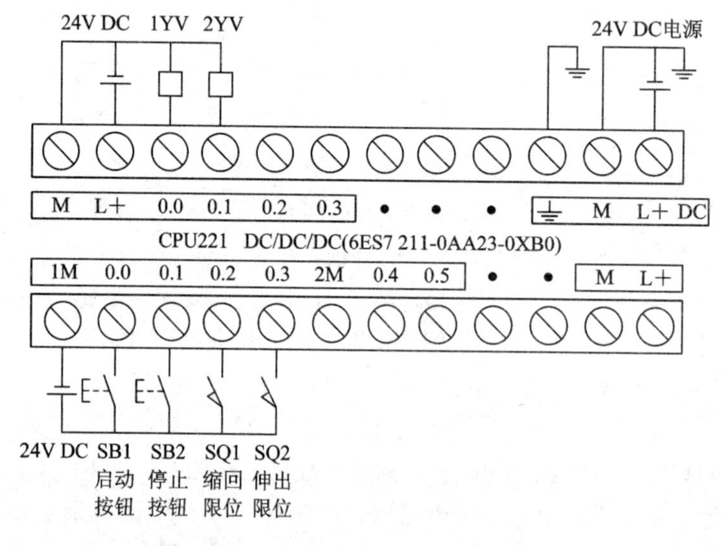

图 2－34　图 2－1(c)的 PLC 外部接线图

A＋A－控制程序设计如图 2－35 所示。

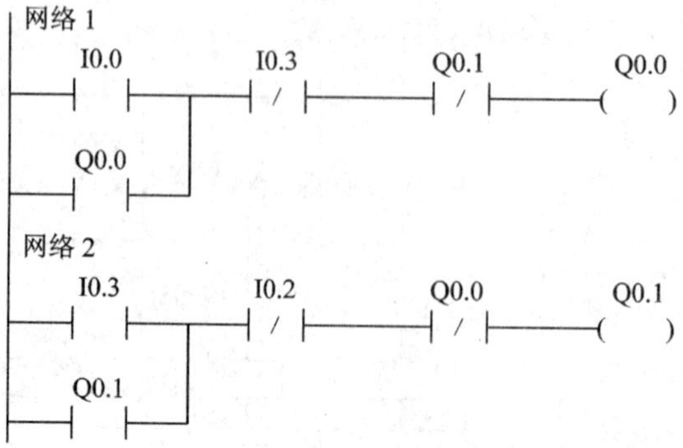

网络 1

I0.0　I0.3　Q0.1　Q0.0

Q0.0

网络 2

I0.3　I0.2　Q0.0　Q0.1

Q0.1

图 2－35　图 2－1(c)的 A＋A－控制 PLC 程序

3）基于 Automation Studio 的仿真设计

（1）继电器控制仿真。图 2-1(c)的继电器控制仿真如图 2-36 所示。

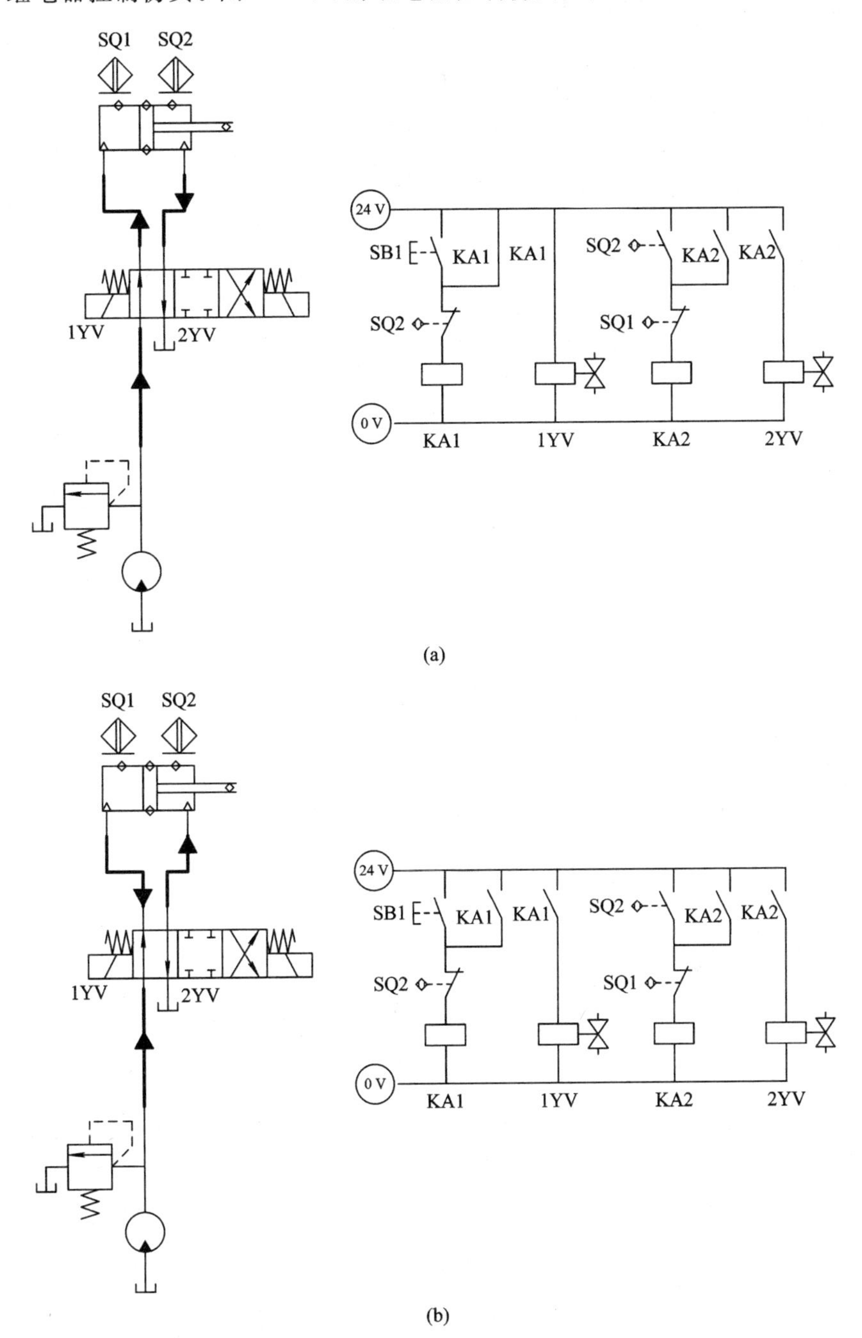

图 2-36　图 2-1(c)的继电器控制仿真

(a) A＋时；(b) A－时

仿真结果与设计要求一致。

（2）PLC 控制仿真。图 2-1(c)的 PLC 控制仿真如图 2-37 所示。

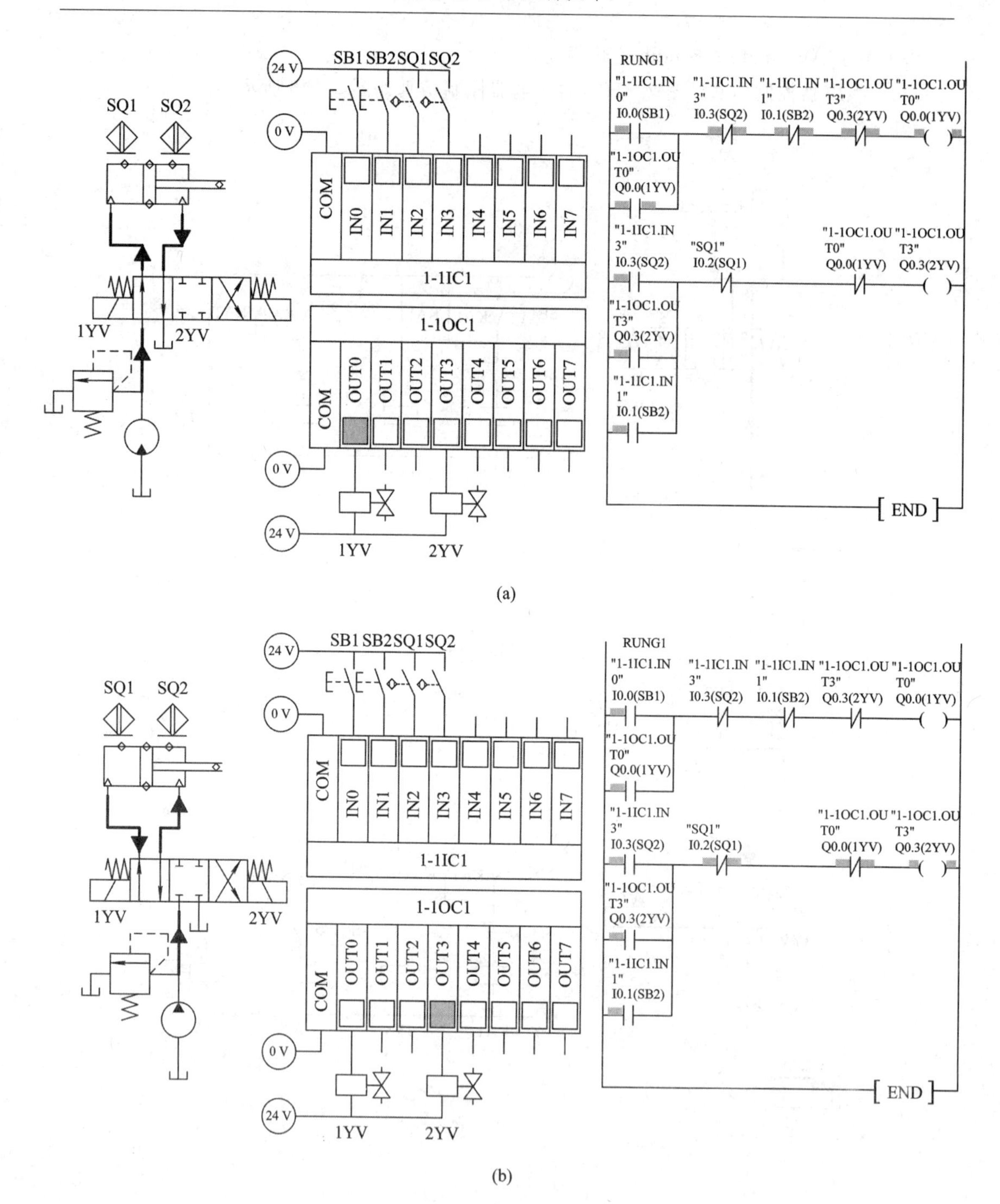

图 2-37　图 2-1(c)的 PLC 控制仿真

(a) A+时；(b) A-时

仿真结果与设计要求一致。

4. 二位四通单电控电磁换向阀控制单液压缸(A+→停留→A-)

1) 继电器控制

如图 2-1(b)所示，该液压回路采用二位单电控阀控制液压缸 A。A+油路(1YV+自锁)如下：

{进油路：液压泵→二位四通单电控电磁换向阀(左位)→液压缸 A(左腔)
{回油路：液压缸 A(右腔)→二位四通单电控电磁换向阀(左位)→油箱

这样，我们可以将 A+分析如下：

A+←1YV+自锁←按下启动按钮 SB1

由此分析可得如图 2-38(a)所示的控制电路。

当 A+触碰到 SQ2 时，1YV+自锁(因为该二位阀没有使液压缸停止的工作位置，所以为了保持伸出状态，必须还得 1YV+自锁)，同时 KT 开始延时。其油路与 A+相同。由此分析可得如图 2-38(b)所示的控制电路。注意，停留时 SQ2 一直被压下，所以 KT 线圈不需要自锁。

当 KT 定时时间到时，使 1YV-，A 就缩回，而 1YV 的自锁是借助 KA1 完成的，故使 KA1 线圈失电，1YV 就失电。A-油路(1YV-)如下：

{进油路：液压泵→二位四通单电控电磁换向阀(右位)→液压缸 A(右腔)
{回油路：液压缸 A(左腔)→二位四通单电控电磁换向阀(右位)→油箱

这样，我们可以将 A-分析如下：

A-←1YV-←KT 定时时间到

由此分析可得如图 2-38(c)所示的控制电路。

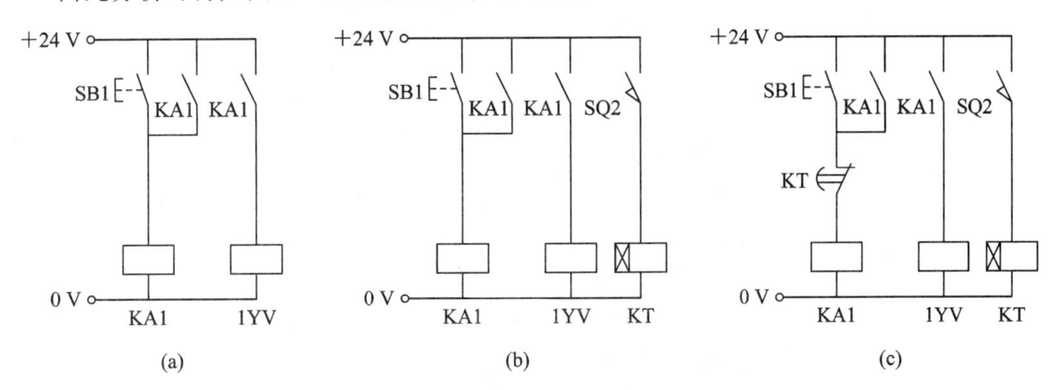

图 2-38　图 2-1(b)A+→停留→A-的控制电路
(a) A+控制；(b) 停留；(c) A+→停留→A-控制

2) PLC 控制

由图 2-1(b)可知，该系统有两个按钮(启动按钮 SB1、停止按钮 SB2)、两个行程开关(液压缸缩回到位 SQ1、液压缸伸出到位 SQ2)、一个电磁换向阀(1YV)。

表 2-8　图 2-1(b)的 I/O 地址分配表

序号	I/O	信号	信号说明	状态说明	
				ON	OFF
1	I0.0	SB1	启动按钮	有效	
2	I0.1	SB2	停止按钮	有效	
3	I0.2	SQ1	液压缸缩回到位	有效	
4	I0.3	SQ2	液压缸伸出到位	有效	
5	Q0.0	1YV	液压缸伸出缩回	伸出	缩回

根据 I/O 地址分配表 2-8 和工作要求，外部接线图如图 2-39 所示。

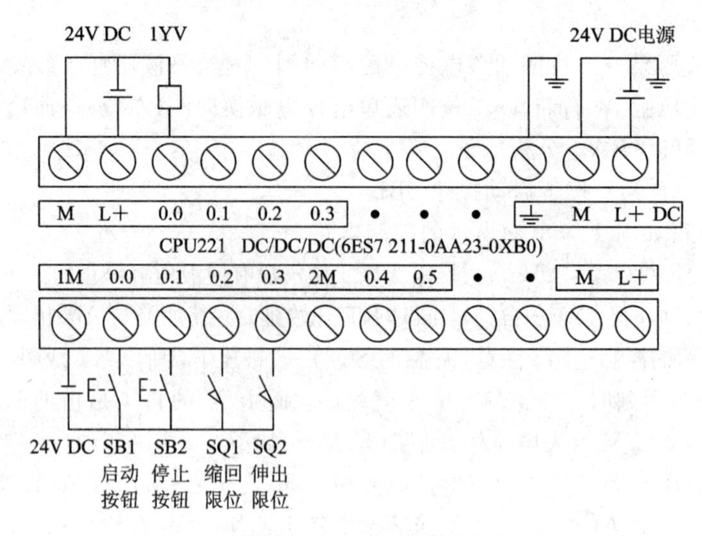

图 2-39 图 2-1(b)的 PLC 外部接线图

A+A—控制程序设计如图 2-40 所示。

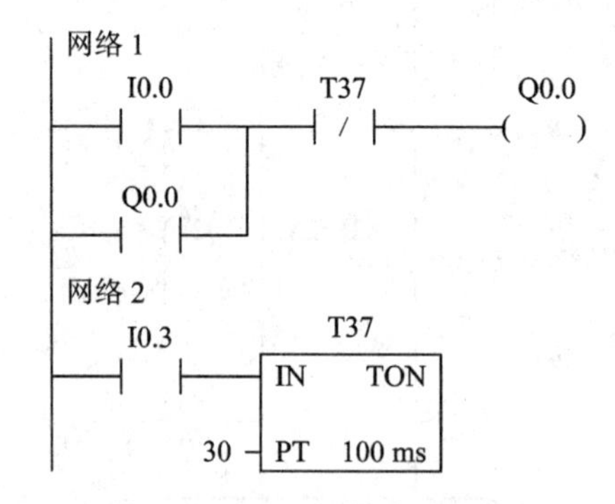

图 2-40 图 2-1(b)A+→停留→A—控制 PLC 程序

3) 基于 Automation Studio 的仿真设计

(1) 继电器控制仿真。图 2-1(b)所示的 A+→停留→A—的继电器控制仿真如图 2-41所示。

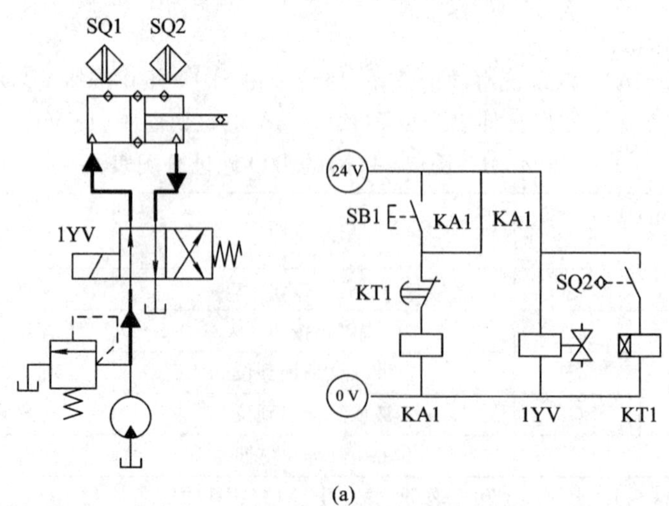

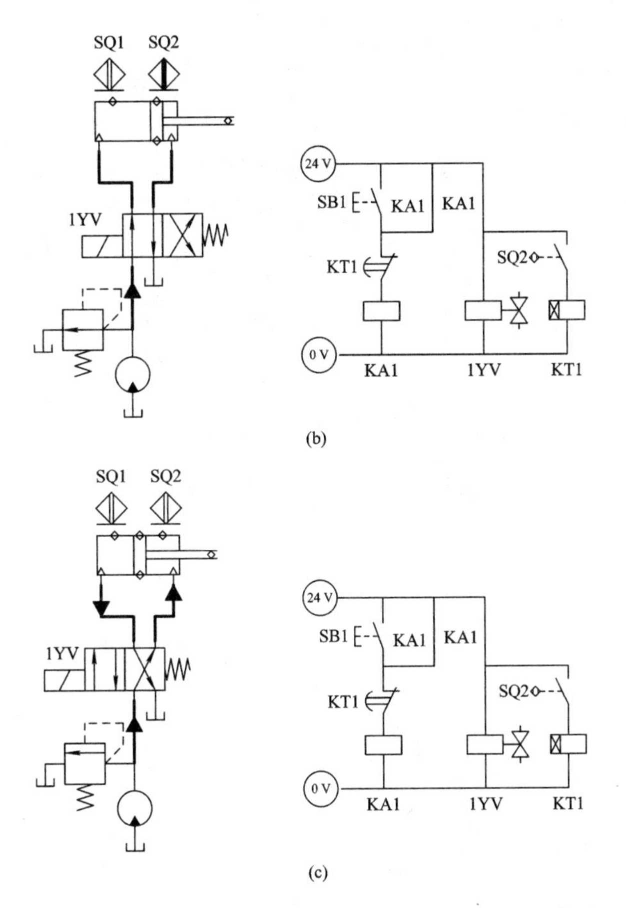

图 2-41　图 2-1(b)A+→停留→A-的继电器控制仿真

(a) A+时；(b) 停留；(c) A-时

仿真结果与设计要求一致。

(2) PLC 控制仿真。图 2-1(b)所示的 A+→停留→A-的 PLC 控制仿真如图 2-42 所示。

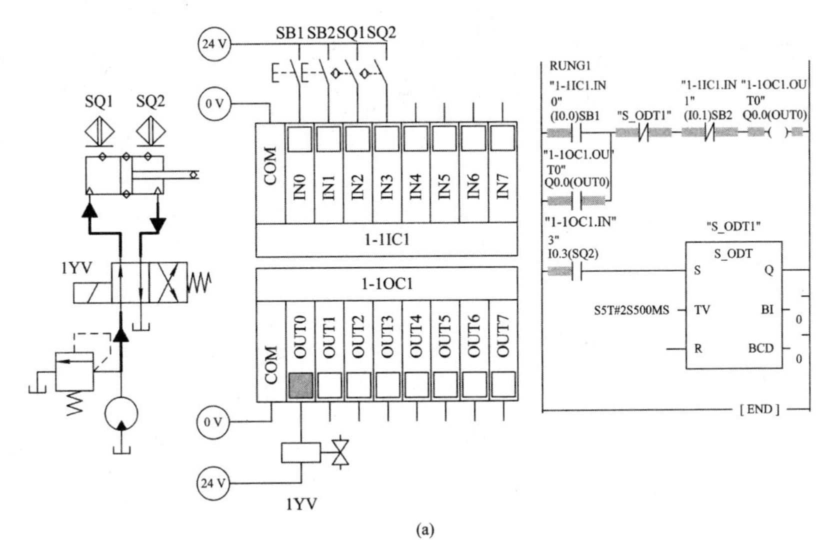

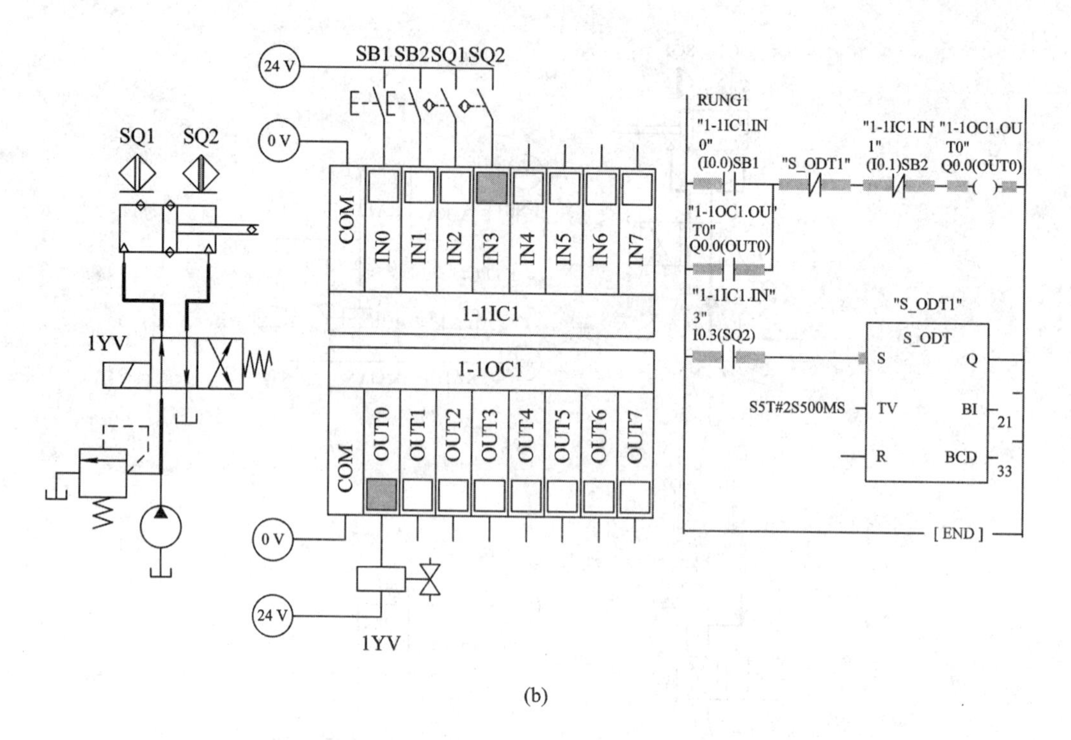

(b)

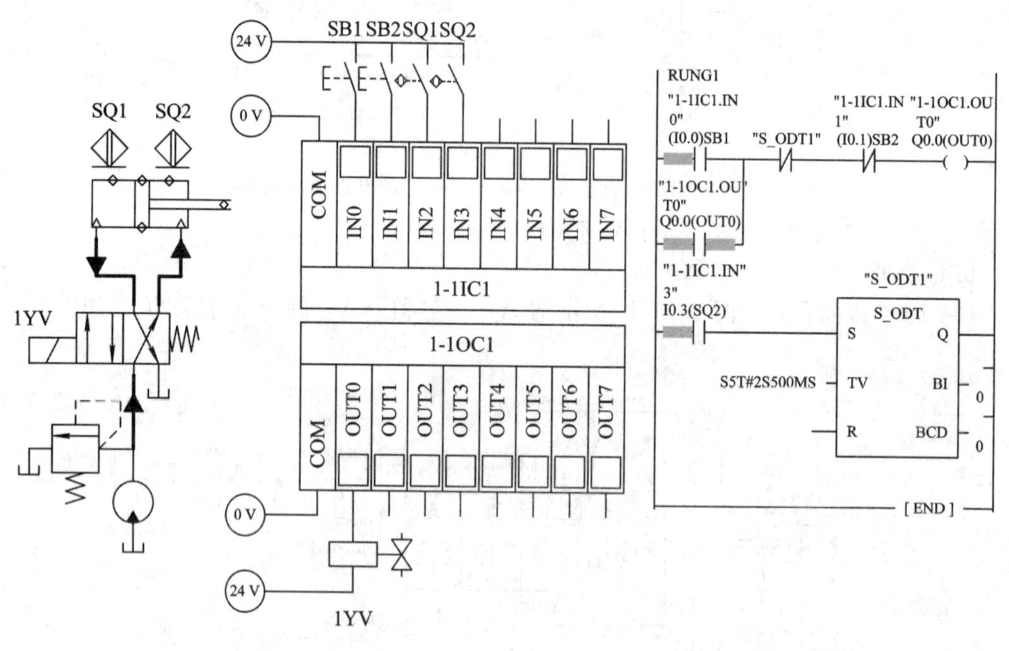

(c)

图 2-42　图 2-1(b)的 PLC 控制仿真

(a) A+时；(b) 停留；(c) A-时

【技能训练】

(1) 图 2-1 所示的系统要实现 A+→A-连续动作。若使用 PLC 控制，写出 I/O 地址分配表、程序并设计仿真。

(2) 图 2-1(a)、(c)所示的系统要实现 A+→停留→A-动作要求。

① 使用继电器控制，画出其控制电路、设计仿真。

② 使用 PLC 控制，写出 I/O 地址分配表、程序、设计仿真。

任务 2-2　双液压缸控制

【教学导航】

• **能力目标**

(1) 学会绘制电气控制回路图并正确接线。

(2) 学会 I/O 地址分配表的设置。

(3) 学会绘制 PLC 硬件接线图的方法并正确接线。

(4) 学会 PLC 编程软件的基本操作，掌握用户程序的输入和编辑方法。

(5) 完成单液压缸控制的设计、安装、调试运行任务。

(6) 学会使用 Automation Studio 进行仿真。

• **知识目标**

(1) 掌握双液压缸的继电器控制设计方法。

(2) 掌握双液压缸的 PLC 控制设计方法。

(3) 掌握 Automation Studio 仿真设计的方法。

【任务引入】

在实际液压系统中，往往是多执行元件。这多个执行元件通常是先后动作的，即按顺序动作。下面以图 2-43 所示的两个液压缸的顺序动作(A+B+A-B-、A+B+B-A-)为例进行分析。

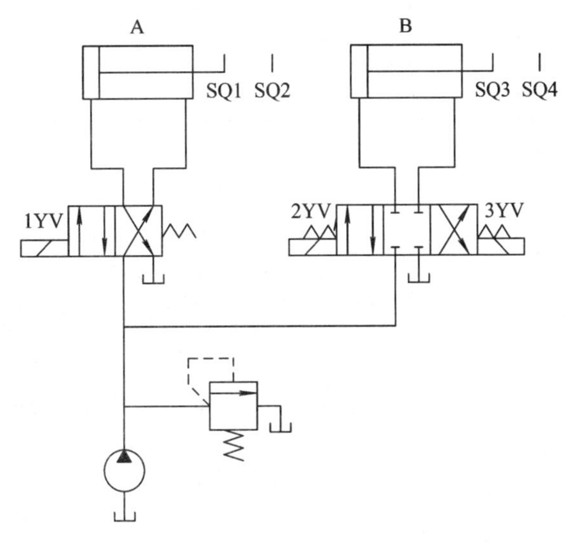

图 2-43　双液压缸顺序控制系统

【任务分析】

尽管是两个液压缸的控制，但控制的核心仍然是对电磁换向阀的控制，其基础是单液压缸控制。对于A+B+A−B−，表面看没有液压缸停留，但B+时A是处于停留状态的，A−时B是处于停留状态的；同理，对于A+B+B−A−，表面看也没有液压缸停留，但B+B−时A是处于停留状态的。

所以，首先要弄清楚A、B两缸的状态与电磁换向阀的关系。

A+B+A−B−：A+要求1YV+自锁，停留仍要求1YV+自锁，A−要求1YV−；B+要求2YV+自锁，B停留2YV−，B−要求3YV+自锁。

A+B+B−A−：A+要求1YV+自锁，停留仍要求1YV+自锁，A−要求1YV−；B+要求2YV+自锁，B−要求2YV −，然后3YV+自锁。

【任务实施】

1. A+B+A−B−控制

1）继电器控制

初始状态液压缸A压下SQ1，液压缸B压下SQ3。按下启动按钮SB1，1YV+自锁，液压缸A伸出(A+)，油路如下：

进油路：液压泵→二位四通单电控电磁换向阀(左位)→液压缸A(左腔)
回油路：液压缸A(右腔)→二位四通单电控电磁换向阀(左位)→油箱

这样，我们可以将A+分析如下：

A+←1YV+自锁←按下启动按钮SB1

由此分析可得如图2-44(a)所示的控制电路。

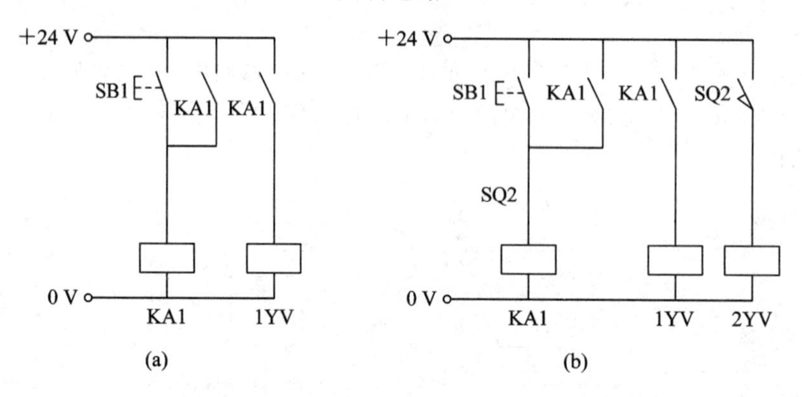

图2-44　图2-43的A+B+A−B−控制电路(1)
(a) A+控制；(b) A+B+控制

当A+触碰到SQ2时，1YV+自锁(因为该二位阀没有使液压缸停止的工作位置，所以为了保持伸出状态，必须还得1YV+自锁)，其油路与A+相同。同时2YV+自锁(A+停留时SQ2一直被压下，2YV+自锁不需要中间继电器帮忙)，液压缸B伸出(B+)，油路如下：

进油路：液压泵→三位四通双电控电磁换向阀(左位)→液压缸B(左腔)
回油路：液压缸B(右腔)→三位四通双电控电磁换向阀(左位)→油箱

这样，我们可以将B+分析如下：

B+←1YV+自锁；2YV+自锁←压下SQ2

由此分析可得如图2-44(b)所示的控制电路。

当B+触碰到SQ4时，2YV−液压缸B活塞停留在SQ4，同时1YV−，液压缸A−，油路如下：

{进油路：液压泵→二位四通单电控电磁换向阀(右位)→液压缸 A(右腔)
回油路：液压缸 A(左腔)→二位四通单电控电磁换向阀(右位)→油箱

这样，我们可以将 A－分析如下：

A－←2YV－；1YV－←压下 SQ4

由此分析可得如图 2-45(a)所示的控制电路。

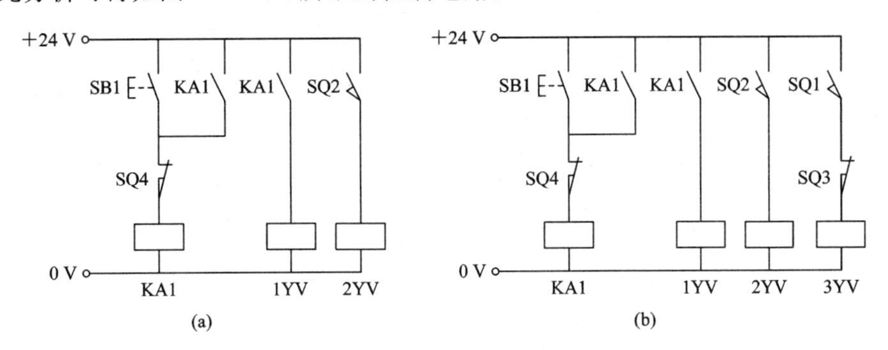

图 2-45　图 2-43 的 A+B+A－B－控制电路(2)
(a) A+B+A－控制；(b) A+B+A－B－控制

当 A－触碰到 SQ1 时，3YV+自锁(由于液压缸 A 缩回后一直压下 SQ1，故 3YV+自锁不需要中间继电器帮忙)，液压缸 B－，油路如下：

{进油路：液压泵→三位四通双电控电磁换向阀(右位)→液压缸 B(右腔)
回油路：液压缸 B(左腔)→三位四通双电控电磁换向阀(右位)→油箱

这样，我们可以将 B－分析如下：

B－←3YV+自锁←压下 SQ1

由此分析可得如图 2-45(b)所示的控制电路。

2) PLC 控制

由图 2-43 可知，该系统有两个按钮(启动按钮 SB1、停止按钮 SB2)、四个行程开关(液压缸 A 缩回到位 SQ1、液压缸 A 伸出到位 SQ2、液压缸 B 缩回到位 SQ3、液压缸 B 伸出到位 SQ4)、三个电磁换向阀(1YV、2YV、3YV)。

根据 I/O 地址分配表 2-9 和工作要求，外部接线图如图 2-46 所示。

表 2-9　图 2-43 的 I/O 地址分配表

序号	I/O	信号	信号说明	状态说明	
				ON	OFF
1	I0.0	SB1	启动按钮	有效	
2	I0.1	SB2	停止按钮	有效	
3	I0.2	SQ1	液压缸 A 缩回到位	有效	
4	I0.3	SQ2	液压缸 A 伸出到位	有效	
5	I0.4	SQ3	液压缸 B 缩回到位	有效	

续表

序号	I/O	信号	信号说明	状态说明	
				ON	OFF
6	I0.5	SQ4	液压缸 B 伸出到位	有效	
7	Q0.0	1YV	液压缸 A 伸出缩回	伸出	缩回
8	Q0.1	2YV	液压缸 B 伸出	伸出	
9	Q0.2	3YV	液压缸 B 缩回	缩回	

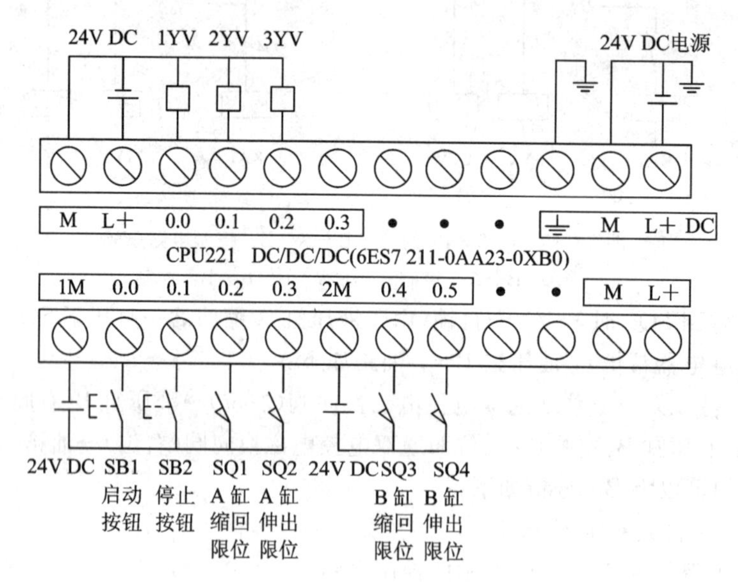

图 2-46 图 2-43 的 PLC 外部接线图

A+B+A−B−控制程序设计如图 2-47 所示。

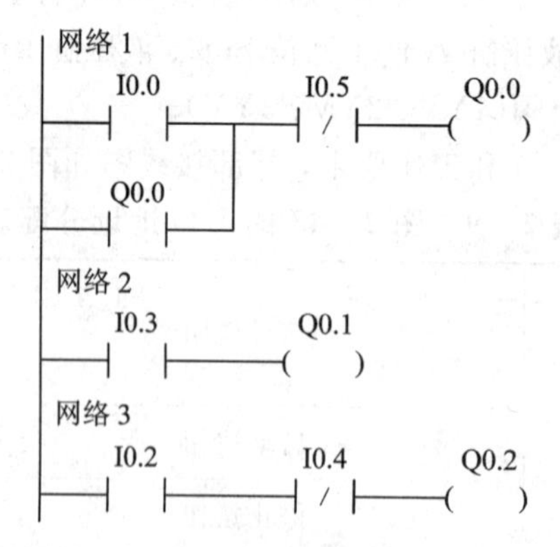

图 2-47 图 2-43 A+B+A−B−控制 PLC 程序

3）基于 Automation Studio 的仿真设计

(1) 继电器控制仿真。图 2-43 所示的 A+B+A−B−的继电器控制仿真如图 2-48 所示。

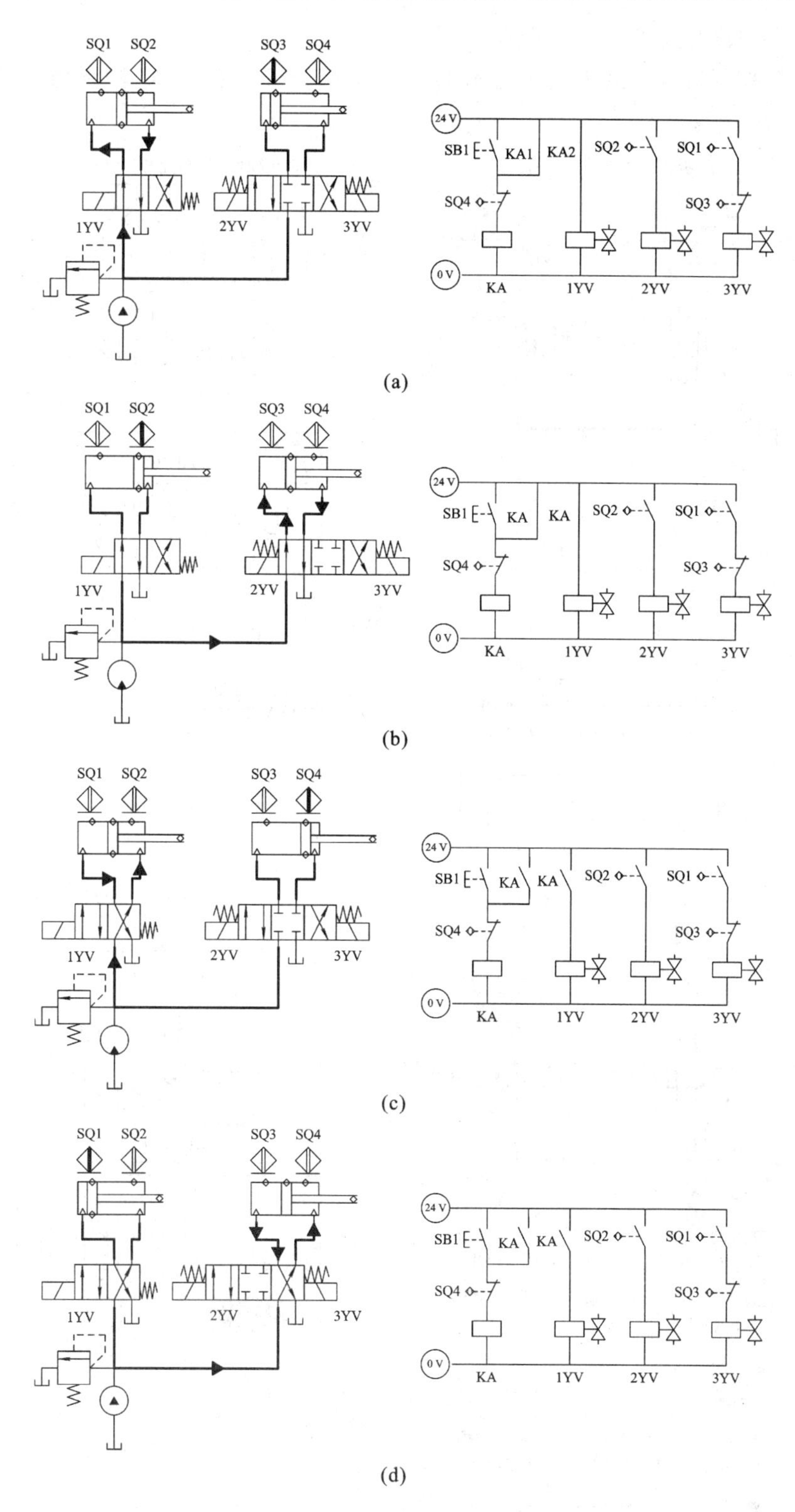

图 2-48　图 2-43 A+B+A-B-的继电器控制仿真

(a) A+时；(b) A+B+时；(c) A+B+A-时；(d) A+B+A-B-

仿真结果与设计要求一致。

(2) PLC 控制仿真。图 2－43 所示的 A＋B＋A－B－的 PLC 控制仿真如图 2－49 所示。

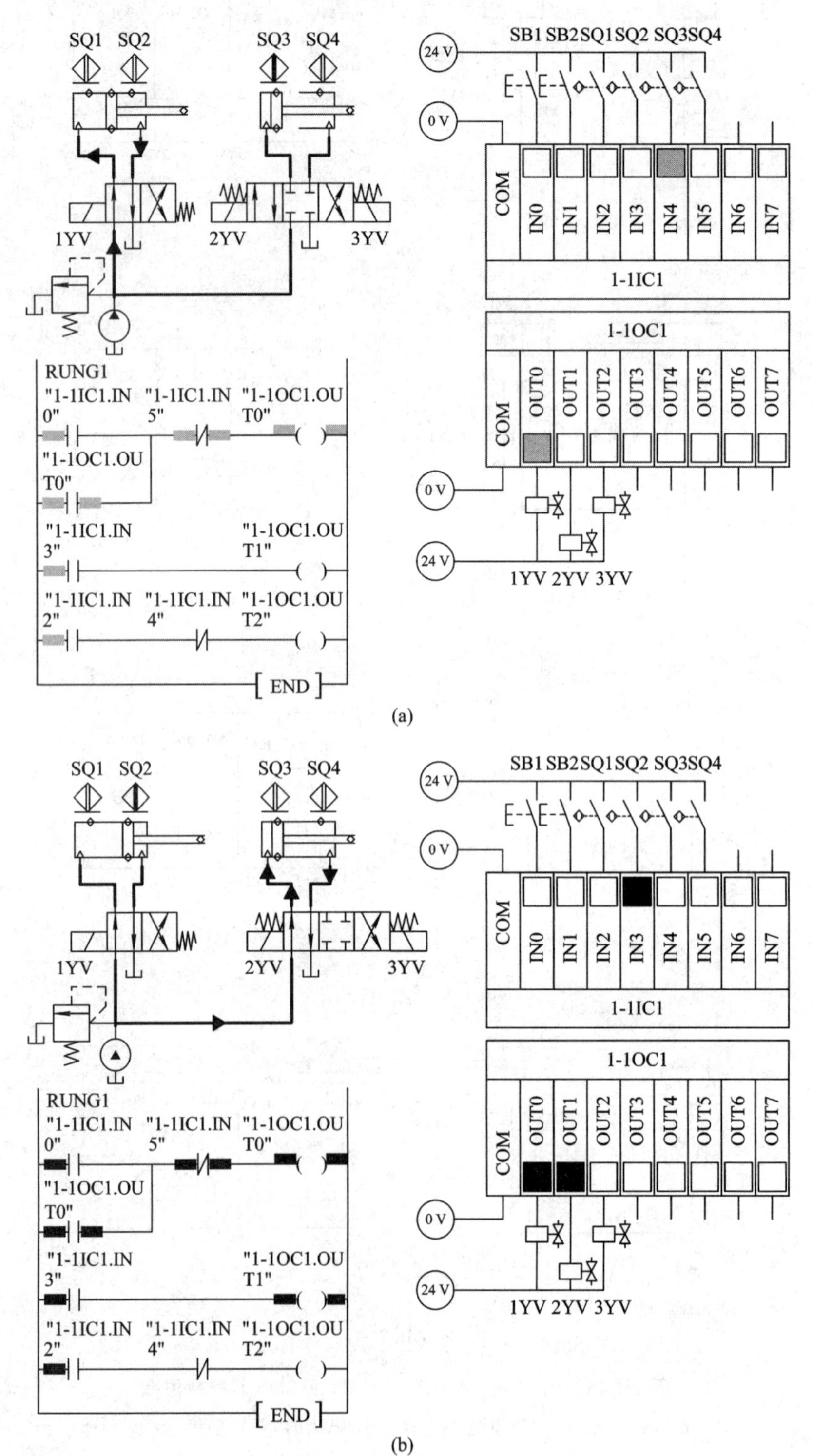

(a)

(b)

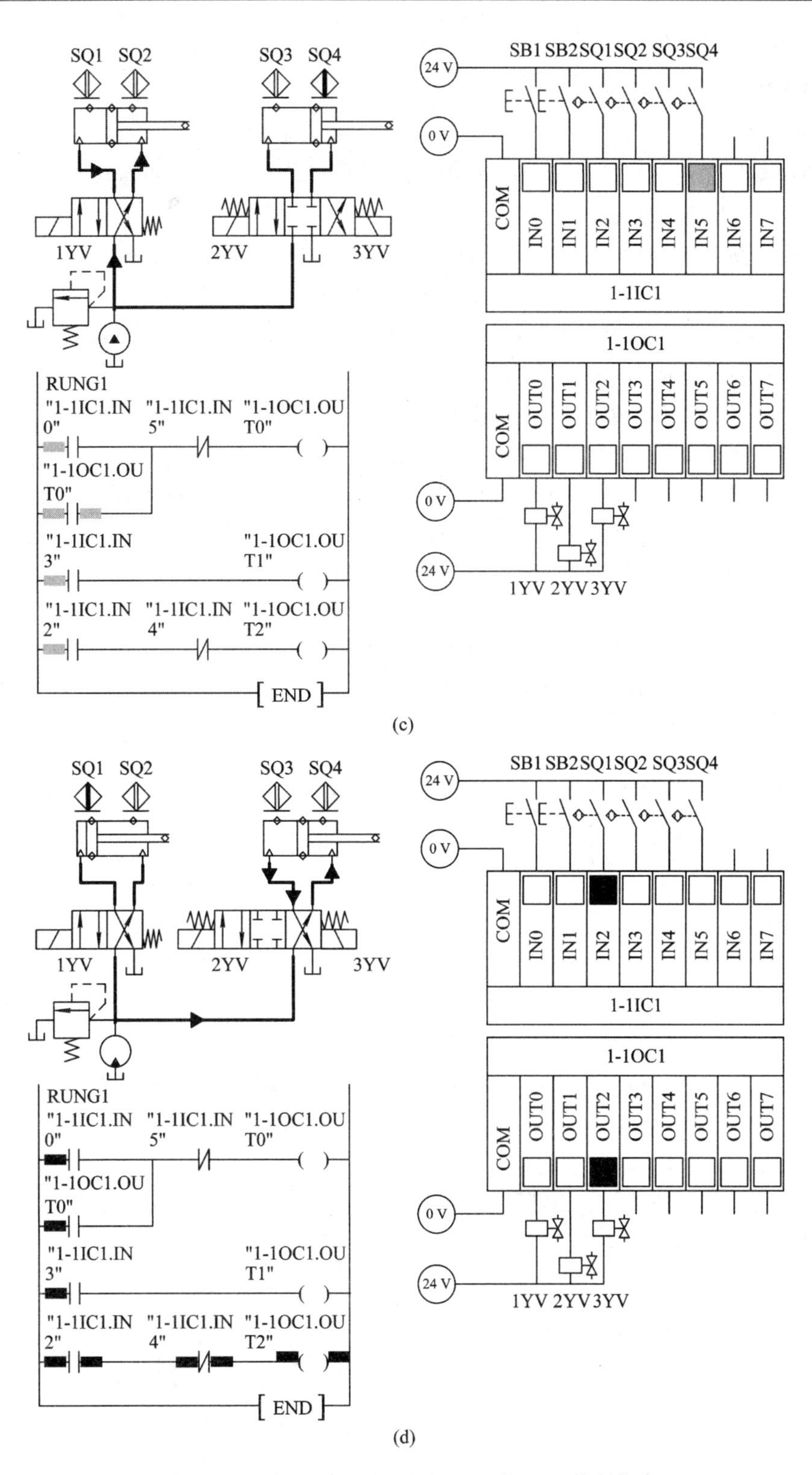

(c)

(d)

图 2－49　图 2－43 A＋B＋A－B－的 PLC 控制仿真

(a) A＋时；(b) A＋B＋时；(c) A＋B＋A－时；(d) A＋B＋A－B－

仿真结果与设计要求一致。

2. A+B+B−A−控制

1）继电器控制

某液压系统如图 2-43 所示，其动作要求为 A+B+B−A−。初始状态液压缸 A 压下 SQ1，液压缸 B 压下 SQ3。

按下启动按钮 SB1，1YV+自锁，液压缸 A 伸出(A+)，油路如下：

进油路：液压泵→二位四通单电控电磁换向阀(左位)→液压缸 A(左腔)
回油路：液压缸 A(右腔)→二位四通单电控电磁换向阀(左位)→油箱

这样，我们可以将 A+分析如下：

A+←1YV+自锁←按下启动按钮 SB1

由此分析可得如图 2-50(a)所示的控制电路。

当 A+触碰到 SQ2 时，1YV+自锁(因为该二位阀没有使液压缸停止的工作位置，所以为了保持伸出状态，必须还得 1YV+自锁)，其油路与 A+相同，同时 2YV+自锁(A+停留时 SQ2 一直被压下，2YV+自锁不需要中间继电器帮忙)，液压缸 B 伸出(B+)，油路如下：

进油路：液压泵→三位四通双电控电磁换向阀(左位)→液压缸 B(左腔)
回油路：液压缸 B(右腔)→三位四通双电控电磁换向阀(左位)→油箱

这样，我们可以将 B+分析如下：

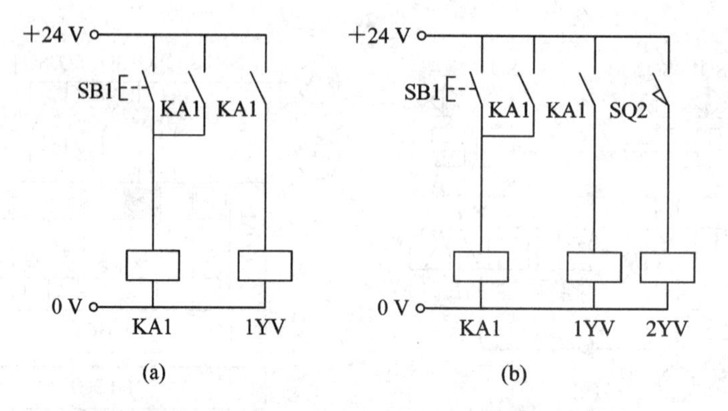

图 2-50　图 2-43 的 A+B+B−A−控制电路(1)
(a) A+控制；(b) A+B+控制

B+←1YV+自锁；2YV+自锁←压下 SQ2

由此分析可得如图 2-50(b)所示的控制电路。

当 B+触碰到 SQ4 时，2YV−、1YV+液压缸 B 缩回(B−)，同时 1YV+，使液压缸 A 继续保持伸出状态(A+)，油路如下：

进油路：液压泵→三位四通双电控电磁换向阀(右位)→液压缸 B(右腔)
回油路：液压缸 B(左腔)→三位四通双电控电磁换向阀(右位)→油箱

这样，我们可以将 B−分析如下：

B−←2YV−；3YV+自锁；1YV+自锁←压下 SQ4

由此分析可得如图 2-51(a)所示的控制电路。

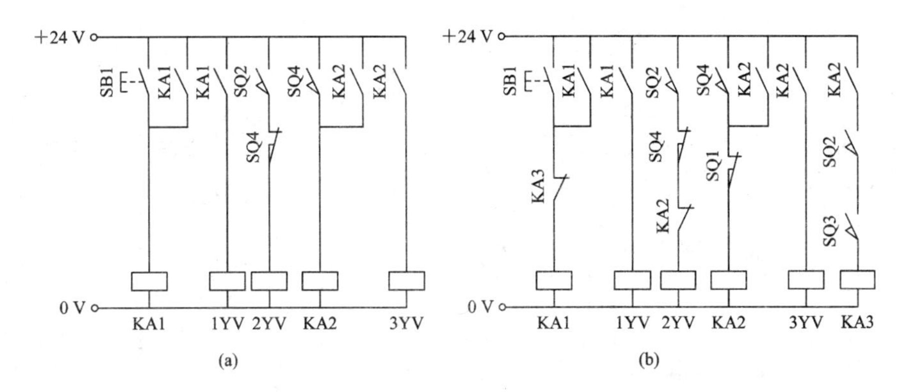

图 2-51　图 2-43 的 A+B+B−A−控制电路(2)

(a) A+B+B−控制；(b) A+B+B−A−控制

当 B−触碰到 SQ3 时，3YV−，1YV−，液压缸 A−，油路如下：

进油路：液压泵→二位四通单电控电磁换向阀(右位)→液压缸 A(右腔)
回油路：液压缸 A(左腔)→二位四通单电控电磁换向阀(右位)→油箱

这样，我们可以将 A−分析如下：

A−←3YV−；1YV−←压下 SQ3

由此分析可得，在 KA1 线圈支路可串联 SQ3 常闭触点来使 1YV 失电。但是，初始状态 SQ3 是被压下的，这样按下启动按钮 SB1 控制液压缸 A 伸出的 1YV 就不会得电。所以，必须再设一个中间继电器 KA3 在液压缸 B 缩回到压下 SQ3 时得电，借此使 1YV 失电。最终控制电路如图 2-51(b)所示。

2) PLC 控制

I/O 地址分配表与表 2-9 相同，PLC 外部接线图与图 2-46 相同。

A+B+B−A−控制程序设计如图 2-52 所示。

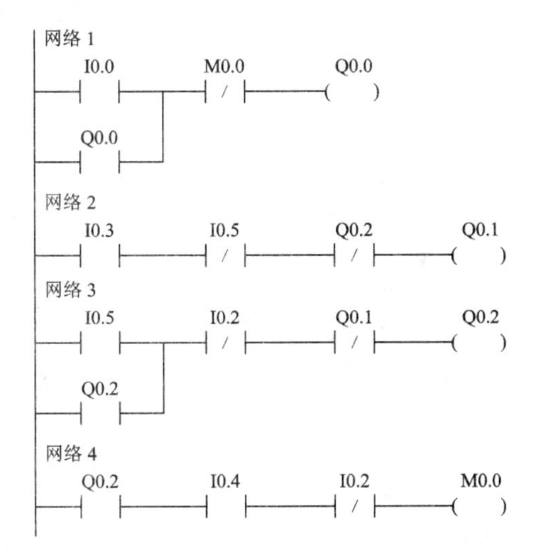

图 2-52　图 2-43 所示的 A+B+B−A−控制 PLC 程序

3) 基于 Automation Studio 的仿真设计

(1) 继电器控制仿真。图 2-43 所示的 A+B+B−A−的继电器控制仿真如图 2-53 所示。

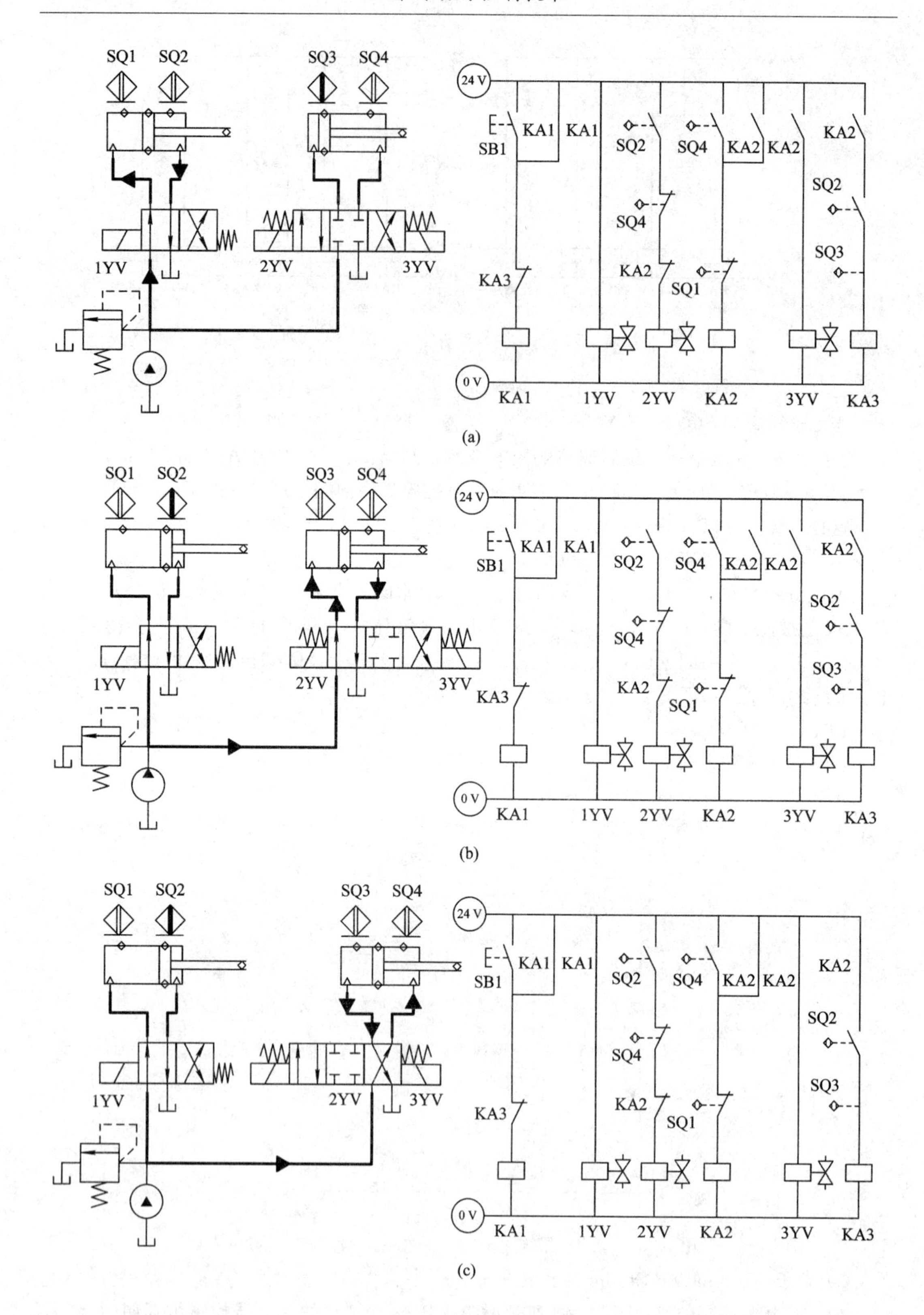
SQ1
SQ2
SQ3
SQ4
1YV
2YV
3YV
24 V
0 V
SB1
KA1
KA2
KA3
(a)
(b)
(c)

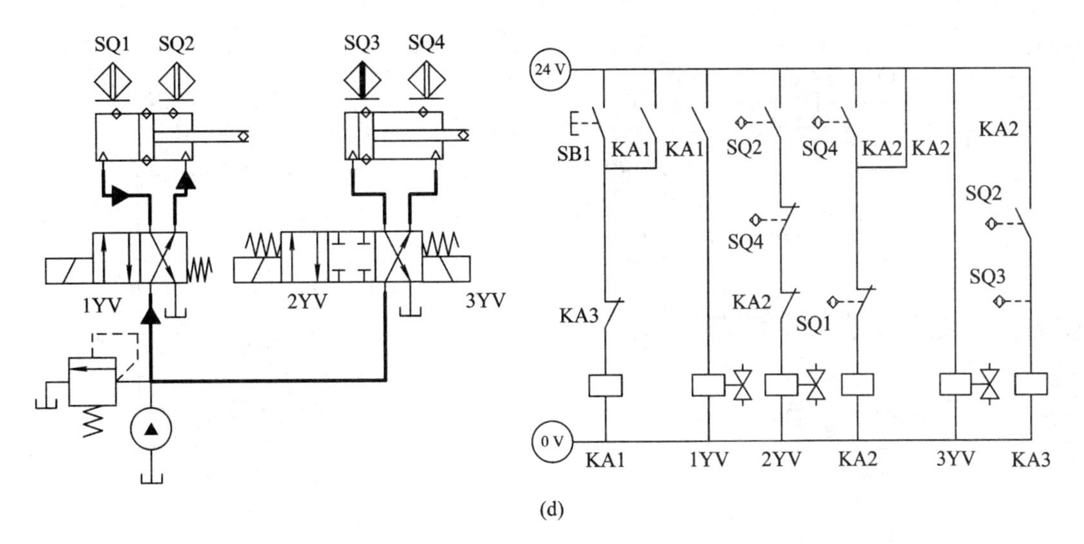

(d)

图 2-53　图 2-43 的 A+B+B-A-的继电器控制仿真

(a) A+时；(b) A+B+时；(c) A+B+B-时；(d) A+B+B-A-

仿真结果与设计要求一致。

(2) PLC 控制仿真。图 2-43 所示的 A+B+B-A-的 PLC 控制仿真如图 2-54 所示。

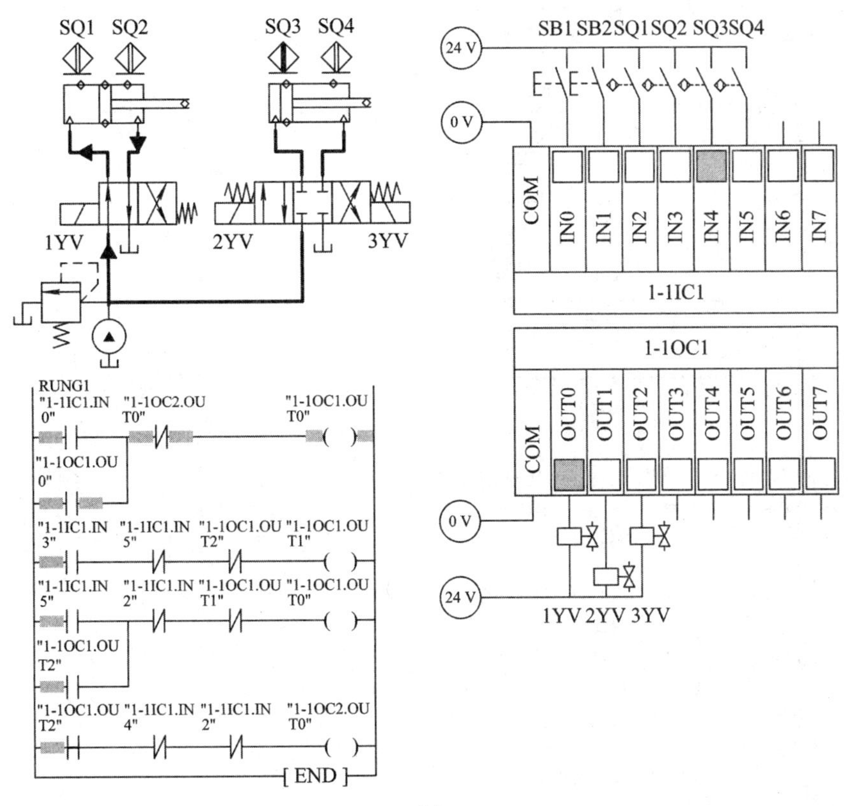

(a)

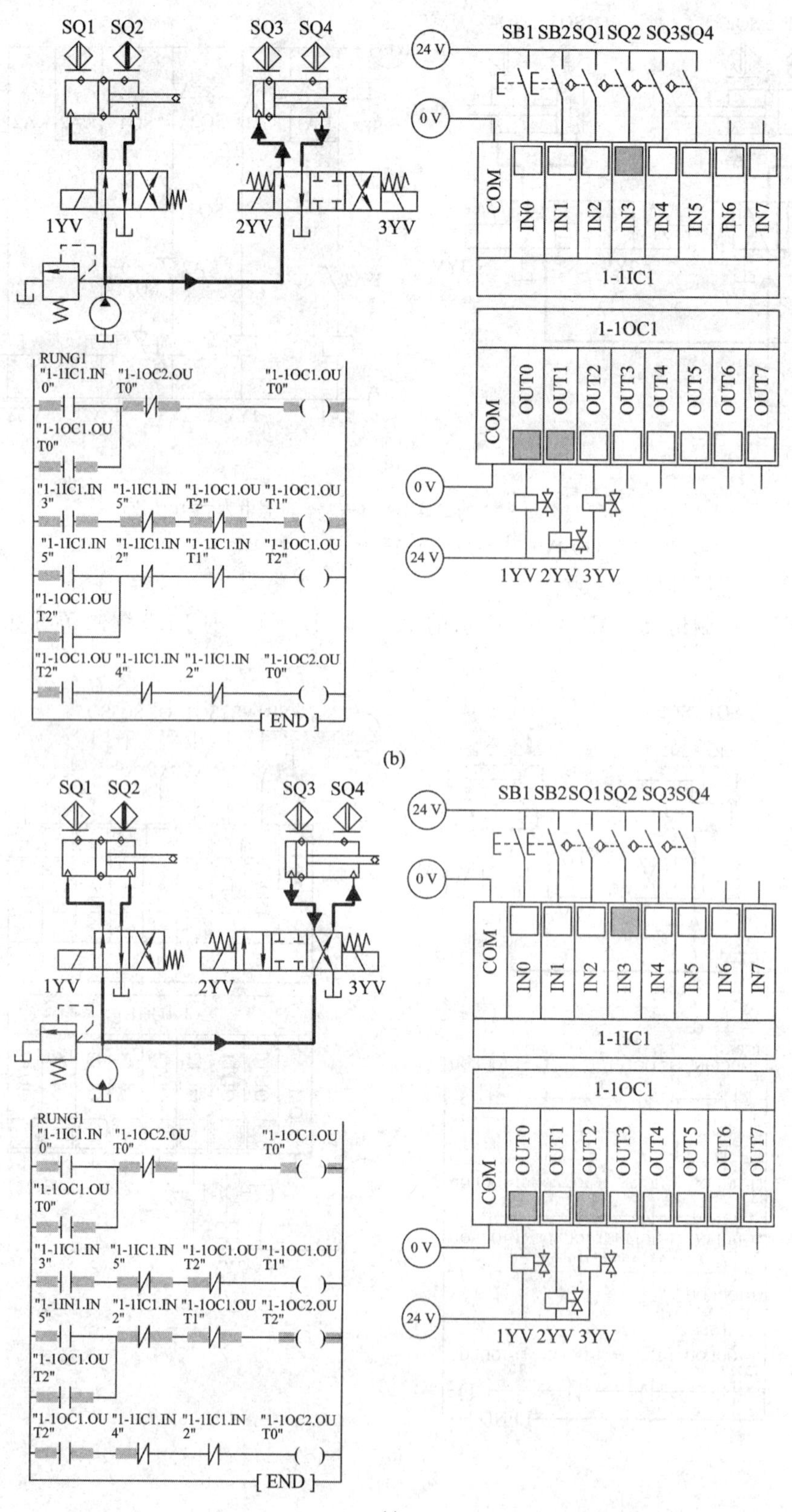
SQ1 SQ2
SQ3 SQ4
1YV
2YV
3YV
SB1 SB2SQ1SQ2 SQ3SQ4
24 V
0 V
COM
IN0 IN1 IN2 IN3 IN4 IN5 IN6 IN7
1-1IC1
1-1OC1
OUT0 OUT1 OUT2 OUT3 OUT4 OUT5 OUT6 OUT7
1YV 2YV 3YV
RUNG1
"1-1IC1.IN 0"
"1-1OC2.OU T0"
"1-1OC1.OU T0"
"1-1IC1.IN 3"
"1-1IC1.IN 5"
"1-1OC1.OU T2"
"1-1OC1.OU T1"
"1-1IC1.IN 2"
"1-1IC1.IN T1"
"1-1IC1.IN 4"
END
(b)
SQ1 SQ2
SQ3 SQ4
1YV
2YV
3YV
SB1 SB2SQ1SQ2 SQ3SQ4
24 V
0 V
COM
IN0 IN1 IN2 IN3 IN4 IN5 IN6 IN7
1-1IC1
1-1OC1
OUT0 OUT1 OUT2 OUT3 OUT4 OUT5 OUT6 OUT7
1YV 2YV 3YV
RUNG1
"1-1IC1.IN 0"
"1-1OC2.OU T0"
"1-1OC1.OU T0"
"1-1IC1.IN 3"
"1-1IC1.IN 5"
"1-1OC1.OU T2"
"1-1OC1.OU T1"
"1-1IN1.IN 5"
"1-1IC1.IN 2"
"1-1OC1.OU T1"
"1-1OC2.OU T2"
"1-1IC1.IN 4"
END
(c)

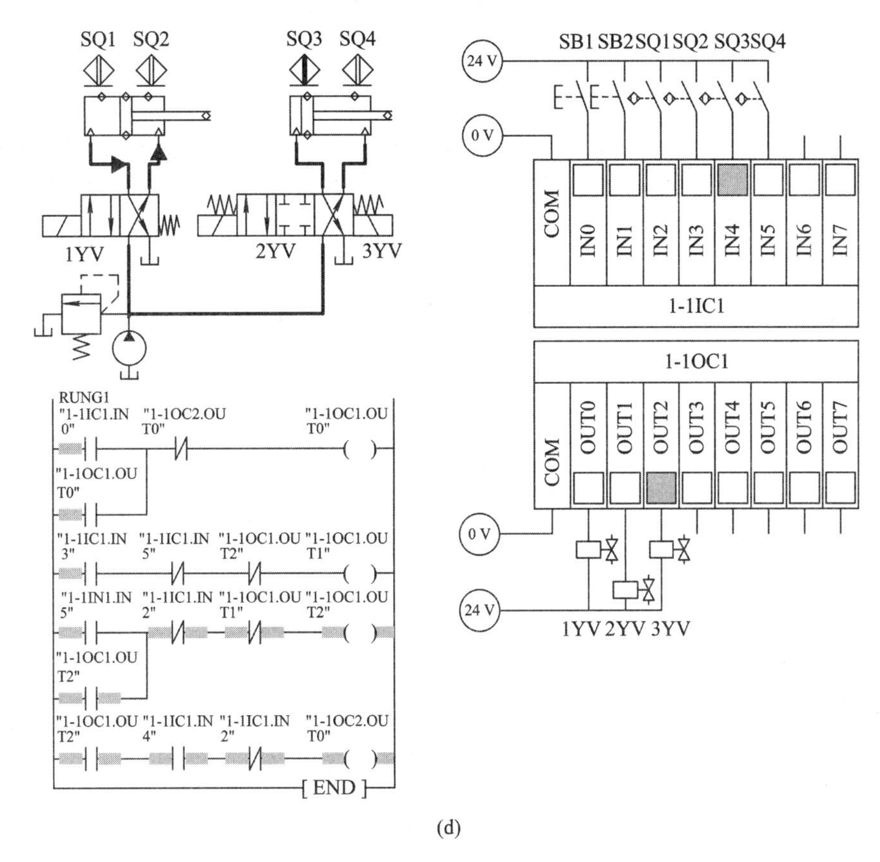

(d)

图 2-54　图 2-43 的 A+B+B-A-的 PLC 控制仿真

(a) A+时；(b) A+B+时；(c) A+B+B-时；(d) A+B+B-A-

仿真结果与设计要求一致。

思考与练习

1. 图 2-43 的动作要求为 B+A+B-A-，使用继电器、PLC 控制、仿真，请自行分析设计。

2. 图 2-43 的动作要求为 B+A+A-B-，使用继电器、PLC 控制、仿真，请自行分析设计。

3. 某两个液压缸 A、B 组成的系统，试使用两个二位四通单电控电磁换向阀控制，要求实现：

(1) A+B+A-B-；

(2) A+B+B-A-。

使用继电器、PLC 控制、仿真，请自行分析设计。

4. 某两个液压缸 A、B 组成的系统，试使用两个三位四通双电控电磁换向阀控制，要求实现：

(1) A+B+A-B-；

(1) A+B+B-A-。

使用继电器、PLC 控制、仿真，请自行分析设计。

项目三 液压动力滑台的安装与调试

【教学导航】

• **能力目标**

(1) 学会复杂液压系统分析。

(2) 完成液压动力滑台的分析、安装、调试运行任务。

(3) 学会使用 Automation Studio 进行复杂液压系统仿真。

• **知识目标**

(1) 掌握复杂液压系统分析方法。

(2) 掌握顺序控制系统的 PLC 控制设计方法。

(3) 掌握使用 Automation Studio 进行复杂液压系统仿真设计的方法。

【任务引入】

液压动力滑台是机床上用来完成直线运动的动力部件，在它上面安装动力头时，可完成刀具切削工件所需的进给(工进)运动和刀具接近工件及离开工件时的快进与快退运动。液压动力滑台的液压系统是一种以速度变换为主，最高工作压力不超过 6.3 MPa 的中压系统。

如图 3-1 所示，该液压系统由两个液压缸组成：一个为夹紧缸，另一个为进给缸。夹紧缸负责夹紧工件，进给缸负责带动工件运动(快进、工进、快退)。该系统能实现“A 夹紧→B 快进→B 工进→B 快退→B 停止→A 松夹→泵卸荷”的顺序动作循环。

需要完成的任务包括：

(1) 认识元件。

(2) 写出各工序(步)油路。

(3) 填写电磁铁动作表。

(4) 进行继电器控制和 PLC 控制。根据系统原理图和控制要求，画出控制电路、外部接线图、功能表图，编写 PLC 程序。

(5) 选择元件，组建系统，接线，调试。

(6) 进行仿真实现。

【任务分析】

通常在阅读较复杂的液压回路图时，应按如下步骤进行：

(1) 了解机械设备对液压系统的动作要求。

(2) 逐步浏览整个液压系统，了解液压系统(回路)由哪些元件组成，再以各个执行元件为中心，将系统分成若干个子系统。

(3) 对每一执行元件及其相关联的阀件等组成的子系统进行分析，并了解此子系统包含哪些基本回路。然后根据执行元件的动作要求，参照电磁线圈的动作顺序表阅读此子

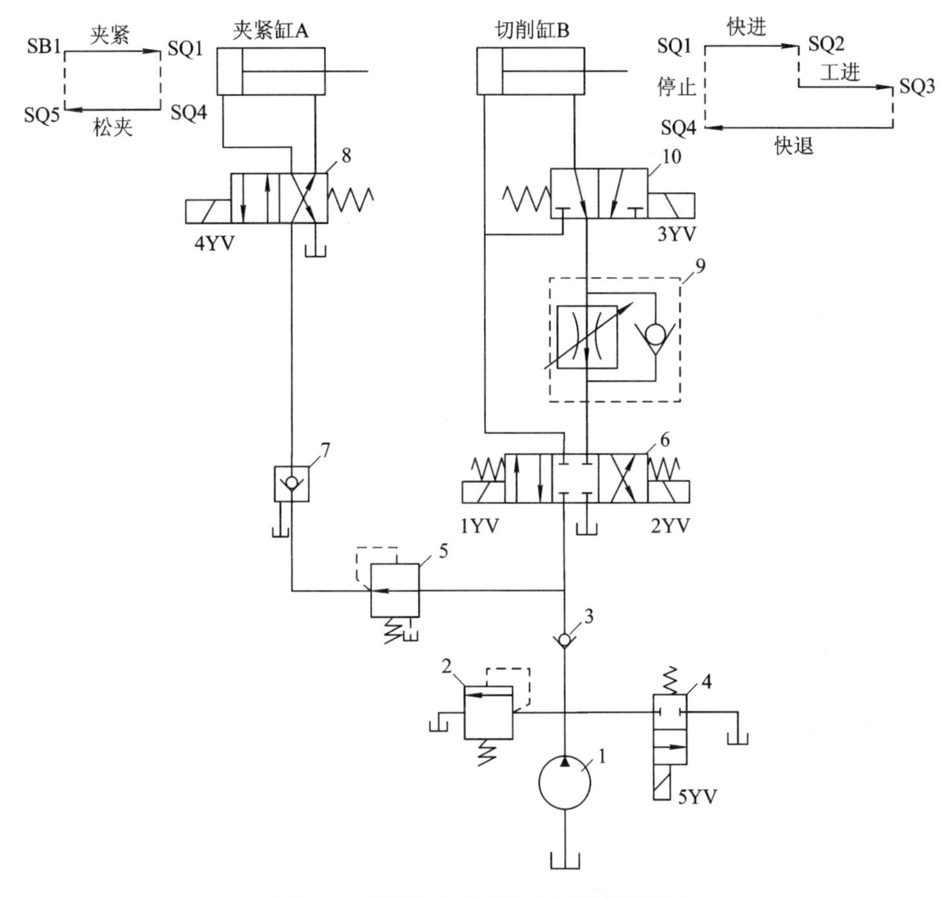

图 3－1　某液压动力滑台液压系统原理图

系统。

(4) 根据机械设备中各执行元件间互锁、同步和防干扰等要求，分析各子系统之间的关系，并进一步阅读系统是如何实现这些要求的。

(5) 在全面读懂整个系统之后，归纳总结整个系统有哪些特点，以加深对液压回路的理解，并写出各工序油路。

(6) 选择合适的控制方式对系统实施控制。

【知识链接】

1. 顺序控制程序设计法概述

如果一个控制系统可以分解成几个独立的控制动作，且这些动作必须严格按照一定的先后次序执行才能保证生产过程的正常运行，也称为步进控制系统。其控制总是一步一步按顺序进行的。在工业控制领域中，顺序控制系统的应用很广，尤其在机械行业，几乎毫无例外地利用顺序控制来实现加工的自动循环。

所谓顺序控制设计法，就是针对顺序控制系统的一种专门的设计方法。这种设计方法很容易被初学者接收，对于有经验的工程师，也会提高设计的效率，程序的调试、修改和阅读也很方便。PLC 的设计者们为顺序控制系统的程序编制提供了大量通用和专用的编程元件，开发了专门供编制顺序控制程序用的功能表图，使这种先进的设计方法成为当前

PLC 程序设计的主要方法。

2. 顺序控制设计法的设计步骤

1）基本步骤及内容

采用顺序控制设计进行程序设计的基本步骤及内容如下：

（1）划步。顺序控制设计法最基本的思想是将系统的一个工作周期划分为若干顺序相连的阶段，这些阶段称为步，并且用编程元件来代表步。步是根据 PLC 输出状态的变化来划分的，在任何一步之内，各输出状态不变，但是相邻之间输出状态是不同的。步的这种划分方法使代表各步的编程元件与 PLC 各输出状态之间有着极为简单的逻辑关系。

步也可根据被控对象工作状态的变化来划分，但被控对象工作状态的变化应该是由 PLC 输出状态变化引起的，否则就不能这样划分。例如，从快进到工进与 PLC 输出无关，那么快进和工进只能算一步。

（2）确定转换条件。使系统由当前步转入下一步的信号称为转换条件。转换条件可能是外部输入信号，如按钮、指令开关、限位开关的接通/断开等，也可能是 PLC 内部产生的信号，如定时器、计数器触点的接通/断开等，还可能是若干个信号的与、或、非逻辑组合。

顺序控制设计法用转换条件控制代表各步的编程元件，让它们的状态按一定的顺序变化，然后用代表各步的编程元件去控制各输出继电器。

（3）绘制功能表图。根据以上分析和被控对象的工作内容、步骤、顺序和控制要求画出功能表图。绘制功能表图是顺序控制设计法中最为关键的一步。功能表图又称作状态转移图，它是描述控制系统的控制过程、功能和特性的一种图形。

功能表图不涉及所描述控制功能的具体技术，是一种通用的技术语言，可用于进一步促进不同专业的人员之间进行技术交流。各个 PLC 厂家都开发了相应的功能表图，各国家也都制定了国家标准。我国 1986 年颁布了功能表图国家标准(GB 6988.6—86)。

（4）编制梯形图。根据功能表图，按某种编程方式写出梯形图程序。如果 PLC 支持功能表图语言，则可直接使用该功能表图作为最终程序。

2）功能表图

（1）功能表图的组成。图 3-2 所示为功能表图的一般形式，它主要由步、动作、有向连线、转换和转换条件组成。

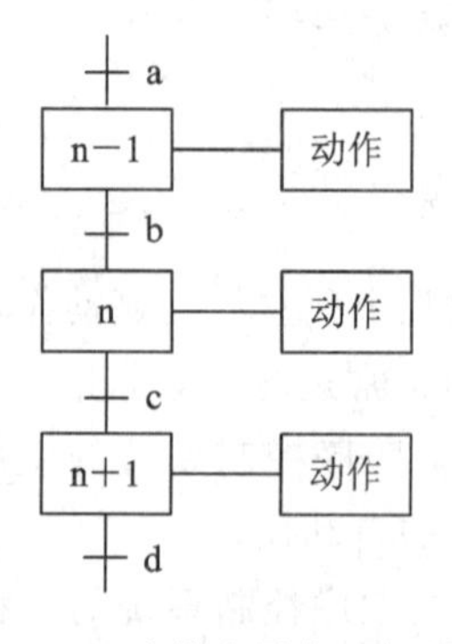

图 3-2　功能表图的一般形式

① 步。在功能表图中用矩形框表示步，方框内是该步的编号。编程时一般用 PLC 内部编程元件来代表各步，因此经常直接用代表该步的编程元件号作为步的编号。这样在根据

功能表图设计梯形图时较为方便。

步分为初始步和一般步。与系统的初始状态相对应的步称为初始步。初始状态一般是系统等待启动命令的相对静止状态。初始步用双线方框表示，每一个功能表图至少应该有一个初始步。其余的步称为一般步，用单方框表示。

步又有活动步和不活动步之分。当系统正处于某一步时，该步处于活动状态，称该步为“活动步”。步处于活动时，相应的动作被执行。若为保持型动作，则该步不活动时继续执行该动作；若为非保持型动作，则该步不活动时，动作也停止执行。一般在功能表图中保持型动作应该用文字或助记符标注，而非保持型动作不要标注。

② 动作。一个控制系统可以划分为被控系统和施控系统。对于被控系统，在某一步中要完成某些“动作”；对于施控系统，在某一步中则要向被控系统发出某些“命令”，将动作或命令简称为动作，并用矩形框中的文字或符号表示，该矩形框应与相应的步的符号相连。如果某一步有几个动作，则可以用如图 3-3 所示的两种画法来表示，但是图中并不隐含这些动作之间的任何顺序。

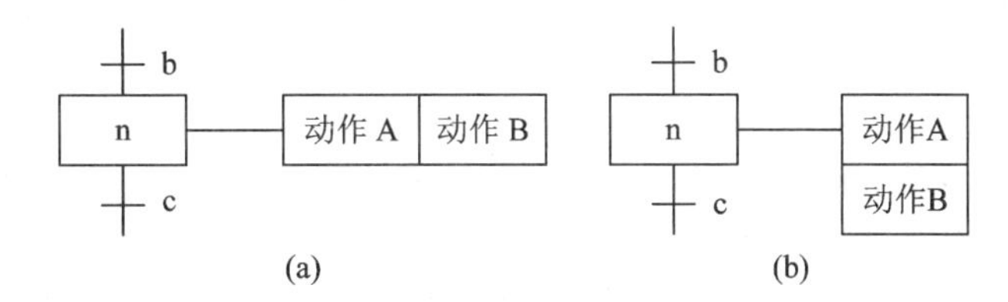

图 3-3　多个动作的表示

③ 有向连线。在功能表图中，随着时间的推移和转换条件的实现，将会发生步的活动状态的顺序进展，这种进展按有向连线规定的路线和方向进行。在画功能表图时，将代表各步的方框按它们成为活动步的先后次序顺序排列，并用有向连线将它们连接起来。活动状态的进展方向习惯上是从上到下或从左至右，在这两个方向有向连线上的箭头可以省略。如果不是上述方向，应在有向连线上用箭头注明进展方向。

④ 转换。转换用有向连线上与有向连线垂直的短划线来表示，转换将相邻两步分隔开。步的活动状态的进展是由转换的实现来完成的，并与控制过程的发展相对应。

⑤ 转换条件。转换条件是与转换相关的逻辑条件，转换条件可以用文字语言、布尔代数表达式或图形符号标注在表示转换的短线的旁边。转换条件 X 和$\overline{X}$分别表示在逻辑信号 X 为“1”状态和“0”状态时转换实现。符号 $X\uparrow$ 和 $X\downarrow$ 分别表示当 X 从 0→1 状态(X 的上升沿)和从 1→0 状态(X 的下升沿)时转换实现。使用最多的转换条件表示方法是布尔代数表达式，如转换条件$(X0+X3)\cdot\overline{C0}$。

(2) 转换实现的基本规则。

① 转换实现的条件。在功能表图中步的活动状态的进展是由转换的实现来完成的。转换实现必须同时满足以下两个条件：

- 该转换所有的前级步都是活动步。
- 相应的转换条件得到满足。

如果转换的前级步或后续步不止一个，则转换的实现称为同步实现，如图 3-4 所示。

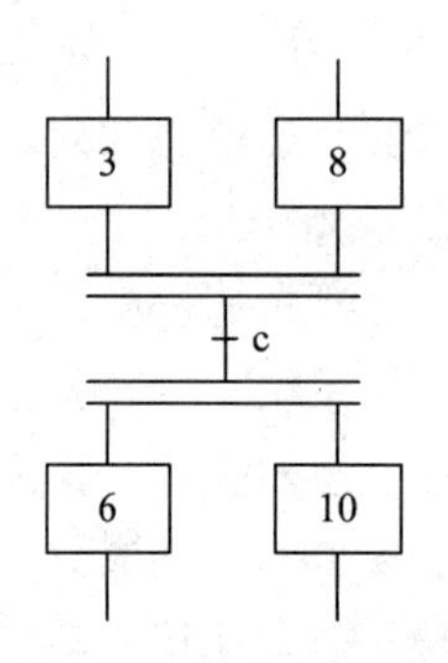

图 3-4　转换的同步实现

② 转换的实现应完成以下两个操作：

- 使所有的后续步都变为活动步。
- 使所有的前级步都变为不活动步。

(3) 功能表图的基本结构。

① 单序列。单序列由一系列相继激活的步组成，每一步的后面仅接有一个转换，每一个转换的后面只有一个步，如图 3-5(a)所示。

② 选择序列。选择序列即满足哪个转换条件就向哪个方向进展的序列。选择序列的开始称为分支，如图 3-5(b)所示，转换符号只能标在水平连线之下。如果步 5 是活动的，并且转换条件 e=1(e 条件满足)，则发生由步 5→步 6 的进展；如果步 5 是活动的，并且转换条件f=1(f 条件满足)，则发生由步 5→步 9 的进展；如果步 5 是活动的，并且转换条件 g=1(g 条件满足)，则发生由步 5→步 11 的进展。在某一时刻一般只允许选择一个序列。

选择序列的结束称为合并，如图 3-5(c)所示，转换符号只能标在水平连线之上。如果步 5 是活动的，并且转换条件 m=1(m 条件满足)，则发生由步 5→步 12 的进展；如果步 8 是活动的，并且转换条件 n=1(n 条件满足)，则发生由步 8→步 12 的进展；如果步 11 是活动的，并且转换条件 p=1(p 条件满足)，则发生由步 11→步 12 的进展。

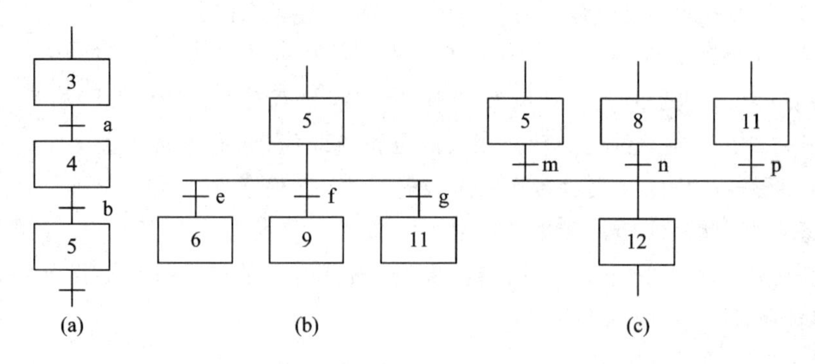

图 3-5　单序列与选择序列

(a) 单序列；(b) 选择序列开始(分支)；(c) 选择序列结束(合并)

③ 并行序列。当转换条件的实现导致几个序列同时激活时，这些序列称为并行序列。并行序列的开始称为分支，如图 3-6(a)所示。若步 4 是活动步，并且转换条件 a=1，则 3、7、9 这三步同时变为活动步，而步 4 变为不活动步。为了强调转换的同步实现，水平连线用双线表示。步 3、7、9 被同时激活后，每个序列中活动步的进展将是独立的。在表示同步的水平双线之上，只允许有一个转换符号。

并行序列的结束称为合并，如图 3-6(b)所示。在表示同步的水平双线之下，只允许有一个转换符号。当直接连在双线上的所有前级步都处于活动状态(即 3、6、9 是活动的，并且转换条件 b=1)时，才会发生 3、6、9 到步 10 的进展，3、6、9 步同时变为不活动步，而步 10 变为活动步。

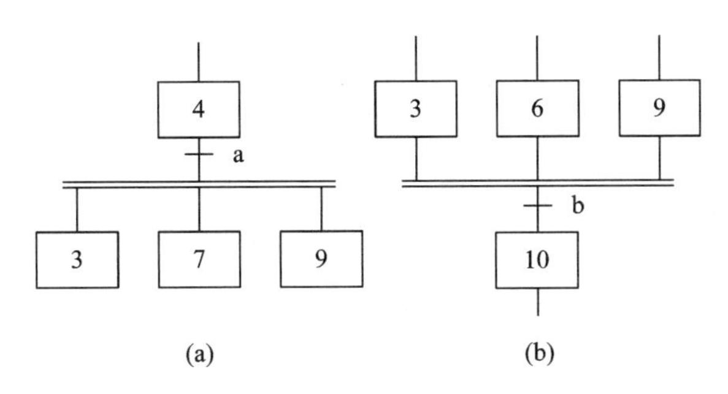

图 3-6　并行序列
(a) 并行序列的开始；(b) 并行序列的结束

(4) 绘制功能表图应注意的问题如下：

① 两个步绝对不能直接相连，必须用一个转换将它们隔开。

② 两个转换也不能直接相连，必须用一个步将它们隔开。

③ 功能表图中初始步是必不可少的，它一般对应于系统等待启动的初始状态，这一步可能没有什么动作执行，因此很容易遗漏这一步。如果没有该步，则无法表示初始状态，系统也无法返回停止状态。

④ 只有当某一步所有的前级步都是活动步时，该步才有可能变成活动步。PLC 开始进入 RUN 方式时各步均处于“0”状态，因此必须要有初始化信号，将初始步预置为活动步，否则功能表图中永远不会出现活动步，系统将无法工作。

3. 顺序控制设计法中梯形图的编程方法

梯形图的编程方式是指根据功能表图设计出梯形图的方法。为了适应各 PLC 在编程元件、指令功能和表示方法上的差异，编程方法主要有以下几种：

(1) 使用通用指令的编程方式；

(2) 以转换为中心的编程方式；

(3) 使用步进指令的编程方式；

(4) 仿步进指令的编程方式。

为了便于分析，我们假设刚开始执行用户程序时，系统已处于初始步(用初始化脉冲 SM0.1 将初始步置位)，代表其余各步的编程元件均为 OFF，为转换的实现做好了准备。其中，使用通用指令的编程方式是一种适应各种 PLC 的编程方法。所以我们只介绍这种方法。

使用通用指令的编程方式是使用辅助继电器 M 来代表步。某一步为活动步时，对应的辅助继电器为“1”状态，转换实现时，该转换的后续步变为活动步。由于转换条件大多是短信号，即它存在的时间比它激活的后续步为活动步的时间短，因此应使用有记忆(保持)功能的电路来控制代表步的辅助继电器。属于这类电路的有“起保停电路”和具有相同功能的使用置位、复位指令的电路。

如图 3-7(a)所示，M_{i-1}、M_i、M_{i+1}是功能表图中顺序相连的 3 步，X_i是步 M_i之前的转换条件。

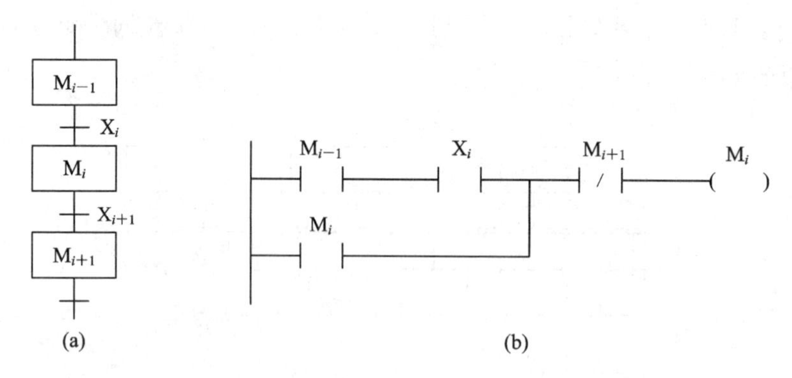

图 3-7　使用通用指令的编程方式示意图

编程的关键是找出它的启动条件和停止条件。根据转换实现的基本规则，转换实现的条件是它的前级步为活动步，并且满足相应的转换条件，所以步 M_i变为活动步的条件是步 M_{i-1}为活动步，并且转换条件 $X_i=1$，在梯形图中则应将 M_{i-1}和 X_i的常开触动串联后作为控制 M_i的启动电路，如图 3-7(b)所示。当 M_i和 X_{i+1}均为"1"状态时，步 M_{i+1}变为活动步，这时步 M_i应变为不活动步，因此可以将 $M_{i+1}=1$ 作为使 M_i变为"0"状态的条件，即将 M_{i+1}的常闭触点与 M_i的线圈串联。

这种编程方式仅仅使用与触点和线圈有关的指令，任何一种 PLC 的指令系统都有这一类指令，所以称为使用通用指令的编程方式，可以适用于任意型号的 PLC。

【任务实施】

1. 元件认识

图 3-1 中，1 为液压泵；2 为溢流阀；3 为单向阀；4 为二位二通单电控电磁换向阀；5 为减压阀；6 为三位四通双电控电磁换向阀；7 为调速阀；8 为二位四通单电控电磁换向阀；9 为单向调速阀；10 为二位三通单电控电磁换向阀。

2. 油路

本液压系统的工作循环图如图 3-8 所示。工作循环图表示该液压系统的执行元件在液压系统原理图的图示方向上的运动轨迹。图中箭头表示该执行元件的运动方向；同一运动方向高低不同的箭头表示其速度不同，位置高的速度快，位置低的速度慢；虚线表示动作衔接。

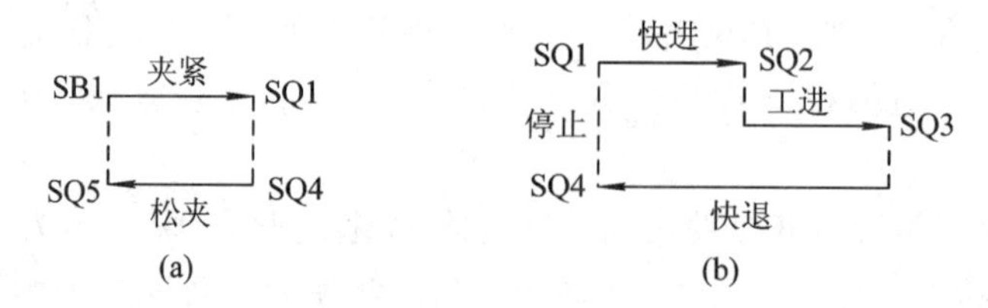

图 3-8　系统工作循环图

图 3-8(a)为夹紧缸 A 的动作循环。按下启动按钮 SB1，夹紧缸 A 向右运动(A+)，夹紧到位触碰到 SQ1。当 SQ4 被触碰到时，夹紧缸 A 向左运动(A-)，触碰到 SQ5 后松开。

图 3-8(b)为进给缸 B 的动作循环。当 SQ1 被触碰到时，进给缸 B 向右快速运动(快进 B+)。快进触碰到 SQ2，进给缸 B 仍然向右运动，但速度变慢(工进 B+)。工进触碰到 SQ3 时，夹紧缸 B 向左运动(B—)。进给缸 B 快退触碰到 SQ4，进给缸 B 停止运动。

根据动作循环图和液压系统原理图，得各步油路如下：

A 夹紧 {进油路：1→3→5→7→8(左位)→夹紧缸 A(左腔)
回油路：夹紧缸 A(右腔)→8(左位)→油箱}

B 快进 {进油路：1→3→6(左位)→切削缸 B(左腔)
回油路：切削缸 B(右腔)→10(右位)→切削缸 B(左腔)}

B 工进 {进油路：1→3→6(左位)→切削缸 B(左腔)
回油路：切削缸 B(右腔)→10(左位)→9(调速阀)→6(左位)→油箱}

B 快退 {进油路：1→3→6(右位)→9(单向阀)→10(左位)→切削缸 B(右腔)
回油路：切削缸 B(左腔)→6(右位)→油箱}

A 松开 {进油路：1→3→5→7→8(右位)→夹紧缸 A(右腔)
回油路：夹紧缸 A(左腔)→8(右位)→油箱}

泵卸荷：1→4(下位)→油箱

3. 填写电磁铁动作表

该液压系统的电磁铁动作表如表 3-1 所示。

表 3-1　图 3-1 所示液压系统的电磁铁动作表

	1YV	2YV	3YV	4YV	5YV
A 夹紧	—	—	—	+	—
B 快进	+	—	+	+	—
B 工进	+	—	—	+	—
B 快退	—	+	—	+	—
B 停止，A 松开	—	—	—	—	—
泵卸荷	—	—	—	—	+
原位停止	—	—	—	—	—

4. 继电器控制和 PLC 控制

根据系统原理图和控制要求，画出 PLC 外部接线图，编写 PLC 程序。

1) 继电器控制

按照之前的继电器控制方法，通过油路分析可得到 4 个电磁换向阀的控制方式。然后，按照系统动作顺序逐步设计，注意做好本步之余还要检查本步对以前步骤的影响。继电器控制的控制电路如图 3-9 所示。

2) PLC 控制

(1) PLC 外部接线图。该系统有两个按钮(启动按钮 SB1、停止按钮 SB2)、5 个行程开关(SQ1、SQ2、SQ3、SQ4、SQ5，具体位置详见液压系统原理图)、5 个电磁换向阀(1YV、2YV、3YV、4YV、5YV，具体详见液压系统原理图)。

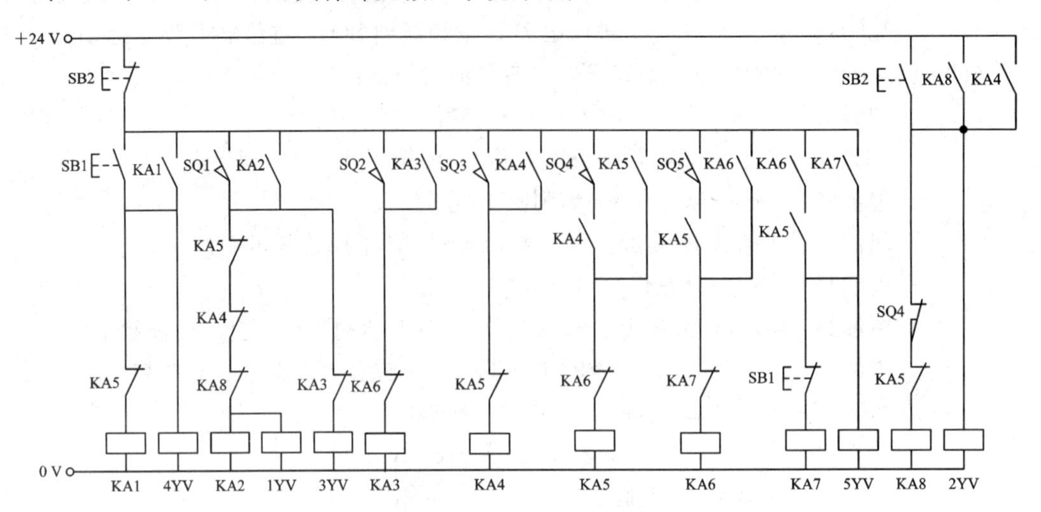

图 3-9　液压动力滑台系统控制电路

根据 I/O 地址分配表 3-2 和工作要求，外部接线图如图 3-10 所示。

表 3-2　液压动力滑台系统的 I/O 地址分配表

序号	I/O	信号	信号说明	状态说明	
				ON	OFF
1	I0.0	SB1	启动按钮	有效	
2	I0.1	SB2	停止按钮	有效	
3	I0.2	SQ1	液压缸 A 伸出到位	有效	
4	I0.3	SQ2	液压缸 B 快进转工进信号	有效	
5	I0.4	SQ3	液压缸 B 伸出到位	有效	
6	I0.5	SQ4	液压缸 B 缩回到位	有效	
7	I0.6	SQ5	液压缸 A 缩回到位	有效	
8	Q0.0	1YV	液压缸 B 伸出	伸出	
9	Q0.1	2YV	液压缸 B 缩回	缩回	
10	Q0.2	3YV	液压缸 B 快进	B 快进	
11	Q0.3	4YV	液压缸 A 伸出	A 伸出	
12	Q0.4	5YV	液压泵卸荷	液压泵卸荷	

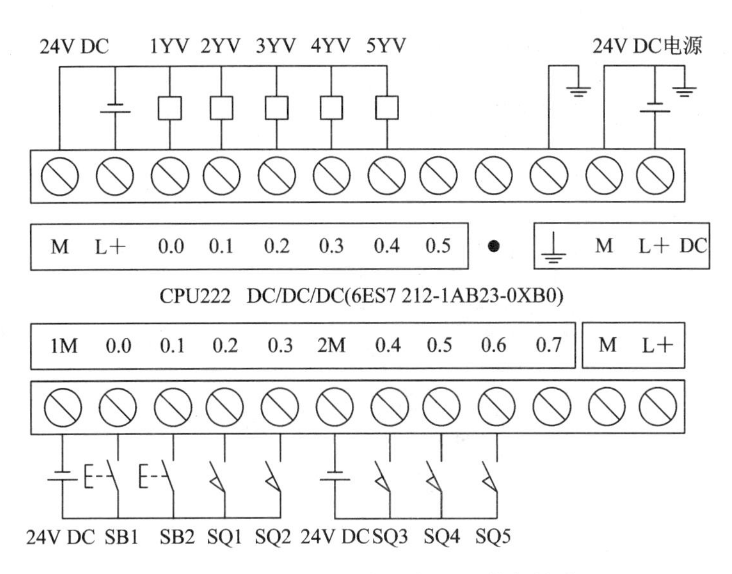

图 3-10　液压动力滑台系统 PLC 外部接线图

(2) 编制 PLC 程序。此液压系统动作比较复杂，对于初学者来说使用经验设计法不易实现，可使用顺序控制设计法来编程。功能表图如图 3-11 所示。

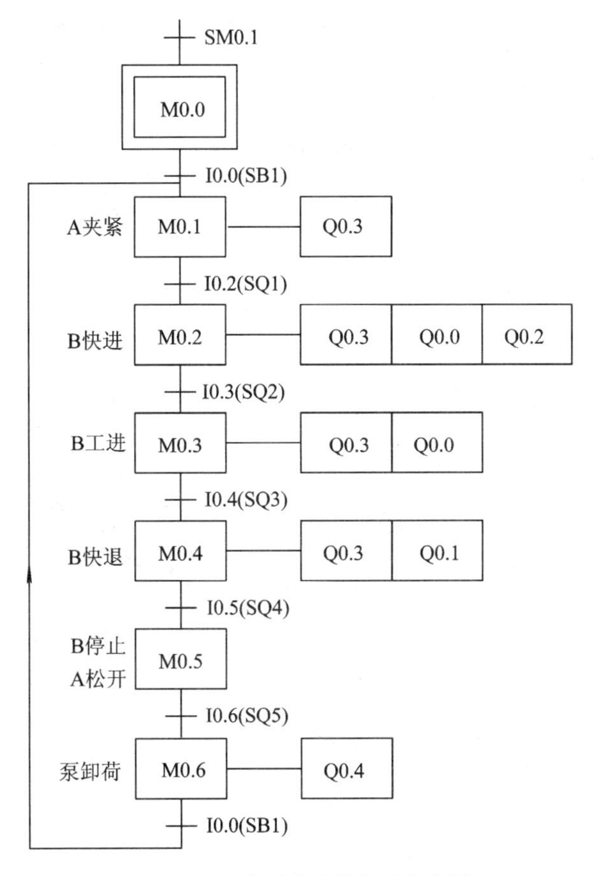

图 3-11　液压动力滑台功能表图

根据功能表图可知，参考梯形图(程序)如图 3-12 所示。

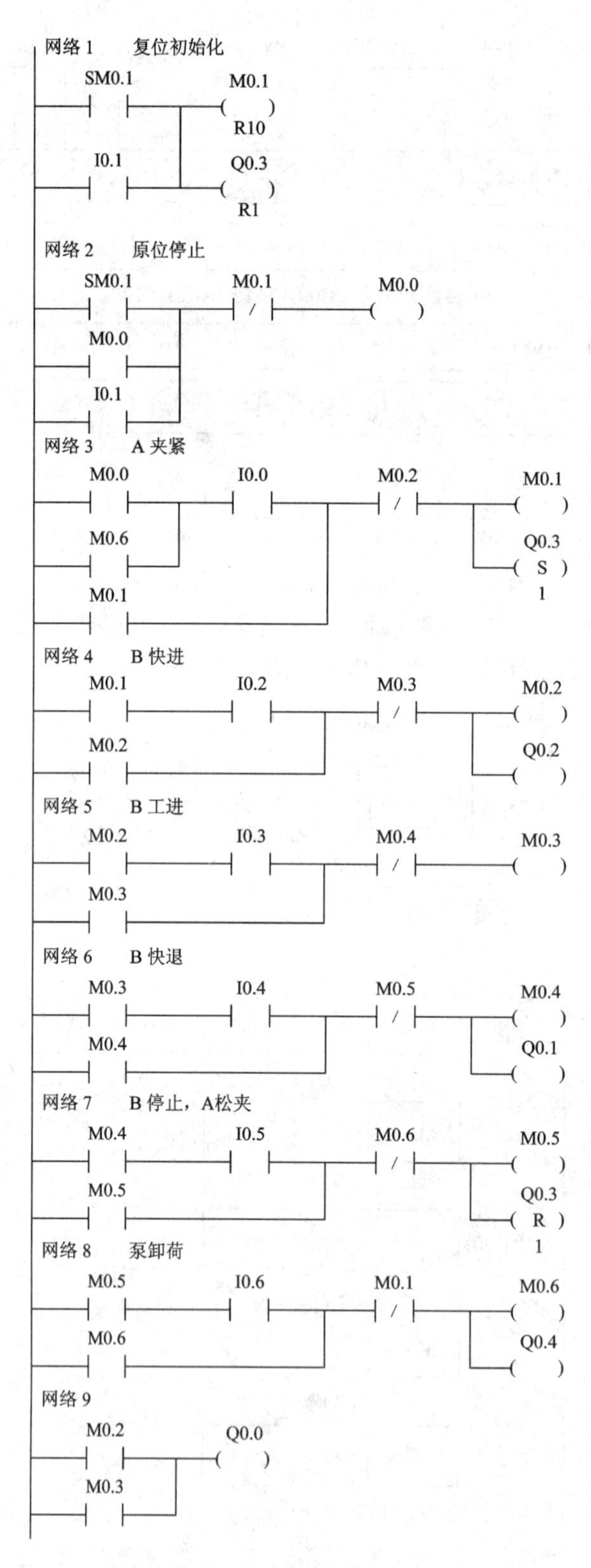

图 3-12　液压动力滑台 PLC 程序

5. 选择元件，组建系统，接线，调试

在搭建液压系统时，注意有的液压元件其方向不能接反，对需要调定参数的元件正确设定参数。在 PLC 接线时，注意电源不能接错。录入参考程序，根据实际情况进行调试。

6. 基于 Automation Studio 的仿真设计

1) 继电器控制仿真

液压动力滑台液压系统(见图 3-1)的继电器控制仿真如图 3-13 所示。

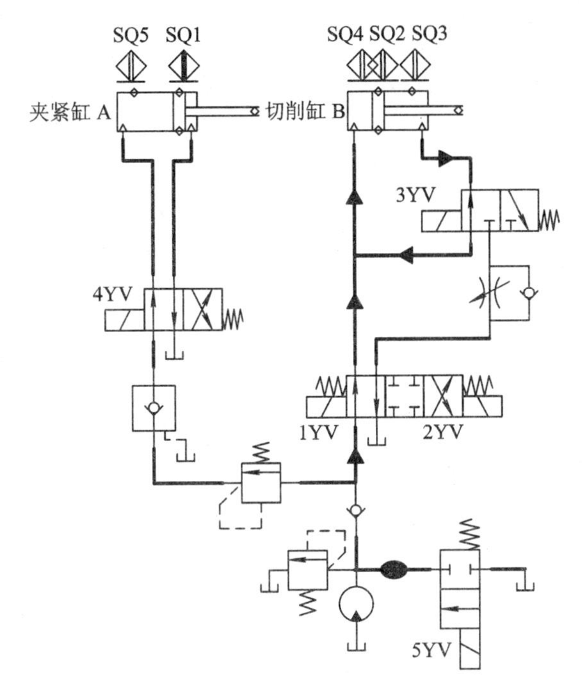

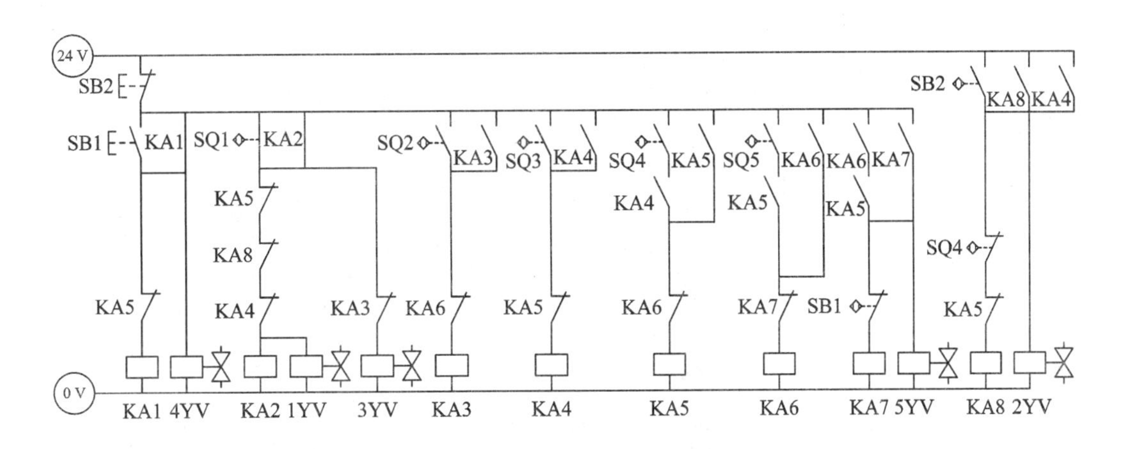

图 3-13 液压动力滑台液压系统的继电器控制仿真

仿真结果与设计要求一致。

2) PLC 控制仿真

液压动力滑台液压系统(见图 3-1)的 PLC 控制仿真如图 3-14 所示。

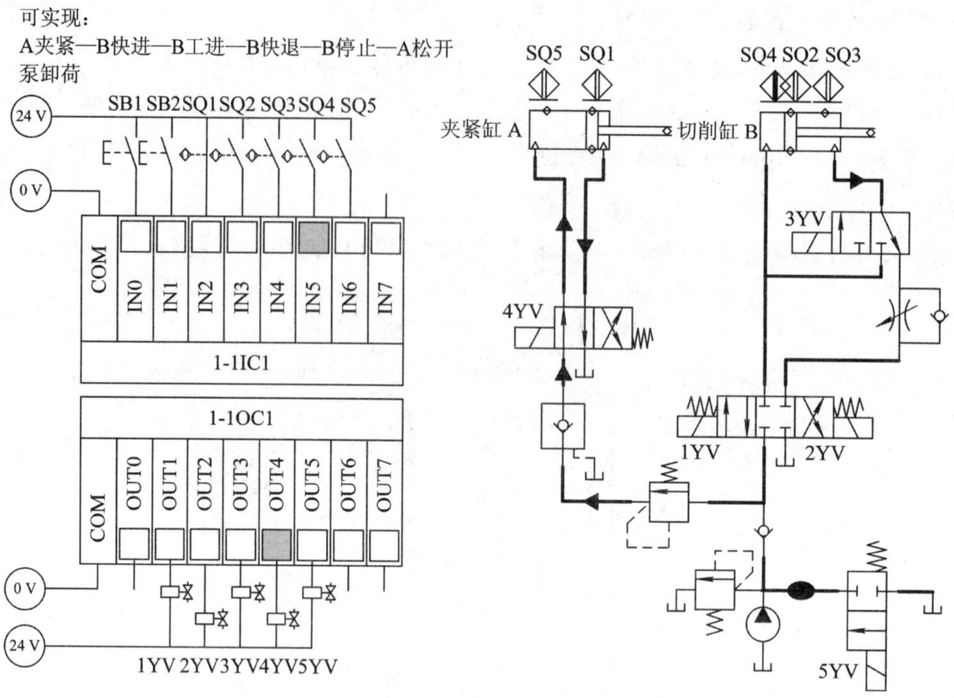

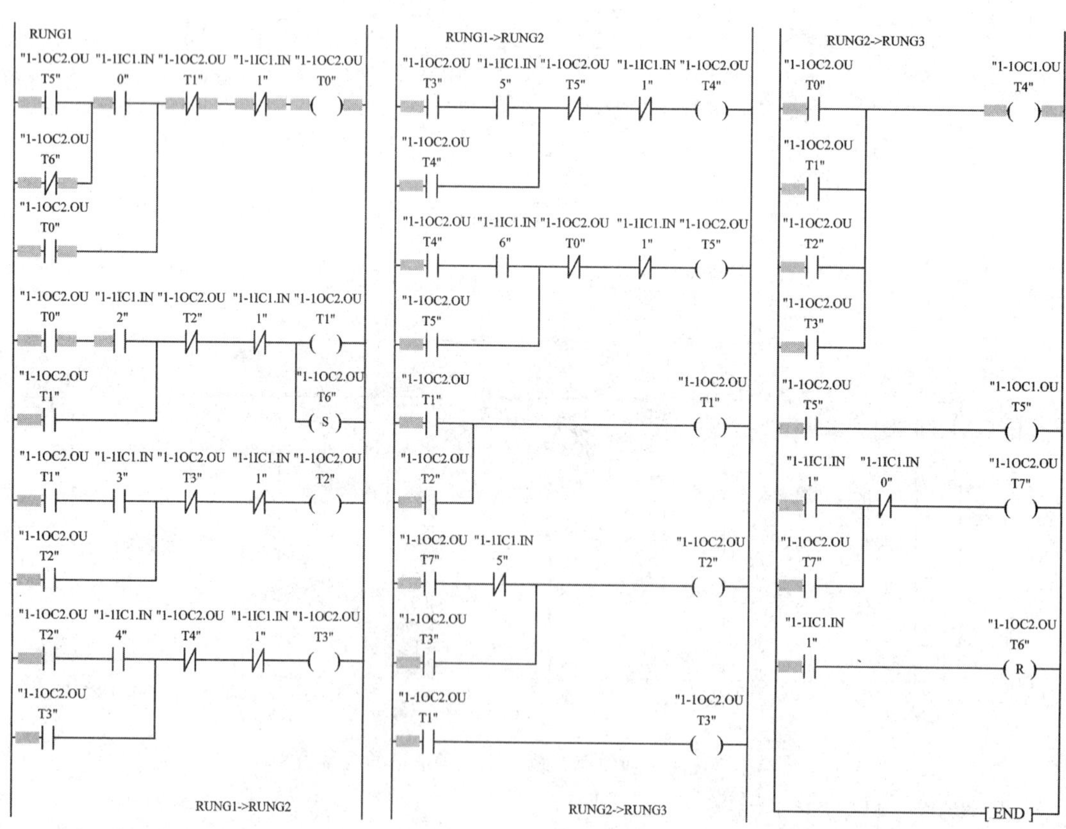

图 3-14　液压动力滑台液压系统的 PLC 控制仿真

仿真结果与设计要求一致。

思考与练习

1. 图 3－15 所示的液压系统能实现“快进→一工进→二工进→快退→原位停止”等顺序动作循环。

(1) 认识元件。

(2) 写出各步油路。

(3) 填写电磁铁动作表。

(4) 进行继电器控制和 PLC 控制。根据系统原理图和控制要求，画出控制电路、外部接线图、功能表图，编写 PLC 程序。

(5) 进行仿真实现。

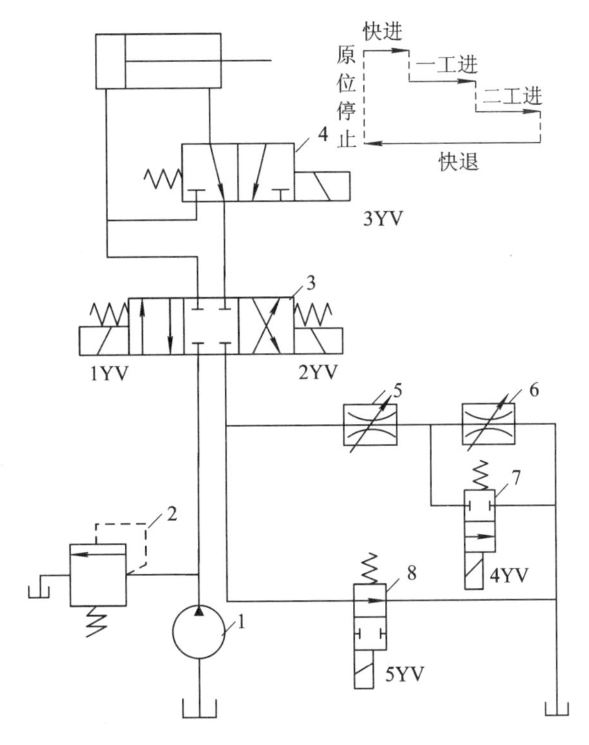

图 3－15　液压系统

2. 某全自动钻床的液压系统如图 3－16 所示，它能够实现“推料缸 A 推料→推料缸 A 初始退 SQ2→推料缸 A 全退回，同时夹紧缸 B 夹紧→钻削缸 C 快进→钻削缸 C 工进→钻削缸 C 快退→夹紧缸 B 松夹→停止”动作循环。

(1) 认识元件认识。

(2) 写出各步油路。

(3) 填写电磁铁动作表。

(4) 进行继电器控制和 PLC 控制。根据系统原理图和控制要求，画出控制电路、外部接线图、功能表图，编写 PLC 程序。

(5) 进行仿真实现。

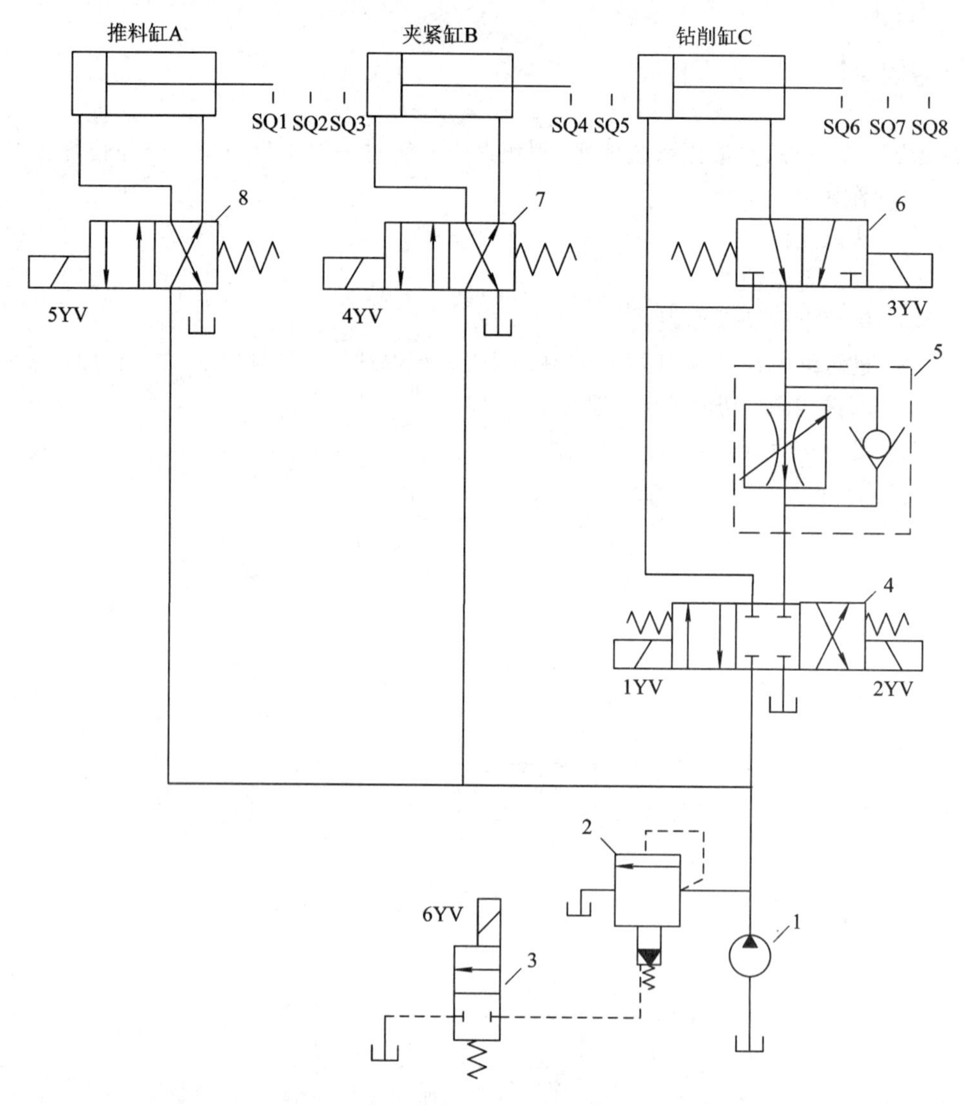

图 3-16　某全自动钻床的液压系统

项目四　其他典型液压系统

【教学导航】

• 能力目标

(1) 学会典型液压系统分析。

(2) 完成典型液压系统的分析、安装、调试运行任务。

• 知识目标

(1) 掌握典型液压系统的分析方法。

(2) 掌握典型液压系统的 PLC 控制设计方法。

【任务引入】

前面的任务中我们已对液压传动的基本理论、液压元件及其基本理论做了详细的介绍，在此基础上，还介绍了复杂液压系统的分析方法，下面将介绍几种具体的机床设备液压回路，并分析其工作原理，学习其控制的设计方法。

液压传动系统是根据液压设备的动作要求，选用各种不同功能的液压基本回路，经过有机组合而成的。其原理一般用液压系统图来表示。液压系统图是用规定的图形符号画出的液压系统原理图。

我们需要完成的任务包括：

(1) 认识元件。

(2) 写出油路。

(3) 填写电磁铁动作表。

(4) 用 PLC 进行控制。根据系统原理图和控制要求，画出 I/O 地址分配表、外部接线图、功能表图，并编写 PLC 程序。

【任务分析】

通常在分析和阅读典型液压系统原理图时，大致可按以下步骤进行：

(1) 了解机械设备的功用及对液压系统的任务、工作循环和性能的要求。

(2) 初步分析液压系统原理图，了解系统中各液压元件，按执行元件数将其分解为若干个子系统。

(3) 逐步分析各个子系统，了解系统中基本回路的组成情况及各个元件之间的相互关系。参照电磁铁动作顺序表和执行元件的动作要求，理清其油流路线。

(4) 根据系统中各执行元件间的互锁、同步、防干扰等要求，分析各子系统之间的联系以及如何实现这些要求。

(5) 在读懂液压系统图的基础上，根据系统所使用的基本回路的性能，对系统进行综合分析，归纳总结出整个系统的特点，以加深对液压系统的理解，并写出各工序油路。

(6) 选择合适的控制方式，对系统实施控制。

任务 4-1　YT4543 型动力滑台液压系统

【教学导航】

• 能力目标

(1) 学会 YT4543 型动力滑台液压系统分析。

(2) 完成 YT4543 型动力滑台液压系统的分析、安装、调试运行任务。

• 知识目标

(1) 掌握 YT4543 型动力滑台液压系统分析方法。

(2) 掌握 YT4543 型动力滑台液压系统的 PLC 控制设计方法。

【任务引入】

组合机床是由一些通用和专用零件组合而成的专用机床，广泛应用于成批大量的生产中。动力滑台是组合机床用以实现进给运动的通用部件，其运动由液压缸驱动。在滑台上可根据加工工艺要求安装各类动力箱和切削头，以完成车、铣、镗、钻、扩、铰、攻螺纹等加工工序，并能按多种进给方式实现自动工作循环。动力滑台应满足进给速度稳定、速度换接平稳、系统效率高、发热小等要求。

图 4-1 所示为 YT4543 型动力滑台液压系统图。该系统采用限压式变量泵供油、电液动换向阀换向，快进由液压缸差动连接来实现，快进与工进的转换用行程阀实现，两个工进速度之间的转换由二位二通电磁换向阀来实现。为了保证进给的尺寸精度，采用止挡块停留来限位。它能完成的典型工作循环为：快进→一工进→二工进→止挡块停留→快退→原位停止。

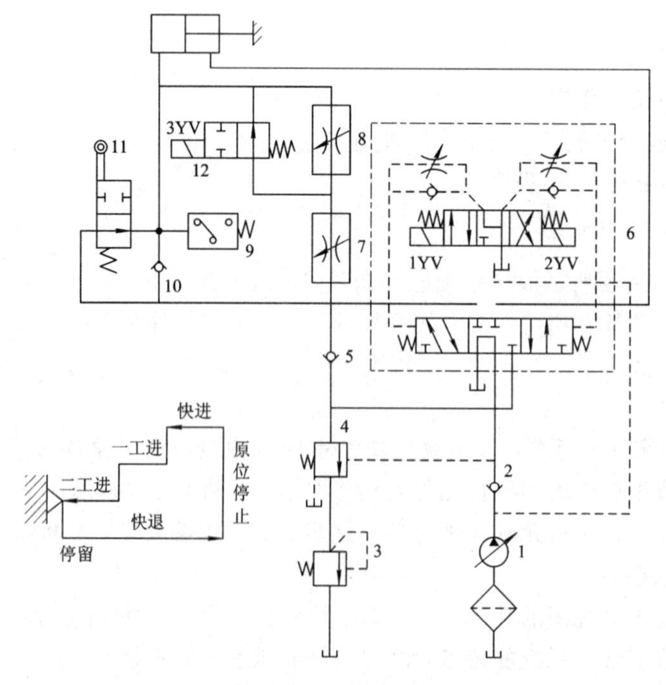

图 4-1　YT4543 型动力滑台液压系统图

我们需要完成的任务包括：

(1) 认识元件。

(2) 写出油路。

(3) 填写电磁铁动作表。

(4) 用 PLC 进行控制。根据系统原理图和控制要求，画出 I/O 地址分配表、外部接线图、功能表图，并编写 PLC 程序。

【任务分析】

在阅读 YT4543 型动力滑台液压系统图时，应按如下步骤进行：

(1) 了解该设备对液压系统的动作要求。它需要完成的典型工作循环为：快进→一工进→二工进→止挡块停留→快退→原位停止。

(2) 浏览整个液压系统，了解该液压系统(回路)由哪些元件组成，这些元件的工作原理和作用是怎样的，分析该图中有多少个执行元件，并以每个执行元件为中心将系统分成若干个子系统。本图中只有一个执行元件，所以不需要划分子系统。

(3) 对执行元件及其相关联的阀件等组成的系统进行分析，并了解此系统中包含哪些基本回路。然后根据执行元件的动作要求，参照电磁线圈的动作顺序表阅读此系统。

(4) 根据系统中各元件的关系，分析各工作过程的油液流通情况(即回路情况)，并进一步阅读系统是如何实现这些过程的。

(5) 在全面读懂整个系统之后，归纳总结整个系统有哪些特点，以加深对液压回路的理解，并写出各工序的油路。

(6) 选择合适的控制方式，对系统实施控制。

【任务实施】

1. 元件认识

图 4-1 中，1 为单向变量液压泵；2、5、10 为单向阀；3 为背压阀；4 为液控顺序阀；6 为三位四通电液换向阀；7、8 为调速阀；9 为压力继电器；11 为行程减速阀；12 为换向阀。

2. 油路

1) 快进

如图 4-1 所示，按下启动按钮，电磁铁 1YV 得电，电液换向阀 6 的先导阀阀芯向右移动，从而引起主阀芯向右移动，使其左位接入系统，形成差动连接。

进油路：泵 1→ 单向阀 2→ 换向阀 6(左位) → 行程减速阀 11(下位) →液压缸左腔。

回油路：液压缸右腔→换向阀 6(左位)→单向阀 5→行程减速阀 11(下位)→液压缸左腔。

2) 一工进

当滑台快速运动到预定位置时，滑台上的行程挡块压下行程减速阀 11 的阀芯，切断了该通道，使压力油须经调速阀 7 进入液压缸的左腔。由于油液流经调速阀，系统压力上升，打开液控顺序阀 4，此时单向阀 5 的上部压力大于下部压力，所以单向阀 5 关闭，切断了液压缸的差动回路，回油经液控顺序阀 4 和背压阀 3 流回油箱，使滑台转换为第一次工作进给(即一工进)。

进油路：泵 1→ 单向阀 2→ 换向阀 6(左位) → 调速阀 7→ 换向阀 12(右位) →液压缸左腔。

回油路：液压缸右腔→ 换向阀 6(左位) → 液控顺序阀 4→ 背压阀 3→ 油箱。

因为工作进给时，系统压力升高，所以单向变量液压泵 1 的输油量便自动减小，以适应工作进给的需要，进给量大小由调速阀 7 调节。

3) 二工进

一工进结束后，行程挡块压下行程开关使 3YV 通电，二位二通换向阀将通路切断，进油必须经调速阀 7、8 才能进入液压缸，此时由于调速阀 8 的开口量小于调速阀 7，所以进给速度再次降低，其他油路情况同一工进。

4) 止挡块停留

当滑台工作进给完毕之后，碰上止挡块的滑台不再前进，停留在止挡块处，同时，系统压力升高。当升高到压力继电器 9 的调整值时，压力继电器动作，经过时间继电器的延时，再发出信号使滑台返回。滑台的停留时间可由时间继电器在一定范围内调整。

5) 快退

时间继电器经延时发出信号，2YV 通电，1YV、3YV 断电。

进油路：泵 1 →单向阀 2 →换向阀 6(右位) → 液压缸右腔。

回油路：液压缸左腔→ 单向阀 10→ 换向阀 6(右位) →油箱。

6) 原位停止

当滑台退回到原位时，行程挡块压下行程开关，发出信号，使 2YV 断电，换向阀 6 处于中位，液压缸失去液压动力源，滑台停止运动。液压泵输出的油液经换向阀 6 直接回油箱，泵卸荷。

3. 填写电磁铁动作表

YT4543 型动力滑台液压系统的电磁铁动作表如表 4-1 所示。

表 4-1　YT4543 型动力滑台液压系统的电磁铁动作表

电磁铁动作	1YV	2YV	3YV	压力继电器	行程阀
快进	+	−	−	−	导通
一工进	+	−	−	−	切断
二工进	+	−	+	−	切断
止挡块停留	+	−	+	+	切断
快退	−	+	−	−	通→断
原位停止	−	−	−	−	导通

4. YT4543 型动力滑台液压系统的特点

YT4543 型动力滑台液压系统具有如下特点：

(1) 系统采用了限压式变量叶片泵——调速阀(背压阀式)的调速回路，能保证稳定的低速运动(进给速度最小可达 6.6 mm/min)、较好的速度刚性和较大的调速范围。

(2) 系统采用了限压式变量泵和差动连接式液压缸来实现快进，能源利用比较合理。当滑台停止运动时，换向阀使液压泵在低压下卸荷，减少了能量损耗。

(3) 系统采用了行程阀和顺序阀实现快进与工进的换接，简化了电气回路，动作更可靠，换接精度高。至于两个工进之间的换接，由于两者速度都比较低，因此采用电磁阀完全能保证换接精度。

5. PLC 控制

根据系统原理图和控制要求，画出 PLC 外部接线图，并编写 PLC 程序。

1) PLC 外部接线图

该系统有 2 个按钮(启动按钮 SB1、停止按钮 SB2)、2 个行程开关(SQ1、SQ2)、1 个压力继电器(KP1)、3 个电磁换向阀(1YV、2YV、3YV，详见图 4－1)。I/O 地址分配表见表 4－2。

表 4－2　YT4543 型动力滑台液压系统的 I/O 地址分配表

序号	I/O	信号	信号说明	状态说明	
				ON	OFF
1	I0.0	SB1	启动按钮	有效	
2	I0.1	SB2	停止按钮	有效	
3	I0.2	SQ1	一工进到二工进转换信号	有效	
4	I0.3	SQ2	快退到原位停止转换信号	有效	
5	I0.4	KP1	压力继电器常开触点	有效	
6	Q0.0	1YV	液压缸伸出控制	液压缸伸出	
7	Q0.1	2YV	液压缸缩回控制	液压缸缩回	
8	Q0.2	3YV	一工进到二工进控制	有效	

根据 I/O 地址分配表 4－2 和工作要求，外部接线图如图 4－2 所示。

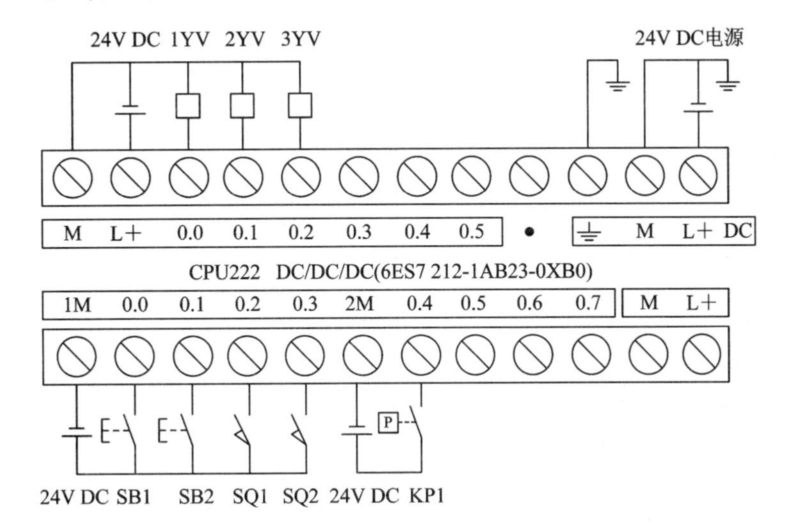

图 4－2　YT4543 型动力滑台液压系统的 PLC 外部接线图

2) 编制 PLC 程序

此液压系统动作比较复杂，对于初学者来说使用经验设计法不易实现，可使用顺序控制设计法来编程，功能表图如图 4－3 所示。

根据功能表图可知，参考梯形图(程序)如图 4－4 所示。

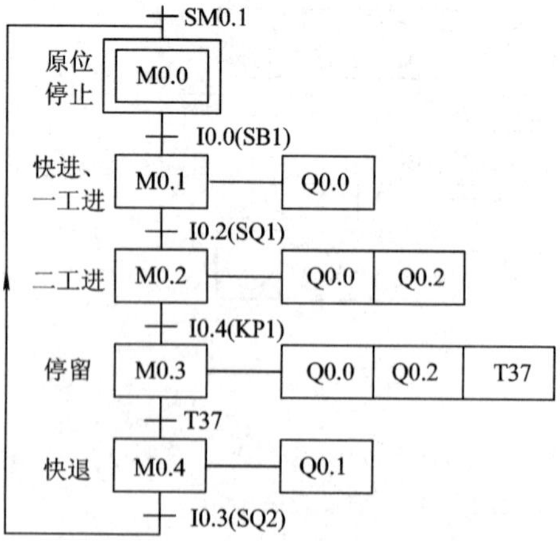

图 4－3　YT4543 型动力滑台液压系统的功能表图

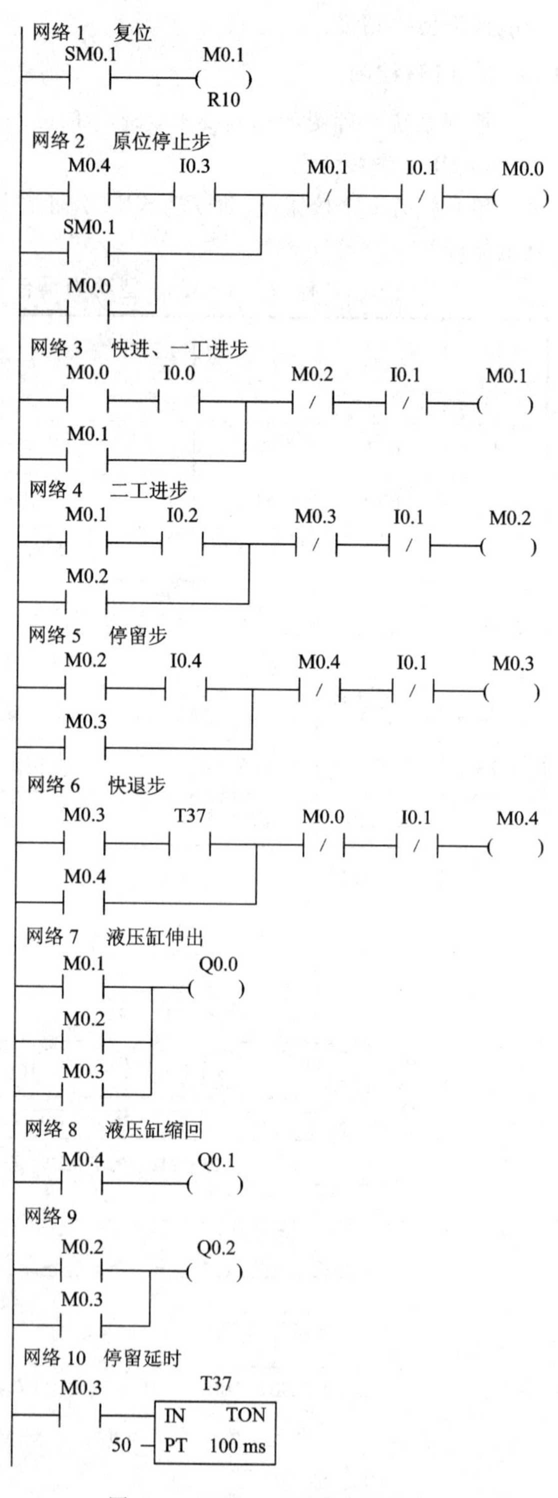

图 4－4　YT4543 型动力滑台液压系统的 PLC 程序

任务 4－2　180 吨钣金冲床液压系统

【教学导航】

• 能力目标

(1) 学会 180 吨钣金冲床液压系统分析。

(2) 完成 180 吨钣金冲床液压系统的分析、安装、调试运行任务。

• 知识目标

(1) 掌握 180 吨钣金冲床液压系统分析方法。

(2) 掌握 180 吨钣金冲床液压系统的 PLC 控制设计方法。

【任务引入】

钣金冲床通过改变上、下模的形状来进行压形、剪断、冲穿等工作。

图 4－5 所示为钣金冲床液压系统回路。图 4－6 所示为其控制动作顺序图。动作顺序为：液压缸快速下降→液压缸慢速下降（加压成型）→液压缸暂停（降压）→液压缸快速上升。

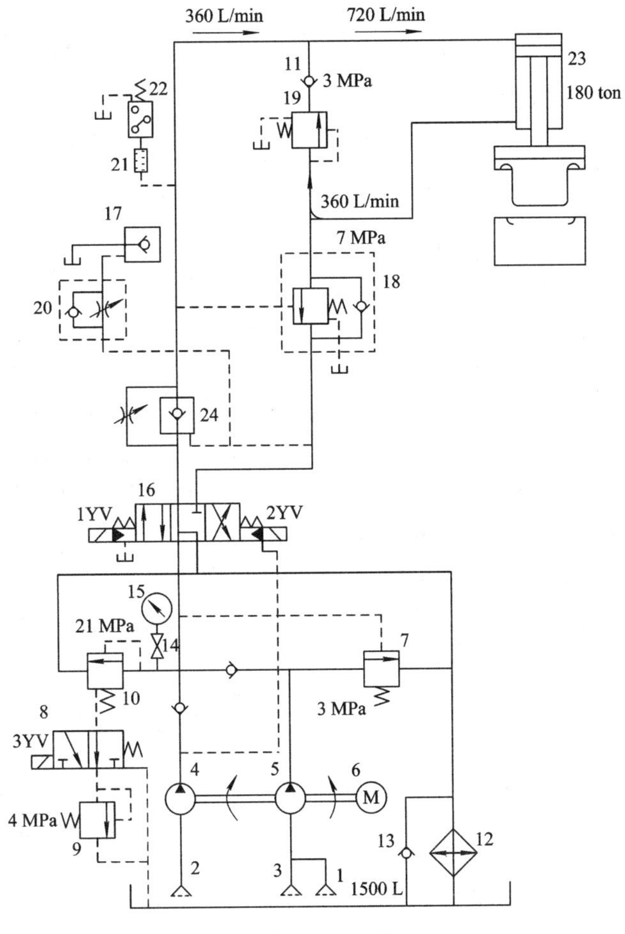

图 4－5　钣金冲床液压系统回路

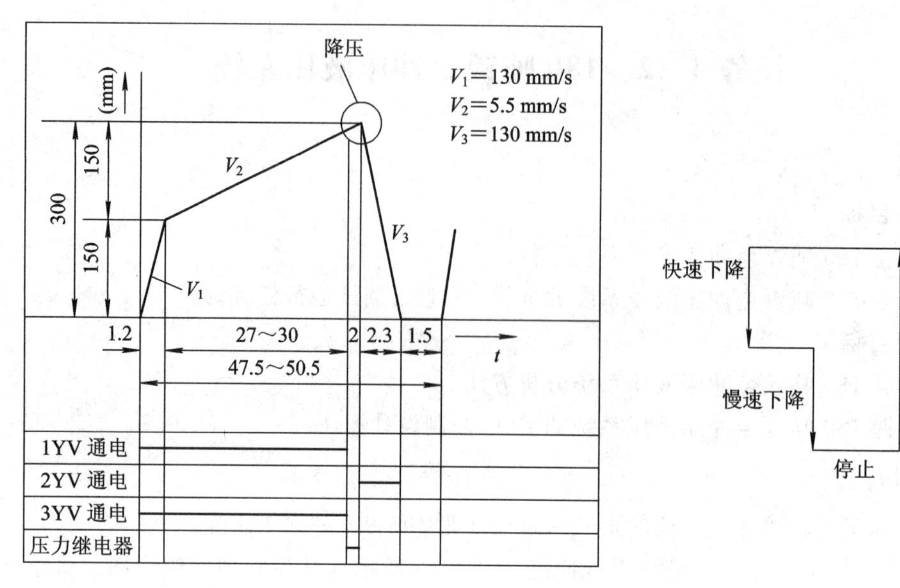

图 4-6　钣金冲床液压系统的控制动作顺序图

我们需要完成的任务包括：

(1) 认识元件。

(2) 写出油路。

(3) 填写电磁铁动作表。

(4) 用 PLC 进行控制。根据系统原理图和控制要求，画出 I/O 地址分配表、外部接线图、功能表图，并编写 PLC 程序。

【任务分析】

在阅读钣金冲床液压系统图时，应按如下步骤进行：

(1) 了解该设备对液压系统的动作要求。需要完成的典型工作循环为：液压缸快速下降→液压缸慢速下降(加压成型)→液压缸暂停(降压)→液压缸快速上升。

(2) 浏览整个液压系统，了解该液压系统(回路)由哪些元件组成，这些元件的工作原理和作用是怎样的，分析该图中有多少个执行元件，并以每个执行元件为中心将系统分成若干个子系统。本图中只有一个执行元件，所以不需要划分子系统。

(3) 对执行元件及其相关联的阀件等组成的系统进行分析，并了解此系统中包含哪些基本回路。然后根据执行元件的动作要求，参照电磁线圈的动作顺序表阅读此系统。

(4) 根据系统中各元件的关系，分析各工作过程的油液流通情况(即回路情况)，并进一步阅读系统是如何实现这些过程的。

(5) 在全面读懂整个系统之后，归纳总结整个系统有哪些特点，以加深对液压回路的理解，并写出各工序的油路。

(6) 选择合适的控制方式，对系统实施控制。

【任务实施】

1. 元件认识

图 4-5 中，1、2、3 为滤油器；4、5 为液压泵；6 为电机；7 为溢流阀；8 为二位二通单

电控电磁换向阀；9、10、19 为顺序阀；11、13 为单向阀；12 为油冷却器；14 为管接头；15 为油压表；16 为三位四通双电控电磁换向阀；17 为液控单向阀；18 为单向顺序阀；20、24 为单向节流阀；21、22 为压力继电器；23 为液压缸。

2. 油路

结合图 4－5、图 4－6，对 180 吨钣金冲床液压系统的油路进行分析。

1）液压缸快速下降

按下启动按钮，1YV、3YV 通电。

进油路：泵 4、泵 5→电磁换向阀 16(左位)→单向节流阀 24→液压缸 23 上腔。

回油路：液压缸 23 下腔→顺序阀 19→单向阀 11→液压缸 23 上腔。

液压缸快速下降时，进油管路压力低，未达到单向顺序阀 18 所设定的压力，故液压缸下腔压力油再回液压缸上腔，形成一差动回路。

2）液压缸慢速下降

当液压缸上模碰到工件进行加压成型时，进油管路压力升高，使单向顺序阀 18 打开。

进油路：泵 4→电磁换向阀 16(左位)→单向节流阀 24→液压缸 23 上腔。

回油路：液压缸 23 下腔→单向顺序阀 18→电磁换向阀 16(左位)→油箱。

此时，回油为一般油路，溢流阀 7 被打开，泵 5 的压油以低压状态流回油箱，送到液压缸上腔的油仅由泵 4 供给，故液压缸速度减慢。

3）液压缸暂停(降压)

当上模加压成型时，进油管路压力达到 20 MPa，压力继电器 22 动作，1YV、3YV 断电，电磁换向阀 16、8 恢复正常位置。此时，液压缸 23 上腔压油经单向顺序阀 18、电磁换向阀 16 中位流回油箱，如此，可使液压缸上腔压油压力下降，防止了液压缸在上升时上腔油压由高压变成低压而发生的冲击、振动等现象。

4）液压缸快速上升

当降压完成(通常为 0.5～7 s，视阀的容量而定)时，2YV 通电。

进油路：泵 4、泵 5→电磁换向阀 16(右位)→单向顺序阀 18→液压缸 23 下腔。

回油路如下：

液压缸上腔→ ┌ 液控单向阀 17 →油箱
　　　　　　 └ 单向节流阀 24 →电磁换向阀 16(右位)→油箱

因为泵 4、泵 5 的液压油一起送往液压缸下腔，所以液压缸快速上升。

3. 填写电磁铁动作表

180 吨钣金冲床液压系统的电磁铁动作表如表 4－3 所示。

表 4－3　180 吨钣金冲床液压系统的电磁铁动作表

动作	1YV	2YV	3YV	压力继电器
快速下降	+	—	+	—
慢速下降	+	—	+	—
暂停	—	—	—	+
快速上升	—	+	—	—

4. 180 吨钣金冲床液压系统的特点

180 吨钣金冲床液压系统包含差动回路、平衡回路(或顺序回路)、降压回路、二段压力控制回路、高压和低压泵回路等基本回路。该系统有以下几个特点：

(1) 当液压缸快速下降时，下腔回油由顺序阀 19 建立背压，以防止液压缸自重产生失速等现象。同时，系统又采用差动回路，泵流量可以比较少，亦为一节约能源的回路。

(2) 当液压缸慢速下降作加压成型时，单向顺序阀 18 由于外部引压被打开，液压缸下腔压油几乎毫无阻力地流回油箱，因此，在加压成型时，上模重量可完全加在工件上。

(3) 在上升之前作短暂时间的降压，可防止液压缸上升时产生振动、冲击现象，100 吨以上的冲床尤其需要降压。

(4) 当液压缸上升时，有大量压油要流回油箱，回油时，一部分压油经液控单向阀 17 流回油箱，剩余压油经电磁换向阀 16 中位流回油箱，如此，电磁换向阀 16 可选用额定流量较小的阀件。

(5) 当液压缸下降时，系统压力由溢流阀 7 控制，上升时，系统压力由顺序阀 10 控制，如此，可使系统产生的热量减少，防止油温上升。

5. PLC 控制

根据系统原理图和控制要求，画出 PLC 外部接线图，并编写 PLC 程序。

1) PLC 外部接线图

该系统有 2 个按钮(启动按钮 SB1、停止按钮 SB2)、1 个压力继电器(KP1)、3 个电磁换向阀(1YV、2YV、3YV，详见图 4-5)。I/O 地址分配表见表 4-4。

根据 I/O 地址分配表 4-4 和工作要求，外部接线图如图 4-7 所示。

表 4-4　180 吨钣金冲床液压系统的 I/O 地址分配表

序号	I/O	信号	信号说明	状态说明	
				ON	OFF
1	I0.0	SB1	启动按钮	有效	
2	I0.1	SB2	停止按钮	有效	
3	I0.2	KP1	压力继电器	有效	
4	Q0.0	1YV	液压缸伸出	伸出	
5	Q0.1	2YV	液压缸缩回	缩回	
6	Q0.2	3YV	液压缸伸出配合	有效	

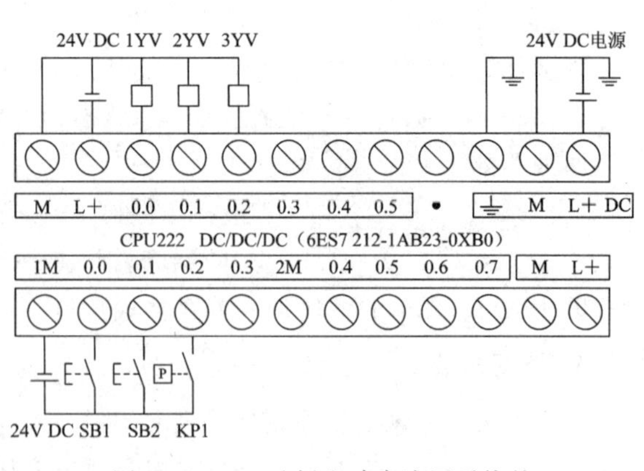

图 4-7　180 吨钣金冲床液压系统的 PLC 外部接线图

2) 编制 PLC 程序

此液压系统动作比较复杂，对于初学者来说使用经验设计法不易实现，可使用顺序控制设计法来编程，功能表图如图 4-8 所示。

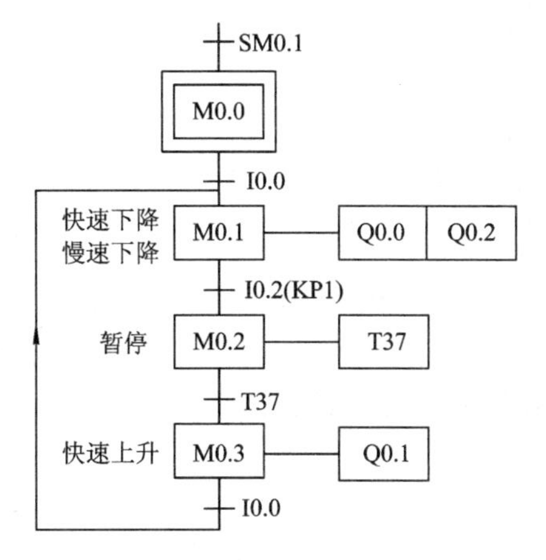

图 4-8　180 吨钣金冲床液压系统的功能表图

根据功能表图可知，参考梯形图(程序)如图 4-9 所示。

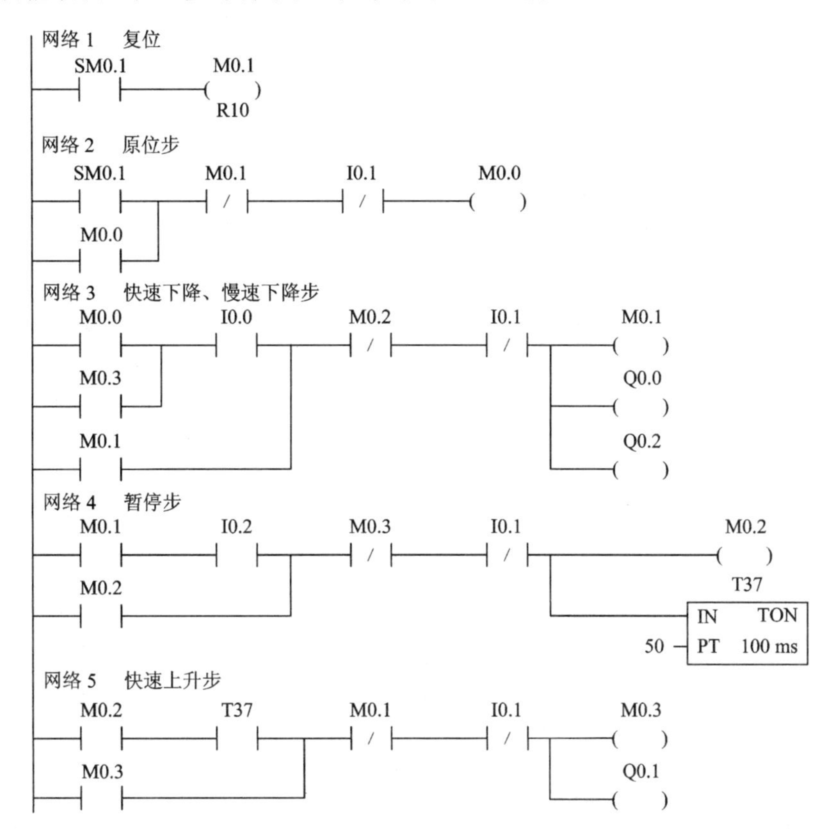

图 4-9　180 吨钣金冲床液压系统的 PLC 程序

任务 4-3　多轴钻床液压系统

【教学导航】

• **能力目标**

(1) 学会多轴钻床液压系统分析。

（2）完成多轴钻床液压系统的分析、安装、调试运行任务。

• 知识目标

（1）掌握多轴钻床液压系统分析方法。

（2）掌握多轴钻床液压系统的PLC控制设计方法。

【任务引入】

图4-10所示为多轴钻床液压系统图。图4-11所示为其控制动作顺序图。三个液压缸的动作顺序为：夹紧液压缸下降→分度液压缸前进→分度液压缸后退→进给液压缸快速下降→进给液压缸慢速钻削→进给液压缸上升→夹紧液压缸上升→暂停一段时间，如此完成一个工作循环。

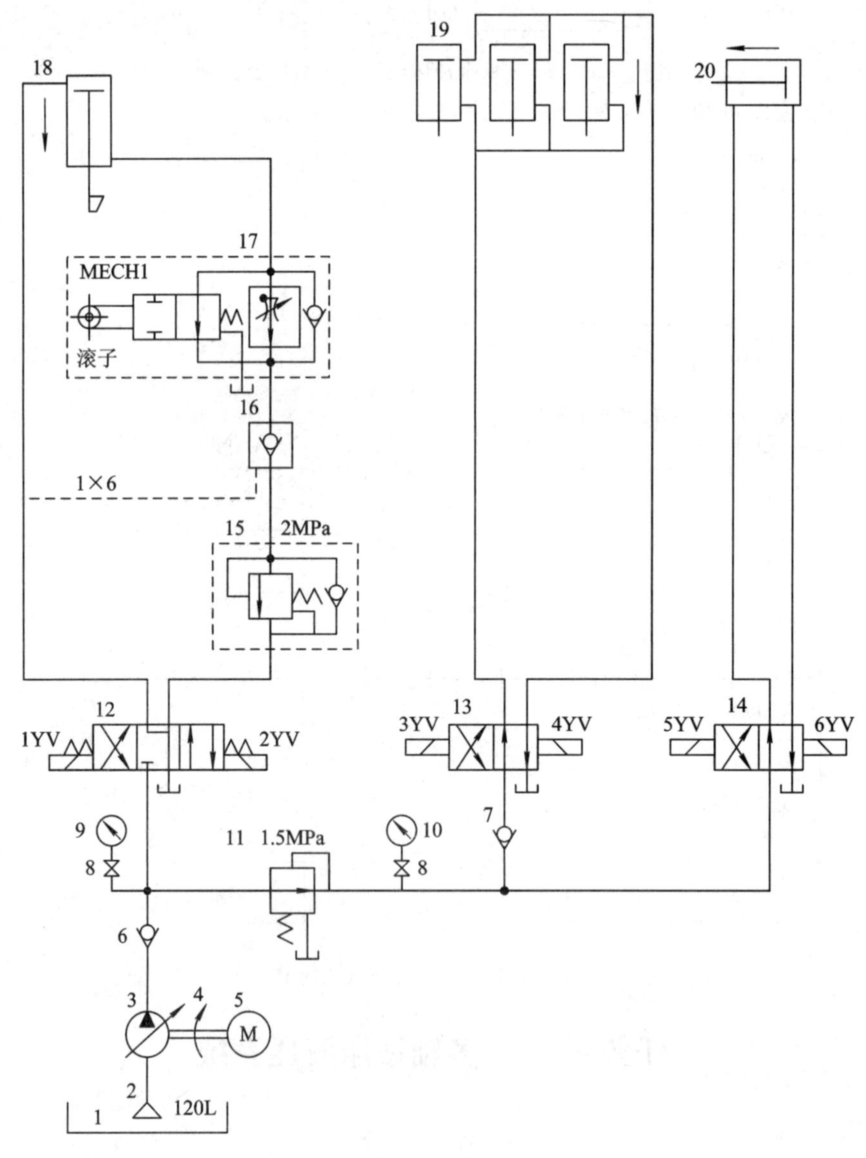

图4-10　多轴钻床液压系统图

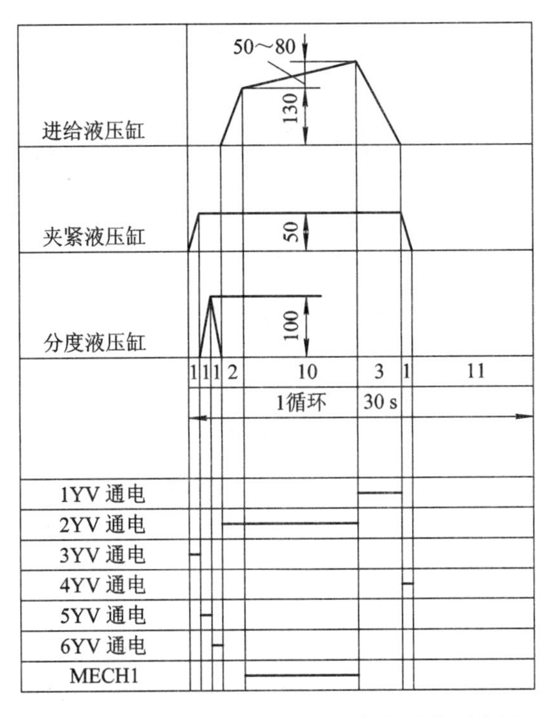

图 4-11　多轴钻床液压系统的控制动作顺序图

我们需要完成的任务包括：

(1) 认识元件。

(2) 写出油路。

(3) 填写电磁铁动作表。

(4) 用 PLC 进行控制。根据系统原理图和控制要求，画出 I/O 地址分配表、外部接线图、功能表图，并编写 PLC 程序。

【任务分析】

在阅读多轴钻床液压系统图时，应按如下步骤进行：

(1) 了解该多轴钻床对液压系统的动作要求。

(2) 浏览整个液压系统，了解该液压系统(回路)由哪些元件组成，这些元件的工作原理和作用是怎样的，分析该图中有多少个执行元件，并以每个执行元件为中心将系统分成若干个子系统。本图中有三个执行元件，分别是夹紧液压缸、分度液压缸、进给液压缸，所以整个系统可以划分为三个子系统。

(3) 对每个执行元件及其相关联的阀件等组成的子系统进行分析，并了解此系统中包含哪些基本回路。然后根据各执行元件的动作要求，参照电磁线圈的动作顺序表阅读每个子系统。

(4) 根据该系统中各执行元件间互锁、同步和防干扰等要求，分析各子系统之间的关系，并进一步阅读系统是如何实现这些要求的。

(5) 在全面读懂整个系统之后，归纳总结整个系统有哪些特点，以加深对液压回路的理解，并写出各工序的油路。

(6) 选择合适的控制方式，对系统实施控制。

【任务实施】

1. 元件认识

图 4-10 中，1 为油箱；2 为滤清器；3 为变量叶片泵；4 为联轴节；5 为电动机；6、7 为单向阀；8 为切断阀；9、10 为压力表；11 为减压阀；12、13、14 为电磁阀；15 为平衡阀；16 为液控单向阀；17 为行程调速阀(二级速度)；18、19、20 为液压缸。

2. 油路

参照图 4-10、图 4-11 对多轴钻床液压系统的油路进行分析。

1) 夹紧液压缸下降

按下启动按钮，3YV 通电。

进油路：泵 3→单向阀 6→减压阀 11→电磁阀 13(左位)→夹紧液压缸上腔(无杆腔)。

回油路：夹紧液压缸下腔→电磁阀 13(左位)→油箱。

因进回油路无任何节流设施，且夹紧液压缸下降所需工作压力低，故泵以大流量送入夹紧液压缸，夹紧液压缸快速下降。夹紧液压缸夹住工件时，其夹紧力由减压阀 11 来调定。

2) 分度液压缸前进

夹紧液压缸将工件夹紧时触发一微动开关使 5YV 通电。

进油路：泵 3→单向阀 6→减压阀 11→电磁阀 14(左位)→分度液压缸右腔。

回油路：分度液压缸左腔→电磁阀 14(左位)→油箱。

因无任何节流设施，且分度液压缸前进时所需工作压力低，故泵以大流量送入分度液压缸，分度液压缸快速前进。

3) 分度液压缸后退

分度液压缸前进碰到微动开关使 6YV 通电，分度液压缸快速后退。

进油路：泵 3→单向阀 6→减压阀 11→电磁阀 14(右位)→分度液压缸左腔。

回油路：分度液压缸右腔→电磁阀 14(右位)→油箱。

4) 钻头进给液压缸快速下降

分度液压缸后退碰到微动开关使 2YV 通电。

进油路：泵 3→单向阀 6→电磁阀 12(右位)→进给液压缸上腔。

回油路：进给液压缸下腔→行程调速阀 17 右位(行程减速阀)→液控单向阀 16→平衡阀 15→电磁阀 12(右位)→油箱。

在凸轮板未压到滚子时，回油未被节流(回油经由凸轮操作调速阀的减速阀)，且尚未钻削，故泵工作压力 $p=2$ MPa，泵流量 $q=17$ L/min，进给液压缸快速下降。

5) 钻头进给液压缸慢速下降(钻削进给)

当凸轮板压到滚子时，回油只能由调速阀流出，回油被节流，进给液压缸慢速钻削。

进油路：同钻头进给液压缸快速下降时的进油路，即泵 3→单向阀 6→电磁阀 12(右位)→进给液压缸上腔。

回油路：进给液压缸下腔→行程调速阀 17→液控单向阀 16→平衡阀 15→电磁阀 12(右位)→油箱。

因液压缸出口液压油被节流，且钻削阻力增大，故泵工作压力增大($p=4.8$ MPa)，泵流量下降($q=1.5$ L/min)，所以进给液压缸慢速下降。

6）钻头进给液压缸上升

钻削完成碰到微动开关使1YV通电。

进油路：泵3→单向阀6→电磁阀12(左位)→平衡阀15(走单向阀)→液控单向阀16→行程调速阀17(走单向阀)→进给液压缸下腔。

回油路：进油液压缸上腔→电磁阀12(左位)→油箱。

进给液压缸后退时，因进、回油路均未被节流，泵工作压力低，泵以大流量送入进给液压缸，故进给液压缸快速上升。

7）夹紧液压缸上升

进给液压缸上升碰到微动开关使4YV通电。

进油路：泵3→单向阀6→减压阀11→单向阀7→电磁阀13(右位)→夹紧液压缸下腔。

回油路：夹紧液压缸上腔→电磁阀13(右位)→油箱。

因进、回油路均没有节流设施，且上升时所需工作压力低，泵以大流量送入夹紧液压缸，故夹紧液压缸快速上升。

3. 填写电磁铁动作表

多轴钻床液压系统的电磁铁动作表如表4－5所示。

表4－5　多轴钻床液压系统的电磁铁动作表

动　作	1YV	2YV	3YV	4YV	5YV	6YV	MECH1
夹紧液压缸下降	－	－	＋	－	－	－	导通
分度液压缸前进	－	－	－	－	＋	－	导通
分度液压缸后退	－	－	－	－	－	＋	导通
钻头进给液压缸快速下降	－	＋	－	－	－	－	导通
钻头进给液压缸慢速下降	－	＋	－	－	－	－	通→断
钻头进给液压缸上升	＋	－	－	－	－	－	导通
夹紧液压缸上升	－	－	－	＋	－	－	导通

4. 系统组成及特点

1）系统组成

如以该液压缸为中心，可将液压回路分成三个子系统：

(1) 钻头进给液压缸子系统。此子系统由液压缸18、行程调速阀17、液控单向阀16、平衡阀15及电磁阀12所组成。此子系统包含速度切换(二级速度)回路、锁定回路、平衡回路及换向回路等基本回路。

(2) 夹紧液压缸子系统。此子系统由液压缸19及电磁阀13组成。

(3) 分度液压缸子系统。此子系统由液压缸20及电磁阀14组成。

夹紧液压缸子系统和分度液压缸子系统均只有一个基本回路——换向回路。

2）特点

多轴钻床液压系统有以下几个特点：

(1) 钻头进给液压缸的速度控制行程调速阀 17，故速度的变换稳定，不易产生冲击，控制位置正确，可使钻头尽量接近工件。

(2) 平衡阀 15 可使进给液压缸上升到尽头时产生锁定作用，防止进给液压缸由于自重而产生不必要的下降现象。此平衡阀所建立的回油背压阀阻力亦可防止液压缸下降现象的产生。

(3) 液控单向阀 16 可使进给液压缸上升到尽头时产生锁定作用，防止进给液压缸由于自重而产生不必要的下降现象。

(4) 减压阀 11 可设定夹紧液压缸和分度液压缸的最大工作压力。

(5) 单向阀 7 在防止分度液压缸前进或进给液压缸下降作用时，由于夹紧液压缸上腔的压油流失而使夹紧压力下降。

(6) 该液压系统采用变排量(压力补偿型)式泵当动力源，可节省能源。此系统亦可用定量式泵当动力源，但在慢速钻削阶段，轴向力大，且大部分压油经溢流阀流回油箱，能量损失大，易造成油温上升。此系统可采用复合泵以达到节约能源、防止油温上升的目的，但设备较复杂，且费用较高。

5. PLC 控制

根据系统原理图和控制要求，画出 PLC 外部接线图，并编写 PLC 程序。

1) PLC 外部接线图

该系统有 2 个按钮(启动按钮 SB1、停止按钮 SB2)、6 个行程开关(SQ1、SQ2、SQ3、SQ4、SQ5、SQ6)、6 个电磁换向阀(1YV、2YV、3YV、4YV、5YV、6YV，详见图 4-10)。I/O 地址分配表见表 4-6。

表 4-6　多轴钻床液压系统的 I/O 地址分配表

序号	I/O	信号	信号说明	状态说明	
				ON	OFF
1	I0.0	SB1	启动按钮	有效	
2	I0.1	SB2	停止按钮	有效	
3	I0.2	SQ1	夹紧液压缸伸出到位检测	夹紧液压缸伸出到位	
4	I0.3	SQ2	夹紧液压缸缩回到位检测	夹紧液压缸缩回到位	
5	I0.4	SQ3	分度液压缸伸出到位检测	分度液压缸伸出到位	
6	I0.5	SQ4	分度液压缸缩回到位检测	分度液压缸缩回到位	
7	I0.6	SQ5	钻头进给液压缸伸出到位检测	进给液压缸伸出到位	
8	I0.7	SQ6	钻头进给液压缸缩回到位检测	进给液压缸缩回到位	
9	Q0.0	1YV	夹紧液压缸伸出控制	夹紧液压缸伸出	
10	Q0.1	2YV	夹紧液压缸缩回控制	夹紧液压缸缩回	
11	Q0.2	3YV	分度液压缸伸出控制	分度液压缸伸出	
12	Q0.3	4YV	分度液压缸缩回控制	分度液压缸缩回	
13	Q0.4	5YV	钻头进给液压缸伸出控制	进给液压缸伸出	
14	Q0.5	6YV	钻头进给液压缸缩回控制	进给液压缸缩回	

根据 I/O 地址分配表 4－6 和工作要求，外部接线图如图 4－12 所示。

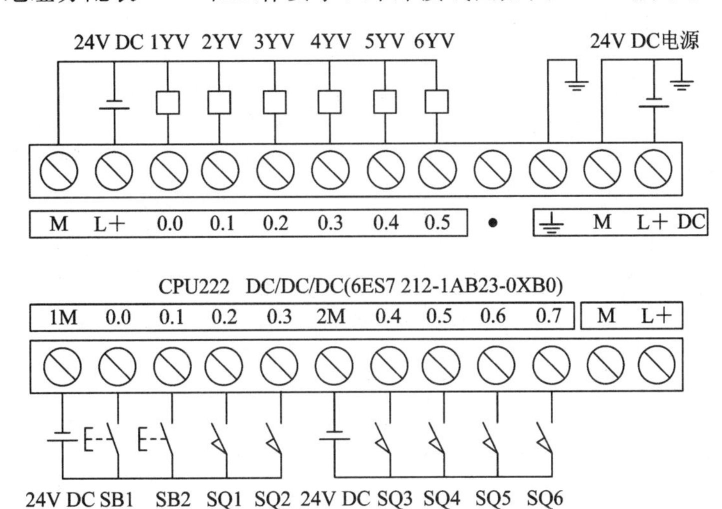

图 4－12　多轴钻床液压系统的 PLC 外部接线图

2）编制 PLC 程序

此液压系统动作比较复杂，对于初学者来说使用经验设计法不易实现，可使用顺序控制设计法来编程，功能表图如图 4－13 所示。

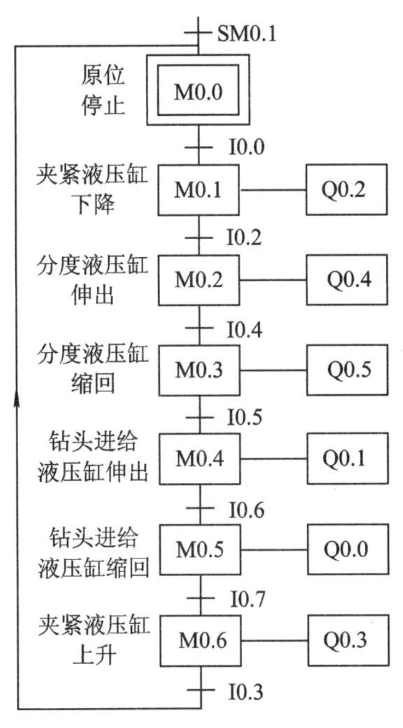

图 4－13　多轴钻床液压系统的功能表图

根据功能表图可知，参考梯形图(程序)如图 4－14 所示。

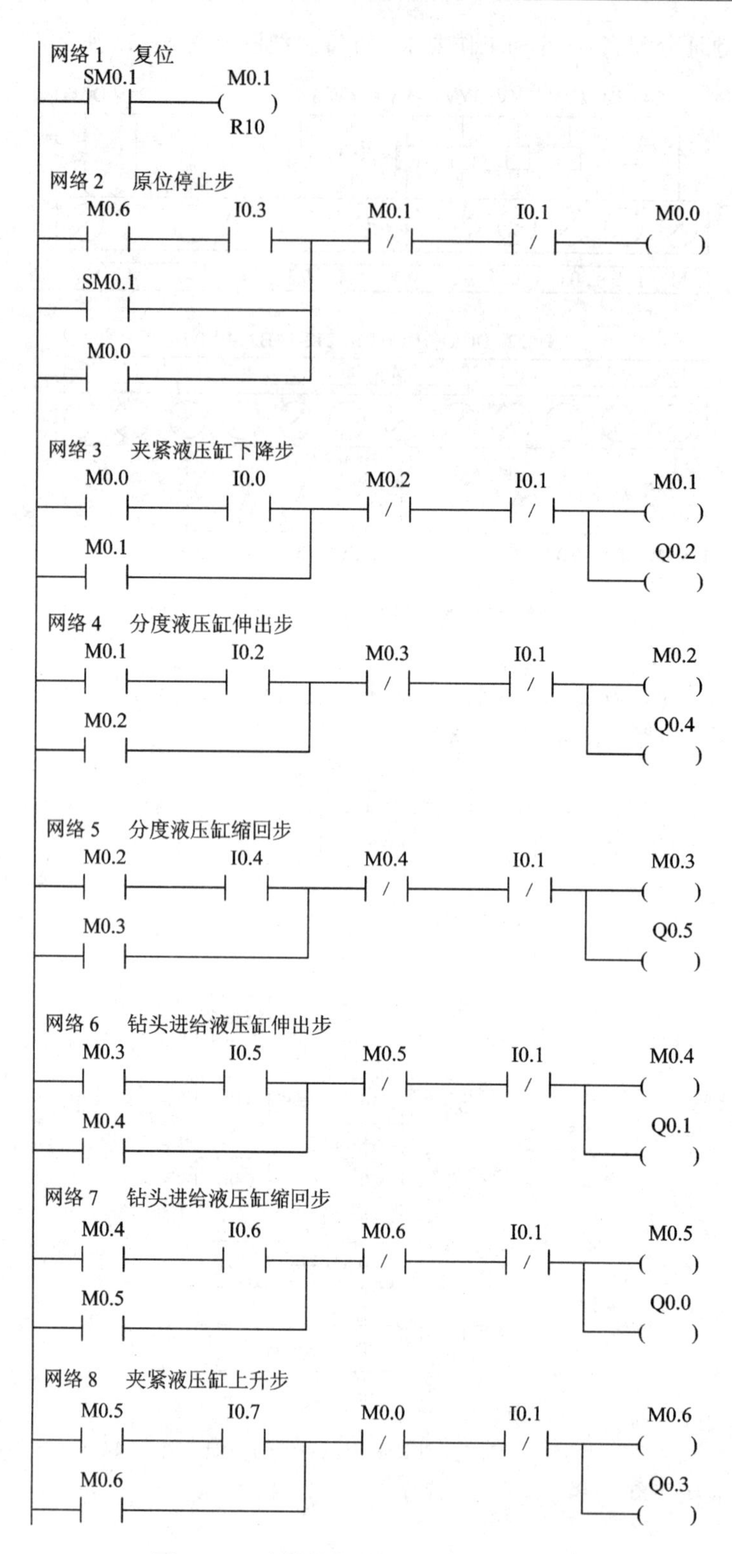

图 4-14　多轴钻床液压系统的 PLC 程序

思考与练习

图 4－15 所示为钻镗两用组合机床的液压系统。该系统的工作循环是快进→工进→快退→停止。

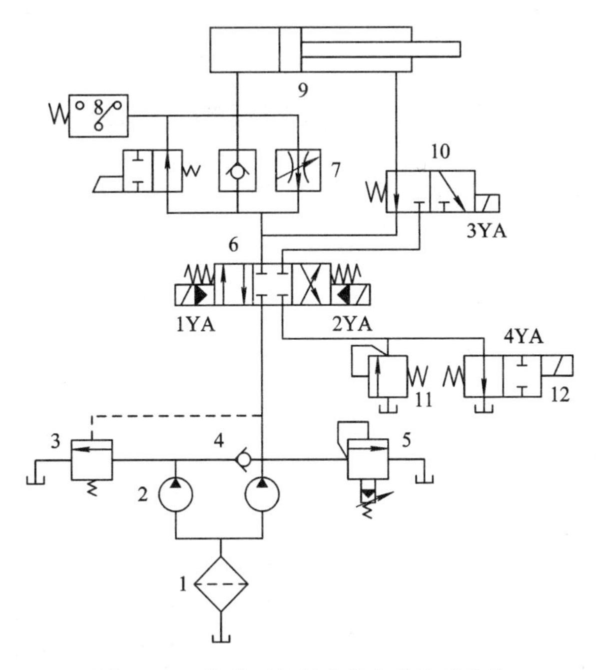

图 4－15　钻镗两用组合机床的液压系统

要求：

(1) 写出各元件名称。

(2) 写出各步油路并填写电磁铁动作表。

(3) 使用 PLC 控制该液压系统，画出外部接线图，编写梯形图。

项目五 气动机械手

任务5-1 气动机械手概述

【教学导航】

• **能力目标**

(1) 学会搭建气动系统回路。

(2) 学会PLC硬件接线。

• **知识目标**

(1) 掌握气动机械手的硬件构成。

(2) 了解气动机械手的动作过程。

【任务引入】

气动机械手具有结构简单和制造成本低等优点，并可以根据各种自动化设备的工作需要，按照设定的控制程序动作。因此，它在自动化生产设备和生产线上被广泛采用。图5-1所示是某自动化生产线上的装配单元，它由旋转落料和气动机械手组成。其中，机械手是一个三维运动的机构，它由水平方向移动和竖直方向移动的2个导向气缸和气动手指组成。

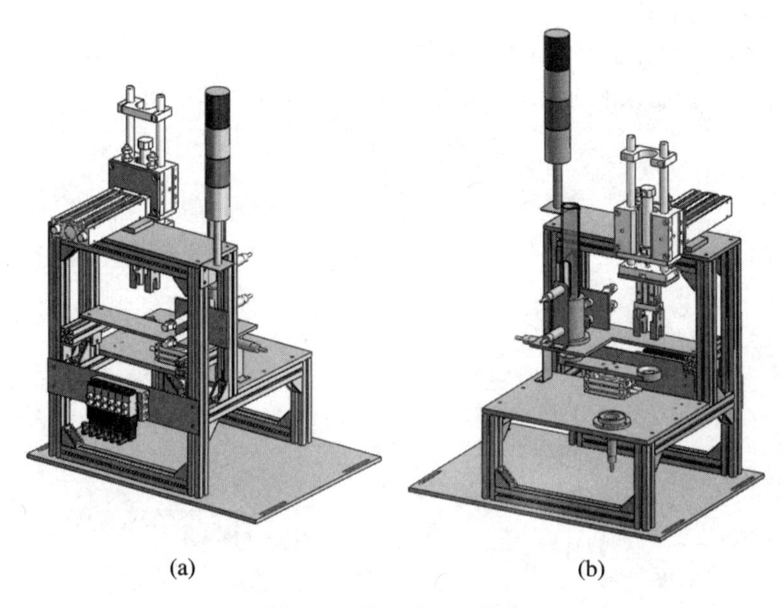

(a) (b)

图5-1 装配单元整体图

机械手的运动过程如下：

PLC驱动与竖直移动气缸相连的电磁阀动作，由竖直移动带导杆气缸驱动气动手指向下移动，到位后，气动手指驱动手爪夹紧物料，并将夹紧信号通过磁性开关传送给PLC，在PLC控制下，竖直移动气缸复位，被夹紧的物料随气动手指一并提起，当离开回转物料台的料盘，提升到最高位后，水平移动气缸在与之对应的换向阀的驱动下，活塞杆伸出，移动到气缸前端位置后，竖直移动气缸再次被驱动下移，移动到最下端位置，气动手指松开，经短暂延时，竖直移动气缸和水平移动气缸缩回，机械手恢复初始状态。

在整个机械手动作过程中，除气动手指松开到位无传感器检测外，其余动作的到位信号检测均采用与气缸配套的磁性开关，将采集到的信号输入PLC，由PLC输出信号驱动电磁阀换向，使由气缸及气动手指组成的机械手按程序自动运行。

需要完成的任务包括：

(1) 认识元件。

(2) 根据实物，画出气动系统原理图。

(3) 填写电磁铁动作表和I/O地址分配表。

(4) 根据系统原理图和控制要求，画出外部接线图，编写PLC程序。

(5) 调试程序。

【任务分析】

该系统为气动系统，由三个气缸组成，并使用PLC控制其动作。要想初步掌握气动技术，也要遵循气压传动基础——元件认识——回路分析——气动系统传动分析——气动系统控制的过程。所以，我们还按照这个顺序进行学习。

任务5-2　气动机械手气源装置、气动辅件

【教学导航】

• 能力目标

(1) 能够辨别和正确使用常用气动辅件。

(2) 学会气源装置的正确使用。

• 知识目标

(1) 了解气源装置的组成及各部分的作用。

(2) 了解常见的气动辅件有哪些及其作用。

【任务引入】

液压系统是依靠液压油来传递运动和动力的，而气动系统是依靠压缩空气来传递运动和动力的。压缩空气作为气动系统的工作介质，它是如何得到的呢？又有什么要求呢？

以压缩空气作为工作介质向气动系统提供压缩空气的气源装置，其主体是空气压缩机。由空气压缩机产生的压缩空气因为含有较高的杂质，不能直接使用，所以必须经过降温(除去水分)、除尘、除油、过滤等一系列处理后才能用于气压系统。因此，在气动系统工作时，压缩空气中水分和固体杂质粒子等的含量是决定系统能否正常工作的重要因素。如果不除去这些污染物，将导致机器和控制装置发生故障，损害产品的质量，增加气动设备和系统的维护成本。

【知识链接】

1. 气源装置

气源装置为气动系统提供满足一定质量要求的压缩空气，它是气动系统的一个重要组成部分，气动系统对压缩空气的主要要求有：具有一定压力和流量，并具有一定的净化程度。

气源装置一般由四个部分组成：

(1) 气压发生装置(空气压缩机)。

(2) 净化、储存压缩空气的装置和设备。

(3) 传输压缩空气的管道系统。

(4) 气动三联件。

图 5-2 所示为气源系统组成示意图。图中，空气压缩机 1 用以产生压缩空气，一般由电动机带动。其吸气口装有空气过滤器，以减少进入空气压缩机内气体的杂质量。后冷却器 2 用以降温冷却压缩空气，使气化的水、油凝结出来。油水分离器 3 用以分离并排出降温冷却凝结的水滴、油滴、杂质等。储存罐 4 和 7 用以储存压缩空气，稳定压缩空气的压力，并除去部分油分和水分。干燥器 5 用以进一步吸收或排除压缩空气中的水分及油分，使之变成干燥空气。过滤器 6 用以进一步过滤压缩空气中的灰尘、杂质颗粒。储气罐 4 输出的压缩空气可用于一般要求的气压传动系统，储气罐 7 输出的压缩空气可用于要求较高的气动系统(如气动仪表及射流元件组成的控制回路等)。

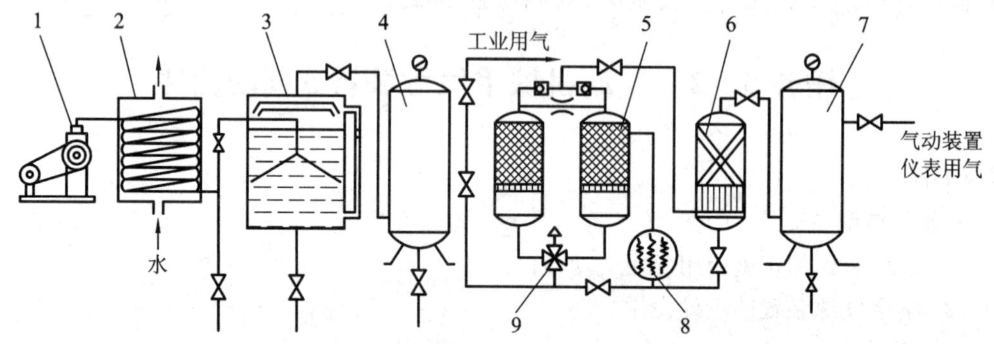

1—空气压缩机；2—后冷却器；3—油水分离器；4、7—储存罐；
5—干燥器；6—过滤器；8—加热器；9—四通阀

图 5-2 气源系统组成示意图

1) 空气压缩机

空气压缩机简称空压机，是气压发生装置。空压机将电机或内燃机的机械能转化为压缩空气的压力能。

(1) 分类。空压机的种类很多，可按工作原理、输出压力大小及输出流量分类。

① 按工作原理分类。按工作原理，空压机可分为容积式空压机和速度式空压机。容积式空压机的工作原理是使单位体积内空气分子的密度增加以提高压缩空气的压力。速度式空压机的工作原理是提高气体分子的运动速度来增加气体的动能，然后将气体分子的动能转化为压力能以提高压缩空气的压力。

② 按空压机输出压力大小分类。按空压机输出压力大小，可将其分为如下几类：低压

空压机，输出压力在 0.2～1.0 MPa 范围内；中压空压机，输出压力在 1.0～10 MPa 范围内；高压空压机，输出压力在 10～100 MPa 范围内；超高压空压机，输出压力大于 100 MPa。

③ 按空压机输出流量(排量)分类。按空压机输出流量(排量)，可将其分为如下几类：微型空压机，其输出流量小于 1 m^3/min；小型空压机，其输出流量在 1～10 m^3/min 范围内；中型空压机，其输出流量在 10～100 m^3/min 范围内；大型空压机，其输出流量大于 100 m^3/min。

(2) 工作原理。常见的空压机有活塞式空压机、叶片式空压机和螺杆式空压机三种。以下介绍它们的工作原理。

① 活塞式空压机。活塞式空压机的工作原理如图 5-3 所示。当活塞下移时，气体体积增加，气缸内压力小于大气压，空气便从进气阀门进入缸内。在冲程末端，活塞向上运动，排气阀门被打开，输出空气进入储气罐。活塞的往复运动是由电动机带动的曲柄滑块机构形成的。这种类型的空压机只用一个过程就将吸入的大气压空气压缩到所需要的压力，因此称之为单级活塞式空压机。

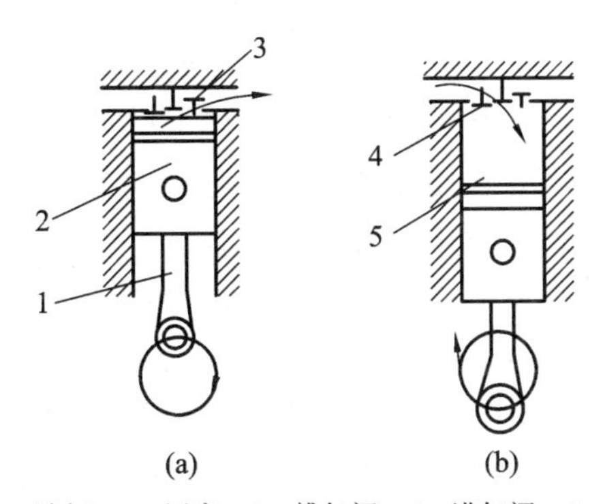

1—连杆；2—活塞；3—排气阀；4—进气阀；5—汽缸

图 5-3　活塞式空压机的工作原理

单级活塞式空压机通常用于需要 0.3～0.7 MPa 压力范围的系统。在单级压缩机中，若空气压力超过 0.6 MPa，产生的过热将大大地降低压缩机的效率，因此当输出压力较高时，应采取多级压缩。多级压缩可降低排气温度，节省压缩功，提高容积效率，增加压缩气体排量。

工业中使用的活塞式空压机通常是两级的。图 5-4(a)所示为活塞式空压机的工作原理，图(b)为两级活塞式空压机。由两级三个阶段将吸入的大气压空气压缩到最终的压力。如果最终压力为 0.7 MPa，第一级通常将它压缩到 0.3 MPa，然后经过中间冷却器，压缩空气通过中间冷却器后温度大大下降，再输送到第二级气缸，压缩到 0.7 MPa。因此，相对于单级压缩机，它提高了效率。图 5-4(c)为活塞式空压机的外观。

② 叶片式空压机。叶片式空压机的工作原理如图 5-5 所示。把转子偏心安装在定子内，叶片插在转子的放射状槽内，且叶片能在槽内滑动，叶片、转子和定子内表面构成的容积空间在转子回转(图中转子顺时针回转)过程中逐渐变小，由此从进气口吸入的空气就逐渐被压缩排出。这样，在回转过程中不需要活塞式空压机中的吸气阀和排气阀。在转子的每一次回转中，将根据叶片的数目多次进行吸气、压缩和排气，所以输出压力的脉动较小。

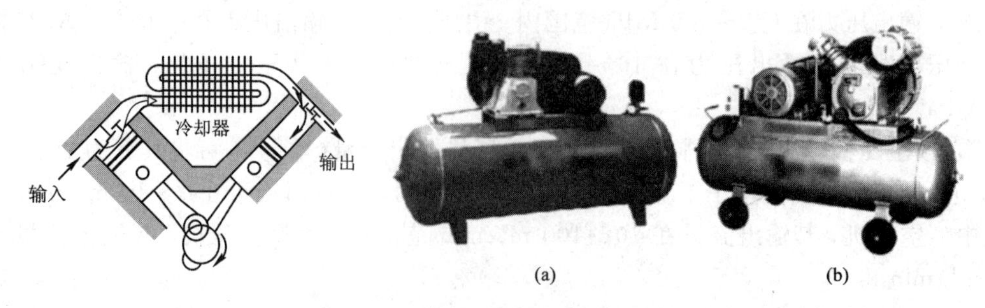

图 5-4　活塞式空压机

(a) 工作原理；(b) 两级活塞式空压机；(c) 活塞式空压机的外观

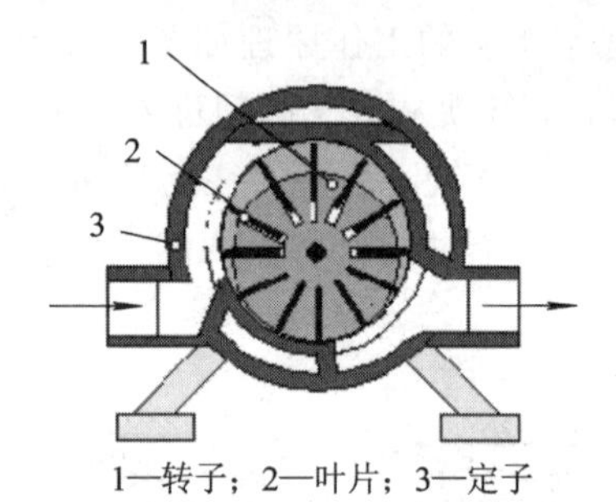

图 5-5　叶片式空压机的工作原理

通常情况下，叶片式空压机需使用润滑油对叶片、转子和机体内部进行润滑、冷却和密封，所以排出的压缩空气中含有大量的油分。因此，在排气口需要安装油气分离器和冷却器，以便把油分从压缩空气中分离出来，进行冷却，并循环使用。

通常所说的无油空压机是指用石墨或有机合成材料等自润滑材料作为叶片材料的空压机，运转时无需添加任何润滑油，压缩空气不被污染，满足了无油化的要求。

此外，在进气口设置空气流量调节阀，根据排出气体压力的变化自动调节流量，使输出压力保持恒定。

叶片式空压机的优点是能连续排出脉动小的额定压力的压缩空气，所以，一般无需设置储气罐，并且其结构简单，制造容易，操作维修方便，运转噪声小。其缺点是叶片、转子和机体之间机械摩擦较大，会产生较高的能量损失，因而效率也较低。

③ 螺杆式空压机。螺杆式空压机的工作原理如图 5-6 所示。两个啮合的凸凹面螺旋转子以相反的方向运动，两根转子及壳体三者围成的空间在转子回转过程中沿轴向移动，

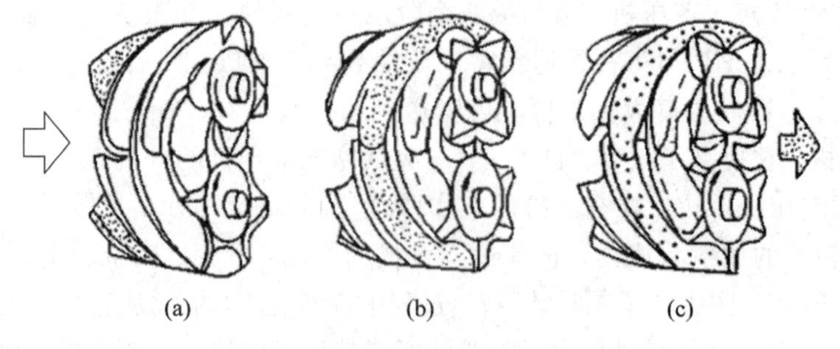

图 5-6　螺杆式空压机的工作原理

(a) 吸气；(b) 压缩；(c) 排气

其容积逐渐减小。这样从进口吸入的空气逐渐被压缩，并从出口排出。转子旋转时，两转子之间及转子与机体之间均有间隙存在。由于其进气、压缩和排气等各行程均由转子旋转产生，因此输出压力脉动小，可不设置储气罐。

螺杆式空压机与叶片式空压机一样，也需要加油进行冷却、润滑及密封，所以在出口处也要设置油气分离器。

螺杆式空压机的优点是排气压力脉动小，输出流量大，无需设置储气罐，结构中无易损件，寿命长，效率高。其缺点是制造精度要求高，且由于结构刚度的限制，只适用于中低压范围使用。

2）压缩空气净化处理装置

从空压机输出的压缩空气在到达各用气设备之前，必须将压缩空气中含有的大量水分、油分及粉尘杂质等除去，得到适当的压缩空气质量，以避免它们对气动系统的正常工作造成危害，并且用减压阀调节系统所需压力，得到适当压力。在必要的情况下，使用油雾器使润滑油雾化，并混入压缩空气中润滑气动元件，以降低磨损，提高元件寿命。

（1）后冷却器。空压机输出的压缩空气温度高达120℃～180℃，在此温度下，空气中的水分完全呈气态。后冷却器的作用是将空压机出口的高温压缩空气冷却到40℃，并使其中的水蒸气和油雾冷凝成水滴和油滴，以便将其清除。

后冷却器有风冷式和水冷式两大类。图5－7(a)所示为风冷式后冷却器。它靠风扇产生冷空气，吹向带散热片的热空气管道，经风冷后，压缩空气的出口温度大约比环境温度高15℃左右。水冷式后冷却器是通过强迫冷却水沿压缩空气流动方向的反方向流动来进行冷却的，如图5－7(b)所示，压缩空气出口温度大约比环境温度高10℃左右。图5－7(c)为职能符号。

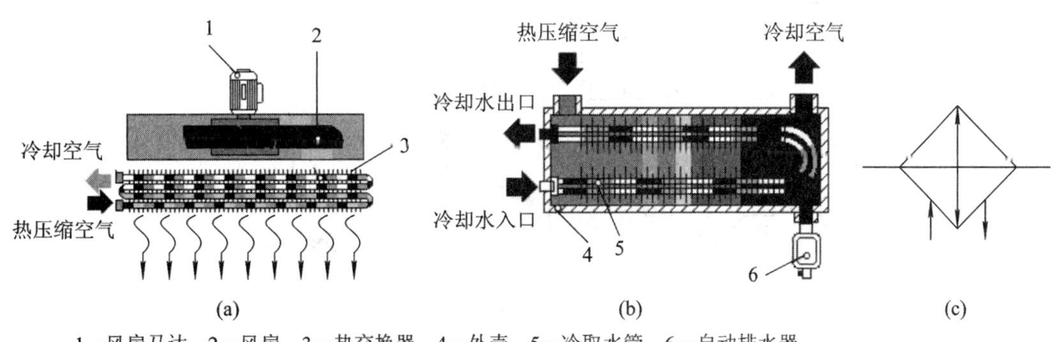

1—风扇马达；2—风扇；3—热交换器；4—外壳；5—冷取水管；6—自动排水器

图5－7　后冷却器

(a) 风冷式；(b) 水冷式；(c) 职能符号

后冷却器上应装有自动排水器，以排除冷凝水和油滴等杂质。

（2）干燥器。干燥器的作用是进一步除去压缩空气中的少量油分、水分、粉尘等杂志，使压缩空气干燥，提供给系统使用。干燥器分为冷冻式、吸附式、吸收式。干燥气的结构形式如图5－8所示。

（3）油水分离器。油水分离器安装在后冷却器后的管道上，作用是分离压缩空气中所含的水分、油分等杂质，使压缩空气得到初步净化。油水分离器的结构形式有环形回转式、撞击折回式、离心旋转式、水浴式以及以上形式的组合使用等。油水分离器主要利用回转离心、撞击、水浴等方法使水滴、油滴及其他杂质颗粒从压缩空气中分离出来。撞击折回式油水分离器的结构形式如图 5-9 所示。

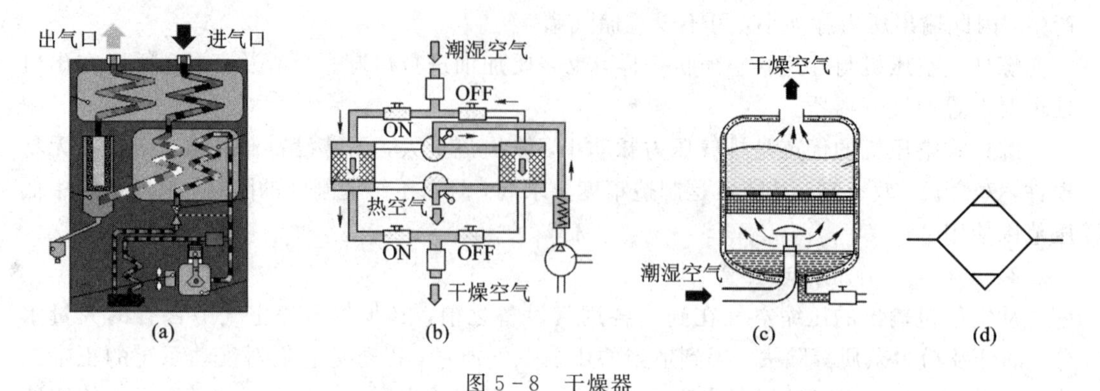

图 5-8　干燥器

(a) 冷冻式；(b) 吸附式；(c) 吸收式；(d) 职能符号

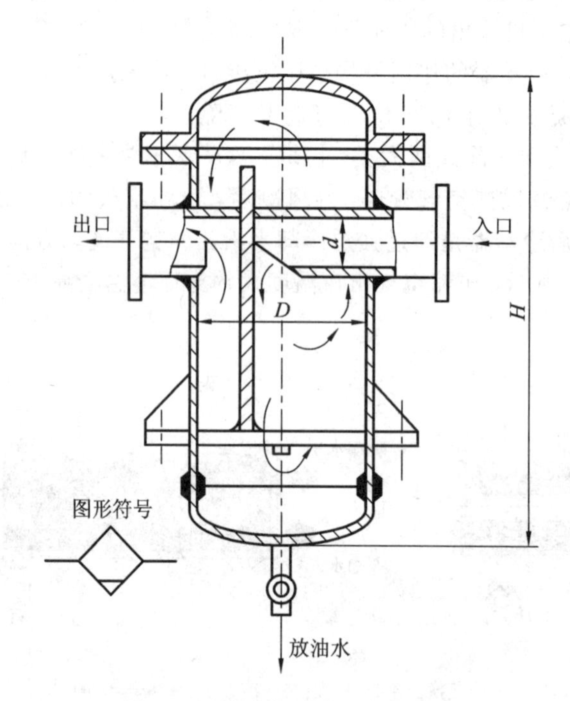

图 5-9　撞击折回式油水分离器

(4) 储气罐。储气罐有如下作用：

① 使压缩空气供气平稳，减少压力脉动。

② 作为压缩空气瞬间消耗需要的存储补充之用。

③ 存储一定量的压缩空气，停电时可使系统继续维持一定时间。

④ 可降低空压机的启动、停止频率，其功能相当于增大了空压机的功率。

⑤ 利用储气罐的大表面积散热，使压缩空气中的一部分水蒸气凝结为水。

储气罐的尺寸大小由空压机的输出功率来决定。储气罐的容积愈大，压缩机运行时间间隔就愈长。储气罐一般为圆筒状焊接结构，有立式和卧式两种，以立式居多。其结构如图 5-10 所示。

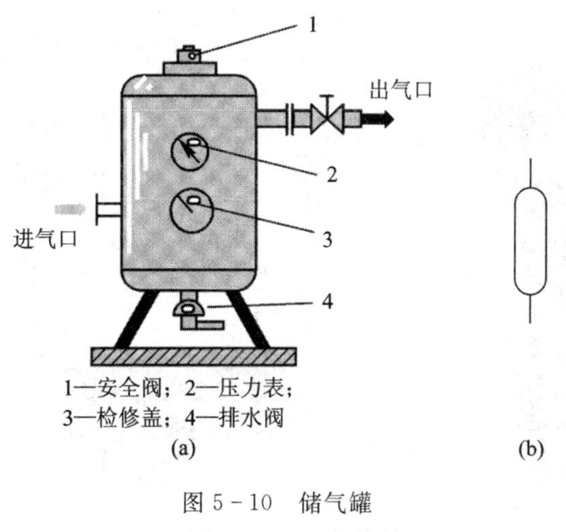

图 5－10 储气罐

(a) 外观；(b) 职能符号

使用储气罐应注意以下事项：

① 储气罐属于压力容器，应遵守压力容器的有关规定，必须有产品耐压合格证书。

② 储气罐上必须安装如下元件：

• 安全阀：当储气罐内的压力超过允许限度时，可将压缩空气排出。

• 压力表：显示储气罐内的压力。

• 压力开关：用储气罐内的压力来控制电动机，它被调节到一个最高压力，达到这个压力就停止电动机；它被调节到另一个最低压力，储气罐内压力跌到这个压力时，就重新启动电动机。

• 单向阀：让压缩空气从压缩机进入气罐，当压缩机关闭时，阻止压缩空气反方向流动。

• 排水阀：设置在系统最低处，用于排掉凝结在储气罐内的所有水。

2. 气动辅件

气动控制系统中，许多辅助元件往往是不可缺少的，如空气过滤器、油雾器、气动三联件（气动二联件）、消音器、转换器等。它们是如何工作的呢？

1）空气过滤器

空气过滤器的作用是滤除压缩空气的水分、油滴及杂质，以达到气动系统所要求的净化程度。它属于二次过滤器，大多与减压阀、油雾器一起构成气动三联件，安装在气动系统的入口处。图 5－11 所示为空气过滤器结构图。压缩空气从输入口进入后，沿旋风叶子强烈旋转，夹在空气中的水滴、油滴和杂质在离心力的作用下分离出来，沉积在存水杯底，而气体经过中间滤芯时，又将其中微粒杂质和雾状水分滤下，沿挡水板流入杯底。洁净空气经出口输出。

空气过滤器主要根据系统所需要的流量、过滤精度和容许压力等参数来选取，通常垂直安装在气动设备入口处，进出气孔不得装反，使用中注意定期放水、清洗或更换滤芯。

2）油雾器

油雾器是气压系统中一种特殊的注油装置，其作用是把润滑油物化后，经压缩空气携带进入系统中各润滑部位，以满足润滑的需要。

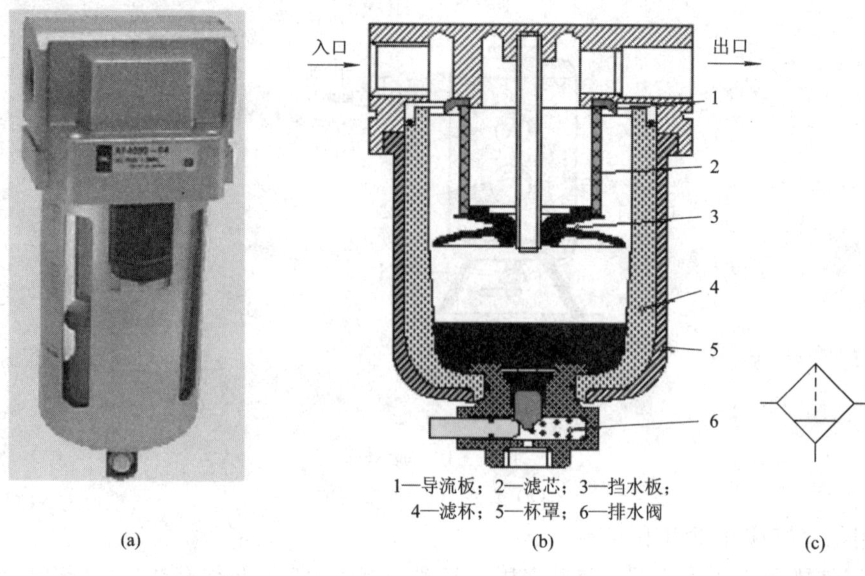

图 5-11 空气过滤器

(a) 过滤器外形图；(b) 标准过滤器结构原理图；(c) 职能符号

图 5-12 所示为一种固定节流式普通油雾器。其工作原理是：压缩空气从输入口进入油雾器后，绝大部分经主管道输出，一小部分气流进入立杆 1 上正对气流方向的小孔 a，经截止阀进入储油杯 5 的上腔 c 中，使油面受压。立杆 1 上背对气流方向的孔 b 由于其周围气流高速流动，其压力低于气流压力。这样，油面气压与孔 b 压力间存在压差，润滑油在此压差作用下，经吸油管 6、单向阀 7 和节流阀 8 滴落到透明的视油器 9 内，并顺着油路被主管道中的高速气流从孔 b 引射出来，雾化后随空气一同输出。视油器 9 上部的节流阀 8 用以调节滴油量，可在 0～200 滴每分范围内调节。

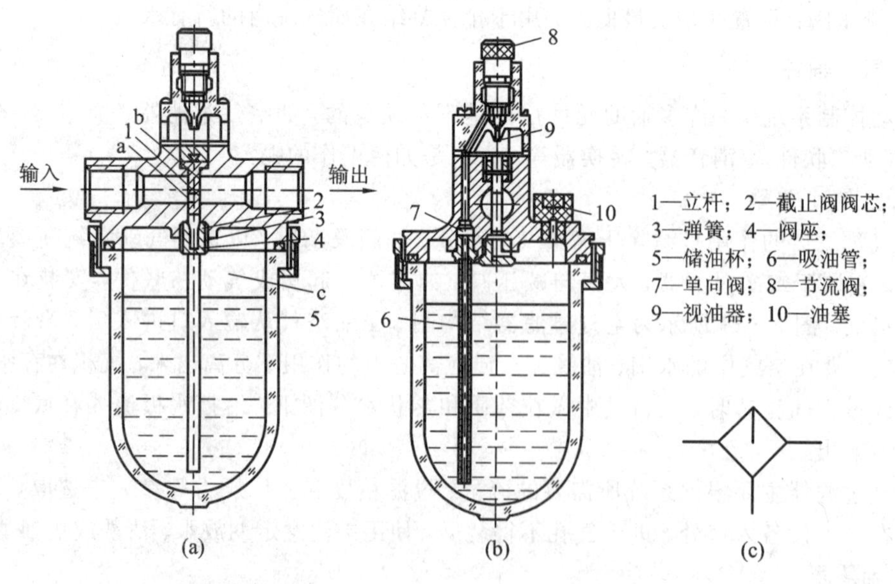

图 5-12 固定节流式普通油雾器

(a)、(b) 结构；(c) 职能符号

普通型油雾器能在进气状态下加油，这时只要拧松油塞 10，油杯上腔 c 便通空气，同时，输入进来的压缩空气将截止阀阀芯 2 压在截止阀座 4 上，切断压缩空气进入 c 腔的通道。又由于吸油管 6 中单向阀 7 的作用，压缩空气也不会从吸油管倒灌到油杯中，所以就可以在不停气的状态下向油塞口加油，加油完毕，拧上油塞。由于截止阀稍有泄漏，因此油杯上腔的压力又逐渐上升，直到将截止阀打开，油雾器又重新开始工作。油塞上开有半截小孔，当油塞向外拧出时，并不等油塞全打开，小孔已经与外界相通，油杯中的压缩空气逐渐向外排空，以免在油塞打开的瞬间产生压缩空气突然排放的现象。

3）气动三联件(气动二联件)

油雾器在使用中一定要垂直安装，它可以单独使用，也可以和空气过滤器、减压阀、油雾器三件联合使用，组成气源调节装置(通常称之为气动三联件)，使之具有过滤、减压和油雾润滑的功能。联合使用时，其连接顺序应为空气过滤器→减压阀→油雾器，不能颠倒。安装时，气源调节装置应尽量靠近气动设备附近，距离不应大于 5 m。气动三联件的工作原理如图 5－13 所示，其外观及职能符号如图 5－14 所示。

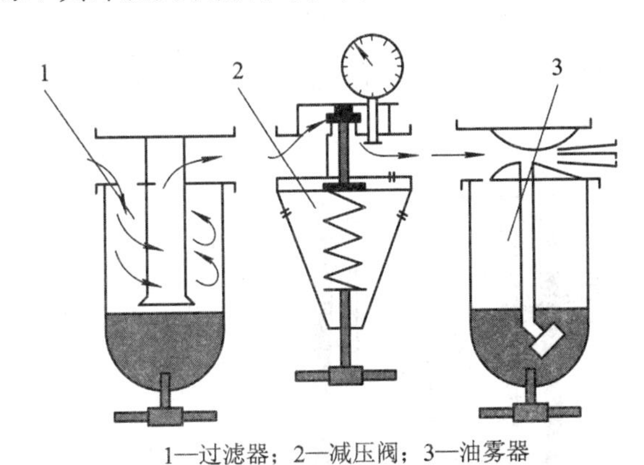

1—过滤器；2—减压阀；3—油雾器

图 5－13　气动三联件的工作原理图

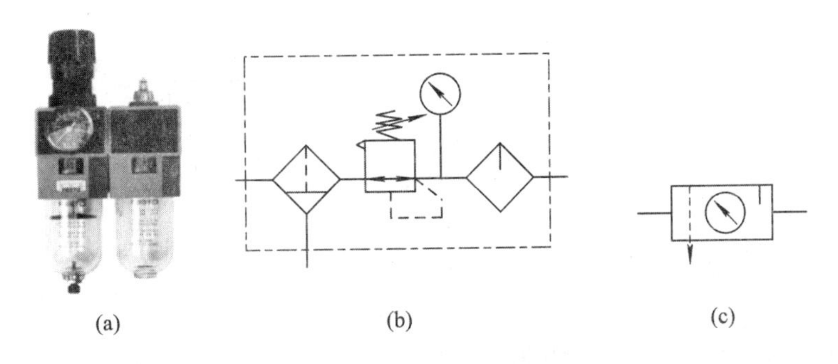

图 5－14　气动三联件的外观及职能符号

(a) 外观；(b) 详尽职能符号；(c) 简化职能符号

对于一些对油污控制严格的场合，如纺织、制药和食品等行业，气动元件在选用时要求无油润滑。在这种系统中，气源调节装置必须用两联件，连接方式为过滤器-减压阀，去掉油雾器。气动两联件的外观及职能符号见图 5-15。

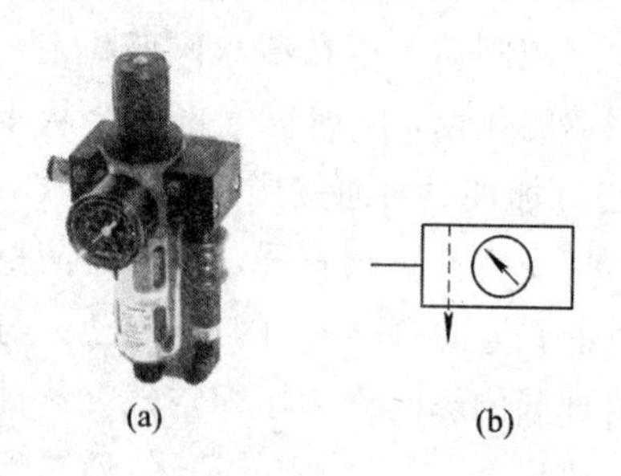

(a)　　(b)

图 5-15　气动二联件的外观及职能符号

4）消音器

气缸、气阀等工作时排气速度较高，气体体积急剧膨胀，会产生刺耳的噪声。噪声的强弱随排气的速度、排气量和空气通道的形状而变化。排气的速度和功率越大，噪声也越大，一般可达 100～120 dB。为了降低噪声，可以在排气口装设消音器。

消音器就是通过阻尼或增加排气面积来降低排气的速度和功率从而降低噪声的。

气动元件上使用的消音器的类型一般有三种：吸收型消音器、膨胀干涉型消音器、膨胀干涉吸收型消音器(见图 5-16)。

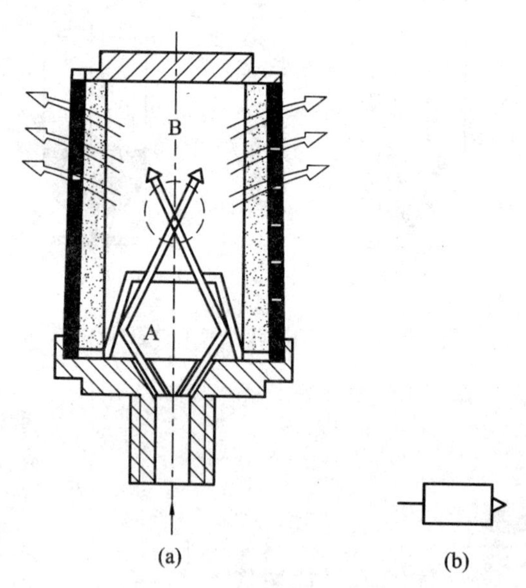

(a)　　(b)

图 5-16　膨胀干涉吸收型消音器

(a) 结构；(b) 职能符号

5）转换器

转换器是将电、液、气信号相互间转换的辅件，用来控制气动系统工作。

(1) 气/电转换器。图 5-17 是低压气/电转换器结构图。它是把气信号转换成电信号的元件。硬芯与焊片是两个常断电触点。当有一定压力的气动信号由信号输入口进入后，膜片向上弯曲，带动硬芯与限位螺钉接触，即与焊片导通，发出电信号。气信号消失后，膜片带动硬芯复位，触点断开，电信号消失。

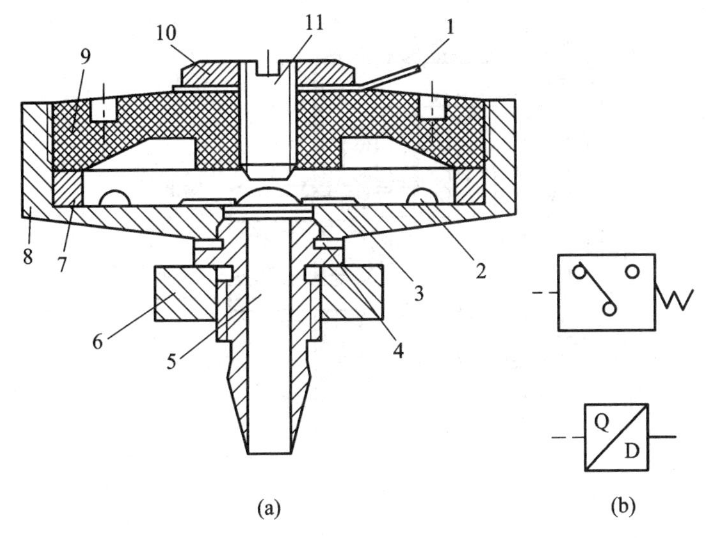

1—焊片；2—硬芯；3—膜片；4—密封垫；5—气动信号输入口；
6、10—螺母；7—压圈；8—外壳；9—盖；11—限位螺钉

图 5－17　气/电转换器
(a) 结构原理图；(b) 职能符号

在选择气/电转换器时要注意信号工作压力大小、电源种类、额定电压和额定电流大小，安装时不应倾斜和倒置，以免发生误动作，控制失灵。

(2) 电/气转换器。图 5－18 是低压电/气转换器结构图，其作用与气/电转换器相反，是将电信号转换为气信号。当无电信号时，在弹簧 1 的作用下橡胶挡板 4 上抬，喷嘴打开，气源输入气体经喷嘴排空，输出口无输出。当线圈 2 通有电信号时，产生磁场吸下衔铁 3，橡胶挡板挡住喷嘴，输出口有气信号输出。图 5－19 为电/气转换器结构图。

(3) 气/液转换器。图 5－20 是气/液转换器结构图，它是把气压直接转换成液压的压力转换装置。压缩空气自上部进入转换器内，直接作用在油面上，使油液液面产生与压缩空气相同的压力，压力油从转换器下部引出供液压系统使用。

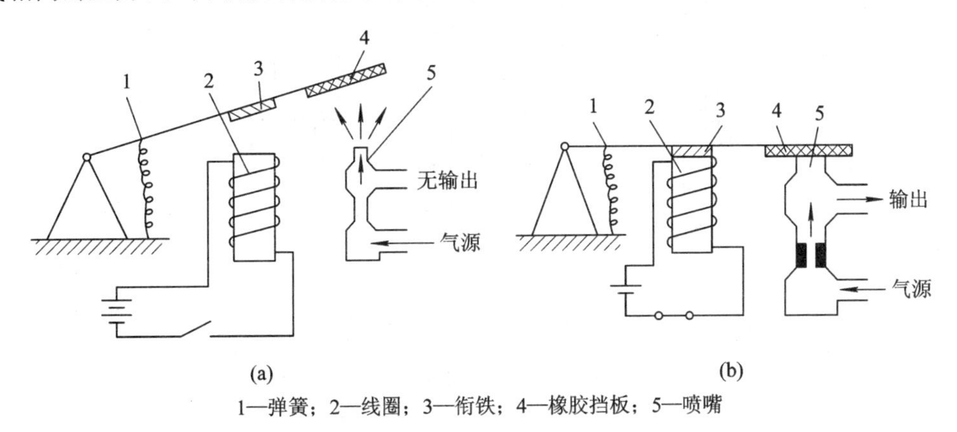

1—弹簧；2—线圈；3—衔铁；4—橡胶挡板；5—喷嘴

图 5－18　低压电/气转换器结构图
(a) 断电状态；(b) 通电状态

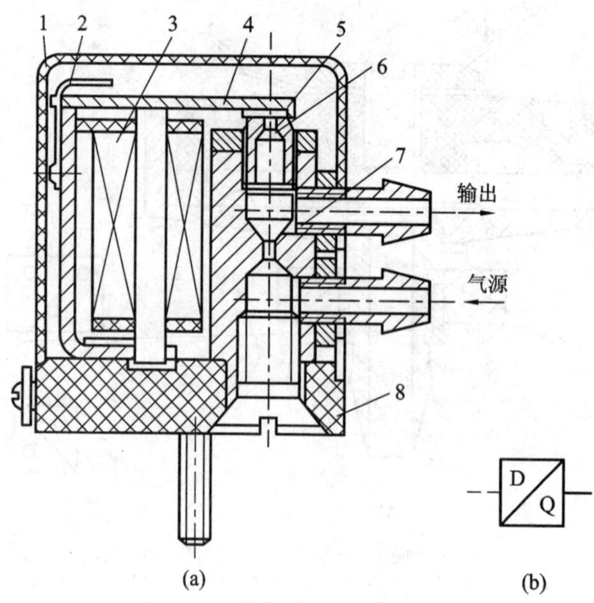

1—罩壳；2—弹性支撑；3—线圈；4—杠杆；
5—橡胶挡板；6—喷嘴；7—固定节流孔；8—底座

图 5-19　电/气转换器结构图
(a) 结构原理图；(b) 职能符号

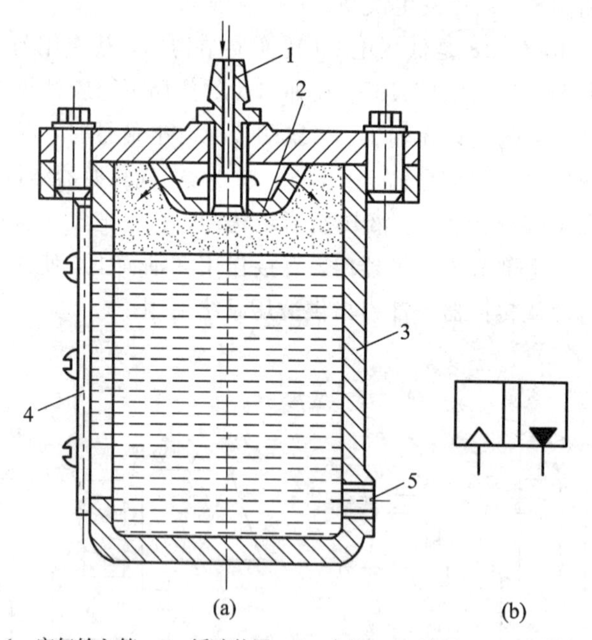

1—空气输入管；2—缓冲装置；3—本体；4—油标；5—油液输出口

图 5-20　气/液转换器
(a) 结构原理图；(b) 职能符号

选择气/液转换器时应考虑液压执行元件的用油量，一般应是液压执行元件用油量的 5 倍。转换器内装油不能太满，液面与缓冲装置间应保持 20～50 mm 以上距离。

任务 5-3　气动机械手执行元件

【教学导航】

• 能力目标

(1) 学会气动机械手执行元件的特点及分类。

(2) 学会几种特殊气缸及气动马达的工作原理与特点。

(3) 学会读懂气缸的参数并进行选型。

(4) 学会气动机械手控制的设计、安装和调试，并对运行任务中的气动执行元件有所认知。

• 知识目标

(1) 掌握气缸、气动马达的工作原理及符号。

(2) 掌握气缸的选型及基本计算。

(3) 掌握气爪的不同形式并熟知其特点。

【任务引入】

在气动机械手系统项目中，以压缩空气为动力源，将气体的压力能转换为机械能的装置就是气动执行元件。由于气动执行元件可以驱动机构作直线往复、摆动或旋转运动，因此作为一名从事液压与气动工作的现代技术人员，一定要熟知气动执行元件在气动控制回路中可以实现哪些既定的动作能够正确选择。

【任务分析】

在气动机械手系统分析、控制实现中，有 3 个气缸和 1 个气动摆缸，试分析并讨论如下问题：

(1) 分析 3 个气缸的结构和工作原理。

(2) 分析 1 个气动摆缸的结构特点和工作原理。

(3) 试通过观察、调试，讨论它们实现的功能，并对其加以对比区别。

【知识链接】

1. 气动执行元件概述

在气动系统中，将压缩空气的能量转变为机械能，实现直线、转动或摆动运动的传动装置称为气动执行元件。可以实现往复直线运动的气动执行元件称为气缸；可以实现在一定角度范围内往复摆动的气动执行元件称为气动摆缸；可以实现连续旋转运动的气动执行元件称为气动马达。

气动执行元件的特点如下：

(1) 与液压执行元件相比，气动执行元件的运动速度快，工作压力低，适用于低输出力的场合，能正常工作的环境温度范围宽，一般可在 −35℃～+80℃（有的甚至可达 +200℃）的环境下正常工作。

(2) 相对于机械传动来说，气动执行元件的结构简单，制造成本低，维修方便，便于调节其输出力和速度的大小。另外，其安装方式、运动方向和执行元件的数目又可根据机械装置的要求由设计者自由地选择。特别是随着制造技术的发展，气动执行元件已向模块化、标准化发展。借助于计算机数据传输技术发展起来的气动阀岛，使气动系统的接线大大简化。这就为简化整个机械的结构设计和控制提供了有利条件。目前已有精密气动滑台、气动手指等功能部件构成的标准气动机械手产品出售。

(3) 气体的可压缩性使气动执行元件在速度控制、抗负载影响等方面的性能劣于液压执行元件。当需要较精确地控制运动速度，减少负载变化对运动的影响时，常需要借助气动-液压联合装置等来实现。

气动执行元件的分类如图 5-21 所示。

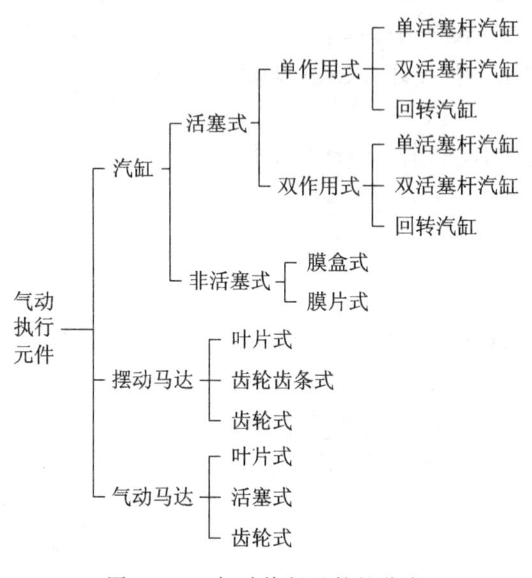

图 5-21 气动执行元件的分类

2. 气缸

气缸是将压缩空气的压力能转换为直线运动并作功的执行元件。气缸按结构形式分为两大类：活塞式和膜片式。其中，活塞式又分为单活塞式和双活塞式。单活塞式有有活塞杆和无活塞杆两种。

1) 双作用气缸

图 5-22 为普通型单活塞杆双作用气缸的结构图。双作用气缸一般由缸筒 1、前缸盖 3、后缸盖 2、活塞 8、活塞杆 4、密封件和紧固件等零件组成。缸筒 1 与前后缸盖之间由四根螺杆将其紧固锁定。缸内有与活塞杆相连的活塞，活塞上装有活塞密封圈。为防止漏气和外部灰尘的侵入，前缸盖上装有活塞杆、密封圈和防尘密封圈。这种双作用气缸被活塞分成两个腔室：有杆腔(有活塞杆的腔室，简称头腔或前腔)和无杆腔(无活塞杆的腔室，简称尾腔或后腔)。

从无杆腔端的气口输入压缩空气时，若气压作用在活塞左端面上的力克服了运动摩擦力、负载等各种反作用力，则当活塞前进时，有杆腔内的空气经该端气口排出，使活塞杆伸出。同样，当有杆腔端气口输入压缩空气时，活塞杆缩回至初始位置。通过无杆腔和有杆腔交替进气和排气，活塞杆伸出和缩回，气缸实现往复直线运动。

气缸缸盖上未设置缓冲装置的气缸称为无缓冲气缸，缸盖上设置缓冲装置的气缸称为缓冲气缸。图 5-22 所示的气缸为缓冲气缸，缓冲装置由缓冲节流阀 10、缓冲柱塞 9 和缓冲密封圈等组成。当气缸行程接近终端时，由于缓冲装置的作用，可以防止高速运动的活塞撞击缸盖的现象发生。

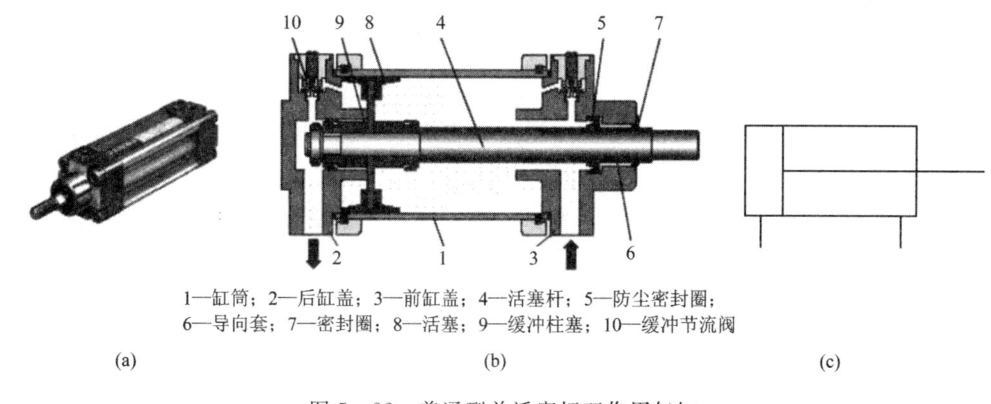

图 5-22　普通型单活塞杆双作用气缸

(a) 外观；(b) 结构；(c) 职能符号

2) 单作用气缸

图 5-23 为单作用气缸的结构图。单作用气缸在缸盖一端气口输入压缩空气使活塞杆伸出(或缩回)，而另一端靠弹簧力、自重或其他外力等使活塞杆恢复到初始位置。单作用气缸只在动作方向需要压缩空气，故可节约一半压缩空气。该缸主要用在夹紧、退料、阻挡、压入、举起和进给等操作上。

根据复位弹簧位置将单作用气缸分为预缩型气缸和预伸型气缸。当弹簧装在有杆腔内时，由于弹簧的作用力而使气缸活塞杆初始位置处于缩回位置，我们将这种气缸称为预缩型气缸；当弹簧装在无杆腔内时，气缸活塞杆初始位置为伸出位置的称为预伸型气缸。图 5-23 所示为预缩型气缸的结构原理，这种气缸在活塞杆侧装有复位弹簧，在前缸盖上开有呼吸用的气口。除此之外，其结构基本上和双作用气缸相同。图 5-23 所示单作用气缸的缸筒和前后缸盖之间采用滚压铆接方式固定。单作用气缸的行程受内装回程弹簧自由长度的影响，其行程长度一般在 100 mm 以内。

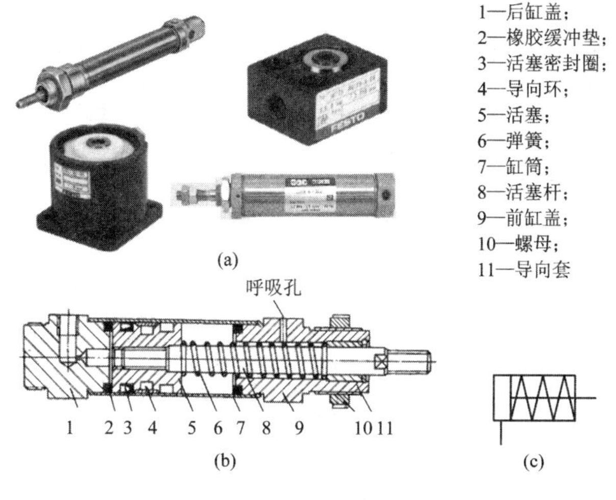

图 5-23　单作用气缸

(a) 几种型号的单作用气缸的外观；(b) 结构；(c) 职能符号

单向作用方式常用于小型气缸，而气缸的安装形式可分为固定式、摆动式、回转式和嵌入式。固定式气缸采用法兰或双螺栓把气缸安装在机体上。摆动式气缸能绕一固定轴作一定角度的摆动，其结构有头部、中间及尾部轴销式。回转式气缸是一种缸体固定在机床主轴上，可随机床主轴作旋转运动的气缸。嵌入式气缸是一种缸筒直接制作在夹具内的气缸。

在各类气缸中使用最多的是活塞式单活塞杆型气缸，称为普通气缸。各种类型气缸的分类、原理与特点对照表见表 5－1，供液压与气动学习者参照对比学习。

表 5－1　气缸的分类、原理与特点

类别	名称	简图	原理和特点	名称	简图	原理和特点
单作用气缸	柱塞式气缸	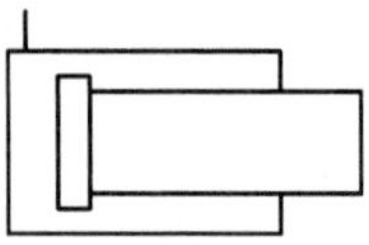	压缩空气驱动柱塞向一个方向运动，借助外力复位，对负载的稳定性较好，输出力小，主要用于小直径气缸	活塞式气缸	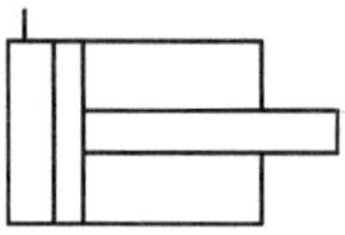	压缩空气驱动活塞向一个方向运动，借助外力或重力复位，较双向作用气缸耗气量小
	薄膜式气缸	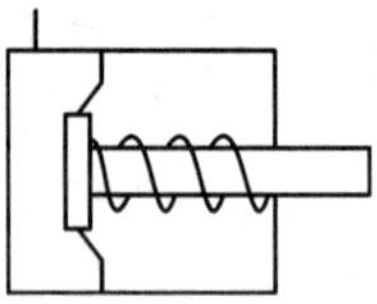	以膜片代替活塞的气缸，单向作用，借助弹簧力复位，行程短，结构简单，密封性好，缸体不需加工，仅适用于短行程		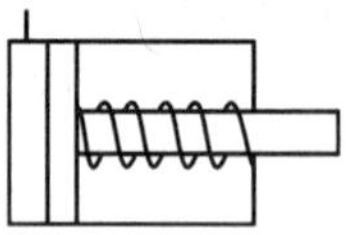	压缩空气驱动活塞向一个方向运动，借助弹簧力复位，结构简单，耗气量小，弹簧起背压作用，输出力随行程变化而变化，适用于小行程
双作用气缸	普通气缸	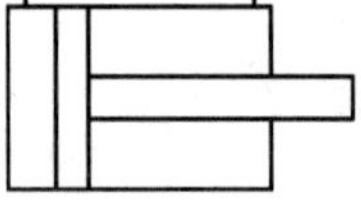	压缩空气驱动活塞向两个方向运动，活塞行程可根据实际需要选定，双向作用的力和速度不同	双杆气缸	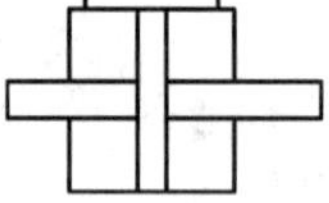	压缩空气驱动活塞向两个方向运动，且其速度和行程分别相等，适用于长行程
	不可调缓冲气缸	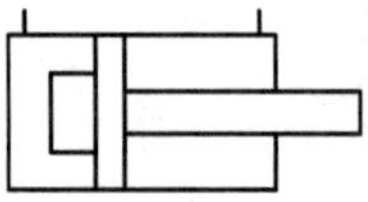 (a) 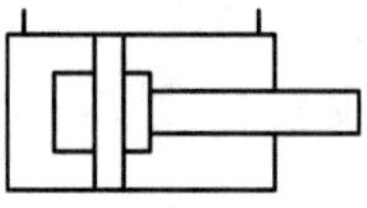 (b)	设有缓冲装置以使活塞临近行程终点时减速，防止活塞撞击缸端盖，减速值不可调整。图(a)为一侧缓冲；图(b)为两侧缓冲	可调缓冲气缸	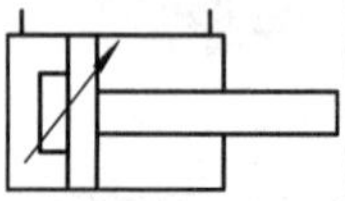 (a) 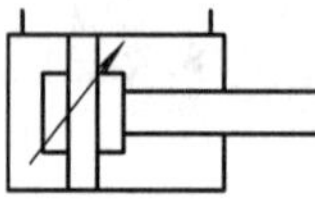 (b)	设有缓冲装置，使活塞接近行程终点时减速，且减速值可根据需要调整。图(a)为一侧可调缓冲；图(b)为两侧可调缓冲

续表一

类别	名称	简图	原理和特点	名称	简图	原理和特点
特殊汽缸	差动气缸	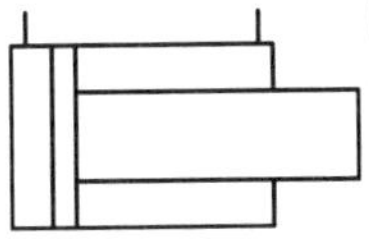	气缸活塞两侧有效面积差较大，利用压力差原理使活塞往复运动，工作时活塞杆侧始终通以压缩空气，其推力和速度均较小	双活塞气缸	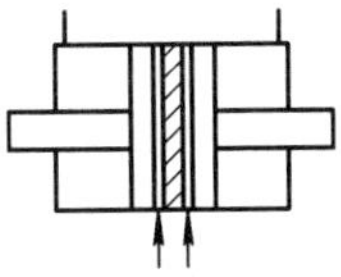	两个活塞同时向相反方向运动
	多位气缸	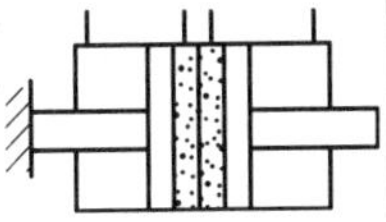	活塞沿行程长度方向可占有四个位置，当气缸的任一空腔接通气源时，活塞杆就可占有四个位置中的一个	串联气缸	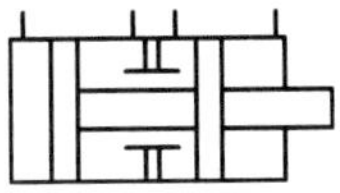	在一根活塞杆上串联多个活塞，各活塞有效面积总和大，所以增加了输出推力
	冲击式气缸		利用突然大量供气和快速排气相结合的方法得到活塞杆的快速冲击运动，用于切断、冲孔、打入工件等	滚动膜片气缸	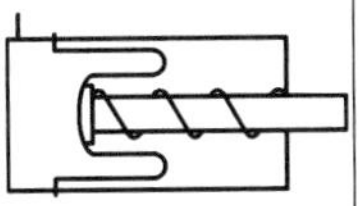	行程较大，但膜片因受气缸和活塞之间不间断的滚压，所以寿命较低，动作灵活，摩擦小
	数字气缸	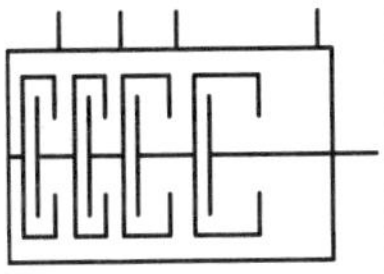	将若干个活塞沿轴向依次装在一起，每个活塞的行程由小到大按几何级数增加	伺服气缸	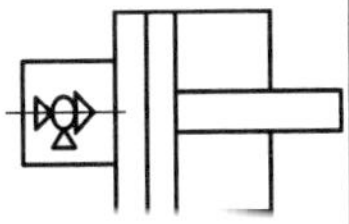	将输入的气压信号成比例地转换为活塞杆的机械位移，包括测量环节、比较环节、放大转换环节、执行环节及反馈环节，用于自动调节系统中
	缸体可转缸	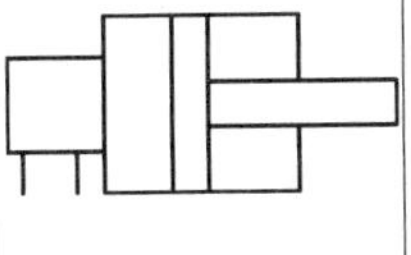	进排气导管和气缸本体可相对转动。用于机床夹具和线材卷曲装置上	增压气缸	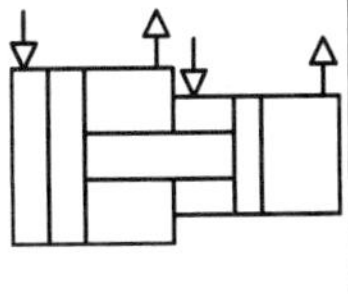	活塞杆两端面积不相等，利用压力与面积乘积不变的原理，可由小活塞端输出高压气体
	气液增压缸	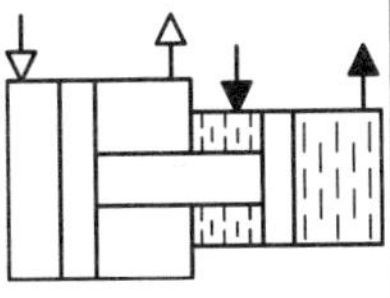	根据液体不可压缩和力的平衡原理，利用两个相连活塞面积的不等，压缩空气驱动大活塞，可由小活塞输出高压液体	气液阻尼缸	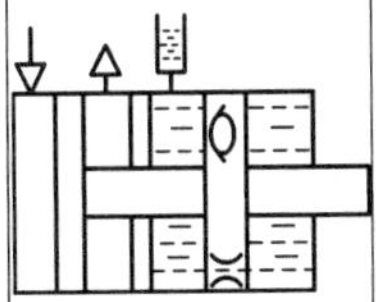	利用液体不可压缩的性能及液体排量易于控制的优点，获得活塞杆的稳速运动

续表二

类别	名称	简图	原理和特点	名称	简图	原理和特点
特殊汽缸	绕性气缸		气缸为挠性管材，左端进气滚轮向右滚动，可带动机构向右移动，反之向左移动，常用于门窗阀开闭	钢索性气缸		活塞杆由钢索构成，当活塞靠气压推动时，钢索跟随移动，并通过该轮牵动托盘，带动托盘往复移动
	伸缩气缸		伸缩缸由套筒构成，可增大活塞行程，适用做翻斗车气缸，推力和速度随行程而变化	磁性无杆缸		活塞内有磁性环，移动时带动气缸外有磁性的滑台运动，用于行程大、位置小及轻载时

3. 气动摆缸

气动摆缸是出力轴被限制在某个角度内做往复摆动的一种气缸，又称为旋转气缸。气动摆缸目前在工业上应用广泛，多用于安装位置受到限制或转动角度小于 360°的回转工作部件，其动作原理也是将压缩空气的压力能转变为机械能。常用的气动摆缸的最大摆动角度分为 90°、180°、270°三种规格。图 5 - 24 所示为其应用实例。

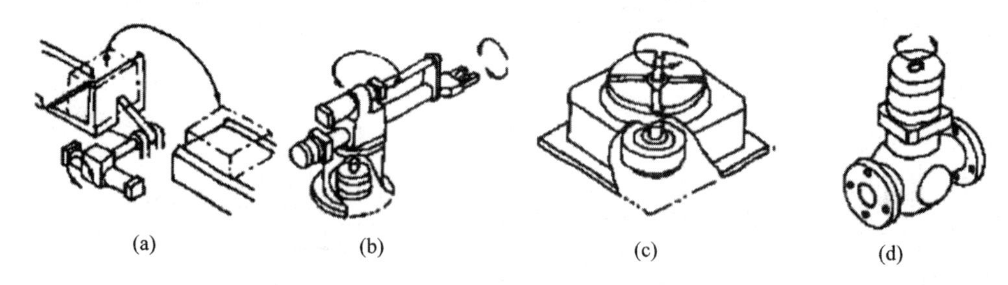

图 5 - 24　气动摆缸的应用实例

(a) 输送线的翻转装置；(b) 机械手的驱动；(c) 分度盘的驱动；(d) 阀门的开闭

1) 摆动气缸的分类

按照摆动气缸的结构特点可将其分为齿轮齿条式和叶片式两类。

(1) 齿轮齿条式摆动气缸。齿轮齿条式摆动气缸有单齿条和双齿条两种。图 5 - 25 为单齿条式摆动气缸，其结构原理为压缩空气推动活塞 6 从而带动齿条组件 3 作直线运动，齿条组件 3 则推动齿轮 4 作旋转运动，由输出轴 5(齿轮轴)输出力矩，输出轴与外部机构的转轴相连，让外部机构作摆动。

摆动气缸的行程终点位置可调，且在终端设置可调缓冲装置，缓冲大小与气缸摆动的角度无关，在活塞上装有一个永久磁环，行程开关可固定在缸体的安装沟槽中。

(2) 叶片式摆动气缸。叶片式摆动气缸可分为单叶片式、双叶片式和多叶片式三种。叶片越多，摆动角度越小，扭矩却越大。单叶片型输出摆动角度小于 360°，双叶片型输出摆动角度小于 180°，三叶片型则在 120°以内。

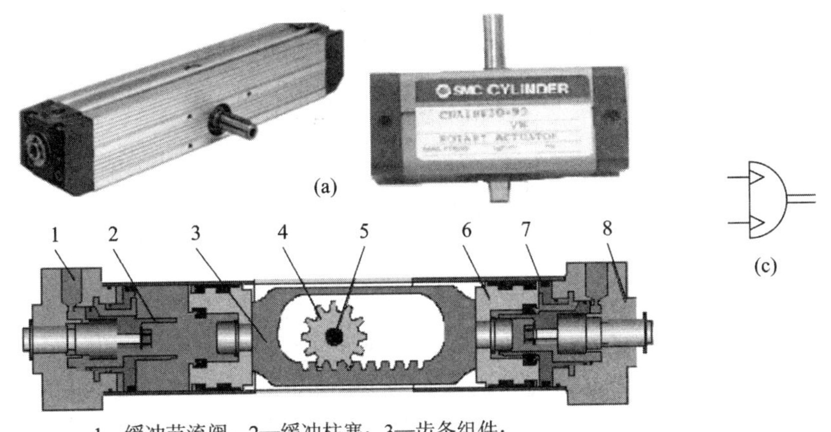

1—缓冲节流阀；2—缓冲柱塞；3—齿条组件；
4—齿轮；5—输出轴；6—活塞；7—缸体；8—端盖

(b)

图 5-25　齿轮齿条式摆动气缸

(a) 外观；(b) 结构；(c) 职能符号

图 5-26(a)所示为叶片式摆动气缸的外观。图 5-26(b)、(c)所示分别为单、双叶片式摆动气缸的结构原理。在定子上有两条气路，当左腔进气时，右腔排气，叶片在压缩空气作用下逆时针转动，反之，作顺时针转动。旋转叶片将压力传递到驱动轴上进行摆动。可调止动装置与旋转叶片相互独立，从而使得挡块调节摆动角度大小。在终端位置，弹性缓冲垫可对冲击进行缓冲。

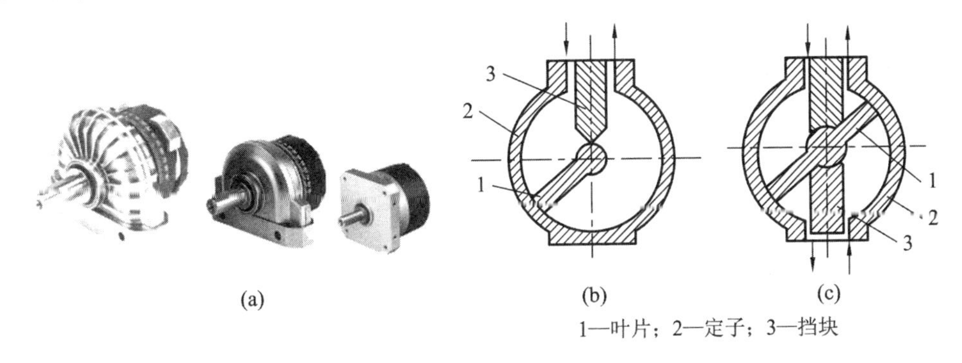

1—叶片；2—定子；3—挡块

图 5-26　叶片式摆动气缸

(a) 外观；(b)、(c) 结构原理

2) 气缸的技术参数

(1) 气缸的输出力。气缸理论输出力的设计计算与液压缸类似，可参见液压缸的设计进行计算。双作用单活塞杆气缸的推力的计算如下：

理论推力(活塞杆伸出)：

$$F_{t1} = A_1 p \tag{5-1}$$

理论拉力(活塞杆缩回)：

$$F_{t2} = A_2 p \tag{5-2}$$

式中：F_{t1}、F_{t2}为气缸理论输出力(N)；A_1、A_2为无杆腔、有杆腔活塞面积(m^2)；p 为气缸工作压力(Pa)。

实际中，由于活塞等运动部件的惯性力以及密封等部分的摩擦力，活塞杆的实际输出力小于理论推力，通常称这个推力为气缸的实际输出力。

气缸的效率 η 是气缸的实际推力和理论推力的比值，即

$$\eta = \frac{F}{F_t} \tag{5-3}$$

所以

$$F = \eta(A_1 p) \tag{5-4}$$

气缸的效率取决于密封的种类、气缸内表面和活塞杆加工的状态及润滑状态。此外，气缸的运动速度、排气腔压力、外载荷状况及管道状态等都会对效率产生一定的影响。

(2) 负载率 β。从对气缸运行特性的研究可知，要精确确定气缸的实际输出力是困难的，于是在研究气缸性能和确定气缸的出力时，常用到负载率的概念。气缸的负载率 β 的定义为

$$\beta = \frac{\text{气缸的实际负载 } F}{\text{气缸的理论输出力 } F_t} \times 100\% \tag{5-5}$$

气缸的实际负载是由实际工况所决定的，若确定了气缸负载率 θ，则由定义就能确定气缸的理论输出力，从而可以计算气缸的缸径。

对于阻性负载，如气缸用作气动夹具，负载不产生惯性力，一般选取负载率 β 为 0.8；对于惯性负载，如气缸用来推送工件，负载将产生惯性力，负载率 β 的取值如下：$\beta<0.65$，当气缸低速运动，$v<100$ mm/s 时；$\beta<0.5$，当气缸中速运动，$v=100\sim500$ mm/s 时；$\beta<0.35$，当气缸高速运动，$v>500$ mm/s 时。

(3) 气缸耗气量。气缸的耗气量是活塞每分钟移动的容积，通常称这个容积为压缩空气耗气量。一般情况下，气缸的耗气量是指自由空气耗气量。

3) 气缸的特性

气缸的特性分为静态特性和动态特性。气缸的静态特性是指与缸的输出力及耗气量密切相关的最低工作压力、最高工作压力、摩擦阻力等参数。气缸的动态特性是指在气缸运动过程中气缸两腔内空气压力、温度、活塞速度、位移等参数随时间的变化情况。它能真实地反映气缸的工作性能。

4) 气缸的选型步骤

应根据工作要求和条件，正确选择气缸的类型。下面以单活塞杆双作用缸为例介绍气缸的选型步骤。

(1) 气缸缸径。根据气缸负载力的大小来确定气缸的输出力，由此计算出气缸的缸径。

(2) 气缸的行程。气缸的行程与使用的场合和机构的行程有关，但一般不选用满行程。

(3) 气缸的强度和稳定性计算。

(4) 气缸的安装形式。气缸的安装形式根据安装位置和使用目的等因素决定。一般情况下，采用固定式气缸。在需要随工作机构连续回转时(如车床、磨床等)，应选用回转气缸。在活塞杆除作直线运动外，还需作圆弧摆动时，则选用轴销式气缸。有特殊要求时，应选用相应的特种气缸。

(5) 气缸的缓冲装置。根据活塞的速度决定是否采用缓冲装置。

(6) 磁性开关。当气动系统采用电气控制方式时，可选用带磁性开关的气缸。

(7) 其他要求。如气缸工作在有灰尘等恶劣环境下，需在活塞杆伸出端安装防尘罩。要求无污染时需选用无给油或无油润滑气缸。

5) 气缸直径的计算

气缸直径需根据其负载大小、运行速度和系统工作压力来决定。首先，根据气缸安装及驱动负载的实际工况，分析计算出气缸轴向实际负载 F，再由气缸平均运行速度来选定气缸的负载率 θ，初步选定气缸的工作压力(一般为 0.4～0.6 MPa)，再由 F/θ 计算出气缸的理论出力 F_t，最后计算出缸径及杆径，并按标准圆整得到实际所需的缸径和杆径。

小试身手 5-1

气缸推动工件在水平导轨上运动。已知工件等运动件质量 $m=250$ kg，工件与导轨间的摩擦系数 $\mu=0.25$，气缸行程 s 为 400 mm，经 1.5 s 时间工件运动到位，系统工作压力 $p=0.4$ MPa，试选定气缸直径。

解　气缸实际轴向负载

$$F = mg = 0.25 \times 250 \times 9.81 = 613.13 \text{ N}$$

气缸平均速度

$$v = \frac{s}{t} = \frac{400}{1.5} \approx 267 \text{ mm/s}$$

选定负载率

$$\theta = 0.5$$

则气缸理论输出力

$$F_1 = \frac{F}{\theta} = \frac{613.13}{0.5} = 1226.6 \text{ N}$$

双作用气缸理论推力

$$F_1 = \frac{1}{4}\pi D^2 \cdot p$$

气缸直径

$$D = \sqrt{\frac{4F_t}{\pi p}} = \sqrt{\frac{4 \times 1226.3}{3.14 \times 0.4}} \approx 62.48 \text{ mm}$$

按标准选定气缸缸径为 63 mm。

4. 气爪(手指气缸)

气爪这种执行元件是一种变形气缸。它可以用来抓取物体，实现机械手的各种动作，是现代气动机械手的关键部件。在自动化系统中，气爪常应用在搬运、传送工件机构中抓取、拾放物体。图 5-27 所示的气爪具有如下特点：

(1) 所有的结构都是双作用的，能实现双向抓取，可自动对中，重复精度高。

(2) 抓取力矩恒定。

(3) 在气缸两侧可安装非接触式检测开关。

(4) 有多种安装、连接方式。

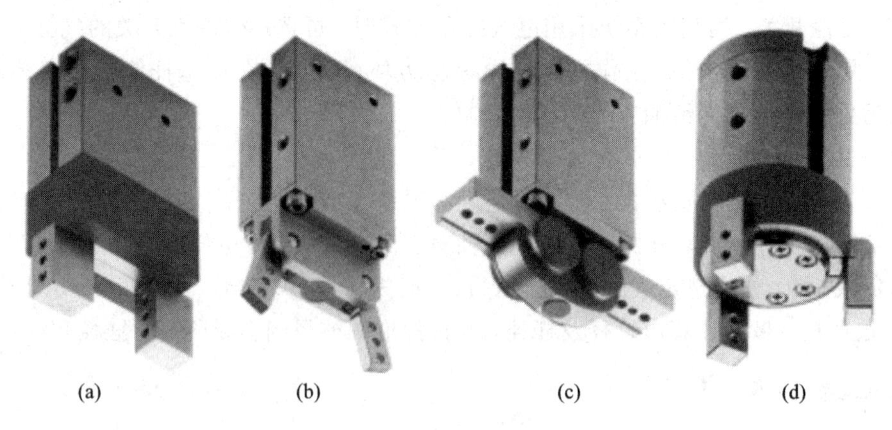

图 5-27 气爪

(a) 平行气爪；(b) 摆动气爪；(c) 旋转气爪；(d) 三点气爪

图 5-27(a)所示为平行气爪，通过两个活塞工作，两个气爪对心移动。这种气爪可以输出很大的抓取力，既可用于内抓取，也可用于外抓取。

图 5-27(b)所示为摆动气爪，内、外抓取 40°摆角，抓取力大，并确保抓取力矩始终恒定。

图 5-27(c)所示为旋转气爪，其动作和齿轮齿条的啮合原理相似，两个气爪可同时移动并自动对中，其齿轮齿条原理确保了抓取力矩始终恒定。

图 5-27(d)所示为三点气爪，三个气爪同时开闭，适合夹持圆柱体工件及工件的压入工作。

一般通过由气缸活塞产生的往复直线运动带动与手爪相连的曲柄连杆、滚轮或齿轮等机构，驱动各个手爪同步作开、闭运动。

5. 气动马达

气动马达是一种作连续旋转运动的气动执行元件，是一种把压缩空气的压力能转换成回转机械能的能量转换装置。其作用相当于电动机或液压马达，它输出转矩，驱动执行机构作旋转运动。在气压传动中使用广泛的是叶片式、活塞式和齿轮式气动马达。

气动马达选型依据包括：功率、扭矩、转速和耗气量。

当气动马达工作压力增高时，其输出功率、转矩和转速均大幅度增加；当工作压力不变时，其转速、扭矩及功率均随负载的变化而变化。

通常降低气动马达速度的方法是在进气口处安装流量调节阀。流量调节阀也可用于主要排气口上，这样可以在两个方向上控制其速度。

压力调节通过在气动马达上游气路供气处安装一只减压阀来解决。当负荷不断增加时，气动马达停止工作；当负荷减少时，气动马达恢复工作，气动马达不会烧毁。

由于受润滑和摩擦的影响，气动扭矩一般是停止扭矩的 75%～80%，当气动马达大约旋转到速度的一半时，气动马达功率达到最大值。因此，可以通过降低马达速度获得马达最大功率、扭矩，并可以节约气源消耗。

1) 叶片式气动马达

图 5-28 所示是双向旋转的叶片式气动马达的工作原理。压缩空气由 A 孔输入，小部

分经定子两端的密封盖的槽进入叶片底部(图中未表示)，将叶片推出，使叶片贴紧在定子内壁上；大部分压缩空气进入相应的密封空间而作用在两个叶片上，由于两叶片伸出长度不等，因此，就产生了转矩差，使叶片与转子按逆时针方向旋转，作功后的气体由定子上的孔 C 和 B 排出。若改变压缩空气的输入方向(即压缩空气由 B 孔进入，从 A 孔和 C 孔排出)，则可改变转子的转向。

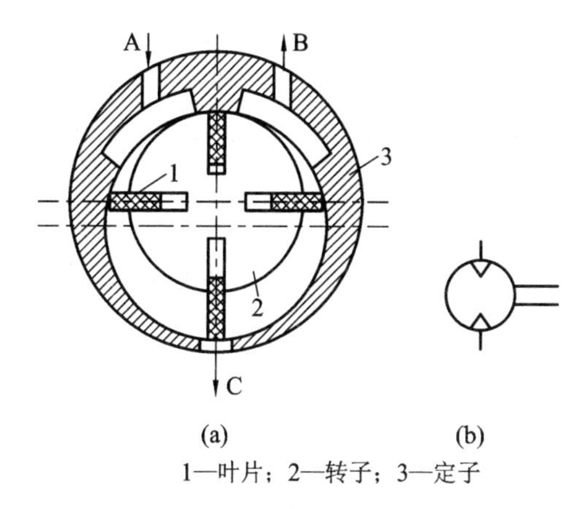

1—叶片；2—转子；3—定子

图 5-28　双向旋转的叶片式气动马达

(a) 结构；(b) 职能符号

2) 活塞式气动马达

这是一种通过曲柄或斜盘将若干个活塞的直线运动转变为回转运动的气动马达。其结构有径向活塞式和轴向活塞式两种。

图 5-29(a)所示为最普通的径向活塞式气动马达的结构原理。其工作室由活塞和缸体构成。3～6 个气缸围绕曲轴呈放射状分布，每个气缸通过连杆与曲轴相连。通过压缩空气分配阀向各气缸顺序供气，压缩空气推动活塞运动，带动曲轴转动。当配气阀转到某角度时，气缸内的余气经排气口排出。改变进、排气方向，可实现气动马达的正、反转换向。

图 5-29(b)所示为轴向活塞式气动马达的结构原理。在轴向均布着气缸，在输入压缩空气的作用下气缸活塞依次作往复直线运动，通过斜盘作用，把直线运动转变为输出轴的回转运动。

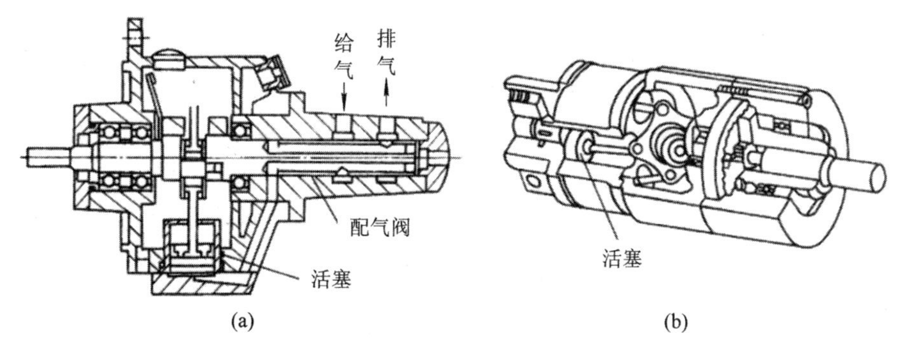

图 5-29　活塞式气动马达的结构原理

(a) 径向活塞式；(b) 轴向活塞式

这种气动马达适用于转速低、转矩大的场合。其耗气量不比其他气动马达小，且构成零件多，价格高，其输出功率为0.2～20 kW，转速为200～4500 r/min，主要应用于矿山机械，也用作传送带等的驱动马达。

3）齿轮式气动马达

齿轮式气动马达有双齿轮式和多齿轮式，而以双齿轮式应用得最多。齿轮可采用直齿、斜齿和人字齿。图5-30为齿轮式气动马达的结构原理。这种气动马达的工作室由一对齿轮构成，压缩空气由对称中心处输入，齿轮在压力的作用下回转。采用直齿轮的气动马达可以正反转动，采用人字齿轮或斜齿轮的气动马达则不能反转。

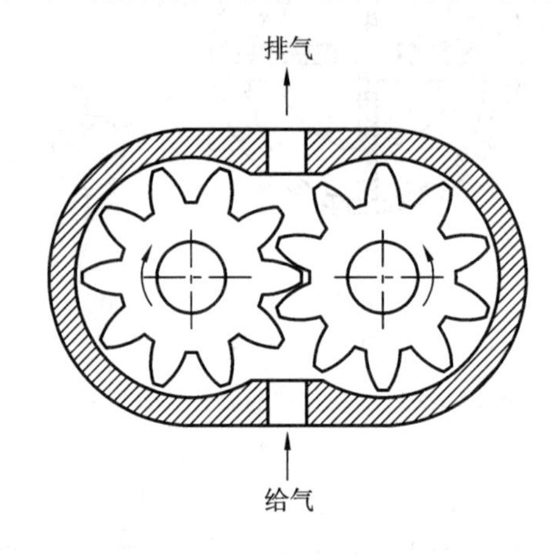

图5-30　齿轮式气动马达的结构原理

如果采用直齿轮的气动马达，则供给的压缩空气通过齿轮时不膨胀，因此效率低。当采用人字齿轮或斜齿轮时，压缩空气膨胀60%～70%，提高了效率。

齿轮式气动马达与其他类型的气动马达相比，具有体积小、重量轻、结构简单、对气源质量要求低、耐冲击及惯性小等优点。但转矩脉动较大，效率较低。小型气动马达转速能高达10 000 r/min，大型的能达到1000 r/min，功率可达50 kW，主要应用于矿山机械。

4）气动马达的特点及应用

气动马达一般具有如下特点：

（1）工作安全，具有防爆性能，适用于恶劣的环境，在易燃、易爆、高温、振动、潮湿、粉尘等条件下均能正常工作。

（2）有过载保护作用。过载时，马达只是降低或停止转速；当过载解除后继续运转，并不产生故障。

（3）可以无级调速。只要控制进气流量，就能调节马达的功率和转速。

（4）比同功率的电动机轻1/10～1/3，输出功率惯性比较小。

（5）可长期满载工作，而温升较小。

（6）功率范围及转速范围均较宽，功率小至几百瓦，大至几万瓦，转速可为几转每分到上万转每分。

（7）具有较高的启动转矩，可以直接带负载启动，启动、停止迅速。

（8）结构简单，操纵方便，可正、反转，维修容易，成本低。

(9) 速度稳定性差，输出功率小，效率低，耗气量大，噪声大，容易产生振动。

气动马达的工作适应性较强，可用于无级调速、启动频繁、经常换向、高温潮湿、易燃易爆、负载启动、不便于人工操纵及有过载可能的场合。目前，气动马达主要应用于矿山机械、专业性的机械制造业、油田、化工、造纸、炼钢、船舶、航空、工程机械等行业，许多气动工具如风钻、风扳手、风砂轮等均装有气动马达。随着气压传动的发展，气动马达的应用将更趋广泛。图 5-31 所示为气动马达的几个应用实例。

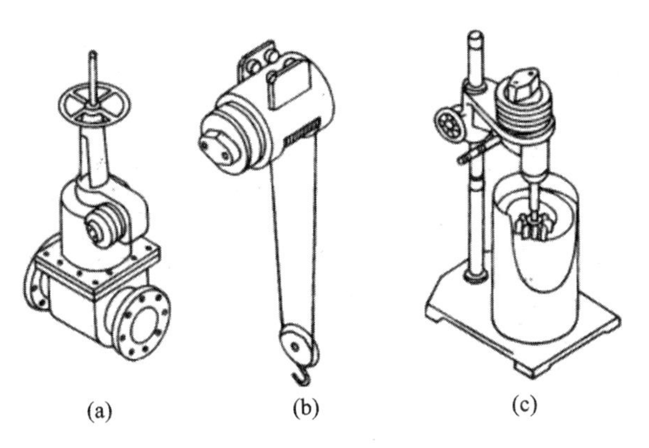

图 5-31　气动马达的应用实例

(a) 阀；(b) 升降机；(c) 搅拌

任务 5-4　气动机械手控制元件及基本回路

【教学导航】

• 能力目标

(1) 学会识别各类气动控制元件的功能。

(2) 学会绘制气动方向控制阀、气动流量控制阀、气动压力控制阀的职能符号。

(3) 学会识别方向控制回路、速度控制回路、压力控制回路等典型回路模型，掌握其工作原理并会分析其工作过程。

(4) 完成气动机械手控制元件及基本回路的设计、安装、调试运行任务。

(5) 学会对控制回路所出现的故障进行调试与检修。

• 知识目标

(1) 掌握气动方向控制阀的种类、选用以及由单向型方向阀和换向型控制阀组成的方向控制回路的工作过程及设计方法。

(2) 掌握气动流量控制阀的种类、流量控制阀的选用以及气动速度控制回路的工作过程及设计方法。

(3) 掌握气动压力控制阀的种类、压力控制阀的选用以及常见的压力控制回路的工作过程及设计方法。

【任务引入】

在气压传动系统中，气动控制元件是用来控制和调节压缩空气的压力、流量、流动方向以及发送信号的重要元件，利用它们可以组成各种气动控制回路，以保证气动执行元件或机构按设计的程序正常工作。气动控制元件按功能和用途可分为方向控制阀、流量控制阀和压力控制阀三大类。气动机械手的控制元件有哪些？它们又是如何控制机械手动作的呢？

【任务分析】

与液压方向控制阀相似，气动方向控制阀是用来改变气流流动方向或通断的控制阀，二者的区别如下：

(1) 使用的能源不同。气动元件和装置可采用空压站集中供气的方法，根据使用要求和控制点的不同来调节各自减压阀的工作压力。液压阀都设有回油管路，便于油箱收集用过的液压油。气动控制阀可以通过排气口直接把压缩空气向大气排放。

(2) 对泄漏的要求不同。液压阀对向外的泄漏要求严格，而对元件内部的少量泄漏却是允许的。对气动控制阀来说，除间隙密封的阀外，原则上不允许内部泄漏。气动阀的内部泄漏有导致事故的危险。对气动管道来说，允许有少许泄漏；而液压管道的泄漏将造成系统压力下降和环境污染。

(3) 对润滑的要求不同。液压系统的工作介质为液压油，液压阀不存在对润滑的要求；气动系统的工作介质为空气，空气无润滑性，因此许多气动阀需要油雾润滑。阀的零件应选择不易受水腐蚀的材料，或者采取必要的防锈措施。

(4) 压力范围不同。气动阀的工作压力范围比液压阀的低。气动阀的工作压力通常为10 bar(1 bar=0.1 MPa)以内，少数可达到40 bar以内，但液压阀的工作压力都很高(通常在50 MPa以内)。若气动阀在超过最高容许压力下使用，往往会发生严重事故。

(5) 使用特点不同。一般气动阀比液压阀结构紧凑，重量轻，易于集成安装，阀的工作频率高，使用寿命长。气动阀正向低功率、小型化方向发展，已出现功率只有0.5 W的低功率电磁阀，可与微机和PLC可编程控制器直接连接，也可与电子器件一起安装在印刷线路板上，通过标准板接通气电回路，省却了大量配线，适用于气动工业机械手、复杂的生产制造装配线等场合。

【知识链接】

1. 方向控制阀及基本回路

1) 方向控制阀的分类

(1) 按阀内气流的流通方向划分。按阀内气流的流通方向可将气动控制阀分为单向型控制阀和换向型控制阀。只允许气流沿一个方向流动的控制阀称为单向型控制阀，如单向阀、梭阀、双压阀和快速排气阀等。可以改变气流流动方向的控制阀称为换向型控制阀，如电磁换向阀和气控换向阀等。

(2) 按控制方式划分。表5-2所示为气动控制阀按控制方式所做的分类及职能符号。

表 5-2 气动控制阀的几种控制方式及职能符号

控制方式	职能符号	
电磁控制	单电控	双电控
	先导式双电控，带手动	
气压控制	直动式	先导式
人力控制	一般手动操作	按钮式
	手柄式、带定位	脚踏式
机械控制	控制轴	滚轮杠杆式
	单向滚轮式	弹簧复位

① 电磁控制。利用电磁线圈通电，静铁芯对动铁芯产生电磁吸力使阀切换，以改变气流方向的阀，称为电磁控制换向阀，简称电磁阀。这种阀易于实现电、气联合控制，能实现远距离操作，故得到了广泛应用。

② 气压控制。利用气体压力来使主阀芯切换而使气流改变方向的阀称为气压控制换向阀，简称气控阀。这种阀在易燃、易爆、潮湿、粉尘大的工作环境中，工作安全可靠。该阀按控制方式的不同可分为加压控制、卸压控制、差压控制和延时控制等形式。

加压控制是指输入的控制气压是逐渐上升的，当压力上升到某一值时，阀被切换。这种控制方式是气动系统中最常用的控制方式，有单气控和双气控之分。

③ 人力控制。依靠人力使阀切换的换向阀称为手动控制换向阀，简称人控阀。它可分为手动阀和脚踏阀两大类。

人控阀与其他控制方式相比，具有可按人的意志进行操作，使用频率较低，动作较慢，操作力不大，通径较小，操作灵活等特点。人控阀在手动气动系统中一般用来直接操纵气动执行机构，在半自动和全自动系统中多作为信号阀使用。

④ 机械控制。用凸轮、撞块或其他机械外力使阀切换的阀称为机械控制换向阀，简称机控阀。这种阀常作为信号阀使用。这种阀可用于湿度大、粉尘多、油分多的场合，不宜用于电气行程开关的场合，但宜用于复杂的控制装置中。

(3) 按阀的切换通口数目划分。阀的通口数目包括输入口、输出口和排气口。按切换通口的数目划分，有二通阀、三通阀、四通阀和五通阀等。表 5-3 为换向阀的通口数和职能符号。

表 5-3 换向阀的通口数和职能符号

名称	二通阀		三通阀		四通阀	五通阀
	常断型	常通型	常断型	常通型		
图形符号	A P	A P	A PR	A PR	AB PR	AB RPS

二通阀有两个口，即一个输入口(用 P 表示)和一个输出口(用 A 表示)。

三通阀有三个口，除 P 口、A 口外，增加了一个排气口(用 R 或 O 表示)。三通阀既可以是两个输入口(用 P_1、P_2 表示)和一个输出口，作为选择阀(选择两个不同大小的压力值)，也可以是一个输入口和两个输出口，作为分配阀。

二通阀、三通阀有常通型和常断型之分。常通型阀是指阀的控制口未加控制信号(即零位)时，P 口和 A 口相通。反之，常断型阀在零位时，P 口和 A 口是断开的。

四通阀有四个口，除 P、A、R 外，还有一个输出口(用 B 表示)，通路为 P→A、B→R 或 P→B、A→R。

五通阀有五个口，除 P、A、B 外，还有两个排气口(用 R、S 或 O_1、O_2 表示)，通路为 P→A、B→S 或 P→B、A→R。五通阀也可以变成选择式四通阀，即两个输入口(P_1 和 P_2)、两个输出口(A 和 B)和一个排气口 R。两个输入口供给压力不同的压缩空气。

(4) 按阀芯工作的位置数划分。阀芯的切换工作位置简称“位”，阀芯有几个切换位置就称为几位阀。有两个通口的二位阀称为二位二通阀(常表示为 2/2 阀，前者表示通口数，后者表示工作位置数)，它可以实现气路的通或断；有三个通口的二位阀称为二位三通阀(常表示为 3/2 阀)。在不同的工作位置，可实现 P、A 相通或 A、R 相通。常用的还有二位五通阀(常表示为 5/2 阀)，它可以用在推动双作用气缸的回路中。

阀芯具有三个工作位置的阀称为三位阀。当阀芯处于中间位置时，各通口呈关断状态，则称为中间封闭式；若输出口全部与排气口接通，则称为中间卸压式；若输出口都与输入口接通，则称为中间加压式；若在中间卸压式阀的两个输出口都装上单向阀，则称为中位式止回阀。

换向阀处于不同工作位置时，各通口之间的通断状态是不同的。阀处于各切换位置时，各通口之间的通断状态分别表示在一个长方形的方框上，这样就构成了换向阀的职能符号。常见换向阀的名称和职能符号见表 5-4。

表 5-4　常见换向阀的名称和职能符号

符号	名称	正常位置	符号	名称	正常位置
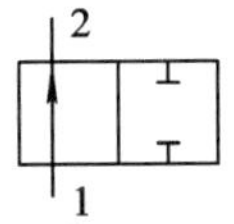	二位二通阀 (2/2)	常断	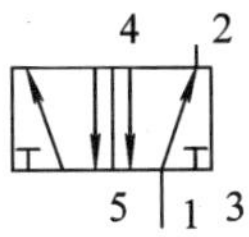	二位五通阀 (5/2)	两个独立 排气口
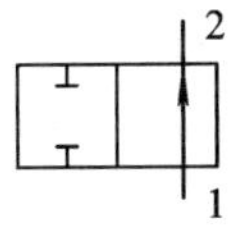	二位二通阀 (2/2)	常通	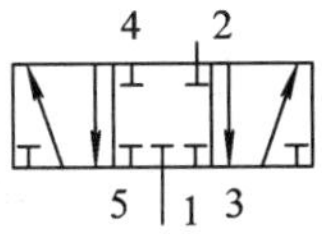	三位五通阀 (5/3)	中位封闭
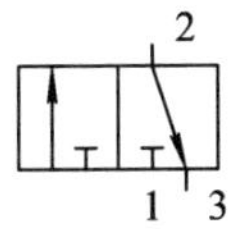	二位三通阀 (3/2)	常断	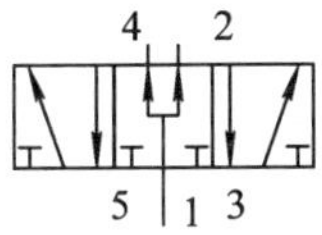	三位五通阀 (5/3)	中位加压
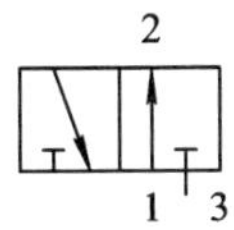	二位三通阀 (3/2)	常通	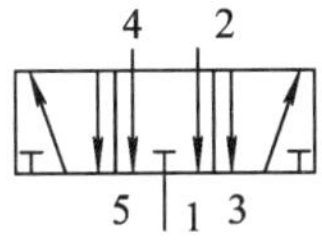	三位五通阀 (5/3)	中位卸压
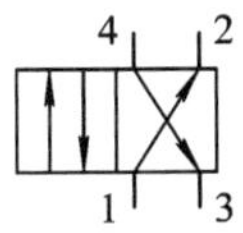	二位四通阀 (4/2)	一条通路供气， 另一条通路排气			

这里需要对表 5-4 中的符号作出说明，阀中的通口用数字表示，符合 ISO 5599-3 标准。通口既可用数字表示，也可用字母表示。表 5-5 为两种表示方法的比较。

表 5-5　数字和字母两种表示方法的比较

通　口	数字表示	字母表示	通　口	数字表示	字母表示
输入口	1	P	排气口	5	R
输出口	2	B	输出信号清零	(10)	(Z)
排气口	3	S	控制口(1、2 口接通)	12	Y
输出口	4	A	控制口(1、4 口接通)	14	Z

(5) 按阀芯结构划分。阀芯结构是影响阀性能的重要因素之一。常用的阀芯结构有滑柱式、提动式(又称截止式)和滑板式等。

(6) 按连接方式划分。阀的连接方式有管式连接、板式连接、集装式连接等几种。

管式连接有两种：一种是阀体上的螺纹孔直接与带螺纹的接管相连；另一种是阀体上装有快速接头，直接将管插入接头内。对不复杂的气路系统，管式连接简单，但维修时要先拆下配管。

板式连接需要配专用的过渡连接板，管路与连接板相连，阀固定在连接板上，装拆时不必拆卸管路，对复杂气动系统维修方便。

集装式连接是将多个板式连接的阀安装在集装块(又称汇流板)上，各阀的输入口或排气口可以共用，各阀的排气口也可单独排气。这种方式可以节省空间，减少配管，便于维修。

2) 单向型方向阀

单向型方向阀有单向阀、梭阀、双压阀和快速排气阀等。

(1) 单向阀。单向阀是指气流只能向一个方向流动而不能反向流动的阀，其压降较小。单向阀的工作原理、结构和职能符号与液压传动中的单向阀基本相同。这种单向阻流作用可由锥密封、球密封、圆盘密封或膜片来实现。如图 5-32 所示的单向阀，利用弹簧力将阀芯顶在阀座上，故压缩空气要通过单向阀时必须先克服弹簧力。

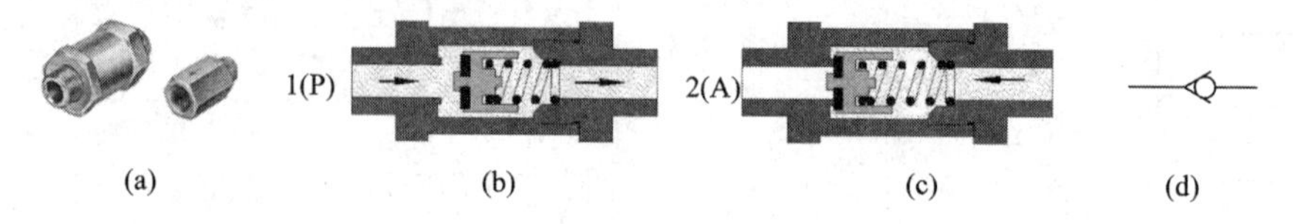

图 5-32　单向阀

(a) 外观；(b) 正向流通结构；(c) 反向流通结构；(d) 职能符号

(2) 梭阀。梭阀又称为“或”门型梭阀。图 5-33 所示的梭阀有两个输入信号口 1 和一个输出信号口 2。若在一个输入口上有气信号，则与该输入口相对的阀口就被关闭，同时在输出口 2 上有气信号输出。这种阀具有“或”逻辑功能，即只要在任一输入口 1 上有气信号，在输出口 2 上就会有气信号输出。

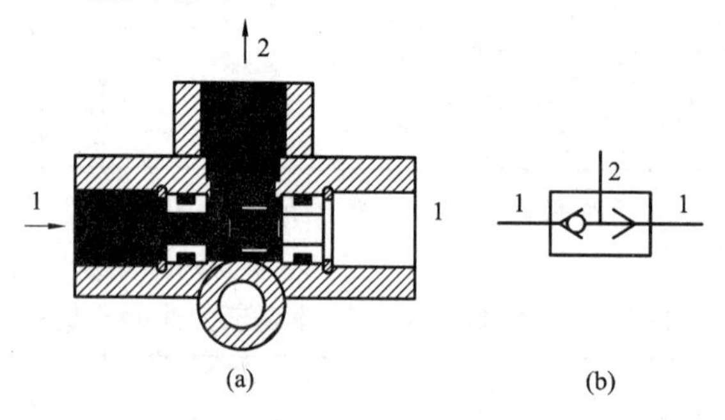

图 5-33　梭阀

(a) 结构；(b) 职能符号

梭阀在逻辑回路和气动程序控制回路中应用广泛，常用作信号处理元件。图 5-34 为数个输入信号需连接(并联)到同一个出口的应用方法，所需梭阀数目为输入信号数减 1。

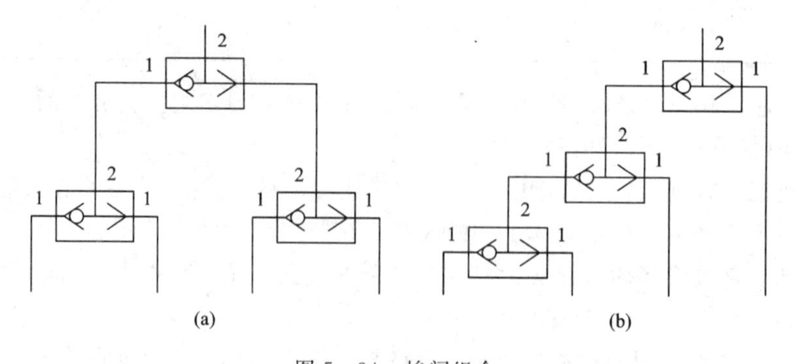

图 5-34　梭阀组合

(a) 双边法；(b) 单边法

图 5－35 所示为梭阀的应用实例，用两个手动按钮 1S1 和 1S2 操纵气缸进退。当驱动两个按钮阀中的任何一个动作时，双作用气缸活塞杆都伸出，只有同时松开两个按钮阀，气缸活塞杆才回缩。梭阀应与两个按钮阀的工作口相连接，这样气动回路才可以正常工作。

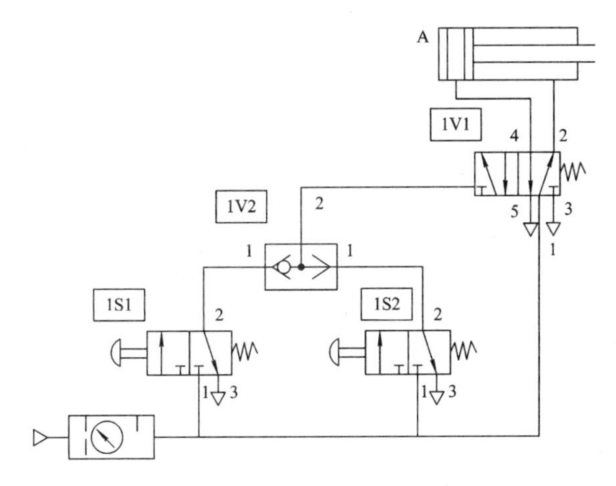

图 5－35　梭阀的应用实例

(3) 双压阀。双压阀又称"与"门梭阀。在气动逻辑回路中，它的作用相当于"与"门作用。如图 5－36 所示，该阀有两个输入口 1 和一个输出口 2。若只有一个输入口有气信号，则输出口 2 没有气信号输出，只有当双压阀的两个输入口均有气信号时，输出口 2 才有气信号输出。双压阀相当于两个输入元件串联。

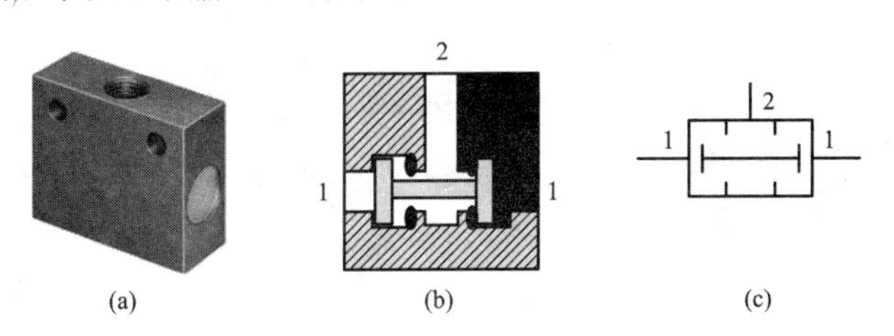

图 5－36　双压阀

(a) 外观；(b) 结构；(c) 职能符号

与梭阀一样，双压阀在气动控制系统中也作为信号处理元件。数个双压阀的连接方式如图 5－37 所示。只有数个输入口皆有信号时，输出口才会有信号。双压阀的应用也很广泛，主要用于互锁控制、安全控制、功能检查或者逻辑操作。

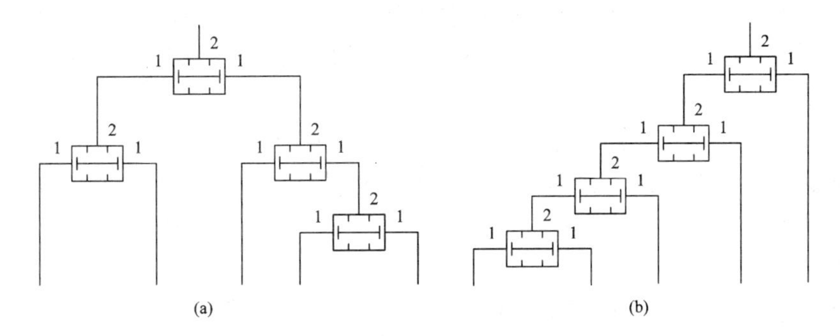

图 5－37　双压阀组合

(a) 双边串联法；(b) 单边串联法

图 5－38 所示为一个安全控制回路。只有当两个按钮阀 1S1 和 1S2 都压下时，单作用气缸活塞杆才伸出。若二者中有一个不动作，则气缸活塞杆将回缩至初始位置。

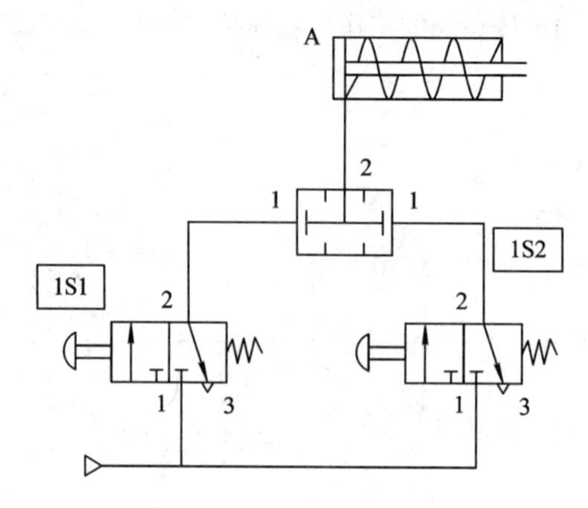

图 5－38　安全控制回路

(4) 快速排气阀。快速排气阀可使气缸活塞运动速度加快，特别是在单作用气缸的情况下，可以避免其回程时间过长。图 5－39 所示为快速排气阀，当 1 口进气时，由于单向阀开启，压缩空气可自由通过，2 口有输出，排气口 3 被圆盘式阀芯关闭。若 2 口为进气口，则圆盘式阀芯就关闭气口 1，压缩空气从排气口 3 排出。为了降低排气噪声，这种阀一般带消声器。

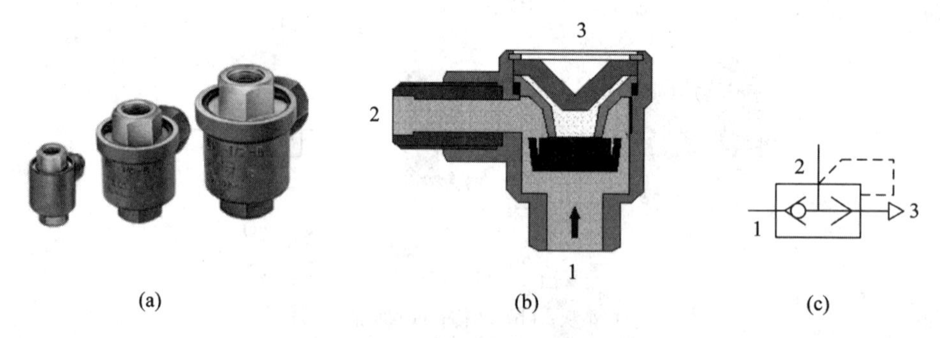

图 5－39　快速排气阀
(a) 外观；(b) 结构；(c) 职能符号

快速排气阀用于使气动元件和装置迅速排气的场合。为了减小流阻，快速排气阀应靠近气缸安装。例如，把它装在换向阀和气缸之间(应尽量靠近气缸排气口，或直接拧在气缸排气口上)，使气缸排气时不用通过换向阀而直接排出。这对于大缸径气缸及缸阀之间管路长的回路尤为需要，如图 5－40(a)所示。

快速排气阀也可用于气缸的速度控制，如图 5－40(b)所示。按下手动阀，由于节流阀的作用，气缸慢进；如手动阀复位，则气缸无杆腔中的气体直接通过快速排气阀快速排出，气缸实现快退动作。压缩空气通过排气口排出。

3) 方向控制阀的选用

在方向控制阀的选用上应考虑以下几点：

(1) 根据流量选择阀的通径。阀的通径是根据气动执行机构在工作压力状态下的流量值来选取的。目前国内各生产厂对于阀的流量有的用自由空气流量表示，也有的用压力状

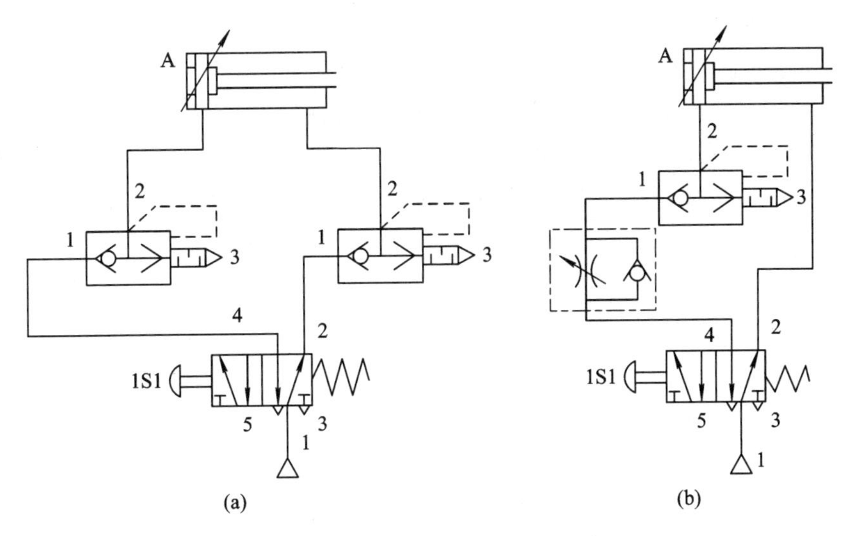

图 5-40 快速排气阀的应用回路

态下的空气流量(一般是指在 0.5 MPa 工作压力下)表示。流量参数也有各种不同的表示方法，而且阀的接管螺纹并不能代表阀的通径，如 G1/4 阀的通径为 8 mm，也有的为 6 mm。这些在选择阀时需特别注意。

所选用的阀的流量应略大于系统所需的流量。信号阀(如手动按钮)是根据它距所控制的阀的远近、数量和响应时间的要求来选择的。一般对于集中控制或距离在 20 m 以内的场合，可选 3 mm 通径的；对于距离在 20 m 以上或控制数量较多的场合，可选 6 mm 通径的。

(2) 根据气动系统的工作要求和使用条件选用阀的机能和结构，包括元件的位置数、通路数、记忆功能、静止时的通断状态等。应尽量选择与所需机能相一致的阀，如选不到，可用其他阀代替或用几个阀组合使用。例如，用二位五通阀代替二位三通阀或二位二通阀，只要将不用的气口用堵头堵上即可。又如，可用两个二位三通阀代替一个二位五通阀，或用两个二位二通阀代替一个二位三通阀。这些方法可在维修急用时尝试。

(3) 根据控制要求，选择阀的控制方式。

(4) 根据现场使用条件选择阀的适用范围，这些条件包括使用现场的气源压力大小、电源条件(交直流、电压大小等)、介质温度、环境温度、是否需要油雾润滑等。应选择能在相应条件下可靠工作的阀。

(5) 根据气动系统工作要求选用阀的性能，包括阀的最低工作压力、最低控制压力、响应时间、气密性、寿命及可靠性。

(6) 根据实际情况选择阀的安装方式。从安装维修方面考虑，板式连接较好，包括集装式连接，ISO 5599.1 标准也是板式连接。因此，优先采用板式安装方式，特别是对集中控制的气动控制系统更是如此。管式安装方式的阀占有空间小，也可以集中安装，且随着元件的质量和可靠性的不断提高，已得到广泛应用。

(7) 应选用标准化产品，避免采用专用阀，尽量减少阀的种类，便于供货、安装及维护。

4) 方向控制回路

由单向型方向阀和换向型控制阀组成的方向控制回路是怎样的呢？我们通过以下四种

典型的控制回路进行分析。

（1）单作用气缸的控制回路。单作用气缸的控制回路用于控制单作用气缸的前进、后退时必须采用二位三通阀。图 5-41 所示为单作用气缸的控制回路。按下按钮，压缩空气从 1 口流向 2 口，活塞伸出，3 口遮断，单作用气缸活塞杆伸出；放开按钮，阀内弹簧复位，缸内压缩空气由 2 口流向 3 口排放，1 口被遮断，气缸活塞杆在复位弹簧作用下立即缩回。

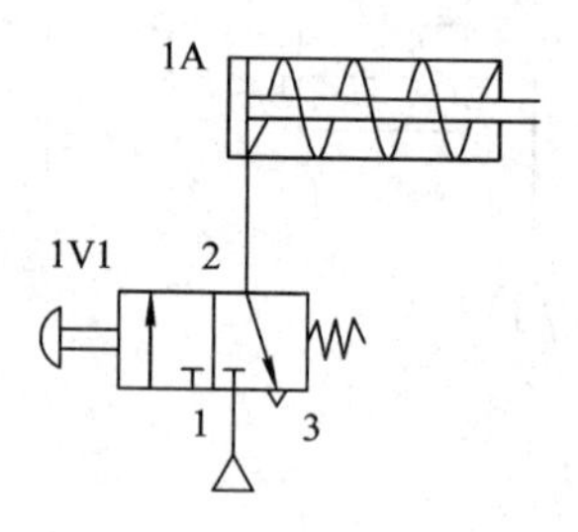

图 5-41　单作用气缸的控制回路

（2）双作用气缸的控制回路。控制双作用气缸的前进、后退可以采用二位四通阀，如图 5-42(a)所示，或采用二位五通阀，如图 5-42(b)所示。按下按钮，压缩空气从 1 口流向 4 口，同时 2 口流向 3 口排气，活塞杆伸出；放开按钮，阀内弹簧复位，压缩空气由 1 口流向 2 口，同时 4 口流向 5 口排放，气缸活塞杆缩回。

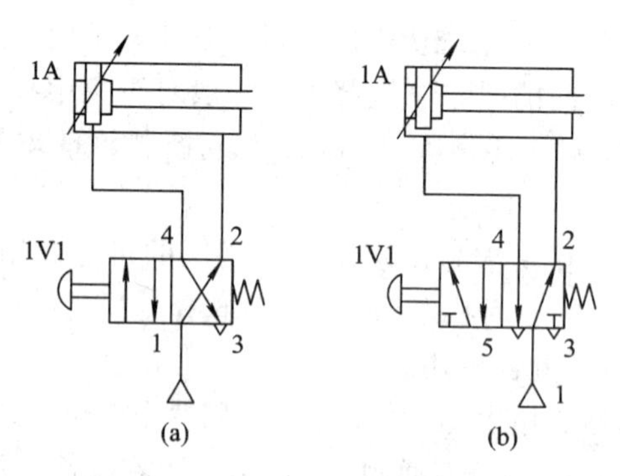

图 5-42　双作用气缸的控制回路

（3）利用梭阀的控制回路。图 5-43 所示为利用梭阀的控制回路，回路中的梭阀相当于实现“或”门逻辑功能的阀。在气动控制系统中，有时需要在不同地点操作单作用缸或实施手动/自动并用操作回路。

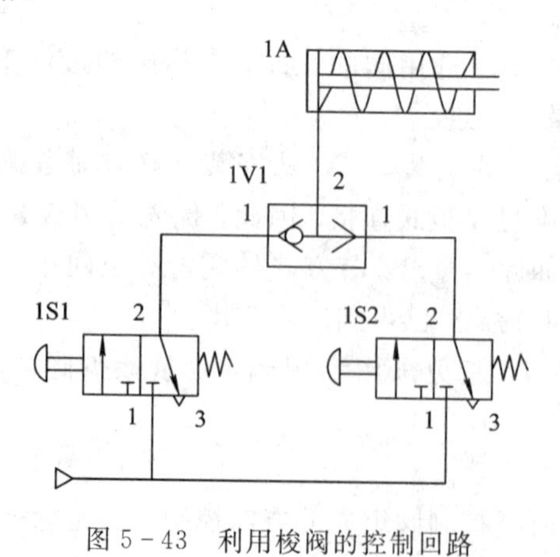

图 5-43　利用梭阀的控制回路

(4) 利用双压阀的控制回路。图 5-44 所示为利用双压阀的控制回路。在该回路中，需要两个二位三通阀同时动作才能使单作用气缸前进，实现“与”门逻辑控制。最常用的双手操作回路还有如图 5-45 所示的回路，常用于安全保护回路。

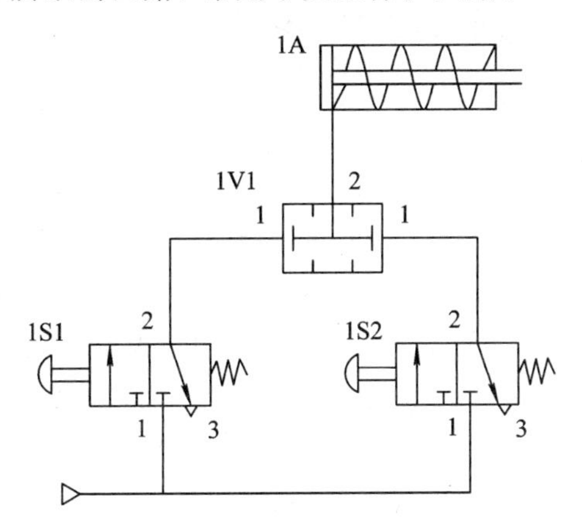

图 5-44　利用双压阀的控制回路

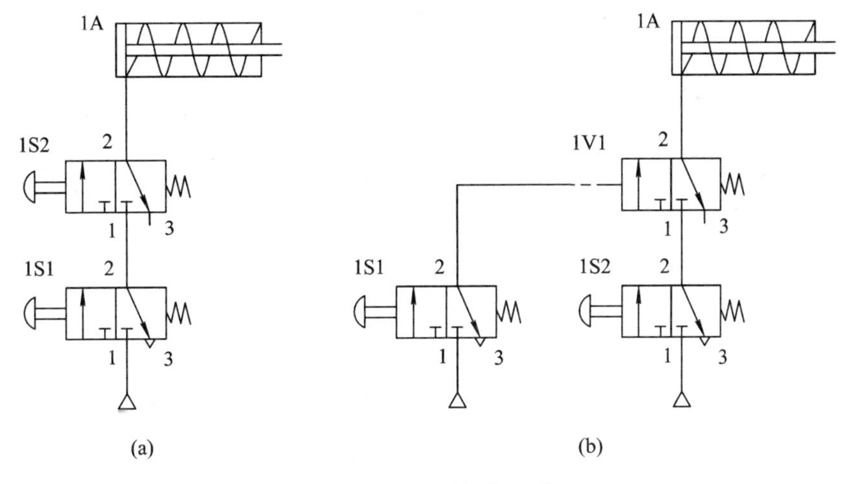

图 5-45　双手操作回路

2. 流量控制阀及速度控制回路

在气动系统中，经常要求控制气动执行元件的运动速度，这是靠调节压缩空气的流量来实现的。用来控制气体流量的阀称为流量控制阀。流量控制阀是通过改变阀的流通截面积来实现流量控制的元件。

1) 流量控制阀的分类

流量控制阀包括节流阀、单向节流阀和排气节流阀。

(1) 节流阀。节流阀将空气的流通截面缩小以增加气体的流通阻力，从而降低气体的压力和流量。如图 5-46 所示，阀体上有一个调整螺丝，可以调节节流阀的开口度(无级调节)，并可保持其开口度不变，此类阀称为可调开口节流阀。流通截面固定的节流阀称为固定开口节流阀。可调开口节流阀常用于调节气缸活塞的运动速度，若有可能，应将其直接安装在气缸上。这种节流阀有双向节流作用。使用节流阀时，节流面积不宜太小，因为空气中的冷凝水、尘埃等塞满阻流口通路会引起节流量的变化。

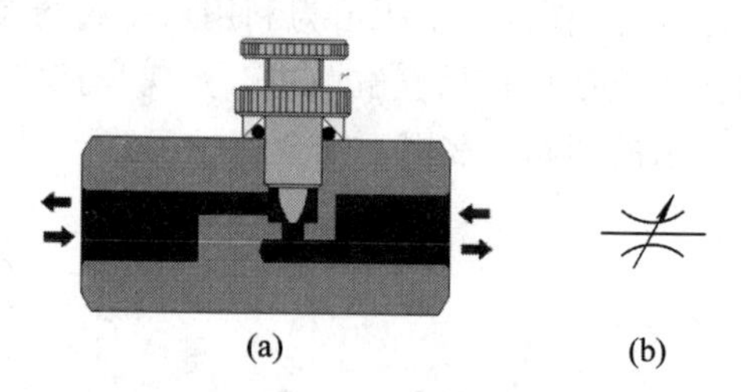

图 5-46　可调开口节流阀
(a) 结构；(b) 职能符号

(2) 单向节流阀。单向节流阀是由单向阀和节流阀组合而成的，常用于控制气缸的运动速度，也称为速度控制阀。如图 5-47 所示，当气流从 1 口进入时，单向阀被顶在阀座上，空气只能从节流口流向出口 2，流量被节流阀节流口的大小所限制，调节螺钉可以调节节流面积。当空气从 2 口进入时，它推开单向阀自由流到 1 口，不受节流阀限制。

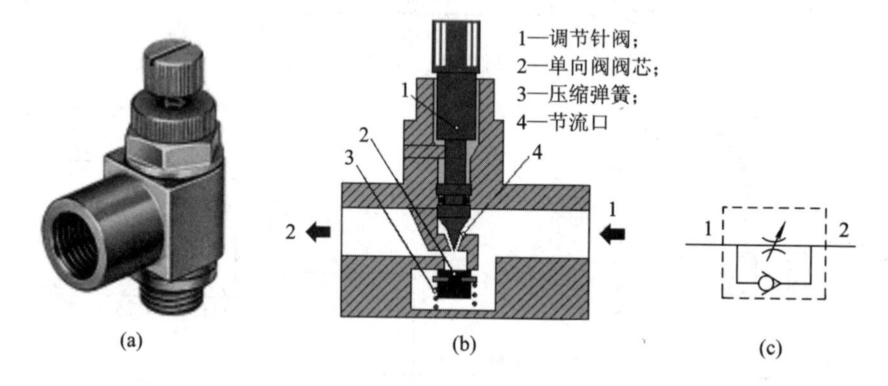

图 5-47　单向节流阀
(a) 外观；(b) 结构；(c) 职能符号

利用单向节流阀控制气缸的速度有进气节流和排气节流两种方式。

图 5-48(a)所示为进气节流控制，是通过控制进入气缸的流量来调节活塞运动速度的。采用这种控制方式，如果活塞杆上的负荷有轻微变化，将会导致气缸速度的明显变化。因此，它的速度稳定性差，仅用于单作用气缸、小型气缸或短行程气缸的速度控制。

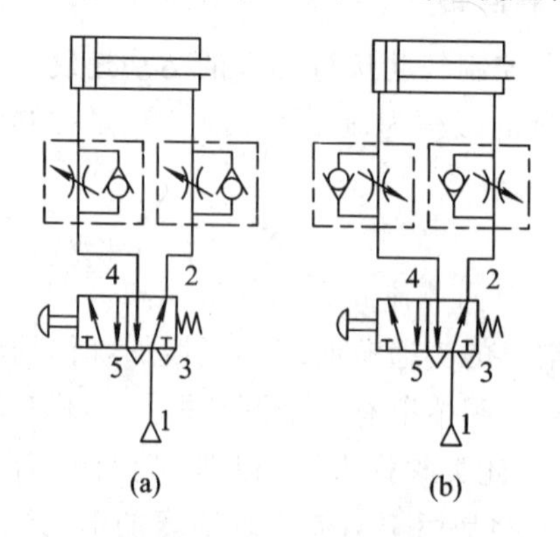

图 5-48　气缸速度控制
(a) 进气节流；(b) 排气节流

图 5-48(b)所示为排气节流控制，它用于控制气缸排气量的大小，而进气是满流的。这种控制方式能为气缸提供背压来限制速度，故速度稳定性好，常用于双作用气缸的速度控制。

单向节流阀用于气动执行元件的速度调节时应尽可能直接安装在气缸上。

一般情况下，单向节流阀的流量调节范围为管道流量的 20%～30%。对于要求能在较宽范围里进行速度控制的场合，可采用单向阀开度可调的速度控制阀。

(3) 排气节流阀。排气节流阀的节流原理和节流阀一样，也是靠调节流通面积来调节阀流量。它们的区别是：节流阀通常安装在系统中，用于调节气流的流量；排气节流阀只能安装在排气口处，调节排入大气的流量，以此来调节执行机构的运动速度。图 5-49 所示为排气节流阀的工作原理，气流从 A 口进入阀内，由节流口节流后经消声套排出。因而，它不仅能调节执行元件的运动速度，还能起到降低排气噪声的作用。

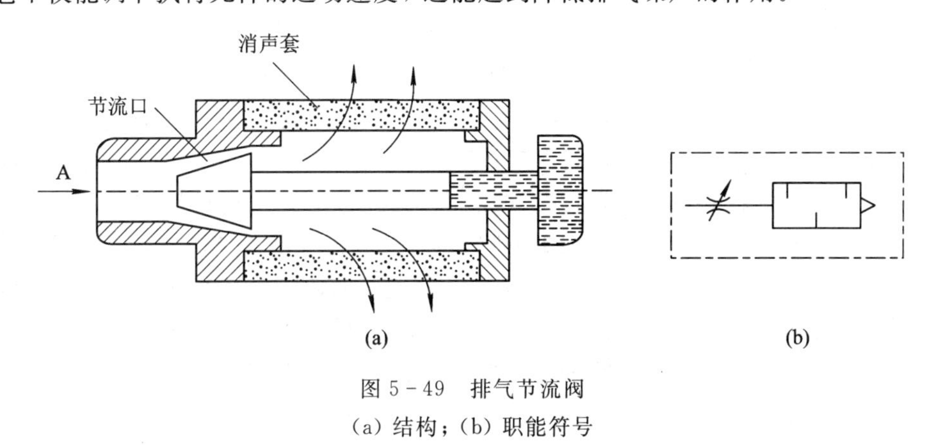

图 5-49　排气节流阀
(a) 结构；(b) 职能符号

排气节流阀通常安装在换向阀的排气口处，与换向阀联用，起单向节流阀的作用。它实际上是节流阀的一种特殊形式。由于其结构简单，安装方便，能简化回路，因此应用日益广泛。

2) 流量控制阀的选用

选用流量控制阀时应考虑以下两点：

(1) 根据气动装置或气动执行元件的进、排气口通径来选择。

(2) 根据所控制气缸的缸径和缸速，计算流量调节范围，然后从样本上查节流特性曲线，选择流量控制阀的规格。可用流量控制的方法控制气缸的速度，这是因为受空气的压缩性及其阻力的影响，一般气缸的运动速度不得低于 30 mm/s。

3) 速度控制回路

气动速度控制回路在多数情况下是使用单向节流阀和快速排气阀来控制的。它们组成的具体回路是怎样的呢？

(1) 单作用气缸的速度控制回路。图 5-50 所示为利用单向节流阀控制单作用气缸活塞速度的回路。单作用气缸前进速度的控制只能用入口节流方式，如图 5-50(a)所示。单作用气缸后退速度的控制只能用出口节流方式，如图 5-50(b)所示。如果单作用气缸前进及后退速度都需要控制，则可以同时采用两个节流阀控制，回路如图 5-50(c)所示，活塞前进时由节流阀 1V1 控制速度，活塞后退时由节流阀 1V2 控制速度。

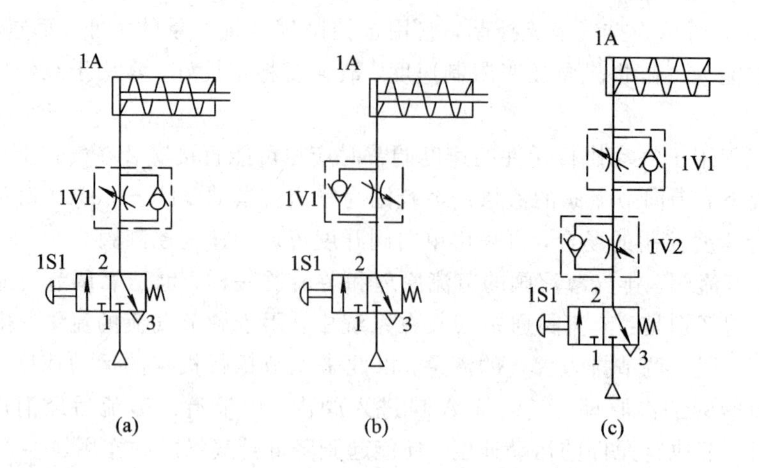

图 5 - 50 单作用气缸的速度控制回路

(a) 气缸前进速度控制；(b) 气缸后退速度控制；(c) 双向速度控制

(2) 双作用气缸的速度控制回路。图 5 - 51 所示为双作用气缸的速度控制回路。图 5 - 51(a)所示的使用二位四通阀的回路必须采用单向节流阀实现排气节流的速度控制。一般将带有旋转接头的单向节流阀直接拧在气缸的气口上来实现排气节流，安装使用方便。如图 5 - 51(b)所示，在二位五通阀的排气口上安装排气消声节流阀，可以调节节流阀开口度，实现气缸背压的排气控制，完成气缸往复速度的调节。使用如图 5 - 51(b)所示的速度控制方法时应注意：换向阀的排气口必须有安装排气消声节流阀的螺纹口，否则不能选用。图 5 - 51(c)所示是用单向节流阀来实现进气节流的速度控制。

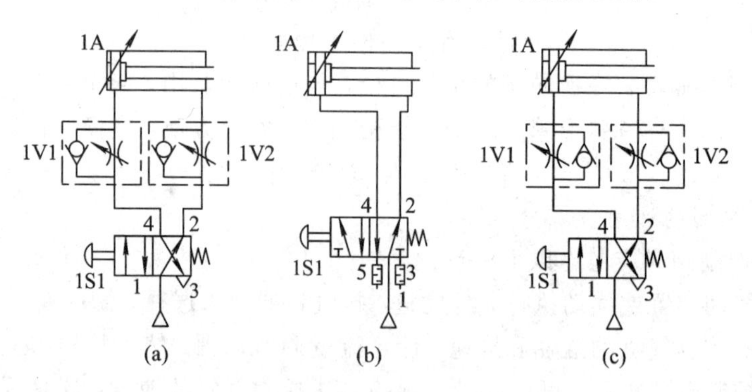

图 5 - 51 双作用气缸的速度控制回路

(3) 增加单作用气缸及双作用气缸的速度控制回路。

图 5 - 52 所示为增加单作用气缸活塞后退的速度控制回路。当活塞后退时，气缸中的压缩空气经快速排气阀 1V1 的 3 口直接排放，不需经换向阀而减少排气阻力，故活塞可快速后退。

图 5 - 53 所示为增加双作用气缸活塞前进的速度控制回路。双作用气缸前进时在气缸排气口加一个快速排气阀 1V1，以减小排气阻力。

(4) 慢速前进、快速后退回路。图 5 - 54 所示为慢速前进、快速后退回路。按下按钮阀 1S1 后，主控阀 1V1 换向，活塞前进，速度由阀 1V2 控制。当活塞杆碰到行程阀 1S2 时，活塞后退，快速排气阀 1V3 可增加其后退速度。

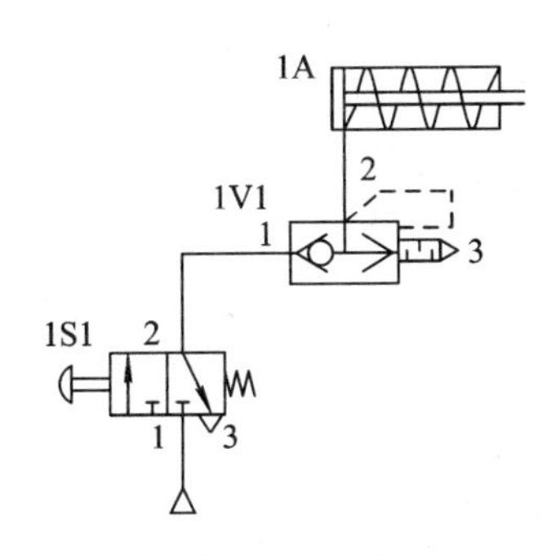

图 5－52 单作用气缸的快速后退回路

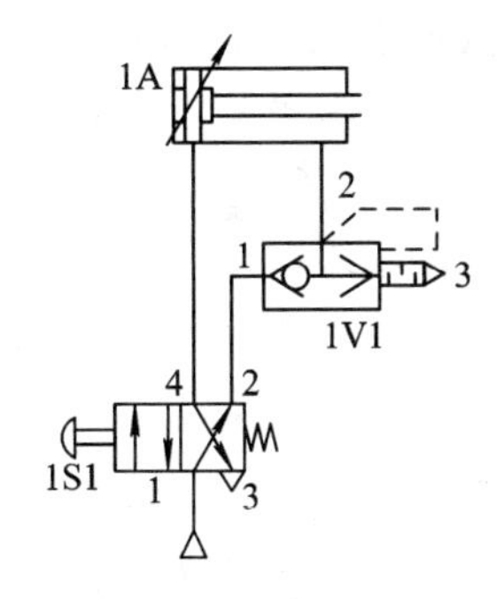

图 5－53 双作用气缸的快速前进回路

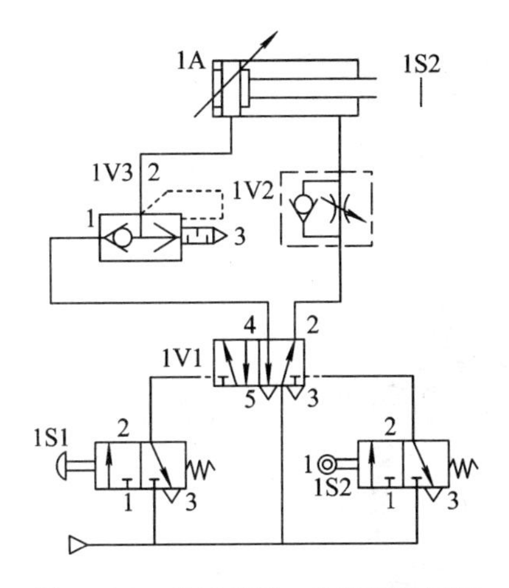

图 5－54 慢速前进、快速后退回路

(5) 速度换接回路。图 5－55 中，利用两个二位二通阀与单向节流阀并联，当撞块压下行程开关时，发出电信号，使二位二通阀换向，改变排气通路，从而使气缸速度改变。行程开关的位置可根据需要选定。图 5－55 中，二位二通阀也可改变行程阀。

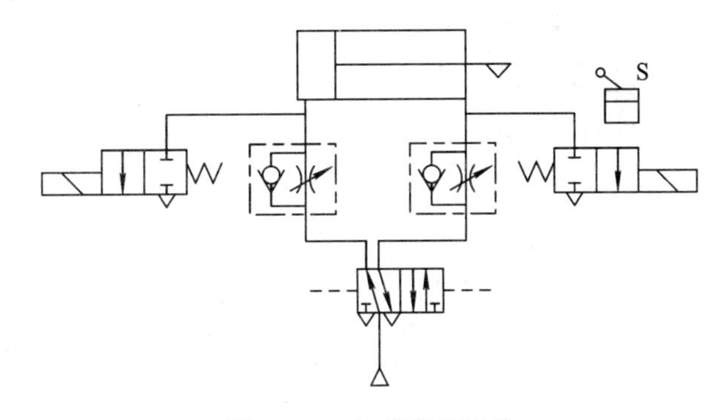

图 5－55 速度换接回路

3. 压力控制阀及压力控制回路

气动压力控制阀用来控制气动系统中压缩空气的压力，用于满足各种压力需求或节能。

1) 压力控制阀的分类

压力控制阀有减压阀、安全阀(溢流阀)和顺序阀三种。

（1）减压阀。减压阀的作用是降低由空气压缩机来的压力，以适于每台气动设备的需要，并使这一部分压力保持稳定。按调节压力方式的不同，减压阀有直动型和先导型两种。

① 直动型减压阀。图 5－56 所示为 QTY 型直动型减压阀的结构原理图、实物图及职能符号。其工作原理是：阀处于工作状态时，压缩空气从左侧入口流入，经阀口 11 后再从阀出口流出。当顺时针旋转手柄 1 时，调压弹簧 2、3 推动膜片 5 下凹，再通过阀杆 6 带动阀芯 9 下移，打开进气阀口 11，压缩空气通过阀口 11 的节流作用使输出压力低于输入压力，以实现减压作用。与此同时，有一部分气流经阻尼孔 7 进入膜片室 12，在膜片下部产生一向上的推力。当推力与弹簧的作用相互平衡后，阀口开度稳定在某一值上，减压阀就输出一定压力的气体。阀口 11 的开度越小，节流作用就越强，压力下降也就越多。

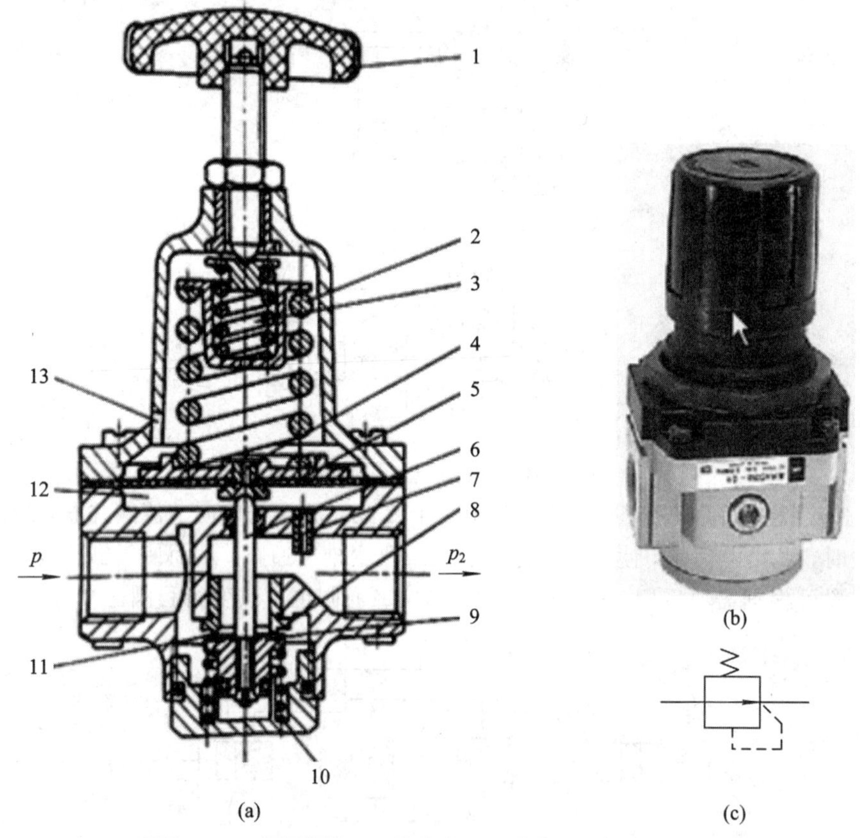

1—手柄；2、3—调压弹簧；4—溢流孔；5—膜片；6—阀杆；7—阻尼孔；
8—阀座；9—阀芯；10—复位弹簧；11—阀口；12—膜片室；13—排气口

图 5－56　QTY 型直动型减压阀

（a）结构原理图；（b）实物图；（c）职能符号

当输入压力瞬时升高时，经阀口 11 以后的输出压力随之升高，使膜片气室内的压力也升高，破坏了原有的平衡，使膜片上移，有部分气流经溢流孔 4、排气口 13 排出。在膜片上移的同时，阀芯在复位弹簧 10 的作用下也随之上移，减小阀口 11 的开度，节流作用加大，输出压力下降，直至达到膜片两端作用力重新平衡为止，输出压力基本又回到原数值上。

相反，输出压力下降时，进气节流阀口开度增大，节流作用减小，输出压力上升，输出压力基本回到原数值上。

② 先导型减压阀。先导型减压阀使用预先调整好压力的空气来代替调压弹簧进行调压，其调节原理和主阀部分的结构与直动型减压阀的相同。先导型减压阀的调压空气一般是由小型的直动型减压阀供给的。若将这个小型直动型减压阀与主阀合成一体，则称为内部先导型减压阀。若将它与主阀分离，则称为外部先导型减压阀，它可以实现远距离控制。

图 5-57 所示为先导型减压阀的结构原理图和职能符号。它由先导阀和主阀两部分组成。当气流从走端流入阀体后，一部分经进气阀口 9 流向输出口，另一部分经固定节流孔 1 进入中气室 5，经喷嘴 2、挡板 3、孔道反馈至下气室 6，再经阀杆 7 中心孔及排气孔 8 排至大气。

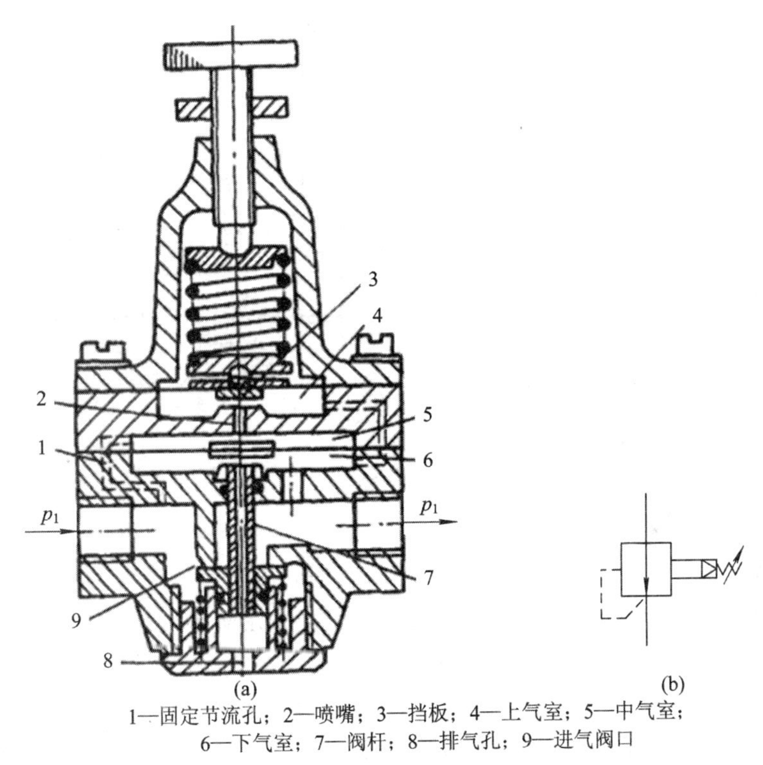

1—固定节流孔；2—喷嘴；3—挡板；4—上气室；5—中气室；
6—下气室；7—阀杆；8—排气孔；9—进气阀口

图 5-57　先导型减压阀

(a) 结构原理图；(b) 职能符号

把手柄旋到一定位置，使喷嘴挡板的距离在工作范围内，减压阀就进入工作状态。中气室 5 的压力随喷嘴与挡板间距离的减小而增大，于是推动阀芯打开进气阀口 9，即有气流流到出口，同时经孔道反馈到上气室 4，与调压弹簧相平衡。

若输入压力瞬时升高，输出压力也相应升高，通过孔口的气流使下气室 6 的压力也升高，破坏了膜片原有的平衡，使阀杆 7 上升，节流阀口减小，节流作用增强，输出压力下降，直至达到膜片两端作用力重新平衡为止，输出压力恢复到原来的调定值。

当输出压力瞬时下降时，经喷嘴、挡板的放大也会引起中气室 5 的压力有较明显的升高，使阀芯下移，阀口开大，输出压力升高，并稳定到原数值上。

选择减压阀时，应根据气源压力确定阀的额定输入压力，气源的最低压力应高于减压阀最高输出压力 0.1 MPa 以上。减压阀一般安装在空气过滤之后、油雾器之前。

(2) 安全阀。安全阀的作用是当系统压力超过调定值时，便自动排气，使系统的压力下降，以保证系统安全，故称其为安全阀。按控制方式的不同，安全阀有直动型和先导型两种。

① 直动型安全阀。如图 5-58 所示，将阀 P 口与系统相连接，O 口通大气压力升高，一旦大于安全阀的调定压力，气体推开阀芯，经阀口从 O 口排至大气，使系统压力稳定在调定值，保证系统安全。当系统压力低于调定值时，在弹簧的作用下阀口关闭。开启压力的大小与调整弹簧的预压缩量有关。

② 先导型安全阀。如图 5-59 所示，安全阀的先导阀为减压阀，由它减压后的空气从上部 K 口进入阀内，以代替直动型的弹簧控制安全阀。先导型安全阀适用于管道通径较大及远距离控制的场合。

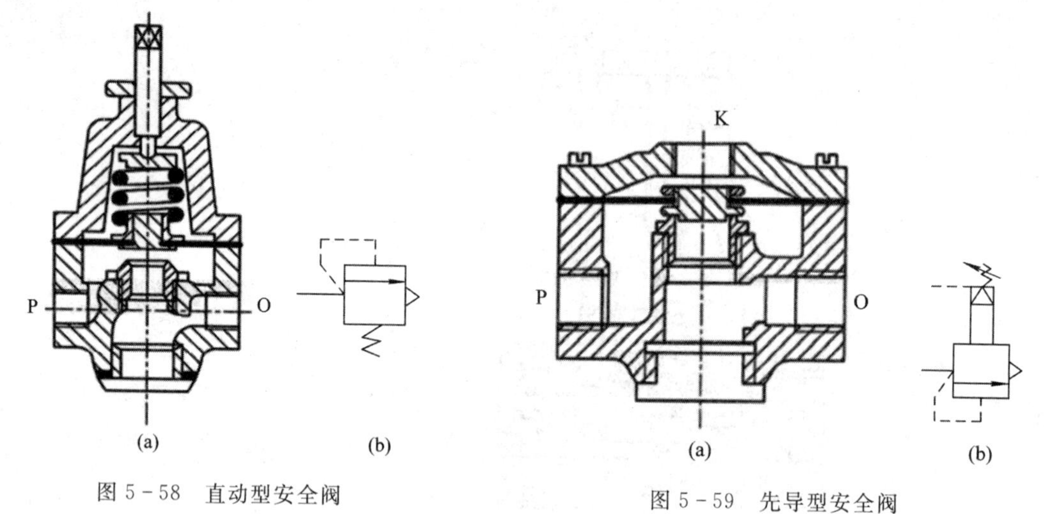

图 5-58　直动型安全阀
(a) 结构原理图；(b) 职能符号

图 5-59　先导型安全阀
(a) 结构原理图；(b) 职能符号

选用安全阀时，其最高工作压力应略高于所需控制压力。

(3) 顺序阀。顺序阀的作用是依靠气路中压力的大小来控制机构按顺序动作。顺序阀常与单向阀并联结合成一体，称为单向顺序阀。

图 5-60 为单向顺序阀的工作原理图。当压缩空气由 P 口进入阀左腔后，作用在活塞上的力小于调压弹簧上的力时，阀处于关闭状态；而当作用于活塞上的力大于弹簧力时，

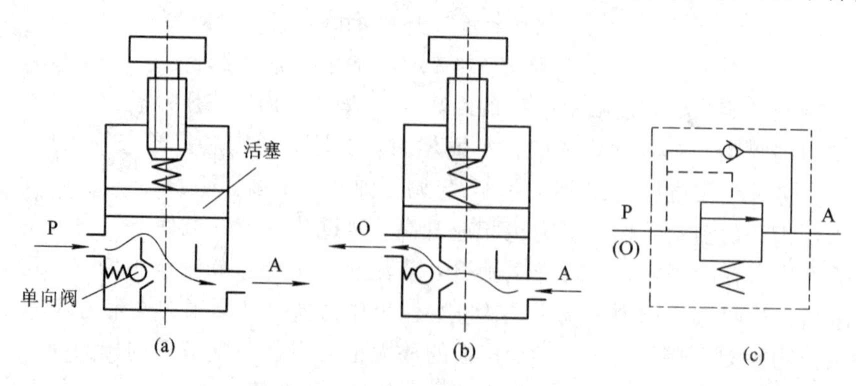

图 5-60　单向顺序阀的工作原理图
(a) 开启状态；(b) 关闭状态；(c) 职能符号

活塞被顶起，压缩空气经阀左腔流入阀右腔后由 A 口流出，然后进入其他控制元件或执行元件，此时单向阀关闭。当切换气源(如图 5－60(b)所示)时，阀左腔的压力迅速下降，顺序阀关闭，此时阀右腔的压力高于阀左腔的压力，在气体压力差的作用下，打开单向阀，压缩空气由阀右腔经单向阀流入阀左腔向外排出。图 5－61 为单向顺序阀的结构图。

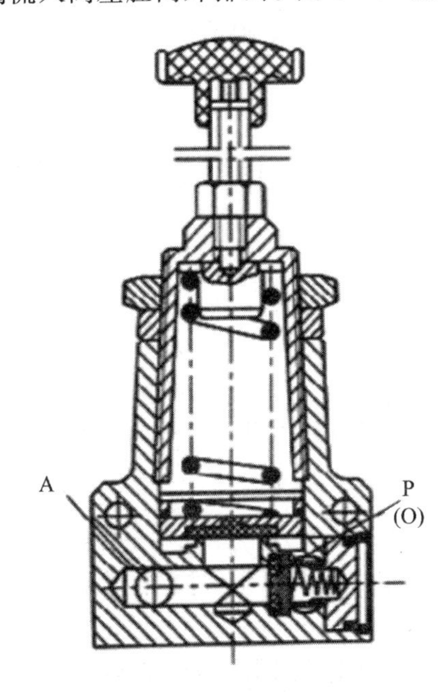

图 5－61　单向顺序阀的结构图

2) 气动压力控制阀的选用与检修

从前面的学习我们可以看出，减压阀的调压方式有直动式和先导式两种。直动式是借助弹簧力直接操纵的调压方式；先导式是用预先调整好的气压来代替直动式调压弹簧进行调压的，一般先导型减压阀的流量特性比直动式减压阀的好。直动式减压阀的通径小于 20～25 mm，输出压力在 0～1.0 MPa 范围内最为适当，超出这个范围应选用先导型式压型。企业日常压力阀的检查要点如表 5－6 所示。

表 5－6　压力阀的检查要点

检查项目	检查方法和判定标准
检查压力控制阀的工作条件	当旋转压力调整旋钮时，通过阅读压力计检查是否操作正确
检查压力计“O”点	检查压力计指针是否指向“O”
检查压力计的控制范围	清洗压力计时，检查是否有破碎的玻璃容器、弯针和控制标记。检查设备规格和控制范围，确认无异常现象
检查管子接头是否漏气	用肥皂水检查管子接头是否漏气

3) 压力控制回路

为调节和控制系统的压力，经常采用压力控制回路。此外，为增大气缸活塞杆的输出力，常用压力控制回路。压力控制不仅是维持系统正常工作所必需的，而且也关系到系统工作的安全性、经济性和可靠性等。常见的压力控制回路有如下几种。

(1) 一般压力控制回路。图 5－62(a)所示为常用的一种压力控制回路，它利用减压阀

2 来实现对气动系统气源的压力控制，1 是过滤器，用于过滤杂质，3 是油雾器，用于油润滑气动元件。为了使系统正常工作，保持稳定的性能，以及达到安全、可靠、节能等目的，需要对系统的压力进行控制。图 5-62(b)是一种最基本的压力控制回路，可给系统提供一种稳定的工作压力，过滤器 1 用于过滤杂质，该压力的设定是通过调节三联件中的减压阀 2 来实现的。如果采用无油润滑气动元件，则不需要油雾器。

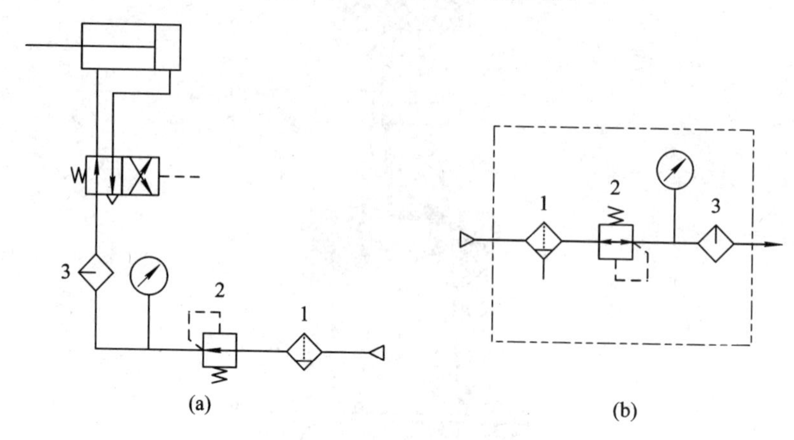

图 5-62　一般压力控制回路

(2) 高低压控制回路。该回路由多个减压阀控制，实现多个压力同时输出。图 5-63 同时输出高、低两个压力 p_1 和 p_2。

(3) 多级压力控制回路。图 5-64 是利用换向阀 3 和减压阀 4 实现多级压力控制的回路。在某些平衡系统中，需要根据工件自重的不同提供多种平衡压力，这时就需要用到多级压力控制回路。图 5-64 为一种采用远程调压阀的多级压力控制回路。在该回路中，远程调压阀 1 的先导压力通过三通电磁换向阀 3 的切换来控制，可根据需要设定低、中和高三种先导压力。在进行压力切换时，必须用电磁阀 2 将先导压力卸压，然后再选择先导压力。

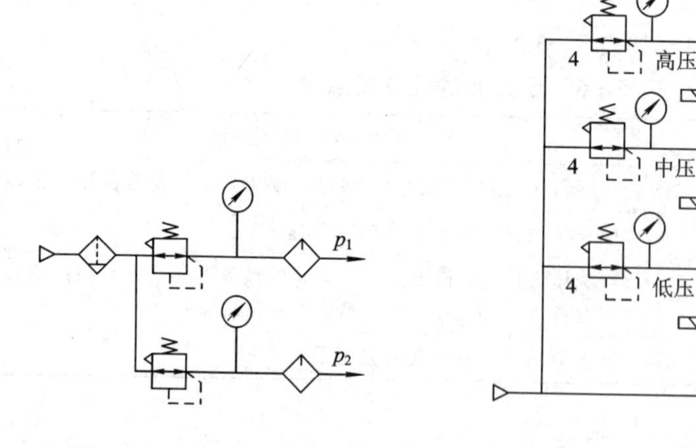

图 5-63　高低压控制回路

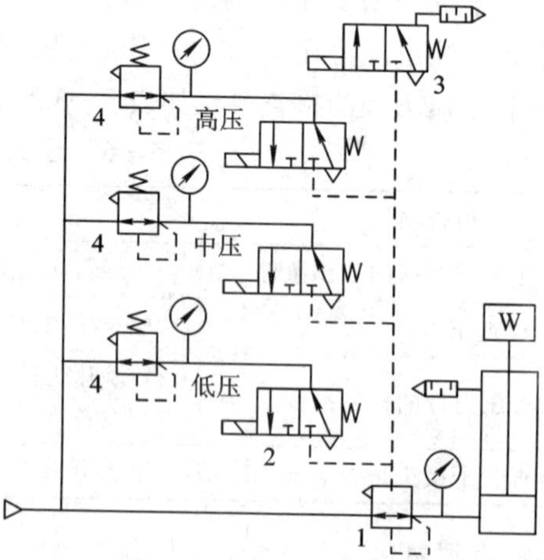

图 5-64　多级压力控制回路

(4) 过载保护回路。图 5-65 所示为一过载保护回路，正常工作时，电磁换向阀 1 通电，使换向阀 2 换向，气缸外伸。如果在活塞杆受压的方向发生过载，则顺序阀动作，换向阀 3 切换，换向阀 2 的控制气体排出，在弹簧力的作用下换至图示工作位，使活塞杆缩回。

(5) 增压回路。一般的气动系统工作压力为0.7 MPa以下，但在某些场合，由于气缸尺寸等的限制，局部地方需要高压。图5-66所示为一增压回路，压缩空气经电磁阀1进入缸2或3的大活塞端，推动活塞杆把串联在一起的小活塞端的液压油压入工作缸5，使活塞在高压下运动。其增压比为D^2/D_1^2。节流阀4用于调节运动速度。

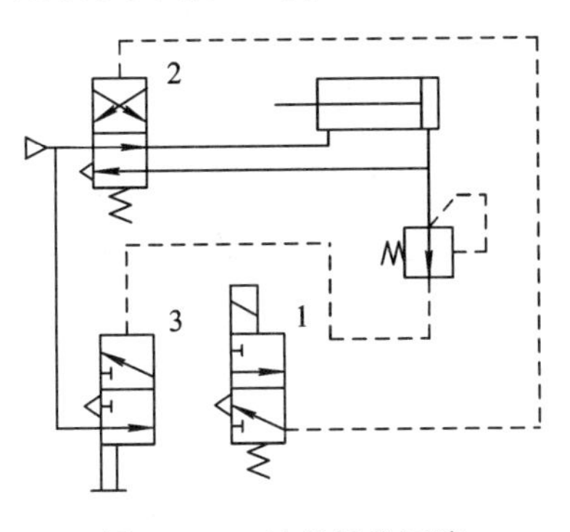

图5-65 过载保护回路

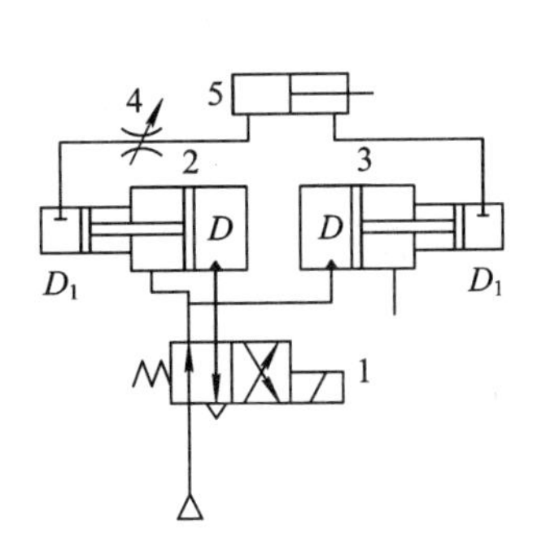

图5-66 增压回路

(6) 顺序控制回路。图5-67所示为用顺序阀控制两个气缸顺序动作的原理图。压缩空气先进入气缸1，待建立一定压力后，打开顺序阀4，压缩空气才开始进入气缸2使其动作。切断气源，气缸2返回的气体经单向阀3和排气孔O排空。

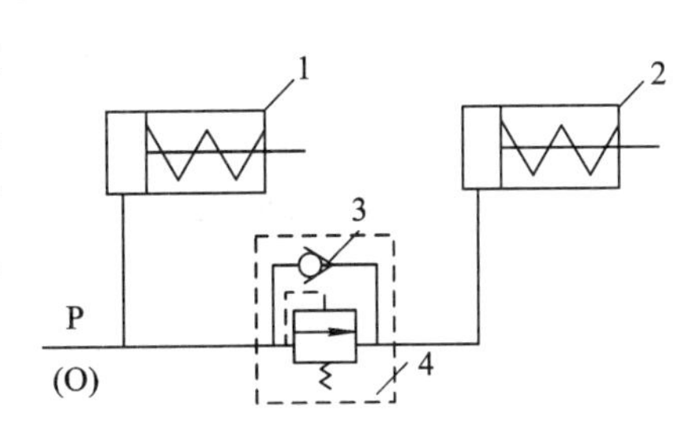

图5-67 顺序控制回路

思考与练习

一、填空题

1. 气动系统对压缩空气的主要要求是：具有一定________和________，并具有一定的________程度。
2. 气源装置一般由________装置、________的装置和设备、传输压缩空气的管道系统和________四部分组成。
3. 空气压缩机简称________，是气源装置的核心，用以将原动机输出的机械能转化为气体的压力能。空气压缩机的种类很多，但按工作原理主要可分为________和________两类。
4. ________、________、________一起称为气动三联件，是多数气动设备必不可少的气源装置。大多数情况下，三联件组合使用，三联件应安装在用气设备的________。
5. 气缸是将压缩空气的________能转换为________的执行元件。可以实现往复直线运动的气动执行元件称为________；可以实现在一定角度范围内往复摆动的气动执行元件称为________；可以实现连续旋转运动的气动执行元件称为________。
6. 与门型梭阀又称________。
7. 气动控制元件按其功能和作用分为______控制阀、________控制阀和______控制阀三大类。
8. 气动单向型控制阀包括______、______、______和快速排气阀。其中______与液压单向阀类似。

9. 气动压力控制阀主要有________、______和________。

10. 气动流量控制阀主要有______、______和____等。它们是通过改变控制阀的____来实现流量控制的元件。

11. 气动系统因使用的功率都不大，所以主要的调速方法是________。

12. 在设计任何气动回路中，特别是安全回路中，都不可缺少________和______。

二、判断题

1. 气源管道的管径大小是根据压缩空气的最大流量和允许的最大压力损失决定的。（　）

2. 大多数情况下，气动三联件组合使用，其安装次序依进气方向为空气过滤器、后冷却器和油雾器。（　）

3. 空气过滤器又名分水滤气器、空气滤清器，它的作用是滤除压缩空气中的水分、油滴及杂质，以达到气动系统所要求的净化程度，它属于二次过滤器。（　）

4. 气压传动系统中所使用的压缩空气直接由空气压缩机供给。（　）

5. 快速排气阀的作用是将气缸中的气体经过管路由换向阀的排气口排出。（　）

6. 每台气动装置的供气压力都需要用减压阀来减压，并保证供气压力的稳定。（　）

7. 在气动系统中，双压阀的逻辑功能相当于“或”元件。（　）

8. 快排阀是使执行元件的运动速度达到最快而使排气时间最短，因此需要将快排阀安装在方向控制阀的排气口。（　）

9. 双气控及双电控两位五通方向控制阀具有保持功能。（　）

10. 气压控制换向阀是利用气体压力来使主阀芯运动而使气体改变方向的。（　）

11. 消声器的作用是排除压缩气体高速通过气动元件排到大气时产生的刺耳噪声污染。（　）

12. 气动压力控制阀都是利用作用于阀芯上的流体(空气)压力和弹簧力相平衡的原理来进行工作的。（　）

13. 气动流量控制阀主要有节流阀、单向节流阀和排气节流阀等。它们是通过改变控制阀的流通面积来实现流量控制的元件。（　）

14. 气动控制阀与液压控制阀的功能类似，因此可互换使用。（　）

三、选择题

1. 以下不是储气罐的作用的是(　　)。

   A. 减少气源输出气流脉动

   B. 进一步分离压缩空气中的水分和油分

   C. 冷却压缩空气

2. 气源装置的核心元件是(　　)。

   A. 气马达　　B. 空气压缩机　　C. 油水分离器

3. 低压空压机的输出压力为(　　)

   A. 小于 0.2 MPa　　B. 0.2～1 MPa　　C. 1～10 MPa

4. 油水分离器安装在(　　)后的管道上。

A. 后冷却器　　B. 干燥器　　C. 储气罐

5. 压缩空气站是气压系统的(　　)。

A. 辅助装置　　B. 执行装置　　C. 控制装置

D. 动力源装置

6. 下列气动元件是气动控制元件的是(　　)。

A. 气马达　　B. 顺序阀　　C. 空气压缩机

7. 气压传动中方向控制阀用来(　　)。

A. 调节压力

B. 截止或导通气流

C. 调节执行元件的气流量

8. 在图 5-68 所示回路中，仅按下 PS3 按钮，则(　　)。

A. 压缩空气从 S1 口流出

B. 没有气流从 S1 口流出

C. 如果 PS2 按钮也按下，气流从 S1 口流出

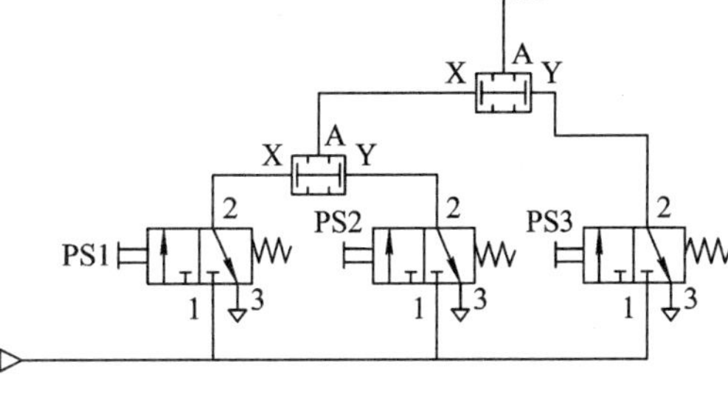

图 5-68　双压阀应用

9. (　　)是影响阀性能的重要因素之一。

A. 阀芯材料　　B. 阀芯　　C. 阀芯结构

10. 对于气动，采用排气节流较进气节流效果好。它可使进气阻力(　　)，且活塞在有背压情况下向前运动较平稳，受外载变化的影响较(　　)。

A. 大　大　　B. 小　小　　C. 小　大

四、简答题

1. 一个典型的气动系统由哪几个部分组成？
2. 气动系统对压缩空气有哪些质量要求？气源装置一般由哪几部分组成？
3. 空气压缩机有哪些类型？如何选用空压机？
4. 什么是气动三联件？气动三联件的连接次序如何？
5. 空气压缩机在使用中要注意哪些事项？
6. 简述气缸需要缓冲装置的原因。
7. 气缸的安装形式有哪几种？
8. 简述叶片式气动马达的工作原理。
9. 气动系统中常用的压力控制回路有哪些？
10. 延时回路相当于电气元件中的什么元件？
11. 比较双作用缸的节流供气和节流排气两种调速方式的优缺点和应用场合。
12. 为何安全回路中都不可缺少过滤装置和油雾器？

五、问答题

1. 试识别出图 5-69、图 5-70 中气动器件的名称、功能，并标识出数字标号位置的准确名称及功能。

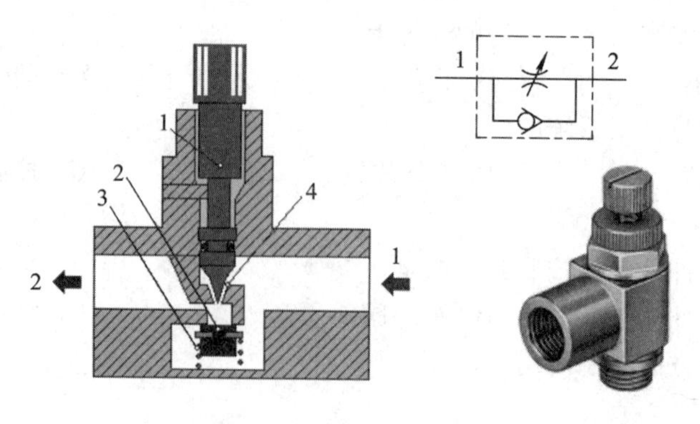

图 5-69　元器件识别 1

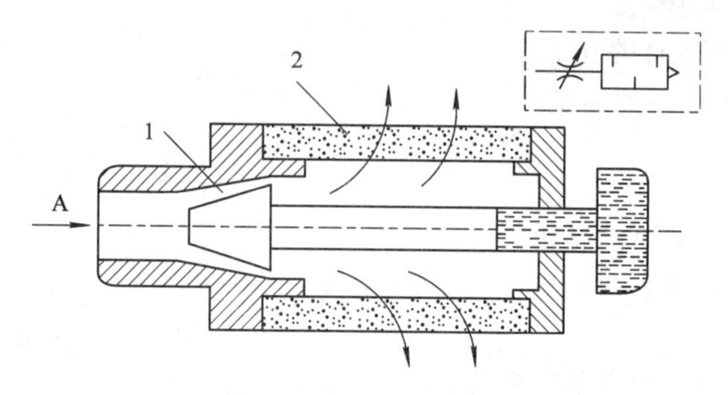

图 5-70　元器件识别 2

2. 在表 5-7 中填出常见换向阀的职能符号，并简述“位”和“通”的含义。

表 5-7　常用换向阀的职能符号

	二位	三位		
		中位封闭式	中位泄压式	中位加压式
二通				
三通				
四通				
五通				

3. 试根据本项目所学内容，对图 5-71 中各组成部件的功能进行分析，并简述该气动系统的传递、分配、控制过程。

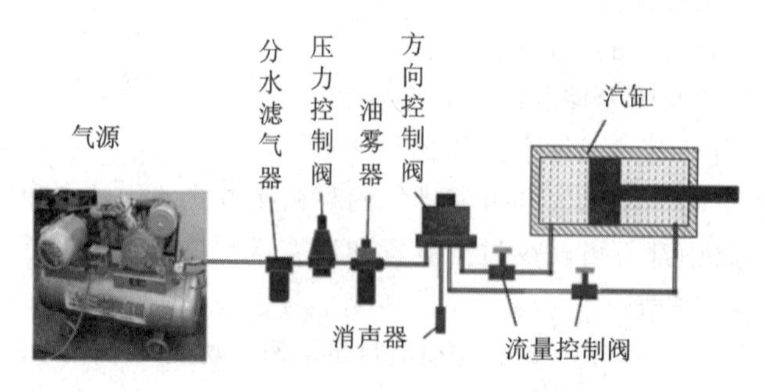

图 5-71　某气动系统简图

项目六　气动系统控制

任务6－1　单气缸控制

【教学导航】

• 能力目标

(1) 学会绘制气动系统电气控制回路图并正确接线。

(2) 学会 I/O 地址分配表的设置。

(3) 学会绘制 PLC 硬件接线图的方法并正确接线。

(4) 学会 PLC 编程软件的基本操作，掌握用户程序的输入和编辑方法。

(5) 完成单气缸控制的设计、安装、调试运行任务。

(6) 学会使用 Automation Studio 进行仿真。

• 知识目标

(1) 掌握单气缸的继电器控制设计方法。

(2) 掌握单气缸的 PLC 控制设计方法。

(3) 掌握 Automation Studio 仿真设计的方法。

【任务引入】

常见的气缸有两种：单作用气缸和双作用气缸。下面介绍气缸的控制方法。图 6－1 所示为用继电器、PLC 控制单气缸“伸出→缩回”、“伸出→停留→缩回”。

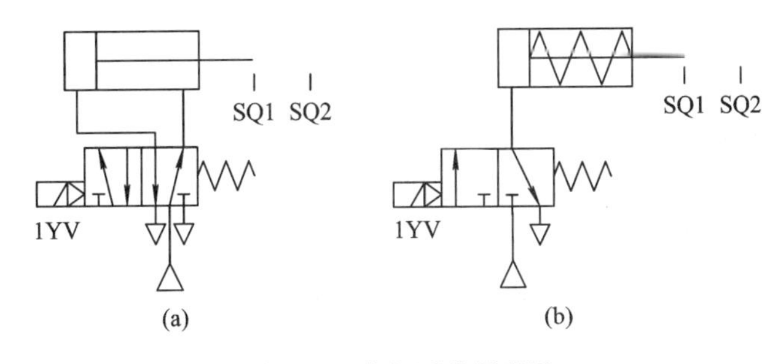

图 6－1　气缸系统原理图

(a) 双作用气缸回路；(b) 单作用气缸回路

【任务分析】

气缸活塞的伸出和缩回主要是靠改变压缩空气的流动方向来实现的，而压缩空气的流动方向的改变靠电磁换向阀换向实现。所以，对气缸运动方向的控制就是控制电磁换向阀。

气缸的控制大致上可分为两种：一是继电器控制，二是 PLC 控制。其控制设计方法和步骤大致相同。

(1) 分析并确定电磁换向阀是如何工作的。

(2) 结合气路分析其控制过程。

(3) 绘制控制电路图，画出 I/O 地址分配表、外部接线图，并编写 PLC 程序。

(4) 仿真实现。

【知识链接】

在电气控制气动回路中，气缸的位置是由行程开关(接近开关、磁传感器)来控制的，方向控制阀则一律采用电磁阀。常用的典型的电磁换向阀有两种(二位三通、二位五通单电控换向阀)，如图 6-2 所示。这两种电磁换向阀的工作位置分析见表 6-1。

图 6-2　气动系统常用电磁换向阀

(a) 二位三通单电控换向阀；(b) 二位五通单电控换向阀

表 6-1　常用电磁换向阀的工作位置分析

电磁换向阀	左位工作时	右位工作时	初始工作位置
二位三通单电控换向阀	1YV+(得电)且要自锁	1YV-(失电或不得电)	右位(弹簧侧)
二位五通单电控换向阀	1YV+(得电)且要自锁	1YV-(失电或不得电)	右位(弹簧侧)

【任务实施】

气动系统的控制主要就是气缸控制，即双作用气缸的控制和单作用气缸的控制。下面就这两种情况分别进行阐述。

1. 双作用气缸的控制

1) 双作用气缸的"伸出→缩回"控制

(1) 继电器控制。如图 6-1(a)所示，该气缸活塞伸出气路(1YV+自锁)如下：

进气路：气源→换向阀左位→气缸左腔
排气路：气缸右腔→换向阀左位→排出系统

这样，我们可以将气缸活塞伸出分析如下：

气缸活塞伸出←1YV+自锁←按下启动按钮 SB1

由此分析可得如图 6-3(a)所示的控制电路。

当气缸伸出触碰到 SQ2 时，1YV-，此时气缸缩回。其气路如下：

进气路：气源→换向阀右位→气缸右腔
排气路：气缸左腔→换向阀右位→排出系统

这样，我们可以将气缸缩回分析如下：

气缸缩回←1YV-←触碰到 SQ2

由此分析可得如图 6-3(b)所示的控制电路。

(2) PLC 控制。由图 6-1(a)可知，该系统有 2 个按钮(启动按钮 SB1、停止按钮 SB2)、2 个行程开关(气缸缩回到位 SQ1、气缸伸出到位 SQ2)、1 个电磁换向阀(1YV)。

I/O地址分配表如表 6-2 所示。

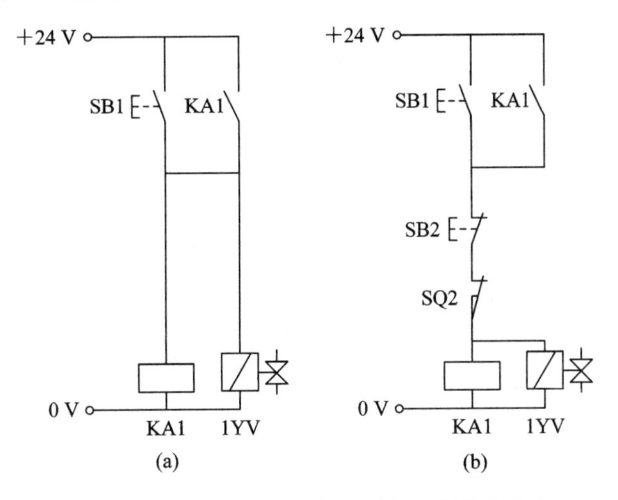

图 6-3　双作用气缸的“伸出→缩回”的控制电路

(a) 气缸伸出；(b) 气缸缩回

表 6-2　双作用气缸“伸出→缩回”的 I/O 地址分配表

序号	I/O	信号	信号说明	状态说明	
				ON	OFF
1	I0.0	SB1	启动按钮	有效	
2	I0.1	SB2	停止按钮	有效	
3	I0.2	SQ1	气缸缩回到位	有效	
4	I0.3	SQ2	气缸伸出到位	有效	
5	Q0.0	1YV	气缸伸出	伸出	

根据 I/O 地址分配表 6-2 和工作要求，外部接线图如图 6-4 所示。

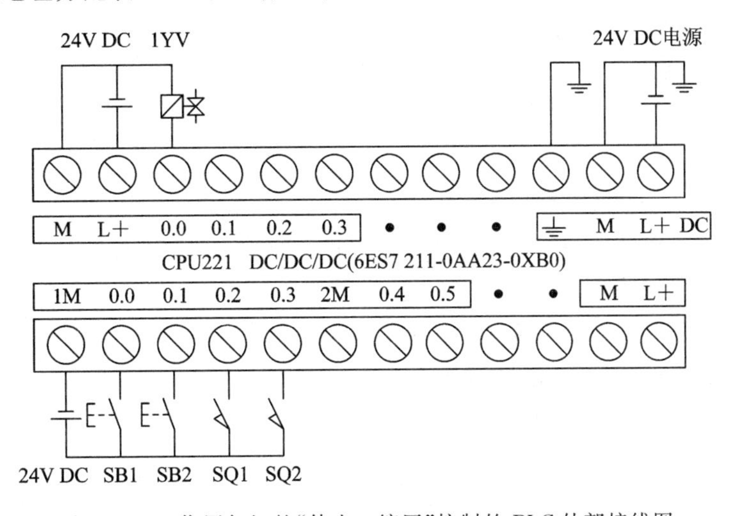

图 6-4　双作用气缸的“伸出→缩回”控制的 PLC 外部接线图

双作用气缸的“伸出→缩回”控制的 PLC 程序如图 6-5 所示。

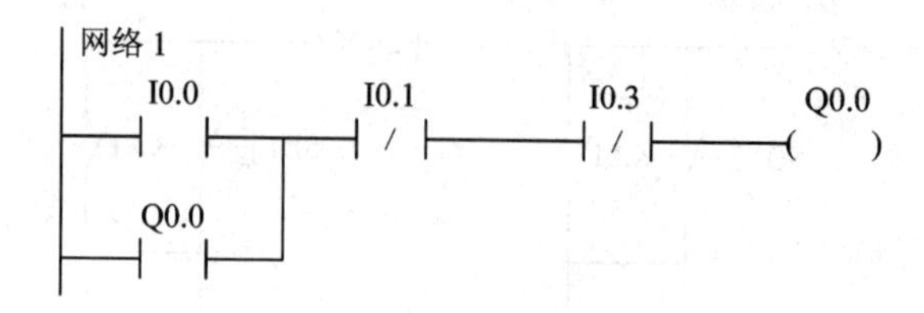

图 6-5　双作用气缸的“伸出→缩回”控制的 PLC 程序

(3) 基于 Automation Studio 的仿真。

① 继电器控制仿真。图 6-1(a)所示的双作用气缸的“伸出→缩回”的继电器控制仿真如图 6-6 所示。

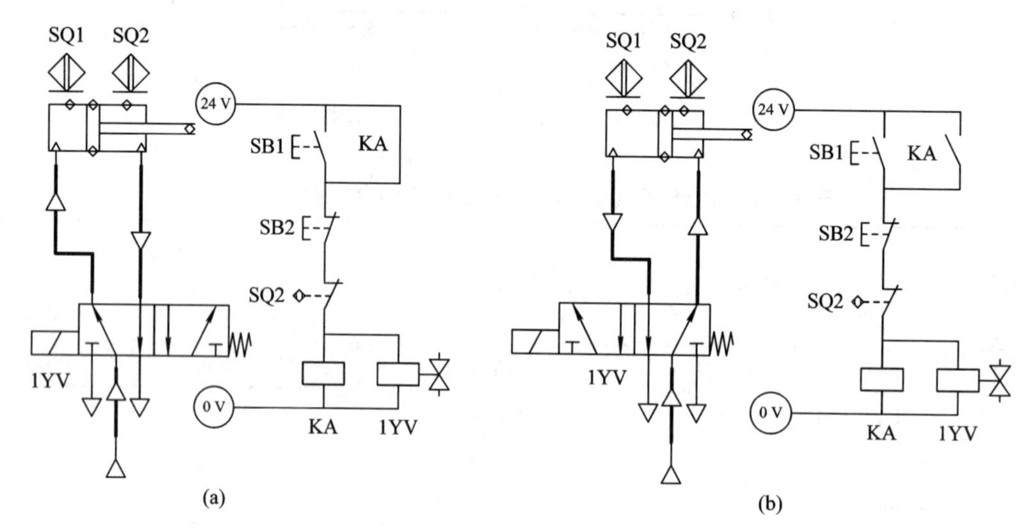

图 6-6　双作用气缸的“伸出→缩回”的继电器控制仿真

(a) 伸出时；(b) 缩回时

仿真结果与设计要求一致。

② PLC 控制仿真。图 6-1(a)所示的双作用气缸的“伸出→缩回”的 PLC 控制仿真如图 6-7 所示。

仿真结果与设计要求一致。

2) 双作用气缸的“伸出→停留→缩回”控制

(1) 继电器控制。如图 6-1(a)所示，该气缸活塞伸出气路(1YV+自锁)如下：

进气路：气源→换向阀左位→气缸左腔

排气路：气缸右腔→换向阀左位→排出系统

这样，我们可以将气缸活塞伸出分析如下：

气缸活塞伸出←1YV+自锁←按下启动按钮 SB1

由此分析可得如图 6-8(a)所示的控制电路。

当气缸伸出触碰到 SQ2 时，1YV 继续得电且时间继电器得电开始延时，此时气缸停留。其气路与伸出相同。这样，我们可以将气缸缩回分析如下：

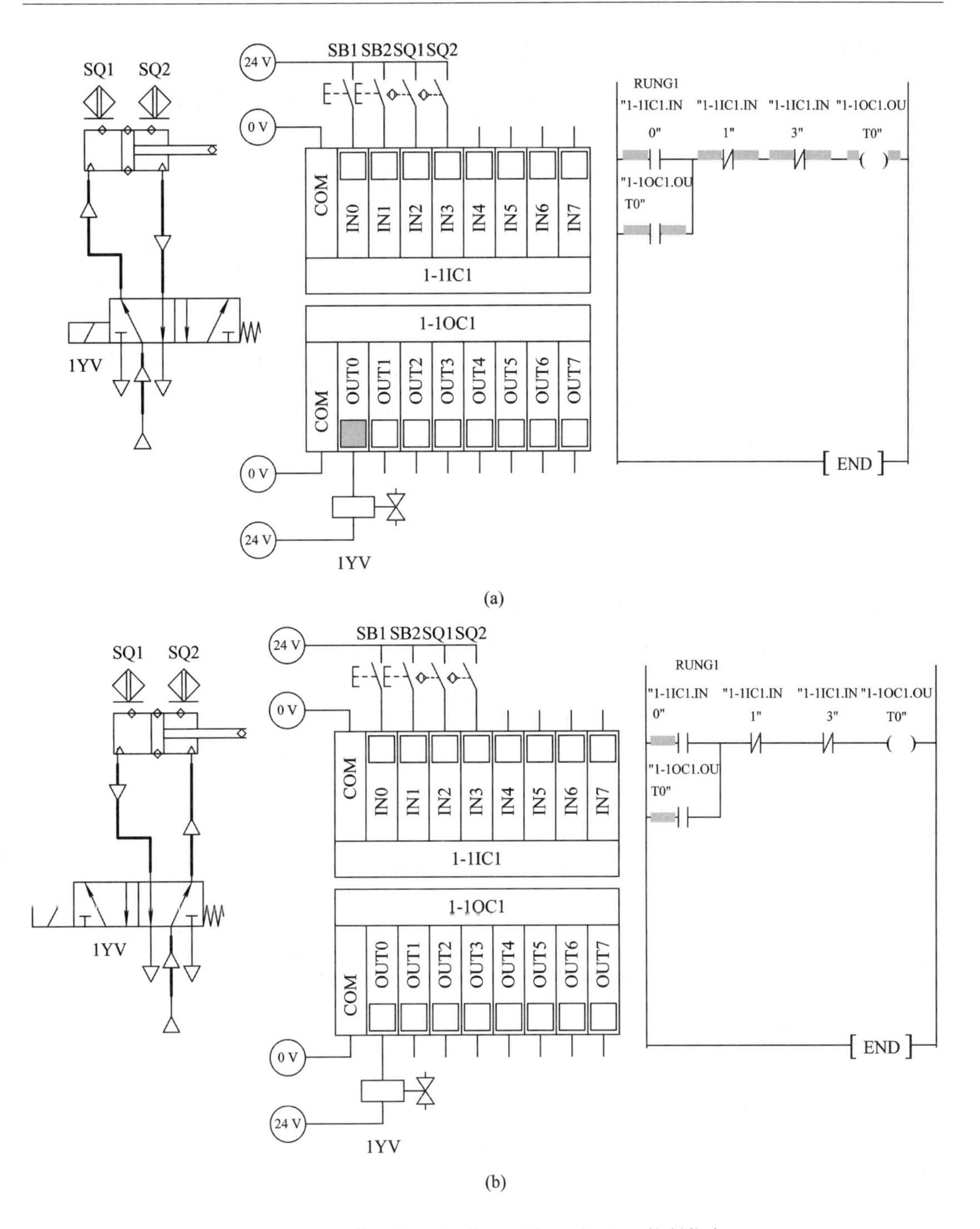

图 6-7　双作用气缸的"伸出→缩回"的 PLC 控制仿真

(a) 伸出时；(b) 缩回时

气缸缩回←1YV+、KT+←触碰到 SQ2

由此分析可得如图 6-8(b)所示的控制电路。

当 KT 延时时间到时，1YV-，此时气缸缩回。其气路如下：

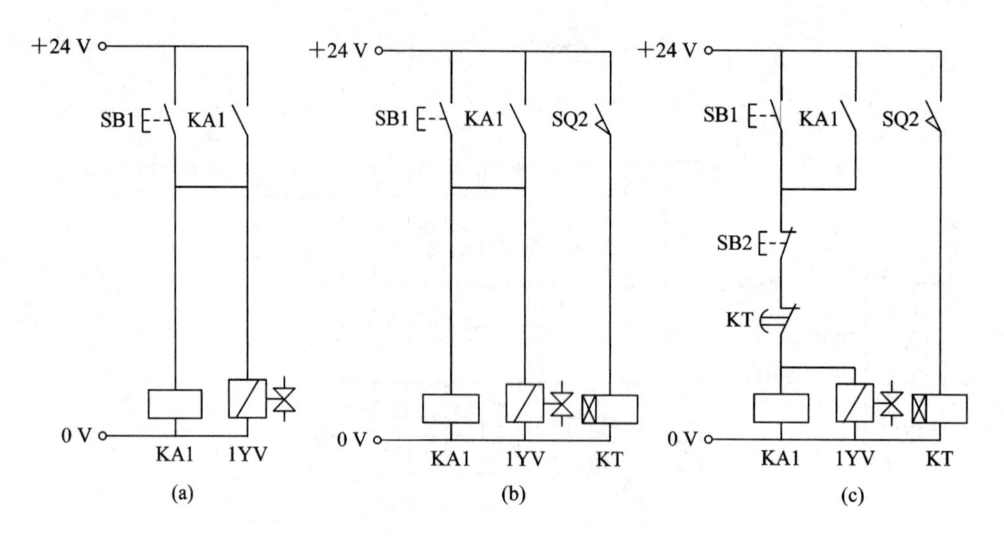

图 6－8　双作用气缸的“伸出→停留→缩回”的控制电路
(a) 气缸伸出；(b) 停留；(c) 气缸缩回

进气路：气源→换向阀右位→气缸右腔
排气路：气缸左腔→换向阀右位→排出系统

这样，我们可以将气缸缩回分析如下：

气缸缩回←1YV－、KT－←KT 延时时间到

由此分析可得如图 6－8(c)所示的控制电路。

(2) PLC 控制。由图 6－1(a)可知，该系统有 2 个按钮(启动按钮 SB1、停止按钮 SB2)、2 个行程开关(气缸缩回到位 SQ1、气缸伸出到位 SQ2)、1 个电磁换向阀(1YV)。I/O地址分配表与表 6－2 一样，外部接线图与图 6－4 一样。

双作用气缸的“伸出→停留→缩回”控制的 PLC 程序如图 6－9 所示。

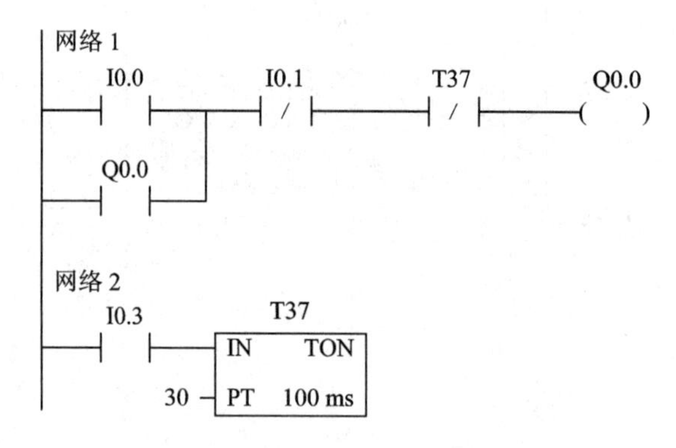

图 6－9　双作用气缸的“伸出→停留→缩回”控制的 PLC 程序

(3) 基于 Automation Studio 的仿真。

① 继电器控制仿真。图 6－1(a)所示的双作用气缸的“伸出→停留→缩回”的继电器控制仿真如图 6－10 所示。

仿真结果与设计要求一致。

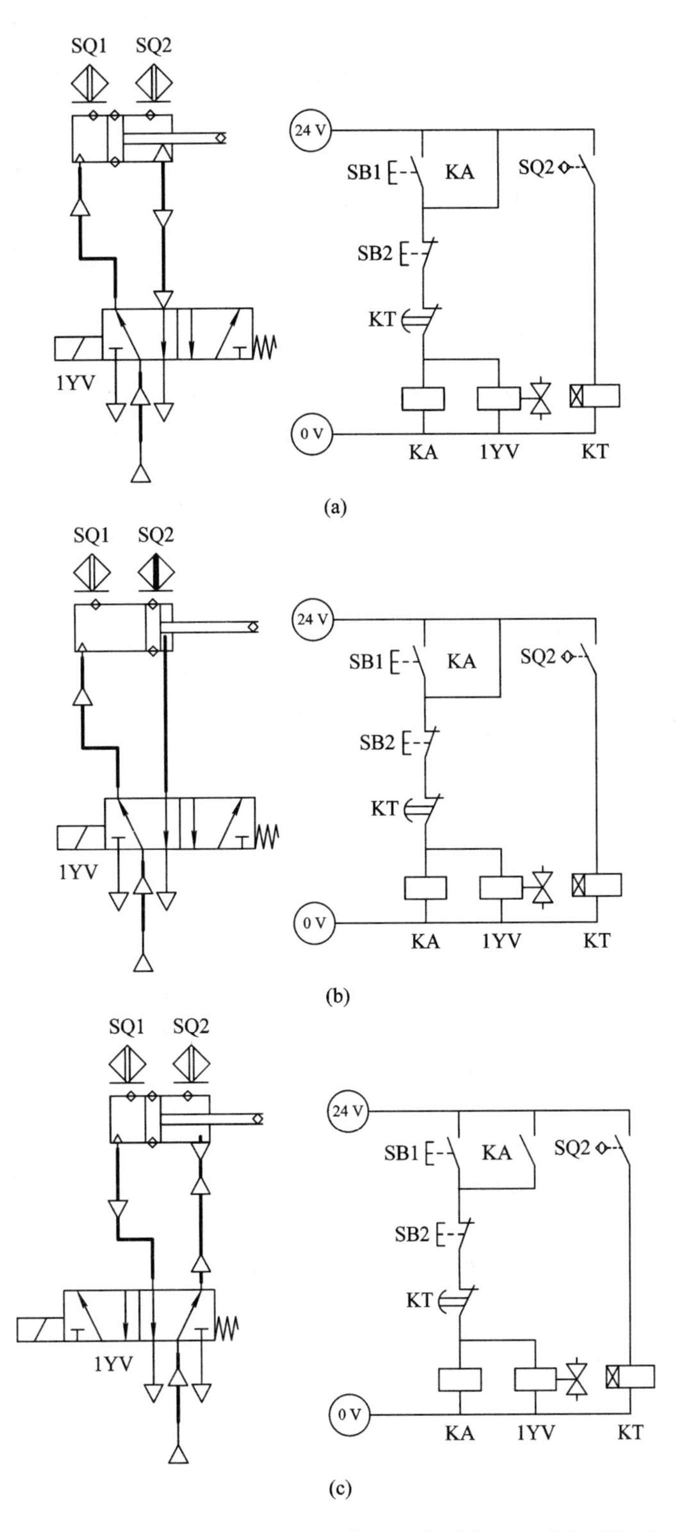

图 6-10　双作用气缸的“伸出→停留→缩回”的继电器控制仿真

(a) 气缸伸出；(b) 停留；(c) 气缸缩回

② PLC 控制仿真。图 6－1(a)所示的双作用气缸的“伸出→停留→缩回”的 PLC 控制仿真如图 6－11 所示。

仿真结果与设计要求一致。

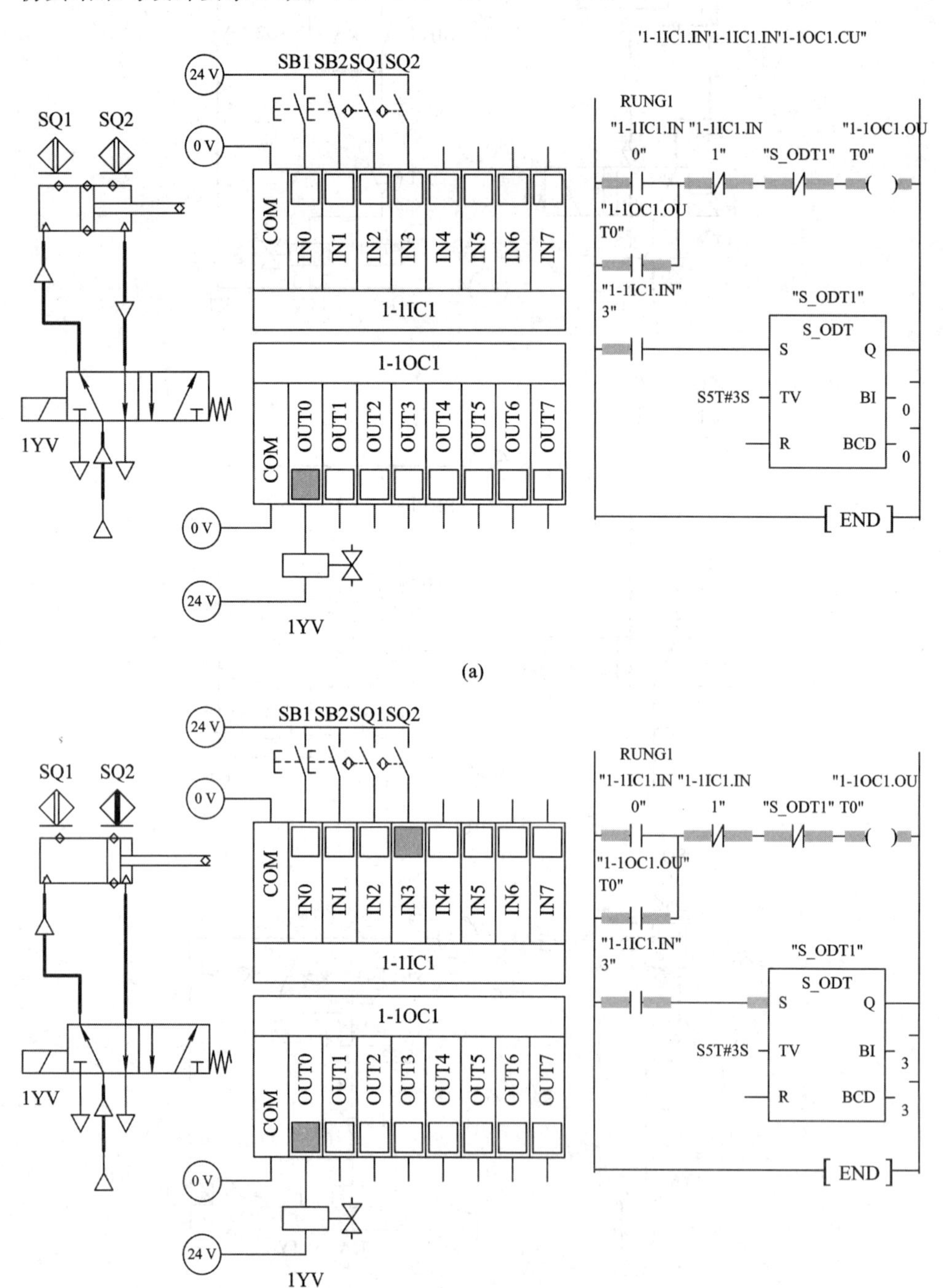

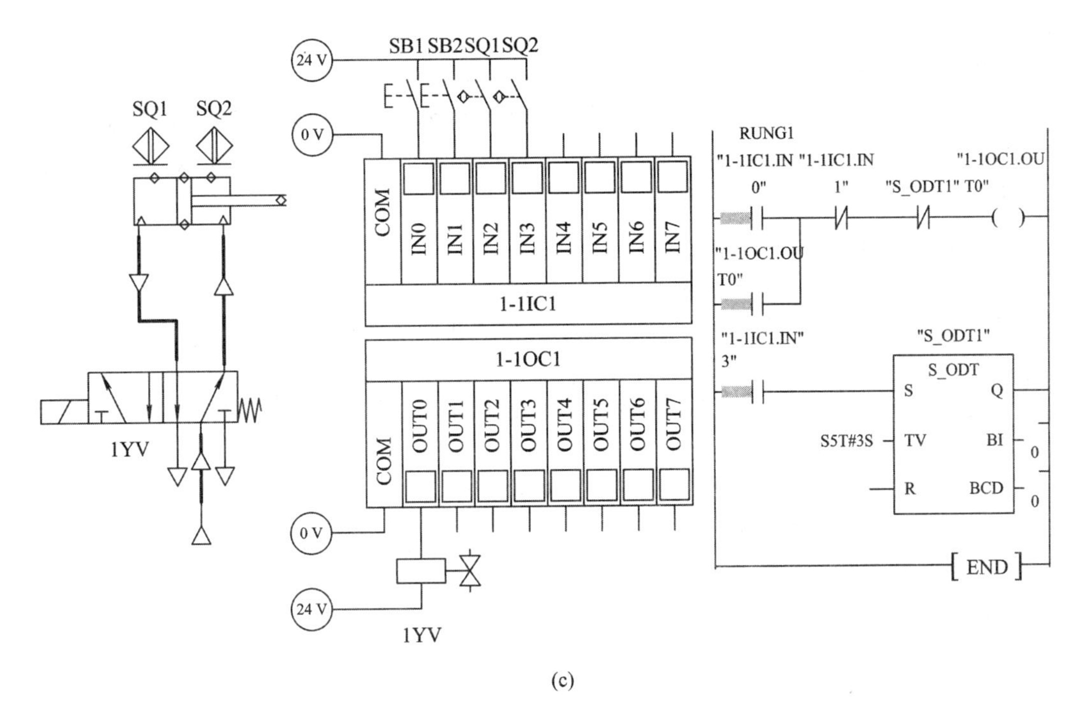

(c)

图 6-11　双作用气缸的“伸出→停留→缩回”的 PLC 控制仿真

(a) 气缸伸出；(b) 停留；(c) 气缸缩回

2. 单作用气缸的控制

1) 单作用气缸的“伸出→缩回”控制

(1) 继电器控制。如图 6-1(b)所示，该气缸活塞伸出气路(1YV＋自锁)如下：

气源→换向阀左位→气缸左腔

当气缸活塞左侧向右的力大于负载力和弹簧力时，气缸活塞伸出。这样，我们可以将气缸活塞伸出分析如下：

气缸活塞伸出←1YV＋自锁←按下启动按钮 SB1

由此分析可得控制电路与图 6-3(a)相同。

当气缸伸出触碰到 SQ2 时，1YV－，此时气缸缩回。其气路如下：

气缸左腔→换向阀左位→排出系统

这样，我们可以将气缸缩回分析如下：

气缸缩回←1YV－←触碰到 SQ2

由此分析可得控制电路与图 6-3(b)相同。

(2) PLC 控制。由图 6-1(b)可知，该系统有 2 个按钮(启动按钮 SB1、停止按钮 SB2)、2 个行程开关(气缸缩回到位 SQ1、气缸伸出到位 SQ2)、1 个电磁换向阀(1YV)。I/O地址分配表与表 6-2 一样，外部接线图与图 6-4 一样。

单作用气缸的“伸出→缩回”控制的 PLC 程序与图 6-5 相同。

(3) 基于 Automation Studio 的仿真。

① 继电器控制仿真。图 6-1(b)所示的单作用气缸的“伸出→缩回”的继电器控制仿真除了将双作用气缸换成单作用气缸，将二位五通电磁阀换成二位三通电磁阀以外，其余和

图 6－6 相同。

仿真结果与设计要求一致。

② PLC 控制仿真。图 6－1(b)所示的单作用气缸的“伸出→缩回”的 PLC 控制仿真除了将双作用气缸换成单作用气缸，将二位五通电磁阀换成二位三通电磁阀以外，其余和图 6－7 相同。

仿真结果与设计要求一致。

2) 单作用气缸的“伸出→停留→缩回”控制

(1) 继电器控制。如图 6－1(b)所示，该气缸活塞伸出气路(1YV＋自锁)如下：

气源→换向阀左位→气缸左腔

当气缸活塞左侧向右的力大于负载力和弹簧力时，气缸活塞伸出。这样，我们可以将气缸活塞伸出分析如下：

气缸活塞伸出←1YV＋自锁←按下启动按钮 SB1

由此分析可得控制电路与图 6－8(a)相同。

当气缸伸出触碰到 SQ2 时，1YV－，此时气缸缩回，其气路如下：

气缸左腔→换向阀左位→排出系统

这样，我们可以将气缸缩回分析如下：

气缸缩回←1YV－←触碰到 SQ2

由此分析可得控制电路与图 6－8(b)相同。

(2) PLC 控制。由图 6－1(b)可知，该系统有 2 个按钮(启动按钮 SB1、停止按钮 SB2)、2 个行程开关(气缸缩回到位 SQ1、气缸伸出到位 SQ2)、1 个电磁换向阀(1YV)。I/O地址分配表与表 6－2 一样，外部接线图与图 6－4 一样。

单作用气缸的“伸出→停留→缩回”控制的 PLC 程序与图 6－9 相同。

(3) 基于 Automation Studio 的仿真。

① 继电器控制仿真。图 6－1(b)所示的单作用气缸的“伸出→停留→缩回”的继电器控制仿真除了将双作用气缸换成单作用气缸，将二位五通电磁阀换成二位三通电磁阀以外，其余和图 6－10 相同。

仿真结果与设计要求一致。

② PLC 控制仿真。图 6－1(b)所示的单作用气缸的“伸出→停留→缩回”的 PLC 控制仿真除了将双作用气缸换成单作用气缸，将二位五通电磁阀换成二位三通电磁阀以外，其余和图 6－11 相同。

仿真结果与设计要求一致。

任务 6－2 双气缸控制

【教学导航】

• 能力目标

(1) 学会绘制气动系统电气控制回路图并正确接线。

(2) 学会 I/O 地址分配表的设置。

(3) 学会绘制 PLC 硬件接线图的方法并正确接线。

(4) 学会 PLC 编程软件的基本操作，掌握用户程序的输入和编辑方法。

(5) 完成双气缸控制的设计、安装、调试运行任务。

(6) 学会使用 Automation Studio 进行仿真。

• **知识目标**

(1) 掌握双气缸的继电器控制设计方法。

(2) 掌握双气缸的 PLC 控制设计方法。

(3) 掌握 Automation Studio 仿真设计的方法。

【任务引入】

在实际气动系统中，往往有多个执行元件。这些执行元件通常是有先后动作的，即顺序动作。下面以图 6-12 所示的两个气缸的顺序动作(A+B+A-B-)为例进行分析，看看它们是如何进行控制的。

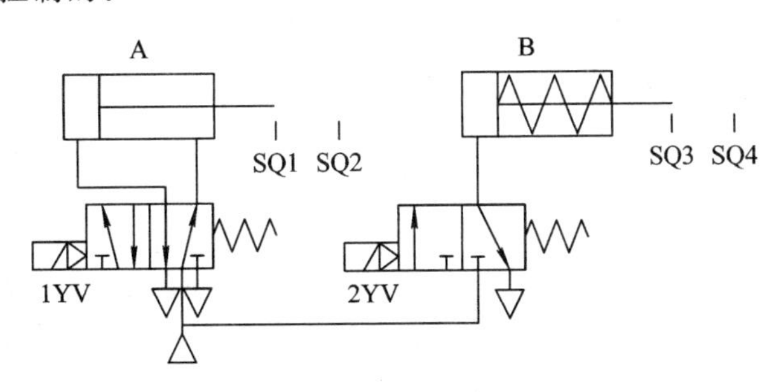

图 6-12　双气缸顺序控制系统

【任务分析】

尽管是两个气缸的控制，但控制的核心仍然是对电磁换向阀的控制，其基础是单气缸控制。对于 A+B+A-B-，表面看没有气缸停留，但 B+时 A 处于停留状态，A-时 B 处于停留状态。

所以，首先要弄清楚 A、B 两缸的状态与电磁换向阀的关系。

A+B+A-B-：A+要求 1YV+自锁，A 停留仍要求 1YV+自锁，A-要求 1YV-；B+要求 2YV+自锁，B 停留仍要求 1YV+自锁，B-要求 2YV-。

【任务实施】

1. 继电器控制

初始状态时，气缸 A 压下 SQ1，气缸 B 压下 SQ3。按下启动按钮 SB1，1YV+自锁，气缸 A 伸出(A+)，气路如下：

进气路：气源→换向阀左位→气缸左腔
排气路：气缸右腔→换向阀左位→排出系统

这样，我们可以将 A+分析如下：

A+←1YV+自锁←按下启动按钮 SB1

由此分析可得如图 6-13(a)所示的控制电路。

当 A+触碰到 SQ2 时，1YV+自锁(因为该二位阀没有使气缸停止的工作位置，所以为了保持伸出状态，必须还得 1YV+自锁)，其气路与 A+的相同。同时，2YV+自锁(A+停留时 SQ2 一直被压下，2YV+自锁不需要中间继电器的帮忙)，气缸 B 伸出(B+)，气路如下：

气源→换向阀左位→气缸左腔

当气缸活塞左侧向右的力大于负载力和弹簧力时，气缸活塞伸出。这样，我们可以将B+分析如下：

B+←1YV+自锁，2YV+自锁←压下 SQ2

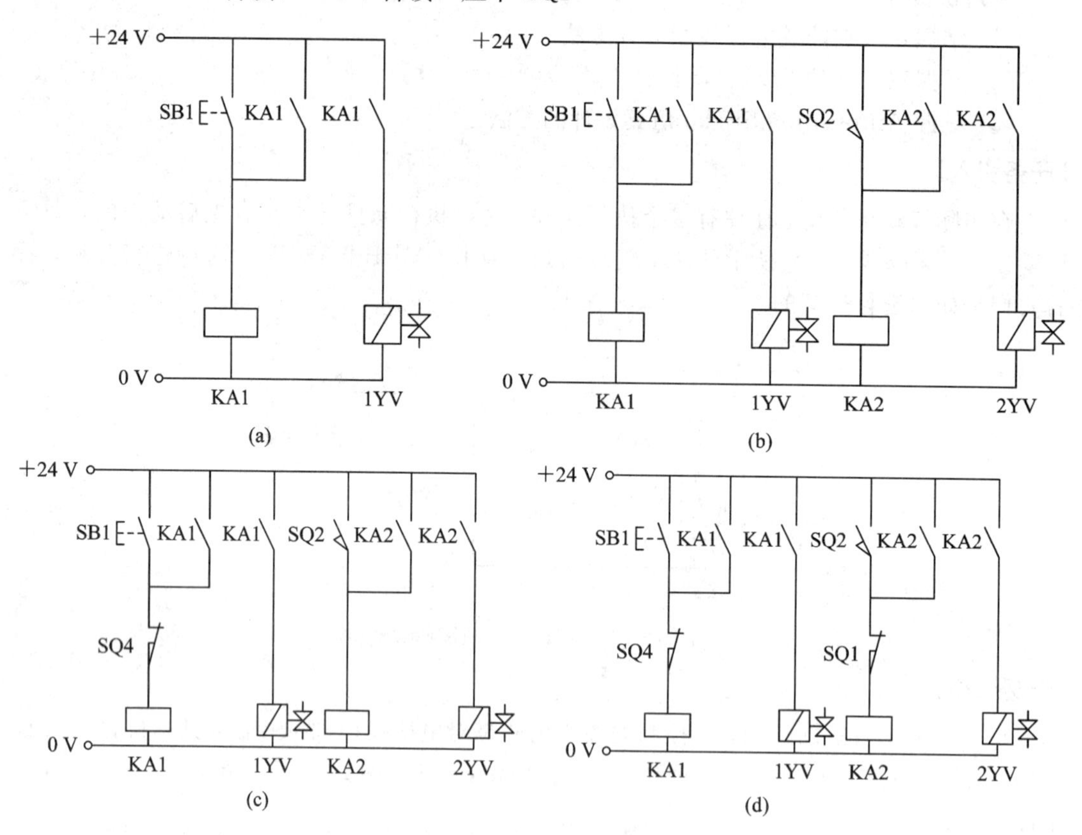

图 6-13　图 6-12 的 A+B+A−B−控制电路

(a) A+控制；(b) A+B+控制；(c) A+B+A−控制；(d) A+B+A−B−控制

由此分析可得如图 6-13(b)所示的控制电路。

当 B+触碰到 SQ4 时，气缸 B 活塞停留在 SQ4，同时 1YV−，气缸 A−，气路如下：

气缸左腔→换向阀右位→排除系统

这样，我们可以将 A−分析如下：

A−←2YV+，1YV−←压下 SQ4

由此分析可得如图 6-13(c)所示的控制电路。

当 A−触碰到 SQ1 时，2YV−，气缸 B−，气路如下：

进气路：气源→换向阀右位→气缸右腔

排气路：气缸左腔→换向阀右位→排出系统

这样，我们可以将 B−分析如下：

B−←2YV−←压下 SQ1

由此分析可得如图 6-13(d)所示的控制电路。

2. PLC 控制

由图 6－12 可知，该系统有 2 个按钮(启动按钮 SB1、停止按钮 SB2)、4 个行程开关(气缸 A 缩回到位 SQ1、伸出到位 SQ2，气缸 B 缩回到位 SQ3、伸出到位 SQ4)、2 个电磁换向阀(1YV、2YV)。I/O 地址分配表见表 6－3。

表 6－3　双气缸 A＋B＋A－B－的 I/O 地址分配表

序号	I/O	信号	信号说明	状态说明	
				ON	OFF
1	I0.0	SB1	启动按钮	有效	
2	I0.1	SB2	停止按钮	有效	
3	I0.2	SQ1	气缸 A 缩回到位	有效	
4	I0.3	SQ2	气缸 A 伸出到位	有效	
5	I0.4	SQ3	气缸 B 缩回到位	有效	
6	I0.5	SQ4	气缸 B 伸出到位	有效	
7	Q0.0	1YV	气缸 A 伸出	A 伸出	
8	Q0.1	2YV	气缸 B 伸出	B 伸出	

双气缸的 A＋B＋A－B－的外部接线图如图 6－14 所示。

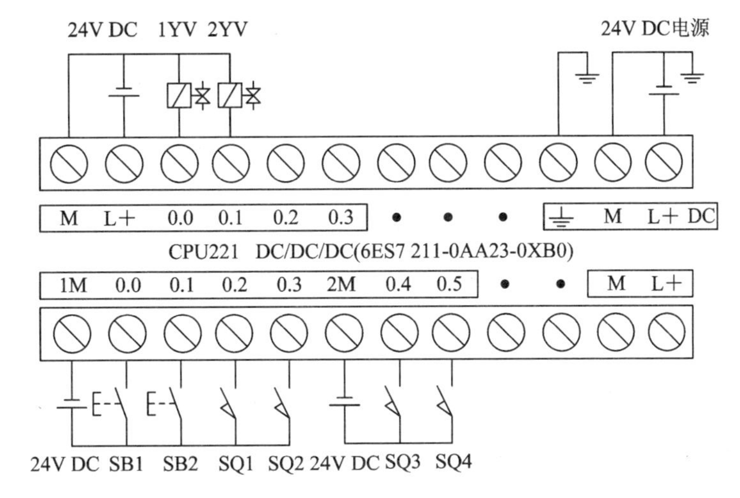

图 6－14　双气缸的 A＋B＋A－B－的外部接线图

双气缸的 A＋B＋A－B－控制的 PLC 程序如图 6－15 所示。

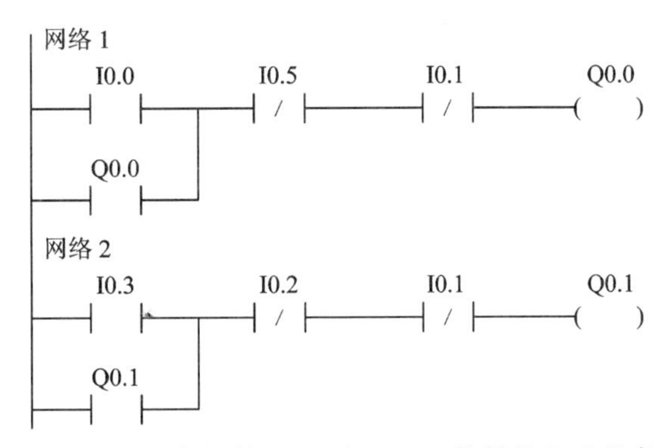

图 6－15　双气缸的 A＋B＋A－B－控制的 PLC 程序

3. 基于 Automation Studio 的仿真

1）继电器控制仿真

图 6-12 所示的双气缸的 A+B+A-B-的继电器控制仿真如图 6-16 所示。

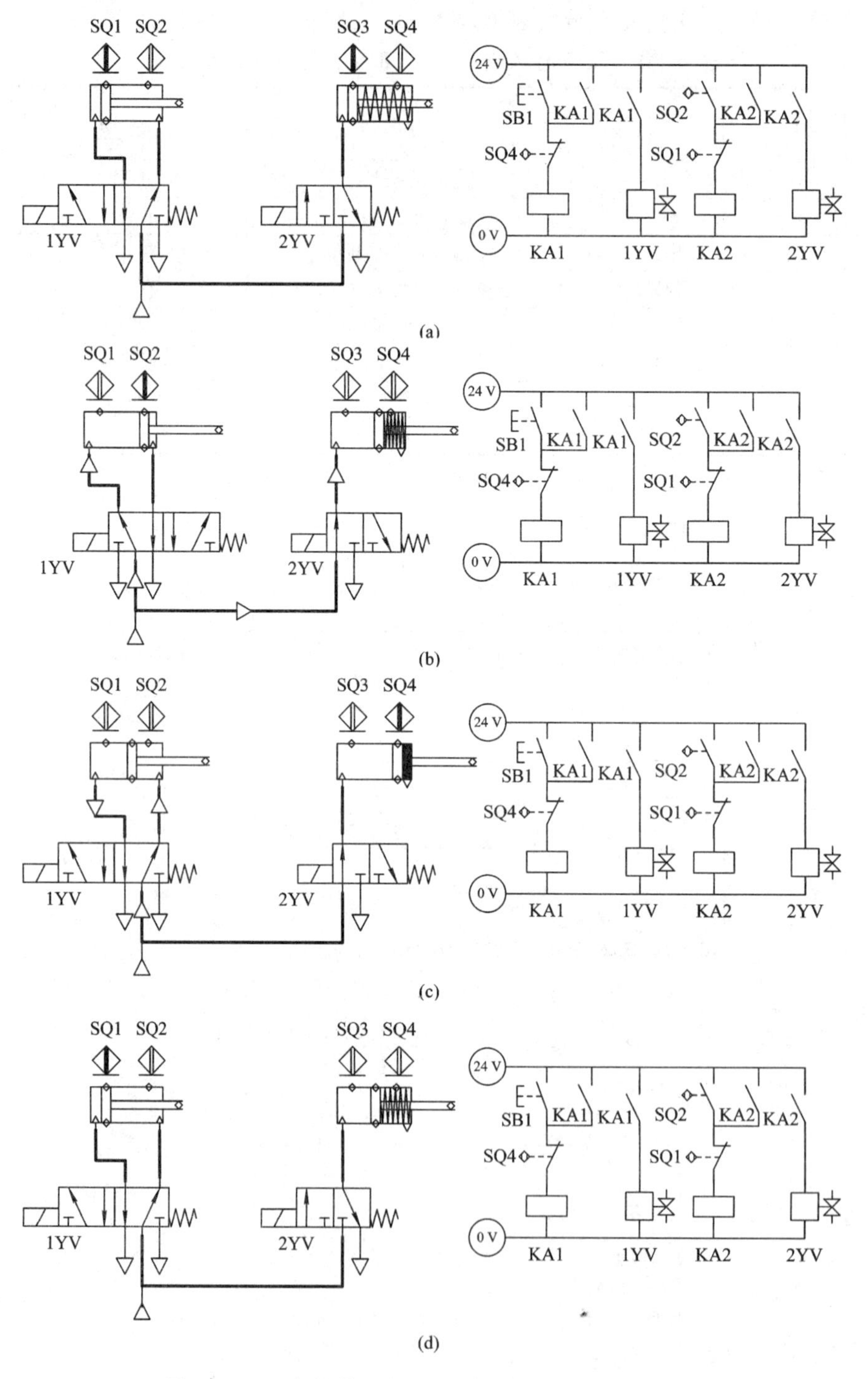

图 6-16 双气缸的 A+B+A-B-的继电器控制仿真

(a) A+时；(b) A+B+时；(c) A+B+A-时；(d) A+B+A-B-时

仿真结果与设计要求一致。

2) PLC 控制仿真

图 6－12 所示的双气缸的 A+B+A−B− 的 PLC 控制仿真如图 6－17 所示。

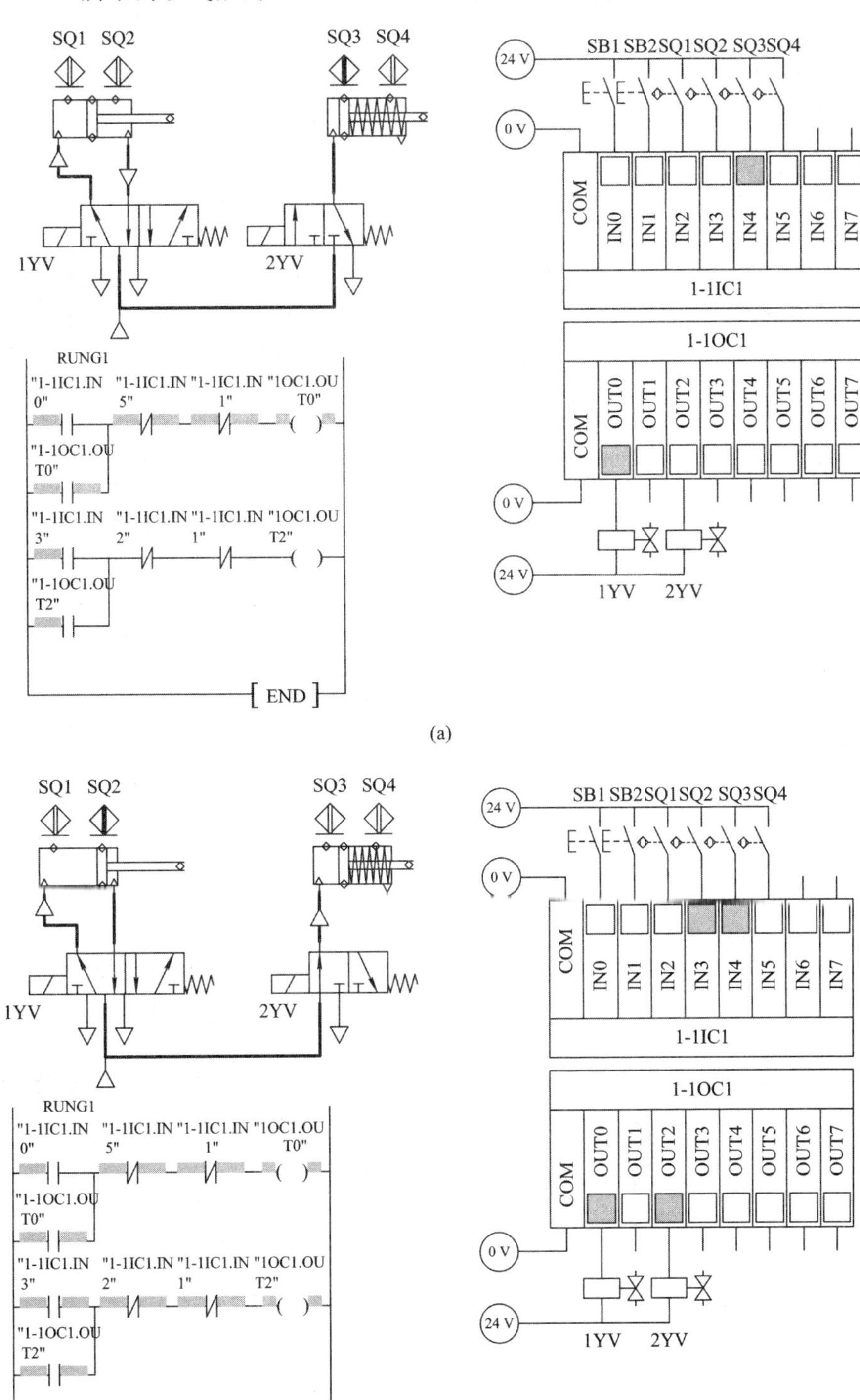

(a)

(b)

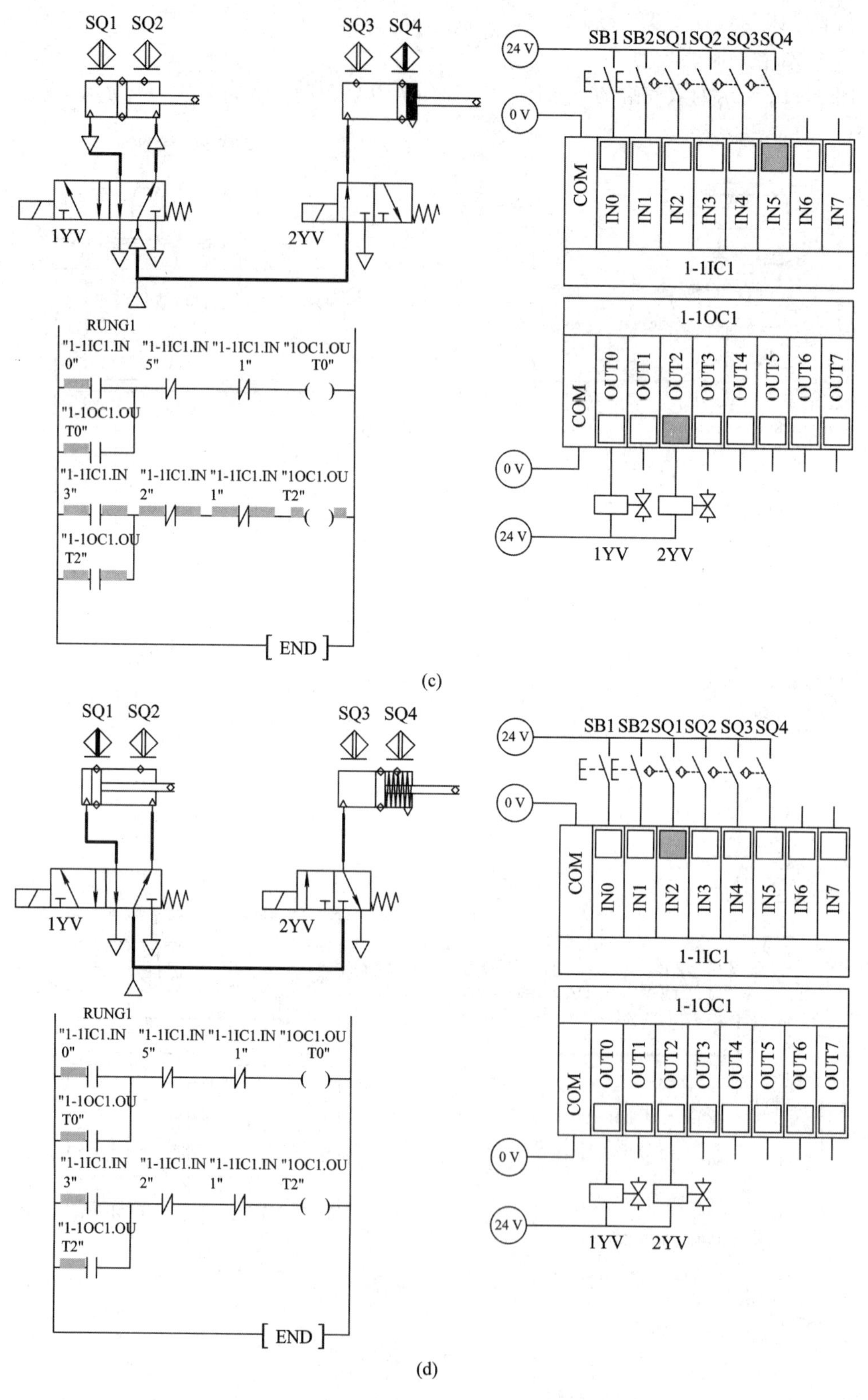

图 6-17　双气缸的 A+B+A-B-的 PLC 控制仿真

(a) A+时；(b) A+B+时；(c) A+B+A-时；(d) A+B+A-B-时

仿真结果与设计要求一致。

思考与练习

1. 如图 6-1 所示，要求用继电器、PLC 控制实现“伸出→缩回”和“伸出→停留→缩回”的循环，并进行仿真。

2. 如图 6-12 所示，要求用继电器、PLC 控制实现 A+B+B-A-，并进行仿真。

项目七　气动机械手的安装与调试

【教学导航】

• 能力目标

(1) 学会复杂气动系统分析。

(2) 完成气动机械手的分析、安装、调试运行任务。

(3) 学会使用 Automation Studio 进行复杂气动系统仿真。

• 知识目标

(1) 掌握复杂气动系统分析方法。

(2) 掌握顺序控制系统的 PLC 控制设计方法。

(3) 掌握使用 Automation Studio 进行复杂气动系统仿真设计的方法。

【任务引入】

工业机械手是近几十年发展起来的一种高科技自动化生产设备。气动机械手是工业机器人的一个重要分支。它可以根据各种自动化设备的工作需要，模拟人手的部分动作，按预先给定的程序、轨迹和工艺要求实现自动抓取、搬运，完成工件的上料或卸料。

本项目中气动机械手是某自动生产线中装配单元的一部分，是整个装配单元的核心。当气动机械手正下方的回转物料台料盘上有小圆柱零件，且装配台侧面的光纤传感器检测到装配台上有待装配工件时，机械手从初始状态开始执行装配操作过程。装配机械手整体外形如图 7－1 所示。该气动机械手装置是一个三维运动的机构，它由水平方向移动与竖直方向移动的两个双作用气缸和一个气动手爪组成，能实现机械手下降→手爪夹紧→机械手上升→机械手伸出→机械手下降→手爪松开→机械手上升→机械手缩回，即 B＋→C＋→B－→A＋→B＋→C－→B－→A－。

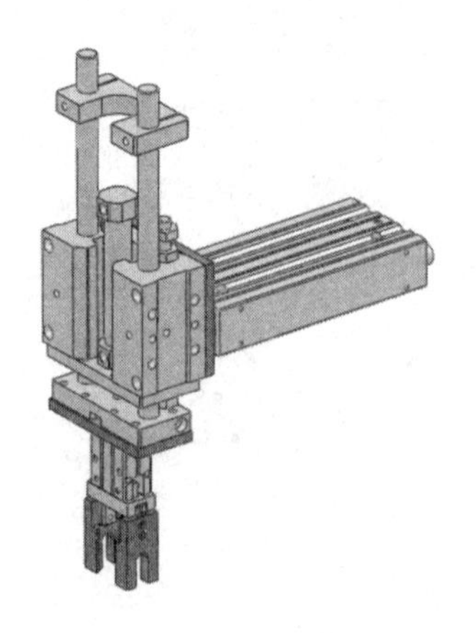

图 7－1　气动机械手的外形

本项目需要完成的任务包括：

(1) 画气动系统原理图并认识元件。

(2) 填写电磁铁动作表。

(3) 进行继电器控制和PLC控制。根据系统原理图和控制要求，画出控制电路、I/O地址分配表和外部接线图、功能表图，编写PLC程序。

(4) 进行仿真实现。

【任务分析】

该项目本质上是一个三缸顺序控制系统，以双缸顺序控制系统为基础。但不同之处在于，B缸、C缸伸出缩回两次，而触发条件相同，这是控制时必须注意的，另外，这个项目是已有实物系统，再根据对它的分析实施控制；而之前的液压系统项目需要我们自己搭建系统和控制部分。其具体实施方法和步骤是不同的。

【知识链接】

1. 装配单元介绍

装配单元包括管形料仓、落料机构、回转物料台、装配机械手四部分，如图7-2所示。

管形料仓：用于存放装配用小圆柱工件。SEN2、SEN3用来检测管形料仓中有无工件。

落料机构：通过顶料、托料电磁阀控制顶料、托料气缸，使顶料、托料装置伸出及缩回来实现落料。顶料、托料装置的伸出/缩回状态通过磁性开关检测。

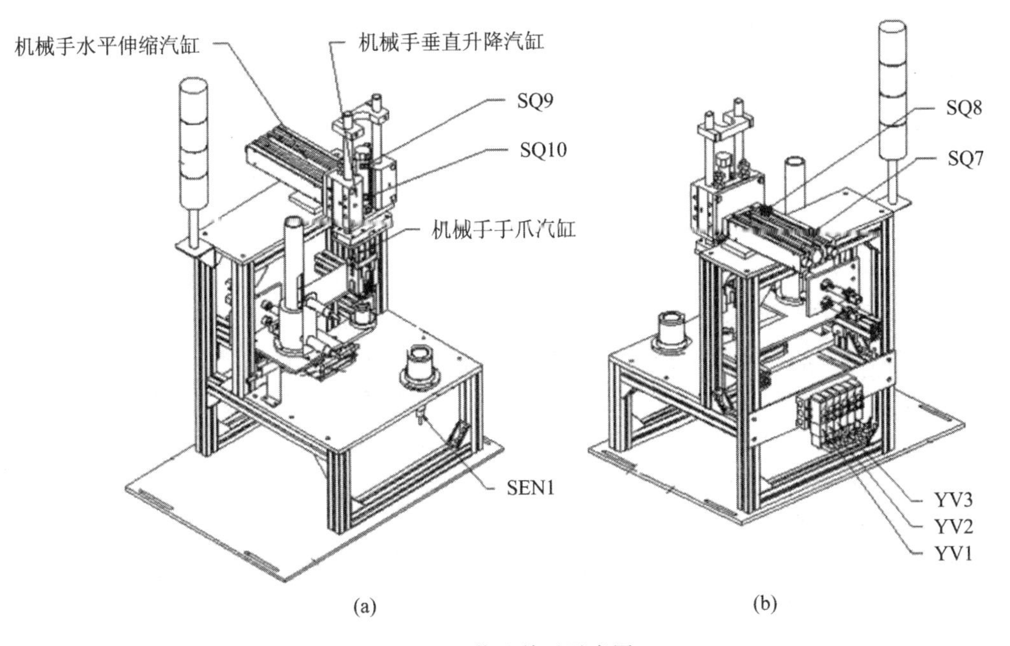

图7-2　装配单元示意图

(a) 正面视图；(b) 后面视图

2. 各部件名称和作用介绍

SEN1：反射开关，用来检测待装配工位是否有工件。

YV1：抓取机械手水平伸缩气缸电磁阀，通过此电磁阀来控制机械手的伸出/缩回。
YV2：抓取机械手垂直升降气缸电磁阀，通过此电磁阀来控制机械手的上升/下降。
YV3：抓取机械手手爪气缸电磁阀，通过此电磁阀来控制机械手手爪的松开/夹紧。
SQ7：磁性开关，用来检测水平伸缩气缸缩回位置。
SQ8：磁性开关，用来检测水平伸缩气缸伸出位置。
SQ9：磁性开关，用来检测垂直升降气缸上升位置。
SQ10：磁性开关，用来检测垂直升降气缸下降位置。

【任务实施】

1. 气动系统原理图及元件认识

根据上述对气动机械手的了解和对实际气动系统的分析可得如图 7-3 所示的系统原理图。

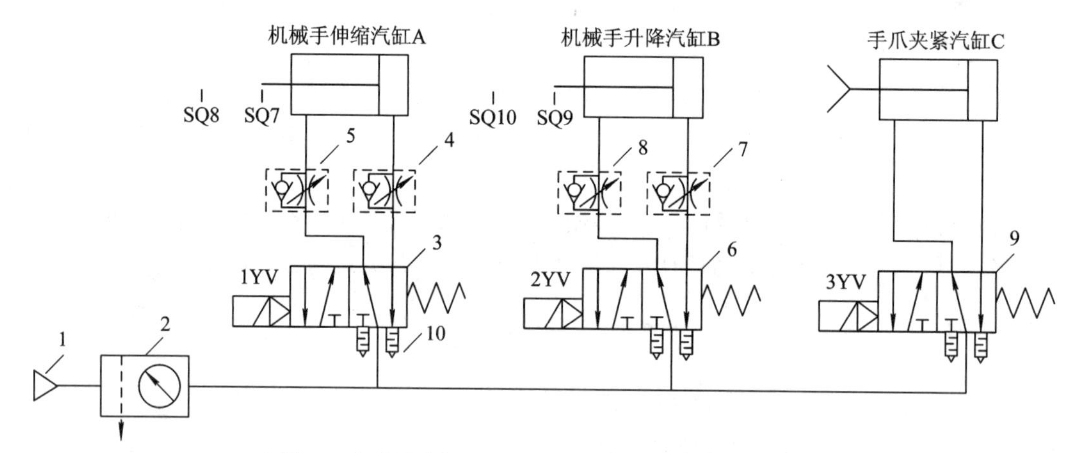

1—气源；2—气动两联件；3、6、9—二位五通单电控电磁换向阀；
4、5、7、8—单向节流阀；10—消音器

图 7-3 气动机械手系统原理图

由实际存在的气动系统(已经组建好的系统)画其原理图的步骤如下：

(1) 找出该气动系统由哪些元件组成，它们的职能符号、作用是什么。注意：不能遗漏，特别是直接安装在气缸上的单向节流阀和电磁换向阀上的消声器。

(2) 从气动执行元件开始顺着气管找到气泵。找到一个元件就画出一个元件，直到画到气源为止。注意单向节流阀中单向阀的方向和电磁换向阀的气路通口(以实际电磁阀换向阀上的职能符号为准)。

(3) 检查。从执行元件的初始状态、节流调速方式等方面检查所画气动系统原理图是否与实际系统相一致。

2. 填写电磁铁动作表

根据图 7-3 所示的气动系统原理图和该机械手的动作要求可得如表 7-1 所示的电磁铁动作表。

表 7 - 1　气动机械手的电磁铁动作表

	1YV	2YV	3YV
机械手下降 B+	−	+	−
手爪夹紧 C+	−	+	+
机械手上升 B−	−	−	+
机械手伸出 A+	+	−	+
机械手下降 B+	+	+	+
手爪松开 C−	+	+	−
机械手上升 B−	+	−	−
机械手缩回 A−	−	−	−

3. 继电器控制和 PLC 控制

根据系统原理图、控制要求和电磁铁动作表，画出控制电路、I/O 地址分配表和 PLC 外部接线图，编写 PLC 程序并进行调试。

1）继电器控制

按照之前的继电器控制方法，通过气路分析得到 3 个电磁换向阀的控制方式。然后，按照系统动作顺序逐步设计，注意做好本步还要检查对以前步的影响。需要注意的是，B 缸、C 缸伸出缩回两次，而触发条件相同。这样如果用以前的经验设计法设计控制电路会比较困难，但我们可以用 PLC 中顺序控制设计法的思路来设计控制电路，我们称之为继电器控制中的仿顺控设计法。继电器控制的控制电路如图 7 - 4 所示。

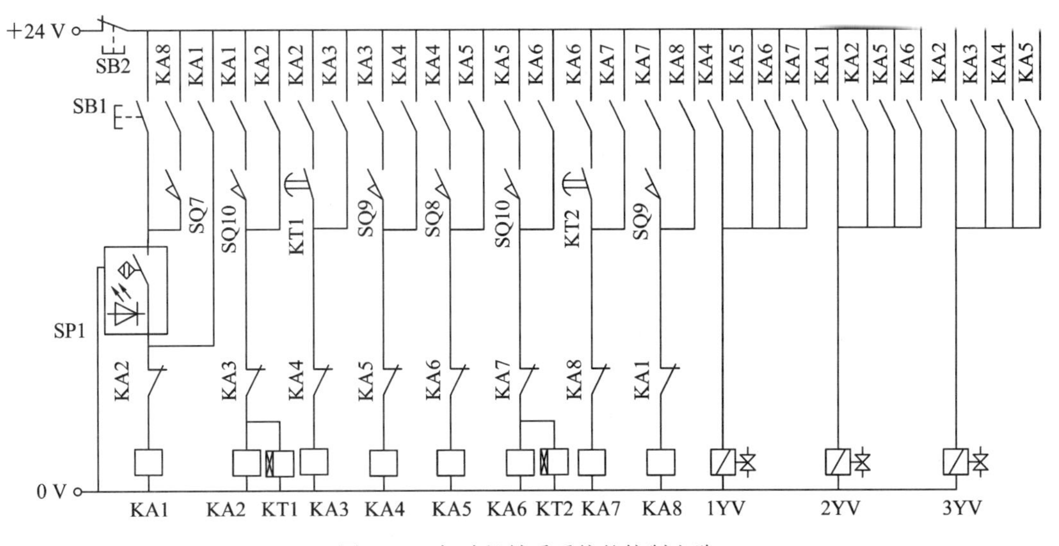

图 7 - 4　气动机械手系统的控制电路

2）PLC 控制

（1）PLC 外部接线图。该系统有两个按钮（启动按钮 SB1、停止按钮 SB2）、4 个行程开关（SQ7、SQ8、SQ9、SQ10）、1 个反射开关（SP1）、3 个电磁换向阀（1YV、2YV、3YV）。I/O 地址分配表见表 7－2。

表 7－2　气动机械手系统的 I/O 地址分配表

序号	I/O	信号	信号说明	状态说明	
				ON	OFF
1	I0.0	SB1	启动按钮	有效	
2	I0.1	SB2	停止按钮	有效	
3	I0.2	SP1	反射开关，检测待装配工位是否有工件	有	无
4	I0.3	SQ7	气缸 A 缩回到位	有效	
5	I0.4	SQ8	气缸 A 伸出到位	有效	
6	I0.5	SQ9	气缸 B 缩回到位	有效	
7	I0.6	SQ10	气缸 B 伸出到位	有效	
8	Q0.0	1YV	气缸 A 伸出/缩回，机械手的伸出/缩回	机械手伸出	机械手缩回
9	Q0.1	2YV	气缸 B 伸出/缩回，机械手的下降/上升	机械手下降	机械手上升
10	Q0.2	3YV	气缸 C 伸出/缩回，手爪的夹紧/松夹	手爪夹紧	手爪松夹

根据 I/O 地址分配表 7－2 和工作要求，外部接线图如图 7－5 所示。

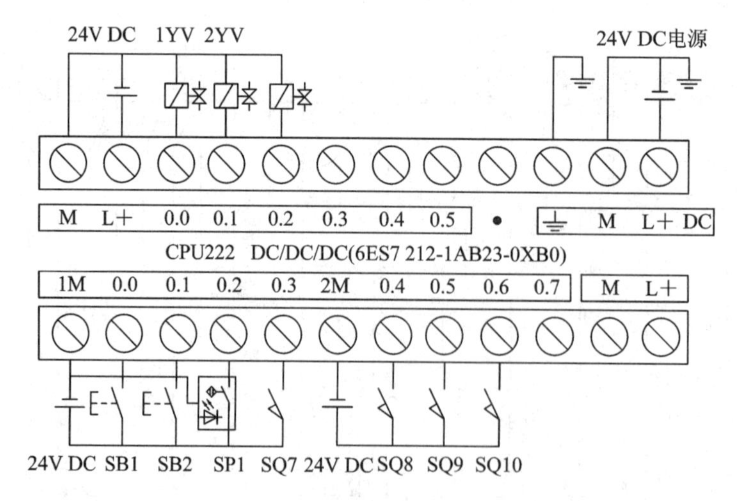

图 7－5　气动机械手系统 PLC 外部接线图

（2）编制 PLC 程序。此液压系统动作比较复杂，对于初学者来说使用经验设计法不易实现，可使用顺序控制设计法来编程，功能表图如图 7－6 所示。

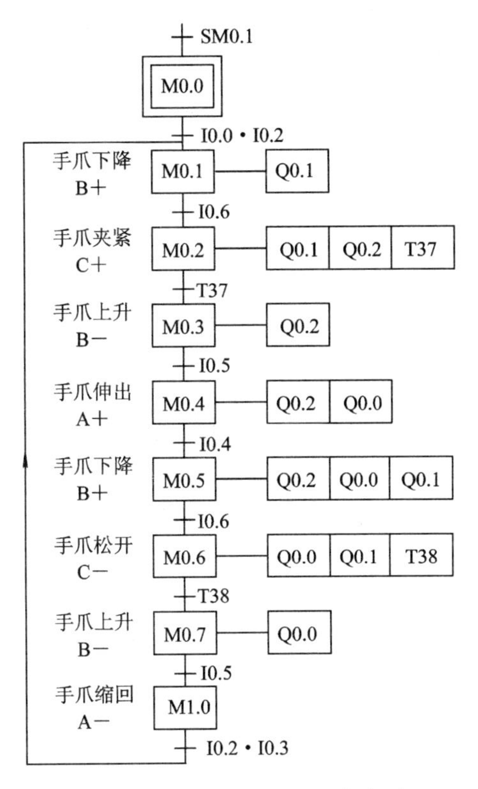

图 7-6　气动机械手的功能表图

根据功能表图，参考梯形图(程序)如图 7-7 所示。

网络 1　复位

SM0.1　M0.1 (R) 10

I0.1　Q0.0 (R) 3

网络 2　初始步

SM0.1　M0.1 (/)　M0.0 ( )

M0.0

I0.1

网络 3　机械手下降B+

M0.0　I0.0　I0.2　M0.2 (/)　M0.1 ( )

M1.0　I0.2　I0.3

M0.1

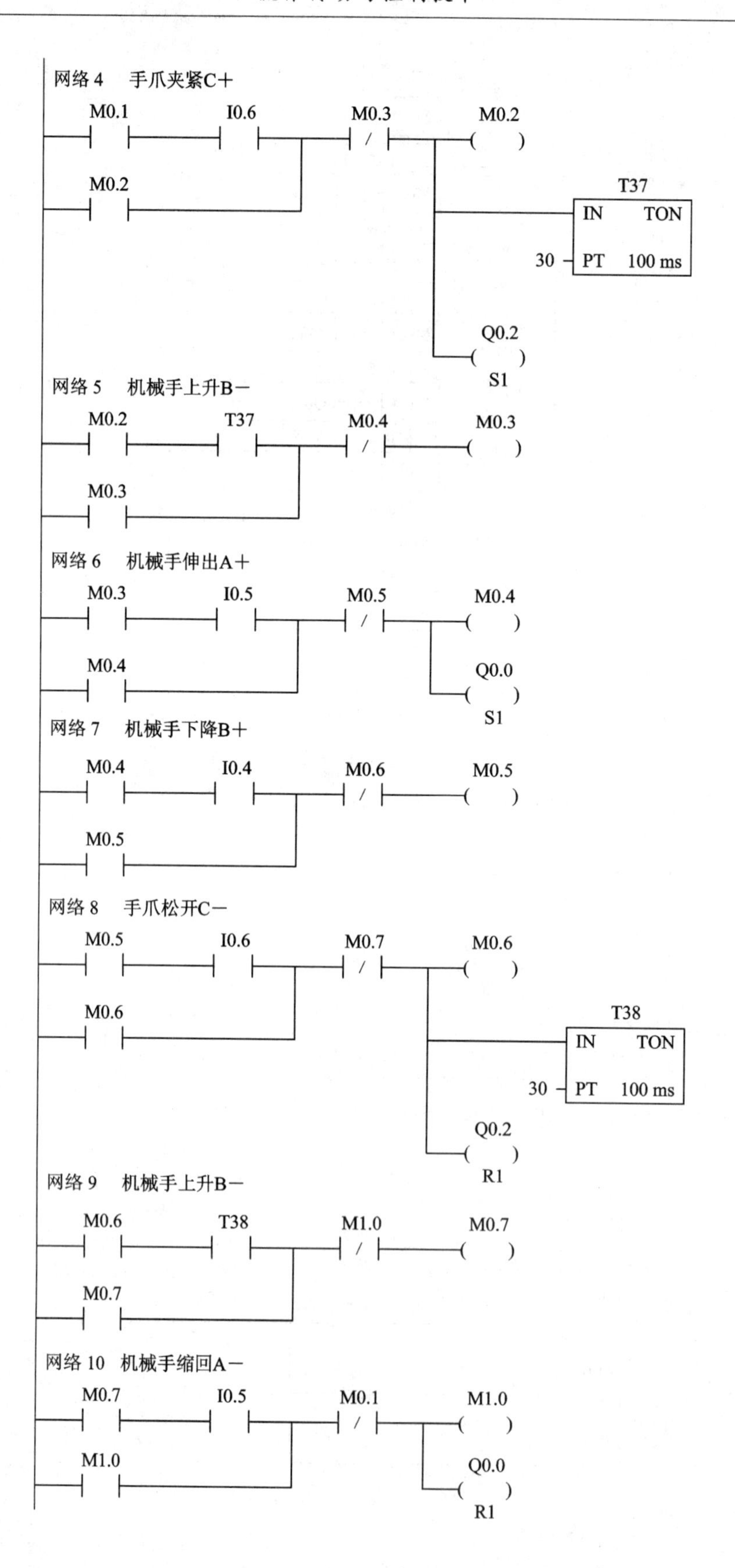
网络 4　手爪夹紧C+
M0.1
I0.6
M0.3
M0.2
M0.2
T37
IN　TON
30　PT　100 ms
Q0.2
S1
网络 5　机械手上升B−
M0.2
T37
M0.4
M0.3
M0.3
网络 6　机械手伸出A+
M0.3
I0.5
M0.5
M0.4
M0.4
Q0.0
S1
网络 7　机械手下降B+
M0.4
I0.4
M0.6
M0.5
M0.5
网络 8　手爪松开C−
M0.5
I0.6
M0.7
M0.6
M0.6
T38
IN　TON
30　PT　100 ms
Q0.2
R1
网络 9　机械手上升B−
M0.6
T38
M1.0
M0.7
M0.7
网络 10　机械手缩回A−
M0.7
I0.5
M0.1
M1.0
M1.0
Q0.0
R1

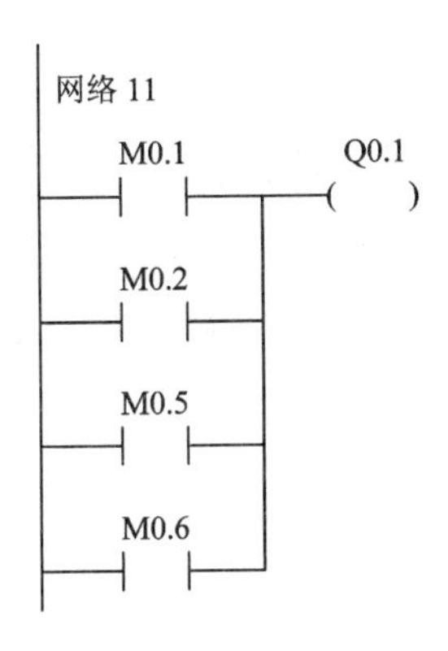

图 7-7　气动机械手 PLC 程序

4. 基于 Automation Studio 的仿真设计

1）继电器控制仿真

气动机械手系统（见图 7-3）的继电器控制仿真如图 7-8 所示。

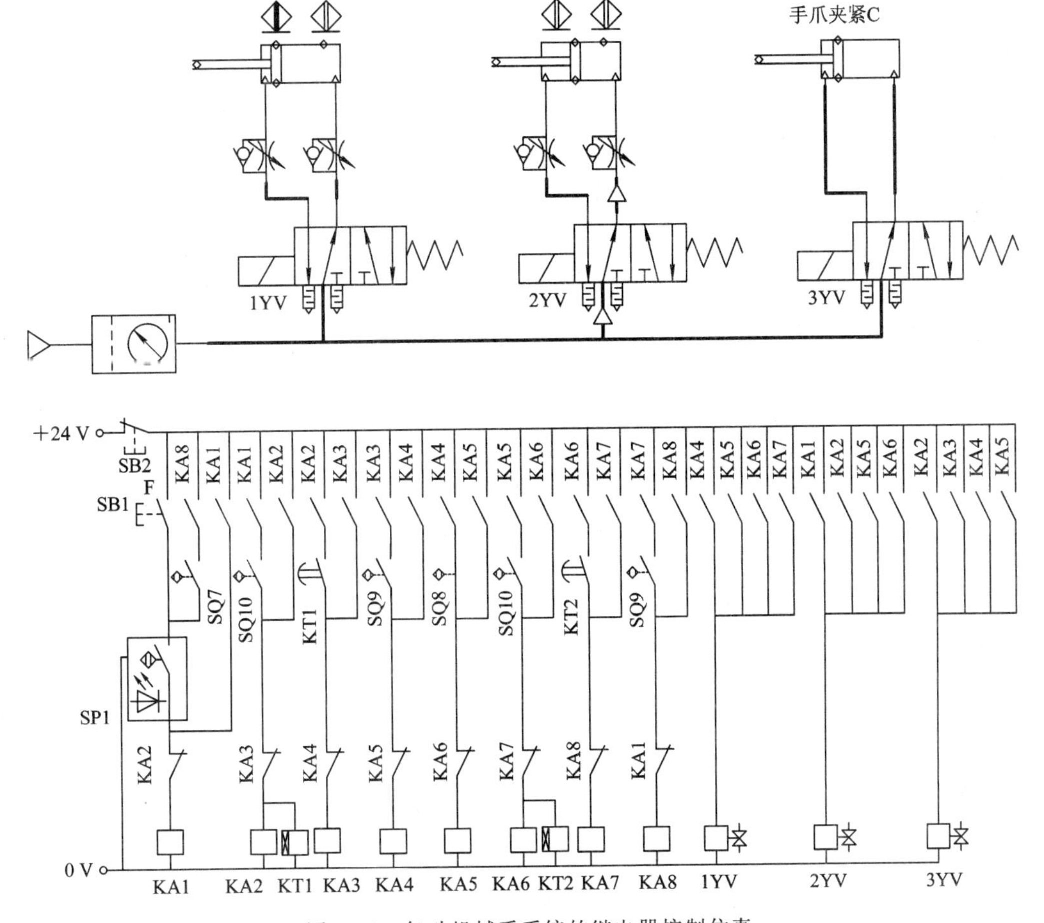

图 7-8　气动机械手系统的继电器控制仿真

仿真结果与设计要求一致。

2) PLC 控制仿真

气动机械手系统(见图 7 - 3)的 PLC 控制仿真如图 7 - 9 所示。

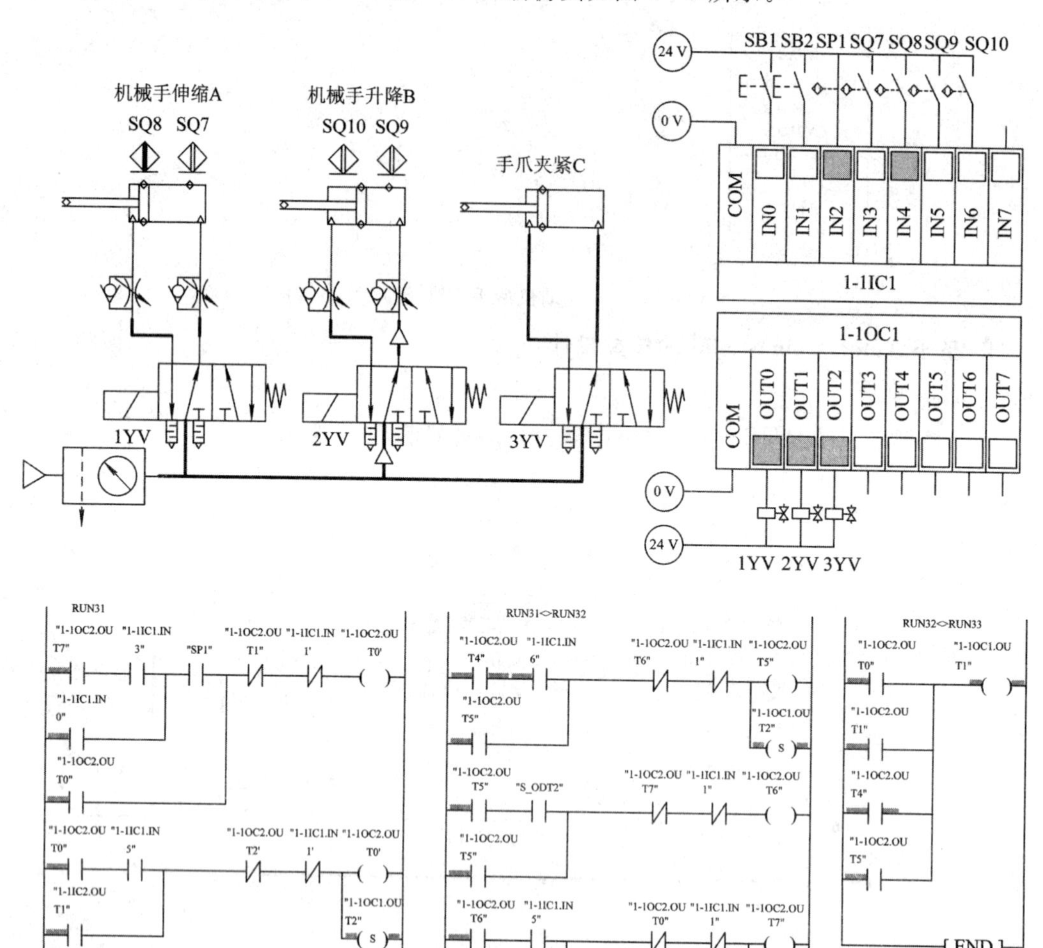

图 7 - 9　气动机械手系统的 PLC 控制仿真

仿真结果与设计要求一致。

项目八　气动系统在自动化生产线上的应用

【教学导航】

• 能力目标

(1) 学会典型气动系统的分析。

(2) 完成典型气动系统的分析、安装、调试运行任务。

• 知识目标

(1) 掌握典型气动系统分析方法。

(2) 掌握典型气动系统的 PLC 控制设计方法。

【任务引入】

气动系统具有快速、安全、可靠、低成本、无污染等优点。近年来，气动技术与微电子技术相结合，使得气动产业呈现新的生机，其发展呈急剧上升的趋势。如今气动系统已广泛应用于各种自动化生产线，如汽车生产线、钟表组装线、电子部件组装线及食品包装等。

本项目将介绍气动系统在生产线上的几个典型应用。

(1) 气动供料装置。

(2) 气动加工装置。

(3) 气动分拣装置。

任务 8-1　气动供料装置的安装与调试

【教学导航】

• 能力目标

(1) 学会气动供料装置中气动系统的分析方法。

(2) 能够完成气动供料装置的安装、调试运行任务。

• 知识目标

(1) 掌握气动供料装置的分析方法。

(2) 掌握气动供料装置的 PLC 控制设计方法——经验设计法。

【任务引入】

供料装置的主要组成为：有机玻璃管形料仓、料仓底座、传感器与支架、推料气缸装置、铝合金支架、工件物料台挡板、电磁阀、端子排组件、PLC、电木底板等，如图 8-1 所示。其中，管形料仓和推料气缸装置用于储存工件原料，并在需要时将料仓中最下层的工件推出到物料台上。它主要由管形料仓、推料气缸、磁感应接近开关、漫射式光电传感器与支架组成。

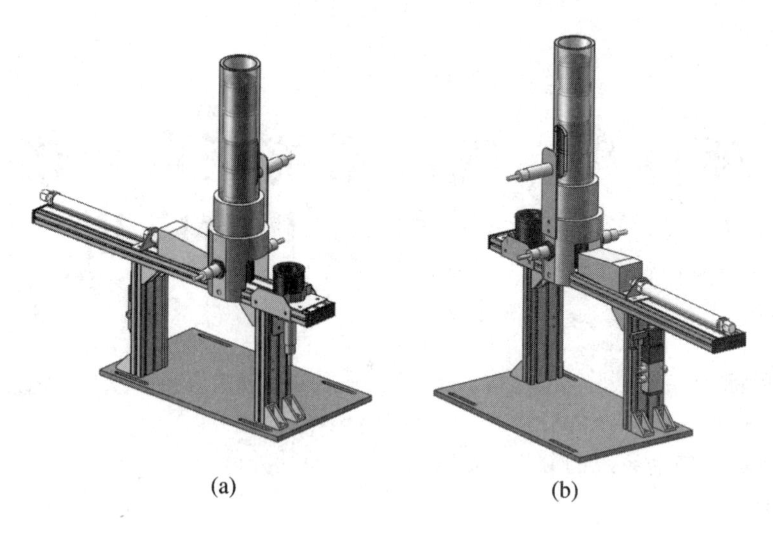

图 8-1 供料装置外形图

该部分的工作原理是：工件垂直叠放在料仓中，推料缸处于料仓的底层并且其活塞杆可从料仓的底部通过。当活塞杆在退回位置时，它与最下层工件处于同一水平位置，然后推料气缸活塞杆推出，从而把最下层工件推到物料台上。在推料气缸返回并从料仓底部抽出后，料仓中的工件在重力的作用下，就自动向下移动一个工件，为下一次推出工件做好准备，如图 8-2 所示。

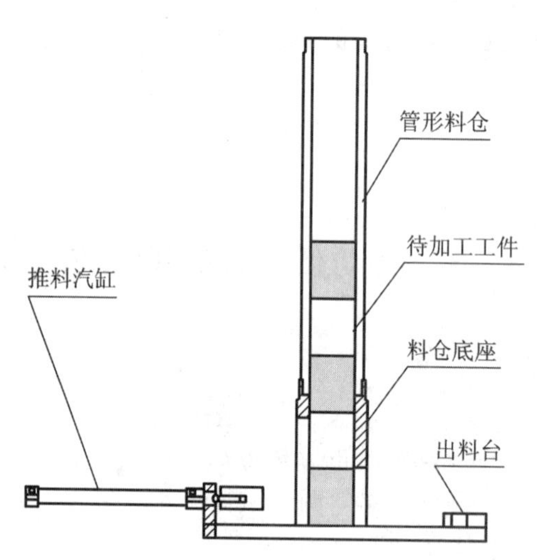

图 8-2 供料装置工作原理图

在底座和管形料仓第四层工件位置，分别安装一个漫射式光电开关。它们的功能是检测料仓中有无储料或储料是否足够。若该部分机构内没有工件，则处于底层和第四层位置的两个漫射式光电开关均处于常态；若仅在底层起有 3 个工件，则底层处光电开关动作，而第 4 层处光电开关处于常态，表明工件已经快用完了。这样，料仓中有无储料或储料是否足够，就可用这两个光电开关的信号状态反映出来。

推料缸把工件推出到出料台上。出料台台面开有小孔，出料台下面设有一个圆柱形漫射式光电开关，工作时向上发出光线，从而透过小孔检测是否有工件存在，以便向系统提供本单元出料台有无工件的信号。在输送单元的控制程序中，就可以利用该信号状态来判断是否需要驱动机械手装置来抓取此工件。

供料装置气动原理图如图 8-3 所示。

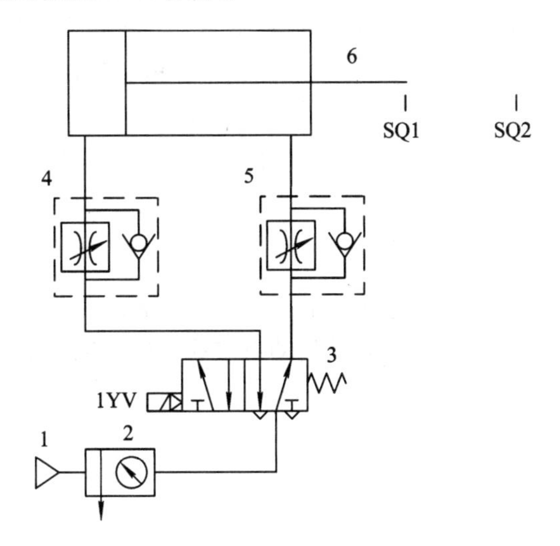

8-3　供料装置气动原理图

我们需要完成的任务包括：

(1) 认识元件。

(2) 写出气路。

(3) 填写电磁铁动作表。

(4) 用 PLC 进行控制。根据系统原理图和控制要求，画出 I/O 地址分配表、外部接线图，编写 PLC 程序。

【任务分析】

一般情况下，气动回路较液压回路简单。但在分析气动回路图时，仍可以按液压系统的分析步骤进行，即元件认识——气路分析——电磁铁动作分析——PLC 控制。

【任务实施】

1. 元件认识

图 8-3 中，1 为气源；2 为气动两联件；3 为二位五通单电控电磁换向阀；4、5 为单向节流阀；6 为双作用气缸。

2. 气路分析

1) 推料气缸伸出

如图 8-3 所示，料仓内有料且出料台上无料，按下启动按钮，电磁铁 1YV 得电，二位五通单电控电磁换向阀 3 的阀芯向右移动，使其左位接入系统，此时的气路如下：

进气路：气源 1→ 气动二联件 2→二位五通单电控电磁换向阀 3（左位）→单向节流阀 4(单向阀）→气缸左腔。

回气路：气缸的右腔→单向节流阀 5(节流阀）→二位五通单电控电磁换向阀 3（左位）

→大气。

2）推料气缸缩回

推料到位，电磁铁1YV自动失电，二位五通单电控电磁换向阀3的阀芯向左移动，回到原来的位置，使其右位接入系统，此时的气路如下：

进气路：气源1→ 气动二联件2→二位五通单电控电磁换向阀3（右位）→单向节流阀5(单向阀）→气缸右腔。

回气路：气缸的左腔→单向节流阀4(节流阀）→二位五通单电控电磁换向阀3（右位）→大气。

3. 电磁铁动作分析

由上述气动回路分析可知，该气动系统的电磁铁动作表如表8－1所示。

表8－1 供料装置气动系统的电磁铁动作表

动作	1YV
推料	＋
退回	—

4. PLC控制

根据系统原理图和控制要求，画出PLC外部接线图，编写PLC程序。

1）PLC外部接线图

该系统有两个按钮(启动按钮SB1、停止按钮SB2)、2个行程开关(SQ1、SQ2)、2个光电开关(SP1、SP2，具体位置详见系统原理图)、1个电磁换向阀(1YV，具体详见系统原理图)。

表8－2 供料装置气动系统的I/O地址分配表

序号	I/O	信号	信号说明	状态说明	
				ON	OFF
1	I0.0	SB1	启动按钮	有效	
2	I0.1	SB2	停止按钮	有效	
3	I0.2	SQ1	推料气缸缩回到位(推料)	有效	
4	I0.3	SQ2	推料气缸伸出到位	有效	
5	I0.4	SP1	检测料仓内是否有料	有料	无料
6	I0.5	SP2	检测出料台是否有料	有料	无料
7	Q0.0	1YV	气缸伸出	伸出	缩回

根据I/O地址分配表8－2和工作要求，外部接线图如图8－4所示。

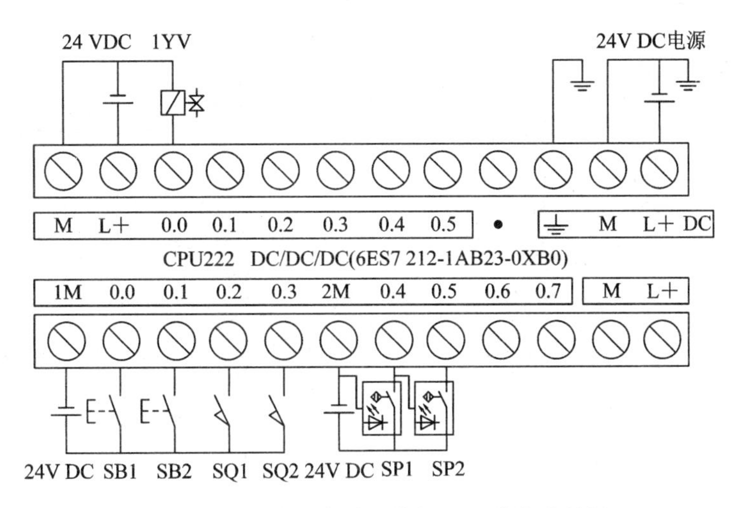

图 8-4　供料装置气动系统的 PLC 外部接线图

2）编制 PLC 程序

此气动系统动作比较简单，对于初学者来说使用经验设计法容易实现，参考程序如图 8-5 所示。

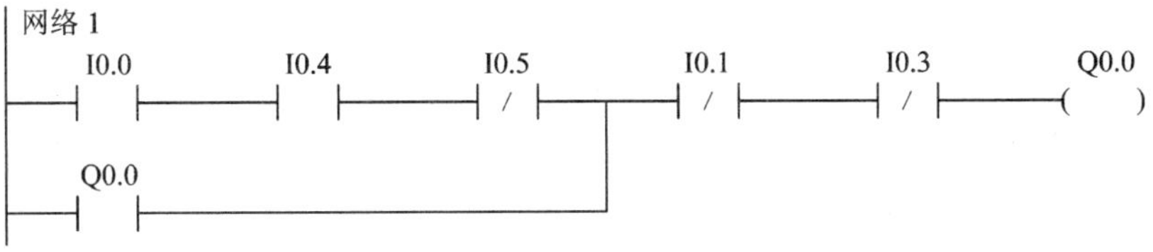

网络 1

I0.0　I0.4　I0.5　I0.1　I0.3　Q0.0

Q0.0

图 8-5　供料装置气动系统程序

任务 8-2　气动加工装置的安装与调试

【教学导航】

· 能力目标

（1）学会气动加工装置气动系统的分析。

（2）完成气动加工装置的安装、调试运行任务。

· 知识目标

（1）掌握气动加工装置气动系统的分析方法。

（2）掌握气动加工装置的 PLC 控制设计方法——顺序控制设计法。

【任务引入】

加工装置的主要组成为：气动夹具物流台及滑动机构、加工与丝杠平移台调整机构、电磁阀组、接线端口、铝合金支架、电木底板、接线端子排、PLC 等，如图 8-6 所示。

加工单元的功能是把待加工工件放到加工台的夹具内，夹紧气缸夹紧工件后，通过伸缩气缸移动到加工区域冲压气缸的正下方，完成对工件的冲压加工，然后加工好的工件回到原位。

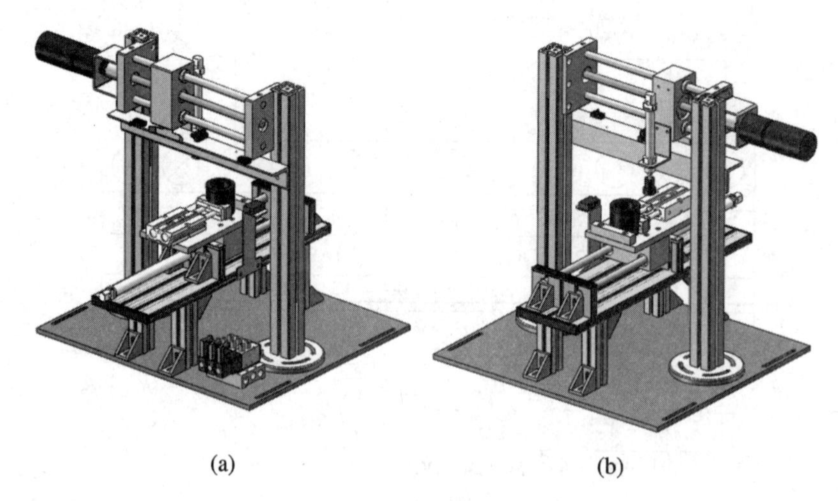

图 8－6　加工装置结构

加工装置气动原理图如图 8－7 所示。

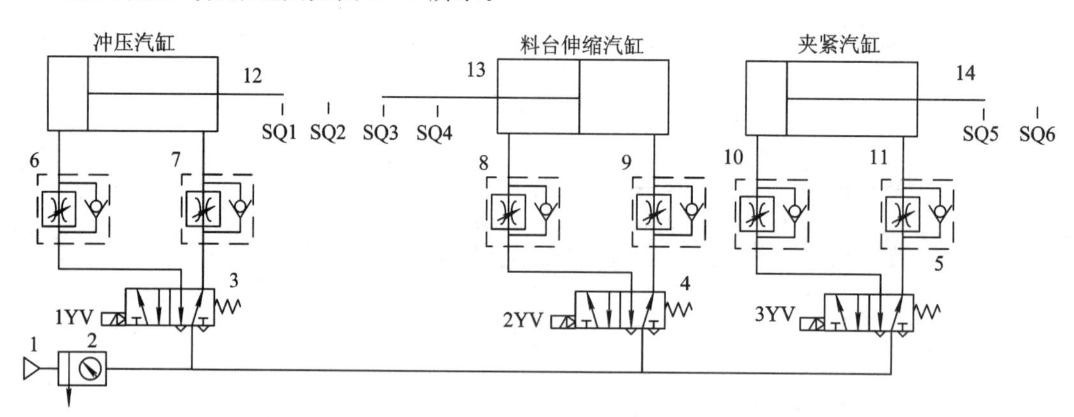

图 8－7　加工装置气动原理图

我们需要完成的任务包括：

（1）认识元件。

（2）写出气路。

（3）填写电磁铁动作表。

（4）用 PLC 进行控制。根据系统原理图和控制要求，画出 I/O 地址分配表、外部接线图、功能表图，编写 PLC 程序。

【任务分析】

一般情况下，气动回路较液压回路简单。但在分析气动回路图时，仍可以按液压系统的分析步骤进行，即元件认识——气路分析——电磁铁动作分析——PLC 控制。

【任务实施】

1. 元件认识

图 8－7 中，1 为气源；2 为气动两联件；3、4、5 为二位五通单电控电磁换向阀；6、7、8、9、10、11 为单向节流阀；12、13、14 为双作用气缸。

2. 气路分析

滑动机构在系统正常工作后的初始状态为伸缩气缸伸出、气动夹具松开的状态，当输送机构把物料送到夹具物料台上时，按下启动按钮，PLC 控制程序驱动夹紧气缸将工件夹紧→物料台回到加工区域冲压气缸下方→冲压气缸活塞杆向下伸出冲压工件→完成冲压动作后向上缩回→加工台重新伸出→到位后气动夹具松开，完成工件加工工序，并向系统发出加工完成信号，为下一次工件到来加工做准备。

(1) 物料台夹紧气缸缩回，将工件夹紧。如图 8－7 所示，按下启动按钮，电磁铁 3YV 得电，二位五通单电控电磁换向阀 5 的阀芯向左移动，使其右位接入系统，此时的气路如下：

进气路：气源 1→气动两联件 2→二位五通单电控电磁换向阀 5（右位）→单向节流阀 11(单向阀）→物料台夹紧气缸右腔。

回气路：物料台夹紧气缸的左腔→单向节流阀 10(节流阀）→二位五通单电控电磁换向阀 5（右位)→大气。

(2) 物料台伸出气缸缩回，物料台回到加工区域冲压气缸下方。夹紧气缸夹紧工件后，电磁铁 2YV 得电，二位五通单电控电磁换向阀 4 的阀芯向左移动，使其右位接入系统，此时的气路如下：

进气路：气源 1→气动两联件 2→二位五通单电控电磁换向阀 4（右位）→单向节流阀 9(单向阀）→物料台伸缩气缸右腔。

回气路：物料台伸缩气缸的左腔→单向节流阀 8(节流阀）→二位五通单电控电磁换向阀 4（右位)→大气。

(3) 冲压气缸活塞杆伸出，冲压工件。物料台回到加工区域冲压气缸下方时，电磁铁 1YV 得电，二位五通单电控电磁换向阀 3 的阀芯向右移动，使其左位接入系统，此时的气路如下：

进气路：气源 1→气动两联件 2→二位五通单电控电磁换向阀 3（左位）→单向节流阀 6(单向阀）→冲压气缸左腔。

回气路：冲压气缸的右腔→单向节流阀 7(节流阀）→二位五通单电控电磁换向阀 3（左位)→大气。

(4) 冲压气缸完成冲压，活塞杆缩回。加工完成后，电磁铁 1YV 失电，二位五通单电控电磁换向阀 3 的阀芯向左移动，回到原来位置，使其右位接入系统，此时的气路如下：

进气路：气源 1→气动两联件 2→二位五通单电控电磁换向阀 3（右位）→单向节流阀 7(单向阀）→冲压气缸右腔。

回气路：冲压气缸的左腔→单向节流阀 6(节流阀）→二位五通单电控电磁换向阀 3（右位)→大气。

(5) 物料台伸缩气缸伸出。加工气缸缩回到位后，电磁铁 2YV 失电，二位五通单电控电磁换向阀 4 的阀芯向右移动，回到原来位置，使其右位接入系统，此时的气路如下：

进气路：气源 1→气动两联件 2→二位五通单电控电磁换向阀 4（左位）→单向节流阀 8(单向阀）→物料台伸缩气缸左腔。

回气路：物料台伸缩气缸的右腔→单向节流阀 9(节流阀）→二位五通单电控电磁换向阀 4（左位)→大气。

(6) 物料夹紧气缸伸出，将工件松开。加工台伸出到位后，电磁铁 3YV 失电，二位五通单电控电磁换向阀 5 的阀芯向右移动，回到原来位置，使其左位接入系统，此时的气路如下：

进气路：气源 1→气动两联件 2→二位五通单电控电磁换向阀 5（左位）→单向节流阀 10(单向阀）→夹紧气缸左腔。

回气路：夹紧气缸的右腔→单向节流阀 11(节流阀）→二位五通单电控电磁换向阀 5（左位)→大气。

3. 电磁铁动作分析

该气动加工系统的电磁铁动作表如表 8-3 所示。

表 8-3　加工装置气动系统的电磁铁动作表

动作	1YV	2YV	3YV
物料台夹紧气缸缩回	−	−	+
物料台伸缩气缸缩回	−	+	+
冲压气缸活塞杆伸出，冲压工件	+	+	+
冲压气缸完成冲压，活塞杆缩回	−	+	+
物料台伸缩气缸伸出	−	−	+
物料夹紧气缸伸出	−	−	−

4. PLC 控制

根据系统原理图和控制要求，画出 PLC 外部接线图，编写 PLC 程序。

1) PLC 外部接线图

该系统有两个按钮(启动按钮 SB1、停止按钮 SB2)、6 个行程开关(SQ1、SQ2、SQ3、SQ4、SQ5、SQ6，具体位置详见气动系统原理图)、3 个电磁换向阀(1YV、2YV、3YV，具体详见气动系统原理图)。

表 8-4　加工装置气动系统的 I/O 地址分配表

序号	I/O	信号	信号说明	状态说明	
				ON	OFF
1	I0.0	SB1	启动按钮	有效	
2	I0.1	SB2	停止按钮	有效	
3	I0.2	SQ1	冲压气缸状态检测	冲压完成	
4	I0.3	SQ2	冲压气缸状态检测	冲压加工	
5	I0.4	SQ3	物料台伸缩气缸状态检测	伸出到加工位置	
6	I0.5	SQ4	物料台伸缩气状态缸检测	缩回到初始位置	
7	I0.6	SQ5	夹紧气缸状态检测	松开状态	
8	I0.7	SQ6	夹紧气缸状态检测	夹紧状态	
9	Q0.0	1YV	冲压气缸冲压	冲头冲压	
10	Q0.1	2YV	物料台伸缩气缸伸缩	物料台缩回	
11	Q0.2	3YV	夹紧气缸夹紧	夹紧工件	

根据 I/O 地址分配表 8－4 和工作要求，外部接线图如图 8－8 所示。

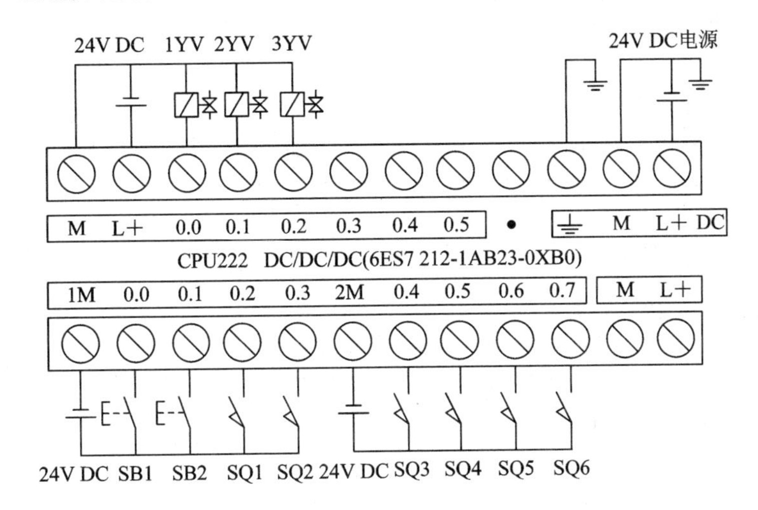

图 8－8 加工装置气动系统的 PLC 外部接线图

2）编制 PLC 程序

此气动系统动作比较复杂，对于初学者来说使用经验设计法不易实现，可使用顺序控制设计法来编程，功能表图如图 8－9 所示。

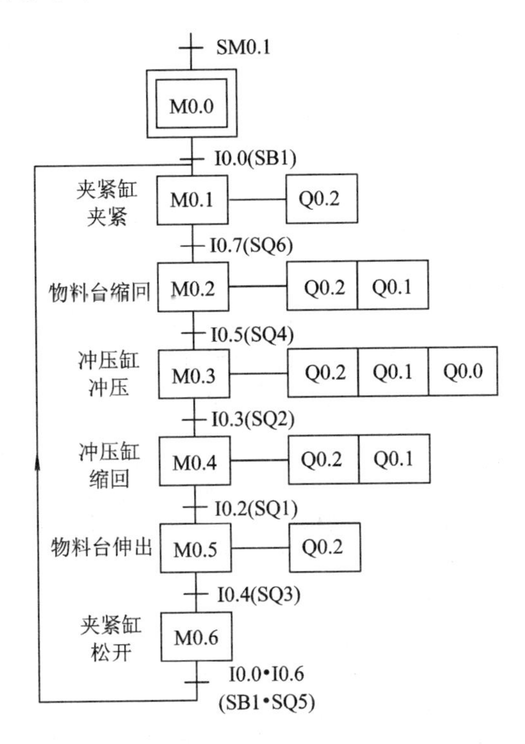

图 8－9 加工装置气动系统的控制功能表图

根据功能表图，参考梯形图(程序)如图 8－10 所示。

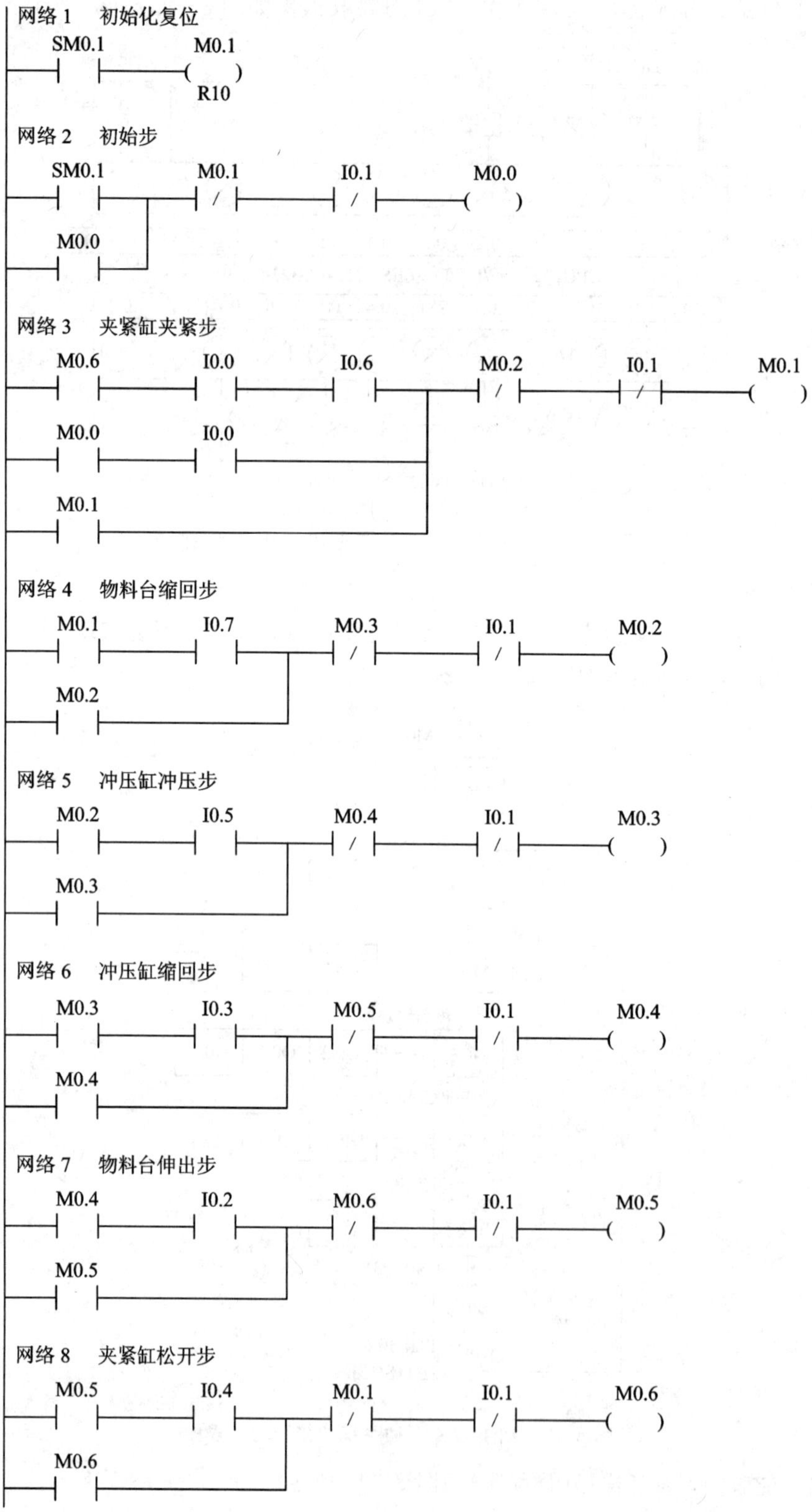

网络 1　初始化复位

SM0.1　M0.1
R10

网络 2　初始步

SM0.1　M0.1　I0.1　M0.0
M0.0

网络 3　夹紧缸夹紧步

M0.6　I0.0　I0.6　M0.2　I0.1　M0.1
M0.0　I0.0
M0.1

网络 4　物料台缩回步

M0.1　I0.7　M0.3　I0.1　M0.2
M0.2

网络 5　冲压缸冲压步

M0.2　I0.5　M0.4　I0.1　M0.3
M0.3

网络 6　冲压缸缩回步

M0.3　I0.3　M0.5　I0.1　M0.4
M0.4

网络 7　物料台伸出步

M0.4　I0.2　M0.6　I0.1　M0.5
M0.5

网络 8　夹紧缸松开步

M0.5　I0.4　M0.1　I0.1　M0.6
M0.6

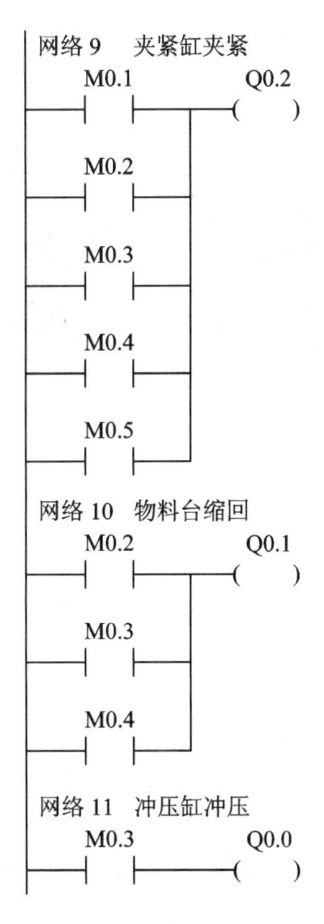

图 8－10　加工装置气动系统的 PLC 程序

任务 8－3　气动分拣装置的安装与调试

【教学导航】

• **能力目标**

（1）学会气动分拣装置气动系统的分析。

（2）完成气动分拣装置的安装、调试运行任务。

• **知识目标**

（1）掌握气动分拣装置的分析方法。

（2）掌握气动分拣装置的 PLC 控制设计方法(选择序列)。

【任务引入】

分拣单元是系统的最末单元，完成对上一单元送来的已加工、装配的工件进行分拣，使不同颜色的工件从不同的料槽分流的功能。当输送站送来工件放到传送带上并为对侧漫反射光电传感器 SP1 检测到时，即启动变频器 Q0.0，工件开始送入分拣区进行分拣。

分拣单元主要结构组成为：CCD 视觉系统、输送线与分拣机构、传送带驱动机构、变频器模块、光纤传感器、电磁阀组、接线端口、PLC 模块及底板等。其中，装配结构如图 8－11 所示。

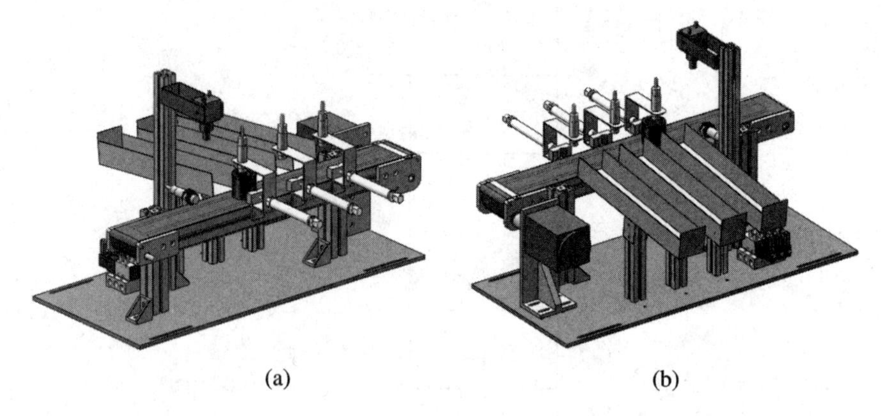

图 8-11　分拣单元结构

分拣装置气动原理图如图 8-12 所示。

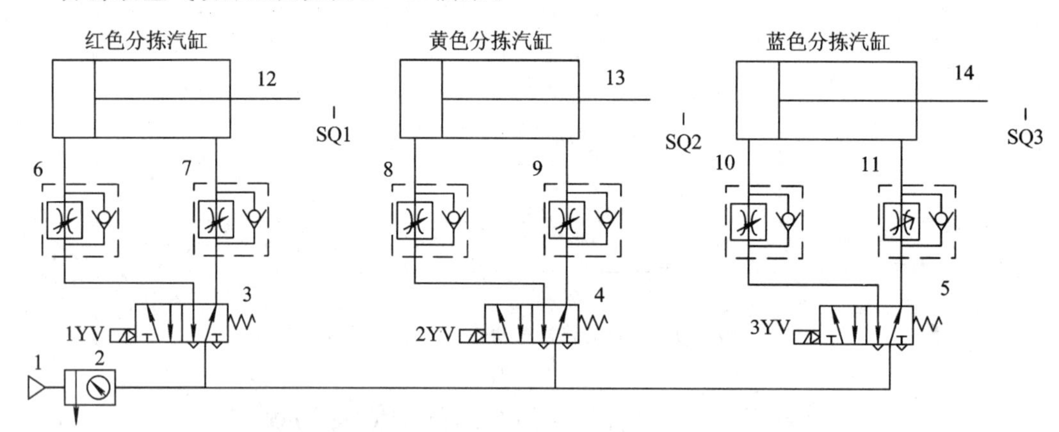

图 8-12　分拣装置气动原理图

我们需要完成的任务包括：

(1) 认识元件。

(2) 写出气路。

(3) 用 PLC 进行控制。根据系统原理图和控制要求，画出 I/O 地址分配表、外部接线图、功能表图，编写 PLC 程序。

【任务分析】

一般情况下，气动回路较液压回路简单。但在分析气动回路图时，仍可以按液压系统的分析步骤进行，即元件认识——气路分析——PLC 控制。

【任务实施】

1. 元件认识

图 8-12 中，1 为气源；2 为气动两联件；3、4、5 为二位五通单电控电磁换向阀；6、7、8、9、10、11 为单向节流阀；12、13、14 为双作用气缸。

2. 气路分析

如果进入分拣区工件为红色，则检测红色物料的传感器动作，作为红色槽推料气缸启动信号，将红色料推到 1 号槽里；如果进入分拣区工件为蓝或黄色，同红色分拣过程相似。

1）红色工件分拣（红色分拣气缸伸出）

按下启动按钮 SB1，变频器启动，皮带转动。当工件到达光电传感器 SP1 检测位置时，皮带停止转动。CCD 视觉系统检测工件颜色，当检测为红色时，皮带再次转动，工件被传送到 1 号槽位置接近开关处，皮带停止传动。电磁铁 1YV 得电，二位五通单电控电磁换向阀 3 的阀芯向右移动，使其左位接入系统，此时的气路如下：

进气路：气源 1→气动两联件 2→二位五通单电控电磁换向阀 3（左位）→单向节流阀 6（单向阀）→红色工件气缸左腔。

回气路：红色工件气缸的右腔→单向节流阀 7（节流阀）→二位五通单电控电磁换向阀 3（左位）→大气。

2）红色工件分拣完成（红色分拣气缸缩回）

当 SQ1 检测到信号时，说明红色工件已经推入 1 号槽内，电磁铁 1YV 失电，二位五通单电控电磁换向阀 3 的阀芯向左移动，回到原来位置，使其右位接入系统，此时的气路如下：

进气路：气源 1→ 气动两联件 2→二位五通单电控电磁换向阀 3（右位）→单向节流阀 7（单向阀）→红色分拣气缸右腔。

回气路：红色分拣气缸的左腔→单向节流阀 6（节流阀）→二位五通单电控电磁换向阀 3（右位）→大气。

3）黄色工件分拣（黄色分拣气缸伸出）

按下启动按钮 SB1，变频器启动，皮带转动。当工件到达光电传感器 SP1 检测位置时，皮带停止转动。CCD 视觉系统检测工件颜色，当检测为黄色时，皮带再次转动，工件被传送到 2 号槽位置接近开关处，皮带停止传动。电磁铁 2YV 得电，二位五通单电控电磁换向阀 4 的阀芯向右移动，使其左位接入系统，此时的气路如下：

进气路：气源 1→ 气动两联件 2→二位五通单电控电磁换向阀 4（左位）→单向节流阀 8（单向阀）→黄色分拣气缸左腔。

回气路：黄色分拣气缸的右腔→单向节流阀 9（节流阀）→二位五通单电控电磁换向阀 4（左位）→大气。

4）黄色工件分拣完成（黄色分拣气缸缩回）

当 SQ2 检测到信号时，说明黄色工件已经推入 2 号槽内，电磁铁 2YV 失电，二位五通单电控电磁换向阀 4 的阀芯向左移动，回到原来位置，使其右位接入系统，此时的气路如下：

进气路：气源 1→ 气动两联件 2→二位五通单电控电磁换向阀 4（右位）→单向节流阀 9（单向阀）→黄色分拣气缸右腔。

回气路：黄色分拣气缸的左腔→单向节流阀 8（节流阀）→二位五通单电控电磁换向阀 4（右位）→大气。

5）蓝色工件分拣（蓝色分拣气缸伸出）

按下启动按钮 SB1，变频器启动，皮带转动。当工件到达光电传感器 SP1 检测位置时，皮带停止转动。CCD 视觉系统检测工件颜色，当检测为蓝色时，皮带再次转动，工件被传送到 3 号槽位置光纤传感器处，皮带停止传动。电磁铁 3YV 得电，二位五通单电控电磁换向阀 5 的阀芯向右移动，使其左位接入系统，此时的气路如下：

进气路：气源 1→ 气动两联件 2→二位五通单电控电磁换向阀 5(左位) →单向节流阀 10(单向阀) →蓝色分拣气缸左腔。

回气路：蓝色分拣气缸的右腔→单向节流阀 11(节流阀) →二位五通单电控电磁换向阀 5 (左位)→大气。

6) 蓝色工件分拣完成(蓝色分拣气缸缩回)

当 SQ3 检测到信号时，说明蓝色工件已经推入 3 号槽内，电磁铁 3YV 失电，二位五通单电控电磁换向阀 5 的阀芯向左移动，回到原来位置，使其右位接入系统，此时的气路如下：

进气路：气源 1→气动两联件 2→二位五通单电控电磁换向阀 5 (右位) →单向节流阀 11(单向阀) →蓝色分拣气缸右腔。

回气路：蓝色分拣气缸的左腔→单向节流阀 10(节流阀) →二位五通单电控电磁换向阀 5 (右位)→大气。

3. PLC 控制

根据系统原理图和控制要求，画出 PLC 外部接线图，编写 PLC 程序。

1) PLC 控制。

(1) PLC 外部接线图。该系统有两个按钮(启动按钮 SB1、停止按钮 SB2)、1 个光电开关(SP1)、6 个行程开关(接近开关、光纤传感器)(SQ1、SQ2、SQ3、SQ4、SQ5、SQ6，具体位置详见气动系统原理图)、3 个电磁换向阀(1YV、2YV、3YV，具体详见气动系统原理图)、1 个变频器。I/O 地址分配表如表 8 - 5 所示。

表 8 - 5　分拣装置气动系统的 I/O 地址分配表

序号	I/O	信号	信号说明	状态说明	
				ON	OFF
1	I0.0	SB1	启动按钮	有效	
2	I0.1	SB2	停止按钮	有效	
3	I0.2	SQ1	红色工件推料检测	红色工件推料到位	
4	I0.3	SQ2	黄色工件推料检测	黄色工件推料到位	
5	I0.4	SQ3	蓝色工件推料检测	蓝色工件推料到位	
6	I0.5	SQ4	红色工件槽库接近开关	红色工件槽口有料	
7	I0.6	SQ5	黄色工件槽库接近开关	黄色工件槽口有料	
8	I0.7	SQ6	蓝色工件槽库接近开关	蓝色工件槽口有料	
9	11.0	SP1	工件颜色检测位置	颜色检测工位有料	
10	Q0.0	变频器	皮带控制	皮带启动	
11	Q0.1	1YV	红色分拣气缸推料	红色工件推料	
12	Q0.2	2YV	黄色分拣气缸推料	黄色工件推料	
13	Q0.3	3YV	蓝色分拣气缸推料	蓝色工件推料	

根据工作要求，外部接线图如图 8－13 所示。

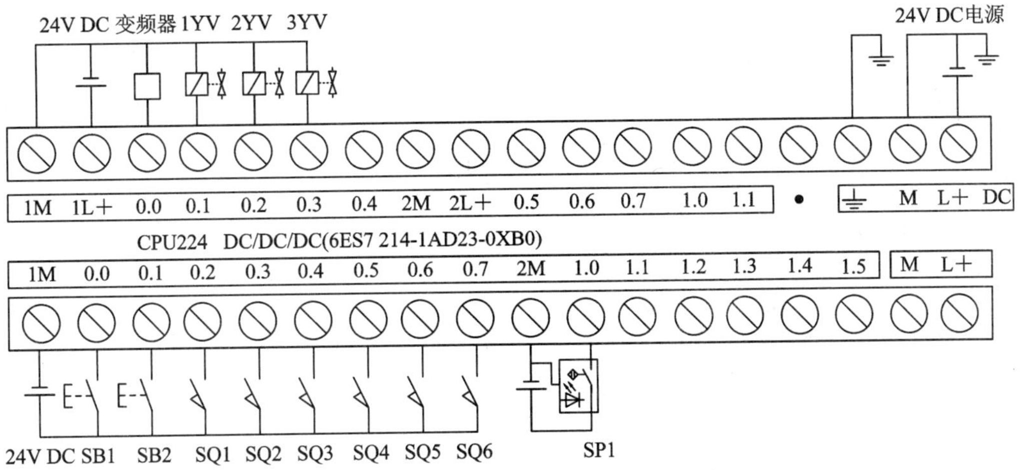

图 8－13 分拣装置气动系统的 PLC 外部接线图

(2) 编制 PLC 程序。根据此气动系统动作，可使用顺序控制设计法(选择序列)来编程，功能表图如图 8－14 所示。

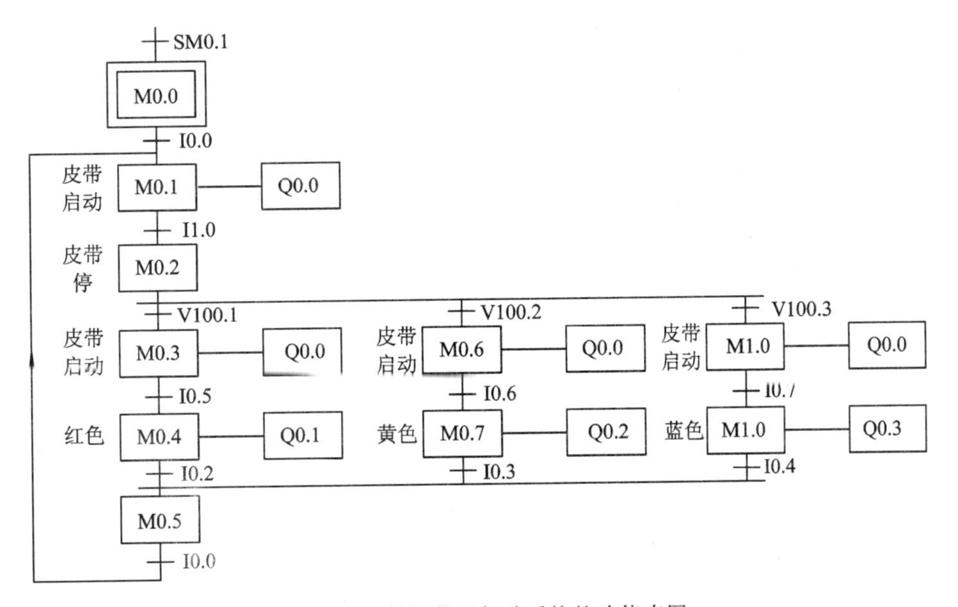

图 8－14 供料装置气动系统的功能表图

根据功能表图，参考梯形图(程序)如图 8－15 所示。

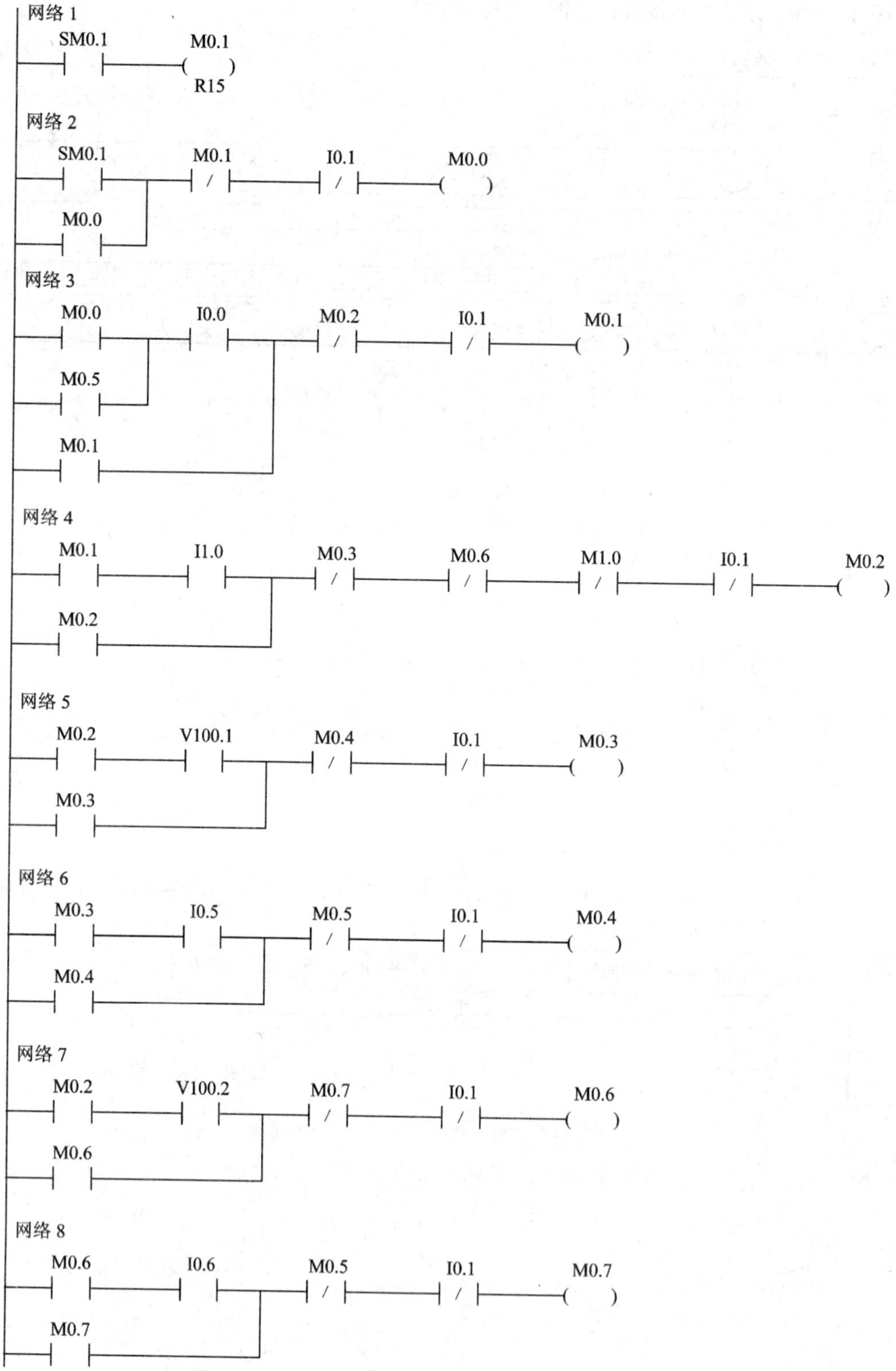

网络 1

SM0.1　M0.1　R15

网络 2

SM0.1　M0.1　I0.1　M0.0

M0.0

网络 3

M0.0　I0.0　M0.2　I0.1　M0.1

M0.5

M0.1

网络 4

M0.1　I1.0　M0.3　M0.6　M1.0　I0.1　M0.2

M0.2

网络 5

M0.2　V100.1　M0.4　I0.1　M0.3

M0.3

网络 6

M0.3　I0.5　M0.5　I0.1　M0.4

M0.4

网络 7

M0.2　V100.2　M0.7　I0.1　M0.6

M0.6

网络 8

M0.6　I0.6　M0.5　I0.1　M0.7

M0.7

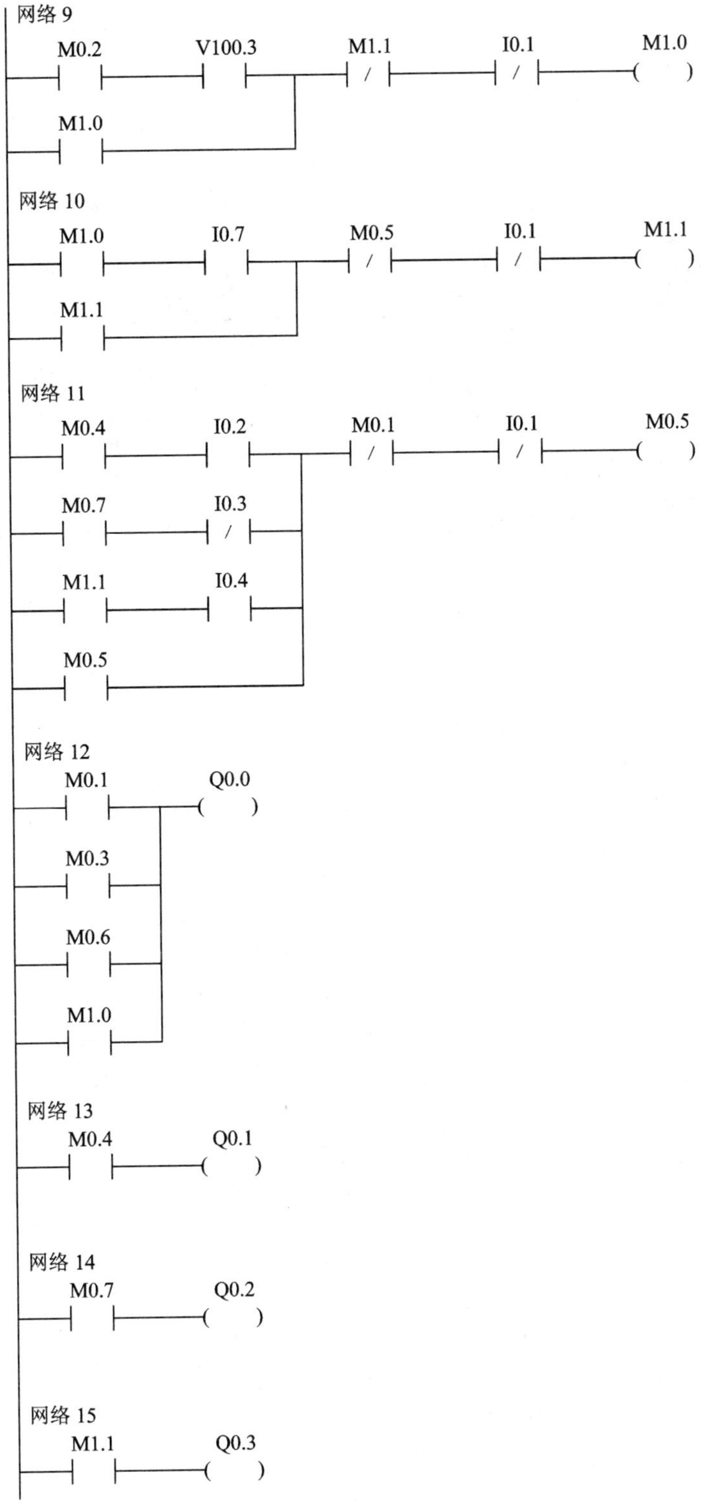

网络 9

M0.2 V100.3 M1.1 I0.1 M1.0

M1.0

网络 10

M1.0 I0.7 M0.5 I0.1 M1.1

M1.1

网络 11

M0.4 I0.2 M0.1 I0.1 M0.5

M0.7 I0.3

M1.1 I0.4

M0.5

网络 12

M0.1 Q0.0

M0.3

M0.6

M1.0

网络 13

M0.4 Q0.1

网络 14

M0.7 Q0.2

网络 15

M1.1 Q0.3

图 8-15 分拣装置气动系统的PLC程序

思考与练习

图 8－16 所示为某自动生产线中的加工单元。

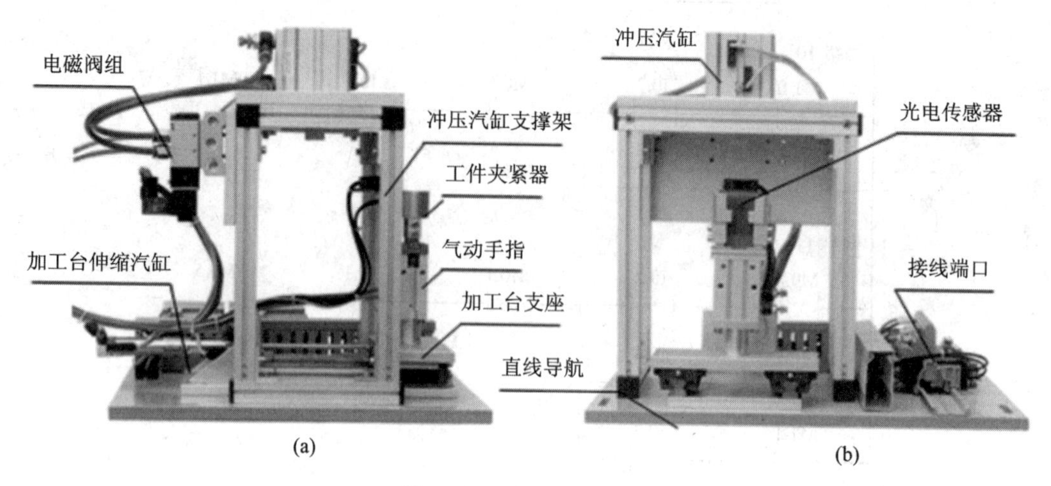

图 8－16　加工单元结构

(a) 左视图；(b) 正视图

气动原理图如图 8－17 所示。

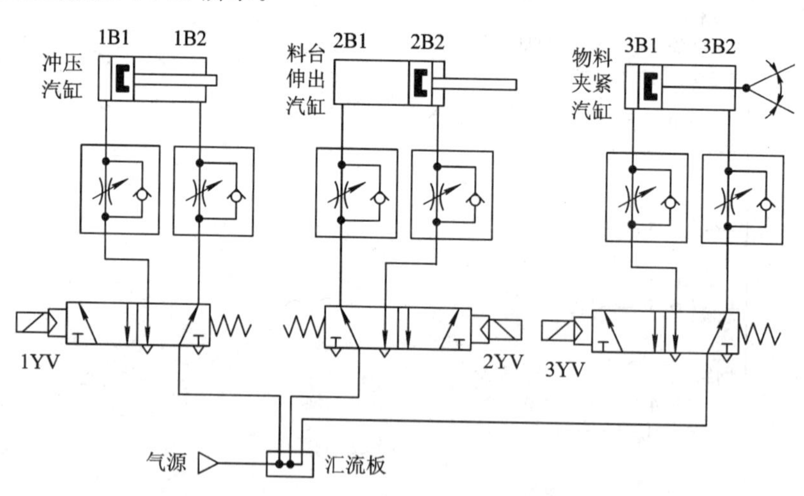

图 8－17　气动系统原理图

工作要求：

(1) 待加工工件放到加工台(工件夹紧器)上并被检测到后，设备执行将工件夹紧。

(2) 送往加工区域冲压，完成冲压动作后返回待料位置，并松开工件。

(3) 再次放待加工工件，重复以上动作。

(4) 加工台上没有待加工工件，该单元无动作。

加工单元单元 I/O 地址分配表如表 8－6 所示。

表 8-6　加工单元 I/O 地址分配表

输入点	说　明	输入状态	
		ON	OFF
I0.0	加工台物料检测	有料	无料
I0.1	工件夹紧检测	夹紧	松开
I0.2	加工台伸出到位	到位	没到位
I0.3	加工台缩出到位	到位	没到位
I0.4	加工头上限	在上限位	不在
I0.5	加工头下限	在下限位	不在
I0.6	停止按钮	停止	无效
I0.7	启动控制	启动	无效
输入点	说　明	输入状态	
		ON	OFF
I0.0	夹紧电磁阀	夹紧	松开
I0.1	物料台伸缩电磁阀	缩回	伸出
I0.2	加工压头电磁阀	下降	上升

要求：

(1) 写出气路。

(2) 用 PLC 进行控制。根据系统原理图和控制要求，画 I/O 地址分配表、外部接线图、功能表图，编写 PLC 程序。

项目九 液压与气动系统的安装调试和故障排除

任务 9-1 液压与气动系统的安装

【教学导航】

· 能力目标

(1) 学会液压与气动元件的安装方法。

(2) 学会管路的安装方法。

(3) 能够对液压与气动系统进行空载和负载调试。

· 知识目标

(1) 掌握液压与气动系统安装前的准备工作与要求。

(2) 掌握液压与气动元件的安装要求。

(3) 掌握管路的安装要求。

【任务引入】

液压系统安装质量的好坏是关系到液压系统能否可靠工作的关键。必须科学、正常、合理地完成安装过程中的每个环节，才能使液压系统正常运行，充分发挥其效能。

【任务实施】

1. 安装前的准备工作与要求

(1) 仔细分析液压系统的工作原理图、电气原理图、系统管道连接布置图、元件清单和产品样本等技术资料。

(2) 第一次清洗液压元件和管件时，对自制重要元件应进行密封和耐压试验。

2. 液压元件的安装要求

(1) 安装各种泵和阀时，不能接反和接错，各接口要固紧，密封应可靠。

(2) 液压泵轴与电动机轴的安装应符合形位公差要求。

(3) 液压缸活塞杆(或柱塞)的轴线与运动部件导轨面的平行度要符合技术要求。

(4) 方向阀一般应保持水平安装，蓄能器应保持轴线竖直安装。

3. 管路的安装要求

(1) 系统全部管道应进行两次安装，即第一次试装后拆下管路，按相关工序严格清洗、处理后进行第二次安装。

(2) 管道的布置要整齐，油路走向应平直、距离短，尽量少转弯。

(3) 液压泵吸油管的高度一般不大于 500 mm，吸油管和泵吸油口连接处应保证密封良好。

(4) 溢流阀的回油管口与液压泵的吸油管不能靠得太近。

(5) 电磁阀的回油管、减压阀和顺序阀等的泄油管与回油管相连通时不应有背压。

(6) 吸油管路上应设置滤油器，过滤精度为 0.1～0.2 mm，要有足够的通油能力。

(7) 回油管应插入油面以下足够的深度，以防飞溅形成气泡。

气压系统的安装与液压系统的安装类似，也有清洗、元件安装和管道安装等过程，但有一些不同之处，例如，气动系统的动密封圈要装得松一些，不能太紧等。这里不再具体介绍。

4. 空载调试

(1) 启动液压泵，检查泵在卸荷状态下的运转。

(2) 调整溢流阀，逐步提高压力使之达到规定的系统压力值。

(3) 调整流量控制阀，先逐步关小流量阀，检查执行元件能否达到规定的最低速度及平稳性，然后按其工作要求的速度来调整。

(4) 调整自动工作循环和顺序动作，检查各动作的协调性和顺序动作的正确性。

(5) 各工作部件在空载条件下，按预定的工作循环或顺序连续运转 2～4 小时后，检查油温及系统所要求的各项精度，一切正常后，方可进入负载调试。

5. 负载调试

负载调试是指在规定负载条件下运转，进一步检查系统的运行质量和存在的问题。负载调试时，一般应逐步加载和提速，轻载试车正常时，才逐步将压力阀和流量阀调节到规定值，以进行最大负载试车。

气压传动系统的调试与液压传动系统的调试类似。

任务 9－2　液压与气动系统的使用和维护

【教学导航】

• **能力目标**

(1) 能够对液压与气动系统进行正常使用。

(2) 能够对液压与气动系统进行日常维护。

• **知识目标**

(1) 掌握液压与气动系统的使用方法。

(2) 学会液压与气动系统的日常维护。

【任务引入】

维护是防止机器发生故障和过早失效，保证机器可靠运行的一系列措施。随着工业技术的发展，维护的经济效益越来越被人们所重视，对液压系统进行维护保养的目的主要是保证工作油液的品质良好。工作油液品质良好可有效减少液压系统的故障，延长液压件的使用寿命，从而保证液压系统的正常工作。

【任务实施】

1. 液压传动系统的使用与维护

使用液压设备，必须建立有关使用和维护方面的制度，以保证液压系统正常工作。

1）液压系统的使用

(1) 泵启动前应检查油温。油温过高或过低时都应使油温达到相应要求才能正式工作。工作中也应随时注意油液温升。

(2) 液压油要定期检查更换。对于新用设备，使用三个月左右即应清洗油箱，更换新油。以后应按要求每隔半年或一年进行一次清洗和换油。要注意观察油液位高度，及时排除气体。

(3) 使用中应注意过滤器的工作情况，滤芯应定期清理或更换。

(4) 设备若长期不用，应将各调节旋钮全部放松，防止弹簧产生永久变形而影响元件性能。

2）液压设备的维护保养

维护保养分为日常检查、定期检查和综合检查三个阶段进行。

(1) 日常检查通常是在泵启动前、启动后和停止运转前检查油量、油温、压力、漏油、噪声、振动等情况，并随之进行维护和保养。

(2) 定期检查的内容包括：调查日常检查中发现异常现象的原因并进行排除；对需要维修的部位进行分解检修。定期检查的间隔时间通常为 2～3 个月。

(3) 综合检查大约每年一次，其主要内容是检查液压装置的各元件和部件，判断其性能和寿命，并对产生故障的部位进行检修或更换元件。

定期检查和综合检查均应做好记录，以此作为设备出现故障时查找原因或进行设备大修的依据。

2. 气动系统的使用维护

气动系统的使用与保养也分为日常维护、定期检查和系统大修。不同的是，它还应注意以下几个方面：

(1) 开机前后要放掉系统中的冷凝水。

(2) 定期给油雾器加油。

(3) 日常维护需对冷凝水和系统润滑油进行管理。

(4) 随时注意压缩空气的清洁度，对分水滤气器的滤芯要定期清洗。

任务 9-3　液压气动元件与系统的故障分析和排除

【教学导航】

• 能力目标

(1) 能够分析液压与气动系统的故障。

(2) 能够对液压与气动系统出现的故障进行排除。

• 知识目标

(1) 掌握液压与气动系统的故障分析方法。

（2）掌握液压与气动系统的故障排除方法。

【任务引入】

液压设备是由机械、液压、电气及仪表等装置有机地组合而成的统一体，系统中，各种元件和机械以及油液大都在封闭的壳体和管道内，出现故障时，很难找出故障原因，排除故障也比较麻烦。一般情况下，任何故障在演变为大故障之前都会伴随着种种不正常的征兆，如出现不正常的声音，工作机构速度下降、无力或不动作，油箱液面下降，油液变质，外泄漏加剧，油温过高，管路损伤，出现糊焦气味等。通过肉眼观察、耳听、手摸、鼻嗅等发现，加上翻阅记录，可找到原因和处理方法。分析故障之前必须弄清液压系统的工作原理、结构特点与机械、电气关系，然后根据故障现象进行调查分析，缩小可疑范围，确定故障区域、部位，直至某个液压元件。

【任务实施】

1. 液压传动系统的故障分析和排除

液压系统故障许多是由元件故障引起的，因此首先要熟悉和掌握液压元件的故障分析和排除方法，可参见前面相关内容。这里将液压系统常见故障的分析和排除方法说明如下：

1）齿轮泵常见故障及其排除方法

（1）不吸油或输油不足，压力提不高。

产生原因：

① 电动机转向错误。

② 吸入管道或滤油器堵塞。

③ 轴向间隙或径向间隙过大。

④ 各连接处泄漏，有空气混入。

⑤ 油液黏度太大或油液温升太高。

排除方法：

① 纠正电动机的旋转方向。

② 疏通管道，清洗滤油器，换新油。

③ 修复、更换有关零件。

④ 紧固各连接处的螺钉，避免泄漏，严防空气混入。

⑤ 油液应根据温升变化选用。

（2）噪声严重，压力波动大。

产生原因：

① 油管及滤油器部分堵塞或吸油管吸入口处滤油器容量小。

② 从吸入管或轴密封处吸入空气，或者油中有气泡。

③ 泵轴与联轴器同轴度超差或擦伤。

④ 齿轮本身的精度不高。

⑤ 油液黏度太大或温升太高。

排除方法：

① 除去脏物，使吸油管畅通，或改用容量合适的滤油器。

② 在连接部位或密封处加点油，如果噪声减小，可拧紧管接头或更换密封圈，回油管

管口应在油面以下，与吸油管要有一定距离。

③ 调整同轴度，修复擦伤。

④ 更换齿轮或对研修整。

⑤ 应根据温升变化选用油液。

(3) 液压泵旋转不灵活或咬死。

产生原因：

① 轴向间隙及径向间隙过小。

② 油泵装配不良，泵和电动机的联轴器同轴度不好。

③ 油液中杂质被吸入泵体内。

④ 前盖螺孔位置与泵体后盖通孔位置不对，拧紧螺钉后别劲而转不动。

排除方法：

① 检测泵体、齿轮，修配有关零件。

② 根据油泵技术要求重新装配。

③ 调整同轴度，严格控制其在 0.2 mm 以内，严防周围灰沙、铁屑及冷却水等物进入油池，保持油液洁净。

④ 用钻头或圆锉将泵体后盖孔适当修大再装配。

2) 叶片泵常见故障、产生原因及排除方法

(1) 液压泵吸不上油或无压力。

产生原因：

① 泵的旋转方向不对，泵吸不上油。

② 液压泵传动键脱落。

③ 进出油口接反。

④ 油箱内油面过低，吸入管口露出液面。

⑤ 转速太低，吸力不足。

⑥ 油液黏度过高，使叶片运转不灵活。

⑦ 油温过低，使油的黏度过高。

⑧ 系统油液过滤精度低，导致叶片在槽内卡住。

⑨ 吸入管道或过滤装置堵塞，或过滤器过滤精度过高，造成吸油不畅。

⑩ 吸入管道漏气。

排除方法：

① 可改变电机转向，一般泵上有箭头标记，无标记时，可对着泵轴方向观察，泵轴应是顺时针方向旋转。

② 重新安装传动键。

③ 按说明书选用正确接法。

④ 补充油液至最低油标线以上。

⑤ 转速低，离心力无法使叶片从转子槽内移出，形成不可变化的密封空间。一般叶片泵转速低于 500 r/min 时，吸不上油；高于 1500 r/min 时，吸油速度太快，也吸不上油。

⑥ 运用推荐黏度的工作油。

⑦ 加热油温至推荐的正常工作温度。

⑧ 拆洗、修磨液压泵内脏件，仔细重装，并更换油液。

⑨ 清洗管道或过滤装置，除去堵塞物，更换或过滤油箱内的油液，按说明书正确选用滤油器。

⑩ 检查管道各连接处，并予以密封、紧固。

(2) 流量不足，达不到额定值。

产生原因：

① 转速未达到额定转速。

② 系统中有泄漏。

③ 由于泵长时间工作、振动，使泵盖螺钉松动。

④ 吸入管道漏气。

⑤ 吸油不充分：

• 油箱内油面过低。
• 入口滤油器堵塞或通流量过小。
• 吸入管道堵塞或通径小。
• 油液黏度过高或过低。

⑥ 变量泵流量调节不当。

排除方法：

① 按说明书指定额定转速选用电动机转速。

② 检查系统，修补泄漏点。

③ 拧紧螺钉。

④ 检查各连接处，并密封紧固。

⑤ 充分吸油。

• 补充油液至最低油标线以上。
• 清洗过滤器或选用通流量为泵流量两倍以上的滤油器。
• 清洗管道，选用不小于泵入口通径的吸入管。
• 选用推荐黏度的工作油。

⑥ 重新调节至所需流量。

(3) 压力升不上去。

产生原因：

① 泵吸不上油或流量不足。

② 溢流阀调整压力太低或出现故障。

③ 系统中有泄漏。

④ 由于泵长时间工作、振动，使泵盖螺钉松动。

⑤ 吸入管道漏气。

⑥ 吸油不充分。

⑦ 变量泵压力调节不当。

排除方法：

① 同前述排除方法。

② 重新调试溢流阀压力或修复溢流阀。

③ 检查系统，修补泄漏点。

④ 拧紧螺钉。

⑤ 检查各连接处，并予以密封紧固。

⑥ 同前述排除方法。

⑦ 重新调节至所需压力。

(4) 噪声过大。

产生原因：

① 吸入管道漏气。

② 吸油不充分。

③ 泵轴和原动机轴不同心。

④ 油中有气泡。

⑤ 泵转速过高。

⑥ 泵压力过高。

⑦ 轴密封处漏气。

⑧ 油液过滤精度过低，导致叶片在槽中卡住。

⑨ 变量泵止动螺钉误调失当。

排除方法：

① 检查各连接处，并予以密封紧固。

② 同前述排除方法。

③ 重新安装达到说明书要求精度。

④ 补充油液或采取结构措施，把回油浸入油面以下。

⑤ 选用推荐转速。

⑥ 降压至额定压力以下。

⑦ 更换油封。

⑧ 拆洗修磨泵内脏物并仔细重新组装，并更换油液。

⑨ 适当调整螺钉至噪声达到正常。

(5) 过度发热。

产生原因：

① 油温过高。

② 油液黏度太低，内泄过大。

③ 工作压力过高。

④ 回油口直接接到泵入口。

排除故障：

① 改善油箱散热条件或增设冷却器，使油温控制在推荐的正常工作的油温范围内。

② 选用推荐黏度的工作油。

③ 降压至额定压力以下。

④ 回油口接至油箱液面以下。

(6) 振动过大。

产生原因：

① 轴与电动机轴不同心。
② 安装螺钉松动。
③ 转速或压力过高。
④ 油液过滤精度过低，导致叶片在槽中卡住。
⑤ 吸入管道漏气。
⑥ 吸油不充分。
⑦ 油中有气泡。
排除方法：
① 重新安装达到说明书要求精度。
② 拧紧螺钉。
③ 调整至需用范围以内。
④ 拆洗修磨泵内零件，重新组装，并更换油液或重新过滤油箱内油液。
⑤ 检查各连接处，并予以密封紧固。
⑥ 同前述排除方法。
⑦ 补充油液或采取结构措施，把回油浸入液面以下。
(7) 外渗漏。
产生原因：
① 密封老化或损伤。
② 进出油口连接部位松动。
③ 密封面磕碰。
④ 外壳体砂眼。
排除方法：
① 更换密封。
② 紧固螺钉或管接头。
③ 修磨密封面。
④ 更换外壳体。
3) 轴向柱塞泵常见故障、产生原因及排除方法
(1) 流量不够。
产生原因：
① 油箱液面过低，油管及滤油器堵塞或阻力太大以及漏气等。
② 泵壳内预先没有充好油，留有空气。
③ 液压泵中心弹簧折断，使柱塞回程不够或不能回程，引起缸体和配油盘之间失去密封性能。
④ 配油盘及缸体或柱塞与缸体之间磨损。
⑤ 对于变量泵，有两种可能，如为低压，可能是油泵内部摩擦等原因，使变量机构不能达到极限位置造成偏角过小所致；如为高压，可能是调整误差所致。
⑥ 油温太高或太低。
排除方法：
① 检查储油量，把油加至油标规定线，排除油管堵塞，清洗滤油器，紧固各连接处螺

钉，排除漏气。

② 排除泵内空气。

③ 更换中心弹簧。

④ 清洗去污，研磨配油盘与缸体的接触面，单缸研配，更换柱塞。

⑤ 低压时，可调整或重新装配变量活塞及变量头，使之活动自如；高压时，纠正调整误差。

⑥ 根据温升选用合适的油液或采取降温措施。

(2) 压力脉动。

产生原因：

① 配油盘与缸体或柱塞与缸体之间磨损，内泄或外漏过大。

② 对于变量泵，可能由于变量机构的偏角太小，使流量过小，内漏相对增大，因此不能连续对外供油。

③ 伺服活塞与变量活塞运动不协调，出现偶尔或经常性的脉动。

④ 进油管堵塞，阻力大及漏气。

排除方法：

① 磨平配油盘与缸体的接触面，单缸研配，更换柱塞，紧固各连接处螺钉，排除漏损。

② 适当加大变量机构的偏角，排除内部漏损。

③ 偶尔脉动，多因油脏，可更换新油；经常脉动，可能是配合件研伤或别劲，应拆下研修。

④ 疏通进油管及清洗进口滤油器，紧固进油管段的连接螺钉。

(3) 噪声。

产生原因：

① 泵体内留有空气。

② 油箱油面过低，吸油管堵塞，阻力大，以及漏气等。

③ 泵和电机不同心，使泵和传动轴受径向力。

排除方法：

① 排除泵内的空气。

② 按规定加足油液，疏通进油管，清洗滤油器，紧固进油段连接螺钉。

③ 重新调整，使电动机与泵同心。

(4) 发热。

产生原因：

① 内部泄漏过大。

② 运动件磨损。

排除方法：

① 修研各密封配合面。

② 修复或更换磨损件。

(5) 漏损。

产生原因：

① 轴承回转密封圈损坏。

② 各接合处O形密封圈损坏。

③ 配油盘与缸体或柱塞与缸体之间磨损(会引起回油管外漏增加，也会引起高低腔之间内漏)。

④ 变量活塞或伺服活塞磨损。

排除方法：

① 检查密封圈及各密封环节，排除内漏。

② 更换O形密封圈。

③ 磨平接触面，配研缸体，单配柱塞。

④ 严重时更换。

(6)变量机构失灵。

产生原因：

① 控制管路上的单向阀弹簧折断。

② 变量头与变量壳体磨损。

③ 伺服活塞、变量活塞以及弹簧心轴卡死。

④ 个别管路堵死。

排除方法：

① 更换弹簧。

② 配研两者的圆弧配合面。

③ 机械卡死时，用研磨的方法使各运动件灵活；油脏时，更换新油。

④ 疏通管路，更换油液。

(7)泵不能转动(卡死)。

产生原因：

① 柱塞与油缸卡死(可能是油脏或油温变化引起的)。

② 滑靴因柱塞卡死或因负载大时启动而引起脱落。

③ 柱塞球头折断(原因同上)。

排除方法：

① 油脏时，更换新油；油温太低时，更换黏度较小的油液。

② 更换或重新装配滑靴。

③ 更换柱塞。

4) 液压缸常见故障、产生原因及排除方法

(1) 爬行和局部速度不均匀。

产生原因：

① 空气侵入液压缸。

② 缸盖活塞杆孔密封装置过紧或过松。

③ 活塞杆与活塞不同心。

④ 液压缸安装位置偏移。

⑤ 液压缸内孔表面直线性不良。

⑥ 液压缸内表面锈蚀或拉毛。

排除方法：

① 设排气阀，排除空气。

② 密封圈密封应保证能用手平稳地拉动活塞杆而无泄漏，活塞杆与活塞同轴度偏差不得大于 0.01 mm，否则应矫正或更换。

③ 活塞杆全长直线度偏差不得大于 0.2 mm，否则应矫正或更换。

④ 液压缸安装位置不得与设计要求相差大于 0.1 mm。

⑤ 液压缸内孔椭圆度、圆柱度不得大于内径配合公差的一半，否则应进行镗铰或更换缸体。

⑥ 进行镗磨，严重者更换缸体。

(2) 冲击。

产生原因：

① 活塞与缸体内径间隙过大或节流阀等缓冲装置失灵。

② 纸垫密封冲破，大量泄油。

排除方法：

① 保证设计间隙，过大者应换活塞，检查和修复缓冲装置。

② 更换新纸垫，保证密封。

(3) 缓冲过长。

产生原因：

① 缓冲装置结构不正确，三角节流槽过短。

② 缓冲节流回油口开设位置不对。

③ 活塞与缸体内径配合间隙过小。

④ 缓冲的回油孔道半堵塞。

排除方法：

① 修正凸台与凹槽，加长三角节流槽。

② 修改节流回油口的位置。

③ 加大至要求的间隙。

④ 清洗回油孔道。

(4) 推力不足或速度减慢。

产生原因：

① 活塞与缸体内径间隙过大，内泄漏严重。

② 活塞杆弯曲，阻力增大。

③ 活塞上密封圈损坏，增大泄漏或增大摩擦力。

④ 液压缸内表面有腰鼓形，造成两端通油。

排除方法：

① 更换磨损的活塞，单配活塞其间隙为 0.03～0.04 mm。

② 校正活塞杆。

③ 更换密封圈，装配时不应过紧。

④ 镗磨油缸内孔，单配活塞。

5) 齿轮马达常见故障、产生原因及排除方法

(1) 转速降低，输出扭矩降低。

产生原因：

① 油泵供油量不足，油泵因磨损轴向间隙和径向间隙增大，内泄漏量增大；或者油泵电机转数与功率不匹配等原因，造成输出油量不足，造成马达的流量也减少。

② 液压系统调压阀调压失灵，压力上不去，各控制阀内泄漏量增大等，造成进入马达的流量和压力不够。

③ 油液黏度过小，致使液压系统各部分内泄漏量增大。

④ 马达本身的原因，如 CM 型马达的侧板和齿轮两侧面磨损拉伤，造成高低压腔之间内泄漏量大，甚至串腔。特别是当转子和定子接触线齿形精度差或者拉伤时，泄漏更为严重，造成转速下降，输出扭矩降低。

⑤ 工作负载较大，转速降低。

排除方法：

① 清洗滤油器，修复油泵，保证合理的间隙，更换能满足转速和功率要求的电机等。

② 检查调压阀调压失灵的原因，并针对性地排除。

③ 选用黏度合适的油液。

④ 研磨修复马达侧板的齿轮两面，并保证装配间隙马达体也研磨掉相应尺寸。

⑤ 检查负载过大的原因并排除。

(2) 噪声过大并伴随振动和发热。

产生原因：

① 系统吸进空气，原因主要有：滤油器因污物堵塞，泵进油管接头漏气，油箱液面太低，油液老化等。

② 马达本身的原因，主要有：齿轮齿形精度不好或接触不良；轴向间隙过小；马达滚针轴承破裂；马达个别零件损坏；齿轮内孔与端面不垂直，马达前后盖轴承孔不平行等原因，造成旋转不均衡，机械摩擦严重，噪声大和振动等。

排除方法：

① 清洗滤油器，减少液压油的污染；泵进油管路管接头拧紧，密封破损的予以更换；油箱油液补充添加至油标要求位置；油液污染老化严重的予以更换等。

② 对研齿轮更换齿轮；研磨有关零件，重配轴向间隙；更换破损的轴承；修复齿轮和有关零件的精度；更换损坏的零件；避免输出轴过大的不平衡径向负载。

(3) 油封漏油。

产生原因：

① 泄油管的压力高。

② 马达油封破损。

排除方法：

① 泄油管要单独引回油箱，而不要共用马达回油管路；泄漏管通路因污物堵塞或设计过小时，要设法使泄油管油液畅通流回油箱。

② 更换油封，并检查马达轴的拉伤情况进行研磨修复，避免再次拉伤油封。

6) 溢流阀常见故障、产生原因及排除方法(以 YF 型溢流阀为例)

(1) 压力波动不稳定。

产生原因：

① 先导阀调压弹簧过软(装错)或歪扭变形。

② 锥阀与阀座接触不良或磨损。

③ 油液中混进空气。

④ 油不清洁，阻尼孔堵塞。

排除方法：

① 更换弹簧。

② 锥阀磨损或有毛病时，更换新的锥阀。新锥阀卸下调整螺母，推几下导杆，使其接触良好。

③ 防止空气进入，并排除已进入的空气。

④ 更换或修研阀座。

⑤ 清洁油液，疏通阻尼孔。

(2) 调整无效。

产生原因：

① 弹簧断裂或漏装。

② 阻尼孔堵塞。

③ 滑阀卡住。

④ 进出油口装反。

⑤ 锥阀漏装。

排除方法：

① 检查、更换或补装弹簧。

② 疏通阻尼孔。

③ 拆出、检查、修整。

④ 检查油源方向并纠正。

⑤ 检查、补装。

(3) 显著漏油。

产生原因：

① 锥阀与阀座接触不良。

② 滑阀与阀体配合间隙过大。

③ 管接头没拧紧。

④ 结合面纸垫冲破或铜垫失效。

排除方法：

① 锥阀磨损或有毛病时，更换新的锥阀。

② 更换滑阀，重配间隙。

③ 拧紧连接螺钉。

④ 更换纸垫或铜垫。

(4) 显著噪声及振动。

产生原因：

① 螺母松动。

② 弹簧变形不复原。

③ 滑阀配合过紧。
④ 主滑阀动作不良。
⑤ 锥阀磨损。
⑥ 出口油路中有空气。
⑦ 流量超过允许值。
⑧ 和其他阀产生共振。
排除方法：
① 紧固螺母。
② 检查并更换弹簧。
③ 修研滑阀，使其灵活。
④ 检查滑阀与壳体是否同心。
⑤ 更换锥阀。
⑥ 排出空气。
⑦ 调换流量大的阀。
⑧ 微调阀的额定压力值(一般额定压力值偏差在 0.5 MPa 以内，易发生共振)。
7) 减压阀常见故障、产生原因及排除方法
(1) 压力不稳定，有波动。
产生原因：
① 油液中混入空气。
② 阻尼孔有时堵塞。
③ 滑阀与阀体内孔圆度达不到规定的要求，使阀卡住。
④ 弹簧变形或在滑阀中卡住，使滑阀移动困难，或弹簧太软。
⑤ 钢球不圆，钢球与阀座配合不好或锥阀安装不正确。
排除方法：
① 排除油液中的空气。
② 疏通阻尼孔及换油。
③ 修研阀孔，修配滑阀。
④ 更换弹簧。
⑤ 更换钢球或拆开锥阀进行调整。
(2) 输出压力低，升不高。
产生原因：
① 顶盖处泄漏。
② 钢球或锥阀与阀座密合不良。
排除方法：
① 拧紧螺钉或更换纸垫。
② 更换钢球或锥阀。
(3) 不起减压作用。
产生原因：
① 回油孔的油塞未拧出，使油闷住。

② 顶盖方向装错，使出油孔和回油孔沟通。
③ 阻尼孔被堵死。
④ 滑阀被卡死。
排除方法：
① 将油塞拧出，接上回油管。
② 检查顶盖上孔的位置是否装错。
③ 用直径为 1 mm 的针清理小孔并换油。
④ 清理和研配滑阀。
8）单向阀常见故障、产生原因及排除方法
（1）发出异常的声音。
产生原因：
① 油液的流量超过允许值。
② 与其他阀共振。
③ 在卸压单向阀中，用于立式大油缸等的回油，没有卸压装置。
排除方法：
① 更换流量大的阀。
② 可略微改变阀的额定压力，也可试调弹簧的强弱。
③ 补充卸压装置回路。
（2）阀与阀座有严重泄漏。
产生原因：
① 阀座锥面密封不好。
② 滑阀或阀座拉毛。
③ 阀座碎裂。
排除方法：
① 重新研配。
② 重新研配。
③ 更换并研配阀座。
（3）不起单向作用。
产生原因：
① 滑阀在阀体内咬住，主要是由于阀体孔变形，滑阀配合时有拉毛，滑阀变形胀大。
② 漏装弹簧。
排除方法：
① 修研阀座孔，修除毛刺，修研滑阀外径。
② 补装适当的弹簧（弹簧的最大压力不大于 30 N）。
（4）结合处渗漏。
产生原因：
螺钉或管螺纹没拧紧。
排除方法：
拧紧螺钉或管螺纹。

9）换向阀常见故障、产生原因及排除方法

（1）滑阀不能动作。

产生原因：

① 滑阀被堵塞。

② 阀体变形。

③ 具有中间位置的对中弹簧折断。

④ 操纵压力不够。

排除方法：

① 拆开清洗。

② 重新安装阀体的螺钉使压紧力均匀。

③ 更换弹簧。

④ 操纵压力必须大于 0.35 MPa。

（2）工作程序错乱。

产生原因：

① 滑阀被拉毛，油中有杂质或热膨胀使滑阀移动不灵活。

② 电磁阀的电磁铁坏了，力量不足或漏磁等。

③ 液动换向阀滑阀两端的控制阀（节流单向阀）失灵或调整不当。

④ 弹簧过软或太硬，使阀通油不畅。

⑤ 滑阀与阀孔配合太紧或间隙过大。

⑥ 因压力油的作用使滑阀局部变形。

排除方法：

① 拆卸清洗，配研滑阀。

② 更换或修复电磁铁。

③ 调整节流阀，检查单向阀是否封油良好。

④ 更换弹簧。

⑤ 检查配合间隙使滑阀移动灵活。

⑥ 在滑阀外圆上开 1 mm×0.5 mm（宽度×深度）的环形平衡槽。

（3）电磁线圈发热过高或烧坏。

产生原因：

① 线圈绝缘不良。

② 电磁铁铁芯与滑阀轴线不同心。

③ 电压不对。

④ 电极焊接不对。

排除方法：

① 更换电磁铁。

② 重新装配使其同心。

③ 按规定纠正。

④ 重新焊接。

(4) 电磁铁控制的方向阀作用时有响声。

产生原因：

① 滑阀卡住或摩擦过大。

② 电磁铁不能压到底。

③ 电磁铁铁芯接触面不平或接触不良。

排除方法：

① 修研或调配滑阀。

② 校正电磁铁高度。

③ 清除污物，修正电磁铁铁芯。

10) 液压系统常见故障的分析和排除方法

(1) 产生振动和噪声。

产生原因：

① 液压泵吸空。

- 进油口密封不严，以致空气进入。
- 液压泵轴颈处油封损坏。
- 进口过滤器堵塞或通流面积过小。
- 吸油管径过小、过长。
- 油液黏度太大，流动阻力增加。
- 吸油管距回油管太近。
- 油箱油量不足。

② 固定管卡松动或隔振垫脱落。

③ 压力管路管道长且无固定装置。

④ 溢流阀阀座损坏，高压弹簧变形或折断。

⑤ 电动机底座或液压泵架松动。

⑥ 泵与电动机的联轴器安装不同轴或松动。

排除方法：

① 液压泵吸空。

- 拧紧进油管接头螺帽，或更换密封件。
- 更换油封。
- 清洗或更换过滤器。
- 更换管路。
- 更换黏度适当的液压油。
- 扩大两者距离。
- 补充油液至油标线。

② 加装隔振垫并紧固。

③ 加设固定管卡。

④ 修复阀座，更换高压弹簧。

⑤ 紧固螺钉。

⑥ 重新安装，保证同轴度小于 0.1 mm。

(2) 系统无压力或压力不足。

产生原因：

① 溢流阀在开口位置被卡住。

② 溢流阀阻尼孔堵塞。

③ 溢流阀阀芯与阀座配合不严。

④ 溢流阀调压弹簧变形或折断。

⑤ 液压泵、液压阀、液压缸等元件磨损严重或密封件破坏造成压力油路大量泄漏。

⑥ 压力油路上的各种压力阀的阀芯被卡住而导致卸荷。

⑦ 动力不足。

排除方法：

① 修理阀芯及阀孔。

② 清洗。

③ 修研或更换。

④ 更换调压弹簧。

⑤ 修理或更换相关元件。

⑥ 清洗或修研，使阀芯在阀孔内运动灵活。

⑦ 检查动力源。

(3) 系统流量不足(执行元件速度不够)。

产生原因：

① 液压泵吸空。

② 液压泵磨损严重，容积效率下降。

③ 液压泵转速过低。

④ 变量泵流量调节变动。

⑤ 油液黏度过小，液压泵泄漏增大，容积效率降低。

⑥ 油液黏度过大，液压泵吸油困难。

⑦ 液压缸活塞密封件损坏，引起内泄漏增加。

⑧ 液压马达磨损严重，容积效率下降。

⑨ 溢流阀调定压力值偏低，溢流量偏大。

排除方法：

① 液压泵吸空的排除方法：拧紧进油管头螺帽或更换密封件；更换油封；清洗或更换过滤器；更换管路；更换黏度适当的液压油；扩大吸油管和回油管的距离；补充油液至油标线。

② 修复达到规定的容积效率或更换。

③ 检查动力源将转速调整到规定值。

④ 检查变量机构并重新调整。

⑤ 更换黏度适合的液压油。

⑥ 更换黏度适合的液压油。

⑦ 更换密封件。

⑧ 修复达到规定的容积效率或更换。

⑨ 重新调节。

(4) 液压缸爬行(或液压马达转动不均匀)。

产生原因:

① 液压泵吸空。

② 接头密封不严，有空气进入。

③ 液压元件密封损坏，有空气进入。

④ 液压缸排气不彻底。

排除方法:

① 液压泵吸空的排除方法：拧紧进油管头螺帽或更换密封件；更换油封；清洗或更换过滤器；更换管路；更换黏度适当的液压油；扩大吸油管和回油管的距离；补充油液至油标线。

② 拧紧接头或更换密封件。

③ 更换密封件保证密封。

④ 排尽缸内空气。

(5) 油液温度过高。

产生原因:

① 系统在非工作阶段有大量压力油损耗。

② 压力调整过高，泵长期在高压下工作。

③ 油液黏度过大或过小。

④ 油箱容量小或散热条件差。

⑤ 管道过细、过长、弯曲过多，造成压力损失过大。

⑥ 系统各连接处泄漏，造成容积损失过大。

排除方法:

① 改进系统设计，增设卸荷回路或改用变量泵。

② 重新调整溢流阀的压力。

③ 更换黏度适合的液压油。

④ 增大油箱容量或增设冷却装置。

⑤ 改变管道的规格及管路的形状。

⑥ 检查泄漏部位，改善密封性。

2. 气动系统常见故障和排除方法

一般气动系统发生故障的原因往往是:

(1) 机器部件表面故障，元件堵塞。

(2) 控制系统的内部故障。经验证明，应控制系统故障的发生概率远远小于与外部接触的传感器或者机器本身的故障。

下面介绍气动系统常见故障和排除方法。

(1) 二次压力升高。

产生原因：

① 减压阀复位弹簧损坏。

② 减压阀座有伤痕或阀座橡胶剥离。

③ 减压阀体与阀导向处黏附异物。

④ 减压阀芯导向部分与阀体的密封圈损坏。

⑤ 膜片破裂。

排除方法：

① 更换复位弹簧。

② 更换阀座。

③ 清洗，检查滤清器。

④ 更换密封圈。

⑤ 更换膜片。

(2) 换向阀不换向。

产生原因：

① 阀芯移动阻力大，润滑不良。

② 密封圈老化变形。

③ 滑阀被异物卡住。

④ 弹簧损坏。

⑤ 阀操纵力小。

排除方法：

① 改进润滑。

② 更换密封圈。

③ 清除异物，使滑阀移动灵活。

④ 更换弹簧。

⑤ 检查操纵部分。

(3) 阀产生振动和噪声。

产生原因：

① 压力阀的弹簧力减弱，或弹簧错位。

② 阀体与阀杆不同轴。

③ 控制电磁阀的电源电压低。

④ 空气压力低(先导式换向阀)。

⑤ 电磁铁活动铁芯密封不良。

排除方法：

① 更换弹簧，把弹簧调整到正确位置。

② 检查并调整位置偏差。

③ 提高电源电压。

④ 提高气控压力。

⑤ 检查密封性，必要时更换铁芯。

(4) 分水滤气器压力降过大。

产生原因：

① 使用的滤芯过细。

② 滤芯网眼堵塞。

③ 流量超过滤清器的容量。

排除方法：

① 更换适当的滤芯。

② 用净化液清洗滤芯。

③ 换大容量的滤清器。

④ 提高气控压力。

(5) 从分水滤气器输出端溢出冷凝水和异物。

产生原因：

① 未及时排出冷凝水。

② 自动排水器发生故障。

③ 滤芯破损。

④ 滤芯密封不严。

排除方法：

① 定期排水或安装自动排水器。

② 检修或更换。

③ 更换滤芯。

④ 更换滤芯。

(6) 油雾器滴油不正常。

产生原因：

① 通往油杯的空气通道堵塞。

② 油路堵塞。

③ 测量调整螺钉失效。

④ 油雾器反向安装。

排除方法：

① 检修。

② 检修或更换。

③ 检修、调换螺钉。

④ 改变安装方向。

(7) 元件和管路阻塞。

产生原因：压缩空气质量不好，水汽、油雾含量过高。

排除方法：检查过滤器、干燥器，调节油雾器的滴油量。

(8) 元件失压或产生误动作。

产生原因：元件和管路连接不符合要求(线路太长)。

排除方法：合理安装元件与管路，尽量缩短信号元件与主控阀的距离。

(9) 流量控制阀的排气口阻塞。

产生原因：管路内的铁锈、杂质使阀座被粘连或堵塞。

排除方法：清除管路内的杂质或更换管路。

(10) 元件表面有锈蚀或阀门元件严重阻塞。

产生原因：压缩空气中凝结水含量过高。

排除方法：检查、清洗滤清器、干燥器。

(11) 气缸出现短时的输出力下降。

产生原因：供气系统压力下降。

排除方法：检查管路是否泄漏、管路连接处是否松动。

(12) 活塞杆速度有时不正常。

产生原因：由于辅助元件的动作而引起的系统压力下降。

排除方法：提高压缩机供气量或检查管路是否泄漏、阻塞。

(13) 活塞杆伸缩不灵活。

产生原因：压缩空气中含水量过高，使气缸内润滑不好。

排除方法：检查冷却器、干燥器、油雾器工作是否正常。

(14) 气缸的密封件磨损过快。

产生原因：气缸安装时轴向配合不好，使缸体和活塞杆上产生支承应力。

排除方法：调整气缸安装位置或加装可调支承架。

(15) 系统停用几天后，重新启动时润滑部件动作不畅。

产生原因：润滑油结胶。

排除方法：检查、清洗油水分离器或调小油雾器的滴油量。

参考文献

[1] 朱梅，朱光力．液压与气动技术．西安：西安电子科技大学出版社，2007.

[2] 姜佩东．液压与气动技术．北京：高等教育出版社，2000.

[3] 简引霞．液压传动技术．西安：西安电子科技大学出版社，2006.

[4] 左健民．液压与气压传动．北京：机械工业出版社，2000.

[5] 许福玲，陈尧明．液压与气压传动．北京：机械工业出版社，1996.

[6] 雷天觉．液压工程手册．北京：机械工业出版社，2000.

[7] 章宏甲．液压与气压传动．北京：机械工业出版社，2001.

[8] 周恩涛．可编程序控制器原理及其在液压系统中的应用．北京：机械工业出版社，2007.

[9] SIEMENS. SIMATIC S7-200 可编程序控制器，2001.

[10] 李建兴．可编程序控制器应用技术．北京：机械工业出版社，2004.

[11] 宫淑贞．可编程序控制器原理及应用．北京：人民邮电出版社，2002.